九大の物理 15カ年［第2版］

藤原滉二 編著

教学社

はじめに

九州大学教育憲章に「九州大学の教育は，日本の様々な分野において指導的な役割を果たし，アジアをはじめ広く全世界で活躍する人材を輩出し，日本及び世界の発展に貢献することを目的とする」とあります。また，アドミッション・ポリシーによれば，求める学生像と学力の３要素との関連として「①知識・技能：高等学校等における基礎的教科・科目の履修を通して獲得される知識・技能」，「②思考力・判断力・表現力等の能力：多面的に考え，客観的に批判し，自分の言葉で人に伝える資質」，「③主体性を持って多様な人々と協働して学ぶ態度：多様性を尊重する態度，異なる考えに共感する寛容性」と定めている学部・学科が多く見られます。

このアドミッション・ポリシーが色濃く表れているものが，過去の入試問題（過去問）です。受験生に対して，高校で身につけておいてほしいことや，それらを応用していかに課題に取り組むことができるか，これらの能力を判断するための問題が様々に工夫された形式で出題されています。九州大学特有の出題形式，文字式による高い計算力・論述・グラフ描図の力など，物理の様々な力が問われるこうした問題には，過去問で対策するしかありません。

本書は，2008 年度から 2022 年度までの 15 年間の前期入試問題全 45 題を収録したものです。はじめに，全問題をメインとなる分野に着目して「力学」「熱力学」「波動」「電磁気」「原子」に大分類し，さらに似たテーマで小分類しました。

実際の入試問題の解答形式では，解答用紙に結果（答え）だけを記入するものが大半を占めていますが，本書では，自学自習するための問題集として使いやすいように，入試問題の解答形式によらず，計算過程と結果をあわせて「解答」としました。また，「テーマ」では，出題の意図や問題の設定，発展的内容や日常生活との関係なども整理しましたので，関連問題で扱われている重要項目の整理，弱点の補強にも役立ててください。

受験生の中には，過去問を受験直前の仕上げに用いようとする人もいるかもしれませんが，現役生はできれば高３の９月までに過去問２～３年分を解いてもらいたいと思います。学校で習っていない分野であったり，複数分野や数学との融合問題で解くのに時間がかかったりする問題もあると思いますが，過去問を解くことで，大学が求めているものを実際に体感すると同時に，高３前半までの勉強の反省材料にしてもらいたいと思います。出題の傾向や特徴がわかってくれば，今後の勉強方法も決まるはずです。学力は最後の最後まで伸び続けることを信じ，自分自身の志望を貫いてください。健康に十分注意し，入試本番までモチベーションを維持することが大切です。春には，よい知らせが届くことを願っています。

藤原　滉二

目次

（編集部注）本書に掲載されている入試問題の解答・解説は，出題校が公表したものではありません。

九大の物理　傾向と対策

傾向　①九大物理の特徴

すべての大問において，基本的な問題から難度の高い問題まで含まれているが，教科書の内容から逸脱することなく，難度の傾斜がうまくつけられ，実力の差を判断できる良問が多い。基本的な知識を問う問題や標準的な問題を通して高校での学習の定着を確認し，さらに普段はあまり見慣れない問題や難度の高い問題を通して思考力が問われている。また，問題が進むにつれて場面設定が次々と変化し，解法に必要な物理法則の理解が問われている。

傾向　②九大物理の近年

■ 出題形式

出題数は例年３題であり，試験時間は理科２科目で150分。試験時間に対して設問数は適当な量であるが，時間的余裕はほとんどない。2021年度〔２〕，2015年度〔１〕，2012年度〔１〕，2009年度〔３〕は，大問１題が２つの異なるテーマに分かれていて，実質２題に相当するボリュームのある問題もみられた。

■ 解答形式

大問１題につき，Ｂ４判大の用紙１～２枚が与えられている。文字式による計算問題が大半を占めていて，解答用紙には答えだけを記入する解答枠が与えられている。描図問題・グラフ作成問題は，解答用紙に与えられた図・グラフに描き込むようになっている。導出過程の記述が求められる問題は，与えられた解答欄に収まるように必要事項を要領よくまとめる必要がある。

■ 出題分野

例年３題中２題は，力学と電磁気の分野からの出題で，もう１題は，熱力学か波動であることが多い。

２分野からなる融合問題も出題されることがある。2017年度〔２〕は電磁気と原子，〔３〕は波動と原子，2009年度〔３〕は力学と波動の融合問題が出題された。

傾向　③出題内容の分析

限られた試験時間のなかで受験生の実力を判定するべく，一筋縄ではいかない多様な出題がみられるのが，九大物理の特徴の１つである。以下に，特筆すべき内容を挙げるので，参考にしてほしい。

■ 目新しく類題が少ない問題

2019 年度〔１〕 自転車にかけたブレーキによって，車輪が浮き上がらない条件や最大の減速が引き出せる条件を求める問題

2018 年度〔２〕 一様でない磁場中を落下する導体ループに生じる誘導起電力を，
(i)導体中の自由電子が受けるローレンツ力と電場から受ける力のつり合いによる
(ii)導体ループを貫く磁束の変化よりファラデーの電磁誘導の法則による
の２つの観点で求める問題

2017 年度〔２〕 磁場をかけた場合の水素原子の構造の問題

2017 年度〔３〕 平面鏡の表面による光の反射を，(i)光の波動性と，(ii)光の粒子性の両方の観点から考える問題

■ 大問が問１と問２に分かれており，それぞれの問で異なるテーマを扱った問題

2021 年度〔２〕 問１はコンデンサーの充電，問２は磁場内での荷電粒子の運動

2015 年度〔１〕 問１は鉛直面内でのおもりの非等速円運動の問題，問２は小球を後方に放出しながら進む台の運動量保存則と相対速度の問題

2012 年度〔１〕 問１は斜面上でのばねによる物体の単振動，問２は水平面と斜め衝突を繰り返す物体の運動

2009 年度〔３〕 問１は等速円運動する物体の極座標表現と直交座標表現の関係，問２はばねで連結された多数の物体の単振動による縦波のモデル

■ 大問全体では関連したテーマであるが，場面設定が大きく変わる問題

2022 年度〔３〕 問１・問２は凸レンズによる虚像の作図と屈折の法則，問３は反射防止膜による光の干渉

2018 年度〔３〕 前半は斜めのドップラー効果，後半は観測者に届く音波の屈折

2017 年度〔１〕 前半はばねの単振動と衝突，後半は衝突後飛び出した物体の放物運動

2016 年度〔２〕 前半は導体の抵抗，後半はホール効果

2013 年度〔１〕 前半は相互運動する斜面と小物体の重心の運動，後半はその小物体の鉛直曲面内での微小振動

2012 年度〔２〕 前半は磁場中を運動する導体棒中の自由電子が受けるローレンツ力と電場から受ける力，後半はコンデンサーとコイルの回路での導体棒の単振動

2010年度〔２〕　前半は半導体の抵抗率，後半はホール効果
2008年度〔１〕　前半は円板上の物体の等速円運動，後半は飛び出した物体の壁との斜め衝突
2008年度〔３〕　回折格子，レンズ，ヤングの実験

■　大学入学共通テストでみられるような，実験結果の分析や解釈をしたり，与えられた資料から法則性を導いたりする問題，会話文をもとに考察する問題

2022年度〔２〕　一様な磁場の中で正方形コイルをゆっくりと回転させるときの，回転角と力のモーメントの仕事について，２人の会話文の空所にあてはまる語を選択する問題
2020年度〔３〕　「複スリットを用いた光の干渉」の実験中に記録した実験ノート（資料１）とレポート（資料２）をもとに，実験の方法や測定の結果を考察する問題
2019年度〔２〕　一様な磁場の中でコイルを回転させたときに生じる誘導起電力と仕事率について，２人の会話文の空所を補充する問題

■　導出過程の記述を求める問題

2009年度〔１〕　斜面上で衝突する２物体の速度と位置の時間変化，運動方程式，運動量保存則と反発係数の式

■　描図問題

2022年度〔３〕　凸レンズによってできる虚像
2019年度〔１〕　自転車・運転者にはたらく力（慣性力を含める）のベクトル
2016年度〔３〕　凸レンズによってできる光の経路と虚像
2009年度〔１〕　斜面上の物体にはたらく力のベクトル

■　グラフ作成問題

2022年度〔１〕　楕円運動をする人工衛星の動径に垂直な方向の運動エネルギーと万有引力による位置エネルギーの和のグラフ
2021年度〔１〕　周期と振幅が異なる小球の単振動のグラフ
2021年度〔２〕　コンデンサーを充電するときの電流の時間変化のグラフ
2021年度〔３〕　断熱変化と定圧変化の T-V グラフ
2020年度〔１〕　単振動と等加速度直線運動のグラフ
2020年度〔２〕　誘電体が挟まれたコンデンサー中の電場と電位のグラフ
2019年度〔１〕　垂直抗力の大きさと摩擦力の大きさの関係のグラフ
2019年度〔２〕　誘導起電力のグラフ

2019 年度〔3〕　気体の状態変化の p-V グラフ
2018 年度〔3〕　斜めのドップラー効果で観測される振動数のグラフ
2016 年度〔1〕　単振動と衝突をする2物体の位置 x のグラフ
2014 年度〔2〕　コンデンサーが放電する場合の電流の時間変化のグラフ，減衰する電流の時間変化のグラフ
2014 年度〔3〕　気体の状態変化の T-V グラフ
2011 年度〔2〕　電磁誘導における電流と電源から供給される電力の時間変化のグラフ
2009 年度〔1〕　斜面上で衝突する2物体の速度の時間変化のグラフ
2008 年度〔2〕　コンデンサーを流れる交流電流の時間変化のグラフ

■　数値計算問題，単位導出問題

2019 年度〔3〕　気体定数
2016 年度〔2〕　電流，抵抗値，ジュール熱
2014 年度〔3〕　ポアソンの式，熱効率
2013 年度〔3〕　正弦波が進む速さ，振幅，波長，周期，変位
2010 年度〔2〕　半導体の抵抗と抵抗率，ホール効果による自由電子の平均の速さと個数密度
2008 年度〔3〕　回折格子の格子間隔，凸レンズの焦点距離

■　論述問題

2022 年度〔2〕　磁場内のコイルの回し方の違いによる外力の仕事の大小
2021 年度〔2〕　コンデンサーを充電するときに消費されるジュール熱について
2021 年度〔2〕　磁場内で荷電粒子が等速円運動を行う理由
2020 年度〔3〕　実験データの整理方法の是非，実験レポートの完成
2016 年度〔2〕　抵抗値が温度により変化する理由
2014 年度〔2〕　回路の抵抗の違いによってコンデンサーが完全に放電するまでの時間の長短

■　物理法則・公式の導出問題

2020 年度〔3〕　ヤングの実験での干渉条件の導出
2018 年度〔3〕　斜めのドップラー効果の振動数の導出
2016 年度〔3〕　レンズの公式の導出
2010 年度〔3〕　斜めのドップラー効果の振動数の導出

 ①全般的な対策

□ 着実に実力をつける

標準的な問題がほとんどであるが，表面的な理解で公式を適用するだけでは対処できない問題がある。見慣れない設定の問題や難度の高い問題，数学的な計算力を要求される問題に対応できる力が必要である。しかし，基礎が疎かな状態でやみくもに応用問題に手を出しても実力の定着はおぼつかない。基本～標準～応用としっかりステップを踏むことが肝要である。

まずは，基本事項の徹底を図るために，教科書の実験・探究活動，参考，コラムやトピックスを繰り返し読むこと。公式の導出問題が出題されているので，教科書で扱われている公式の導出過程，物理量の定義，単位などの本質的な理解が大切である。

次に，典型的な標準問題が確実に解けるように，教科書傍用問題集や標準的な問題集を幅広く完全に仕上げる。次のステップで停滞する受験生の多くは，このステップで，自力で考えた「なぜ？」が足りない。なぜそのような解法をとるべきなのか，なぜその式に着目すべきなのかを解決せずに，模範解答を読むだけで納得してしまう受験生にはなってほしくない。解答は理解できても，自力で答案が書けないことに気づかないのは危険である。

その後，応用力や思考力を養うために，本書や定評のある受験問題集に取り組む。見慣れない設定の問題や難度の高い問題に対しては，題意を正確に把握し，与えられた条件の下で問題解決のために何が必要なのかを自問自答しながら学習する。このとき，問題の背景や出題の意図，計算結果のもつ意味を考え，未経験の問題に対処するためのセンスを養うとよい。

□ 別解を探す

必ずやってほしいのが，別解を探す・考えるという作業である。「傾向」③出題内容の分析「目新しく類題が少ない問題」でも取り上げたが，2018年度〔2〕導体ループに生じる誘導起電力，2017年度〔3〕平面鏡の表面による光の反射では，2つの観点での解法が求められている。力学では，上下に積み重ねられた2物体の運動は，運動方程式と等加速度直線運動による解法と，運動量と力学的エネルギーの解法の2つがあることはよく知られている。本書では，必要な別解を示しているので，自分の考えた1つの解法にとらわれず，別解も確実に自分のものにしてほしい。

 ②問題の研究

□ 時間配分に注意

年度によって問題量と難度にばらつきがある。単純に考えると1題あたり25分で

解くことになるが，解答を始める前に，物理ともう1科目の問題全体を確認し，問題による難易度や出題分野による得意・不得意なども判断して，時間不足にならないようにしたい。

□ 頻出のテーマを押さえる

各分野で何度か出題されているテーマがある。これらのテーマは，物理を学習する上で非常に重要な問題であり，基本となる物理法則の理解を確かめようとしているので，時間をかけて繰り返し学習してほしい。特に力学では，運動方程式によって，等加速度直線運動，単振動，円運動を導く問題が多くみられる。さらに，運動エネルギーと仕事の関係または力学的エネルギー保存則，運動量と力積の関係または運動量保存則，反発係数の式，相対速度などの関係を用いて，位置，速度の時間変化を求める総合問題となることが多い。

各分野における頻出事項は次のとおりである。

力　学	斜面，積み重ねられた2物体の運動，衝突，ばねによる単振動
熱力学	定圧・定積・等温・断熱の各変化，熱サイクルと熱効率
波　動	斜めのドップラー効果，凸レンズ，ヤングの実験
電磁気	抵抗の測定，ホール効果，コンデンサー，ローレンツ力と電場からの力のつり合い，電磁誘導，交流発電機，電磁場内の荷電粒子の運動

□ 計算力の養成

文字式による煩雑な計算を要する問題も含まれ，かなりの計算力が必要である。極値の求め方（2次式の平方完成，相加平均・相乗平均，増減表），恒等式，等比数列の和，三角関数の加法定理，和・積の公式，倍角公式など，数学の問題では計算できるのに物理の問題では使えない受験生を見かける。問題文中にこれらの式が与えられることもあるが，面倒がらずに，丁寧に計算過程を示しながら計算することが大切である。これらは，日頃の学習の積み重ねで身につくものである。

また，時間変化Δtに関して，次のような物理量を計算する場面が多いので注意したい。

速度 $v=\dfrac{\Delta x}{\Delta t}$，加速度 $a=\dfrac{\Delta v}{\Delta t}$，角速度 $\omega=\dfrac{\Delta \theta}{\Delta t}$，電流 $I=\dfrac{\Delta Q}{\Delta t}$

ファラデーの電磁誘導の法則 $V=-N\dfrac{\Delta \Phi}{\Delta t}$

コイルに生じる誘導起電力 $V=-L\dfrac{\Delta I}{\Delta t}$

力積 $F\Delta t$，波の数 $f\Delta t$

□　近似式に慣れる

近似計算を苦手とする受験生が多い。日頃の学習で，丁寧に計算することが大切である。教科書の公式では，単振り子，ヤングの実験やニュートンリングの行路差の導出などに用いられている。物理の問題に出てくる近似式は次の(i)，(ii)などであり，それぞれの問題解決に必要な近似式は，問題文中に与えられたものを用いればよい。

(i) $|\alpha| \leqq 1$ のときの近似式　　$(1+\alpha)^n \fallingdotseq 1+n\alpha$

2020年度〔2〕〔3〕では，$\dfrac{1}{1-\alpha} \fallingdotseq 1+\alpha$，$\sqrt{1+\alpha} \fallingdotseq 1+\dfrac{\alpha}{2}$ と具体的な形で与えられた。

(ii) θ が十分小さいときの近似式　　$\cos\theta \fallingdotseq 1$，$\sin\theta \fallingdotseq \tan\theta \fallingdotseq \theta$

対策　③形式別の対策

□　数値計算問題

数値計算の問題には，必ず単位が必要である。文字式による計算結果に数値を代入するわけであるが，このとき単位も含めて計算することで，単位も導ける。等式で結ばれる左辺と右辺，和や差をとる2つの物理量の次元は必ず等しいが，このことを上手に利用できない受験生が多い。単位がわかると物理がわかると言われるように，文字式による計算問題でも，常に単位や次元を意識した計算や検算の習慣づけが得策である。

□　実験問題

九大はじめ国立大学入試の一次試験にあたる大学入学共通テストの，2024年度における理科（物理，化学，生物，地学）の問題作成方針には，作問に当たり「観察・実験・調査の結果などを数学的な手法を活用して分析し解釈する力を問う問題」や「科学的な事物・現象に係る基本的な概念や原理・法則などの理解を問う問題」を検討すると記されている。九大物理では以前からこれを意識した出題がみられ，2020年度〔3〕はヤングの実験についてのレポート整理，2010年度〔2〕はグラフの読み取りと有効数字や単位を考慮したデータ分析が出題された。このような問題が出されるということは，日頃の実験に各自が主体的に取り組むことへのメッセージと受け取ることができ，実験に対する確実な理解が求められていると考えられる。対策としては，学校で行う実験には自ら進んで参加し，実験レポートの作成を通して，実験方法とデータ整理の過程，その実験結果からわかることを確認しておくことや，実験考察や議論した内容を，簡潔な文章で書き表す練習が必要である。教科書で扱われる実験や探究活動のテーマについては，実験を行っていなくても，確認が必要である。

□ 描図・グラフ作成問題

描図やグラフ作成問題は九大物理では頻出であり，教科書で扱っている基本問題から，物理的な意味を正しく理解していなければならない問題，考察力を必要とする問題など多岐にわたっている。これらを苦手とする受験生が多いが，慣れることが必要である。日頃から，公式で表される物理量の関係が，グラフではどのように表されるのかを考え，教科書で扱われている図やグラフは，その意味を理解し自分で作図できるようにしておきたい。例えば，力学では，物体にはたらく力の作図ができれば，運動方程式や運動エネルギーと仕事の関係，運動量と力積の関係などが正しく記述できるし，物体の運動の時間変化のグラフを描けば，問題全体が見えてくる。

□ 論述問題

物理現象や，その理由，考察などを文章で論述させる問題が近年見受けられる。対策の基本は，やはり，全国のすべての受験生の共通内容である教科書を熟読することである。教科書で太字で書かれている物理用語の理解，欄外や図の注釈などの理解が必要である。また，論述問題の演習時だけでなく，教科書の索引を利用して，物理用語の説明を自分の言葉で書く練習をしたり，友人からの質問に簡潔な文章で書き表して答えたりするなどの方法も試してみたい。

第1章　力　学

第1章 力 学

節	番号	内　　容	年　度
等加速度運動 衝突 エネルギー	1	ばねに付けられた2球の衝突と単振動	2021年度〔1〕
	2	ばねで放出されて飛び出す小球の放物運動	2017年度〔1〕
	3	斜面と小物体の重心の運動，鉛直曲面内の微小振動	2013年度〔1〕
	4	摩擦のある水平面を進む物体とばねによる単振動	2011年度〔1〕
	5	斜面を滑る2物体の運動	2009年度〔1〕
剛体	6	減速する自転車の車輪が浮き上がらずすべらない条件	2019年度〔1〕
円運動 万有引力	7	地球の周辺を運動する人工衛星	2022年度〔1〕
	8	鉛直面内でのおもりの円運動，小球を放出しながら進む台	2015年度〔1〕
	9	回転円板から放出された物体の運動	2008年度〔1〕
単振動	10	積み重ねられた2物体の単振動と等加速度運動	2020年度〔1〕
	11	水平に運動する台上での単振り子	2018年度〔1〕
	12	単振動する物体と壁ではね返る物体の逐次衝突	2016年度〔1〕
	13	斜面上のばねによる2物体の単振動	2014年度〔1〕
	14	斜面上のばねによる物体の運動，水平面と物体の繰り返し斜め衝突	2012年度〔1〕
	15	水平面と斜面上のばねによる2物体の単振動	2010年度〔1〕

対策

□ 等加速度運動，運動方程式

力学は物理の基本であり，力学の基本である運動方程式が書けなければ物理の理解は進まない。このとき，物体に力がはたらけば加速（速度変化）する，逆に速度変化（加速）している物体には力がはたらいているという感覚が大切である。

2物体の相対的な運動を問われることが多く，作用・反作用の法則に注意して，物体間で互いにはたらき合う摩擦力，垂直抗力，張力などの関係を正確に判断しなければならない。これは運動方程式だけでなく，運動量保存則や力学的エネルギー保存則にも影響してくる。特に，上下に積み重ねられた2物体が相互に運動しているとき，物体が単に静止しているだけか，滑り出す直前か，滑っている途中であるか，という静止摩擦力，最大摩擦力，動摩擦力の使い分けに注意が必要である。

□ 運動エネルギーと仕事の関係，力学的エネルギー保存則

物体に力がはたらく場合，その力が保存力か非保存力か，その力は仕事をするのかしないのかを明確にしておかなければならない。それによって，次のどの関係を用いればよいのかを判断しなければならない。①物体にはたらく外力が仕事をすると運動エネルギーが変化する。②保存力（重力，弾性力，万有引力，静電気力など）が仕事をすると，位置エネルギーが減少する。③非保存力が仕事をすると，力学的エネルギーが変化する。④物体にはたらく外力が保存力だけのとき，または非保存力がはたらいてもその力が仕事をしないとき，力学的エネルギーは変化しない。

□ 衝突，運動量と力積の関係，反発係数

衝突・分裂の問題は，運動量保存則と反発係数の式を解くのが基本である。しかし，差がつく問題は，衝突以外で運動量保存則を用いる場合であり，問題スタイルと解法パターンを整理しておく必要がある。物体に外力の力積が加われば運動量が変化する。物体系に外力の力積が加わらなければ運動量は変化しない。2物体が相対的な運動をする物体系では，作用・反作用の関係にある力が相殺され，直交座標系の1方向のみで運動量保存則が成立する場合も多い。運動量保存則が成立するときは，重心は静止も含めて等速直線運動をする。また，摩擦によって2物体が相対的に静止するような運動でも，衝突ではないが運動量保存則が成立する。

□ 剛体

任意の2方向における力のつり合いと，任意の軸のまわりの力のモーメントのつり合いが基本である。これに重心を絡めて，滑るのが先か，倒れるのが先かを問われることが多い。

□ 単振動

最頻出項目である。物体の運動状態が複雑になってくると必ず単振動が絡んでくるので，問題の難易度の傾斜をつけるのにも絶好のテーマとなっている。

数多くの問題を解き，問題のタイプを場合分けして，解法テクニックを自分なりに整理しておけばよい。接触していた2物体が離れる条件，摩擦力がはたらく場合，物体が離れたために振動中心や振幅が変化する問題などもあるので，幅広い視野が必要である。

典型的な解法は，①はじめに，運動方程式から $a=-\omega^2 x$ の形に直して，角振動数（および周期）と振動中心を求める。②次に，物体の位置の時間変化はイメージしやすいので，グラフを利用して x-t の関係を三角関数の式で表す。③速さは力学的エネルギー保存則（またはエネルギーと仕事の関係）を用いるか，x-t 関係から v-t 関係

を三角関数の式で表して求める。④時間は等速円運動に戻して周期の何倍かを求める，の4つのステップである。

□ 円運動

直線運動で慣性力を必要とするケースもあるが，特に円運動の場合は，慣性力としての遠心力を考えると理解しやすいケースが多い。慣性系（静止座標系），非慣性系（慣性力を必要とする加速度系）の両方の立場から運動を記述できるようにしておかなければならない。

鉛直面内の非等速円運動が問われる場合，解法は，①中心方向の運動方程式（または慣性力を考えた力のつり合いの式），②力学的エネルギー保存則の組み合わせである。これに③糸がたるむ条件，面から離れる条件が加わるのも頻出パターンなので，確実に解けるようにしておきたい。

□ 万有引力

2008～2022年度では2022年度の1回しか出題されていないが，対策を怠ってはならない。

天体が，①等速円運動をする場合の運動方程式，②楕円運動をする場合のケプラーの第二法則の式と力学的エネルギー保存則の式，③引力圏から脱出する場合の力学的エネルギー保存則の式，また，④これらに関係するケプラーの第三法則の式など，天体の軌道に関係して用いる式を整理しておく必要がある。

1　等加速度運動・衝突・エネルギー

1 ばねに付けられた2球の衝突と単振動

(2021年度　第1問)

図1のように，先端を壁に固定したばね定数k_1，k_2のばね1，2に，質量m_1，m_2の小球1，2がそれぞれ取り付けられ，なめらかな水平面上に置かれている。ばね1，2ともに自然の長さで，小球1，2が接した状態で静止している。小球1，2は2つのばねの固定端を結ぶ直線上に置かれ，この直線に沿ってのみ運動できる。小球の大きさ，ばねの質量，空気抵抗は無視できるものとする。小球の変位，速度，加速度はそれぞれ右向きを正として，以下の問いに答えよ。

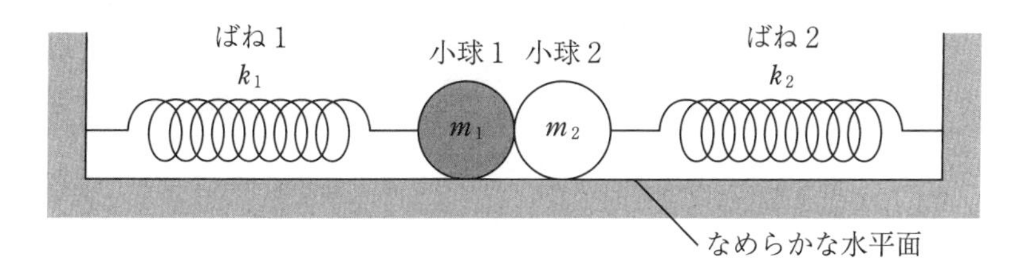

図1

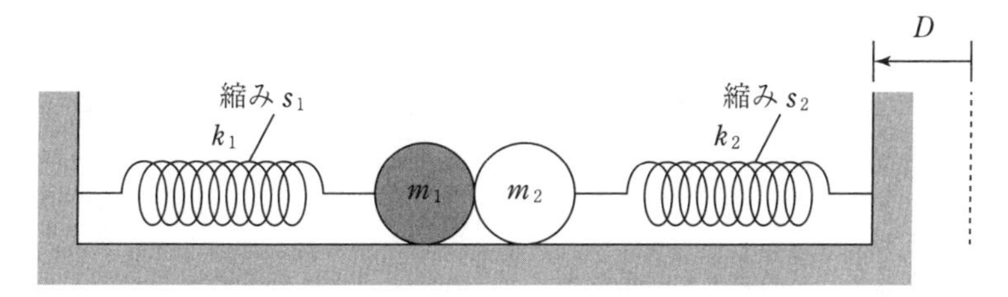

図2

問 1. 図1の状態から，図2のように右側の壁を左に距離Dだけゆっくり移動させたところ，ばね1はs_1，ばね2はs_2だけ縮み，小球1，2が静止した。その後，壁を固定した。

(1) 小球1が小球2を押す力の大きさを s_1 を使って表せ。

(2) s_1 および s_2 の大きさを求めよ。

問 2. 次に，図2の状態から小球1を手でゆっくりと左に移動させる。小球2も小球1と接した状態で左に移動し，さらに小球1を左に移動させるとやがて小球2は小球1とはなれて停止した。図3のように小球間の距離が d になった状態で静かに手をはなしたところ，小球1は動き出し，小球2に衝突した。このとき，衝突時間はきわめて短く，運動量保存則が成り立つものとする。以下の問いに答えよ。

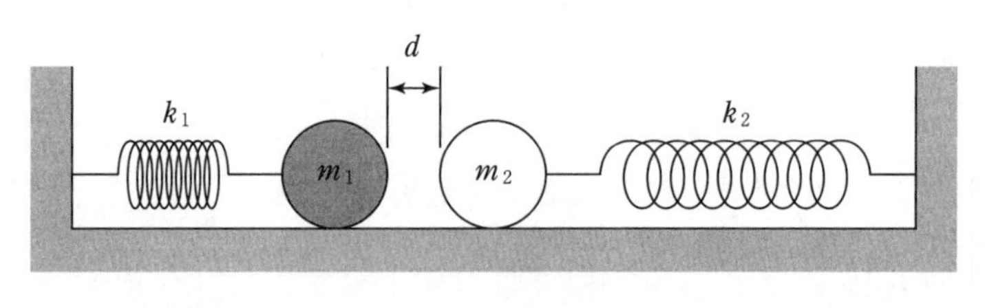

図3

(1) 手をはなす直前のばね1の縮みを D および d を用いて表せ。

(2) 小球2に衝突する直前の小球1の速度 V_0 を求めよ。

(3) V_0 および衝突直後の小球1と小球2の速度 V_1，V_2 を用いて，衝突前後での運動量保存則を表す式を書け。

(4) 小球1，2の間の反発係数 $e(e>0)$ を V_0，V_1 および V_2 を用いて表せ。

(5) V_1 および V_2 をそれぞれ V_0 を用いて表せ。

(6) 図4のように，衝突後，小球2は小球1とはなれて右側へ運動し始めた。小球2は，小球1と再び衝突する前に，衝突点からの変位 x_2 が最大となる位置に達した。この最大変位を V_2 を用いて表せ。

(7)　衝突から**問 2** (6)の最大変位に達するまでの時間を求めよ。

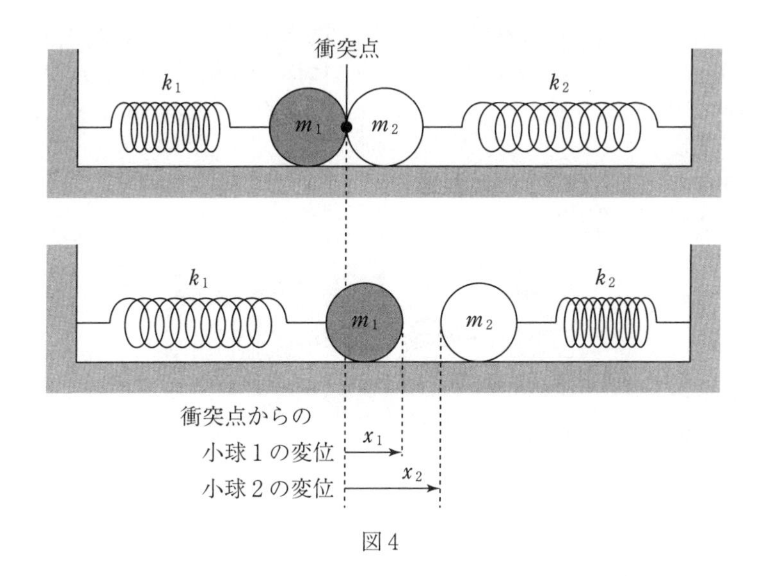

図 4

(8)　$d = 2D$, $m_1 = m_2 = m_0$, $k_1 = 4k_0$, $k_2 = k_0$, $e = 1$とする。このとき，小球 1，2 の衝突点からの変位x_1およびx_2の時間変化を，x_1は実線で，x_2は破線で図示せよ。ただし，方眼紙の縦軸は変位x_1，x_2を，横軸は衝突からの時間tを表す。$T_0 = \pi\sqrt{\dfrac{m_0}{k_0}}$として，$0 \leqq t \leqq T_0$の範囲で示せ。

〔解答欄〕

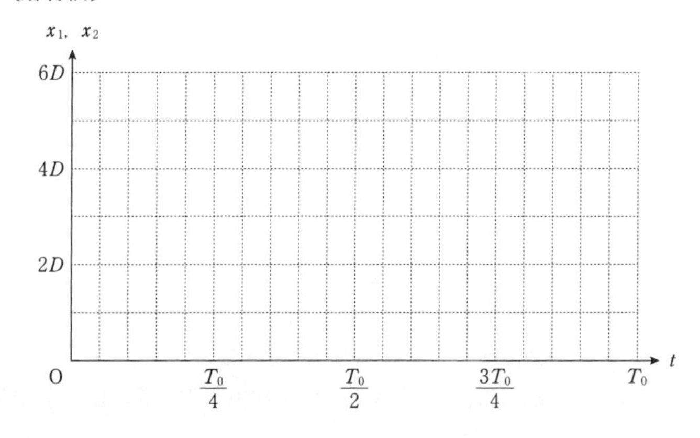

解 答

▶問1．(1) 小球1が小球2を押す力の大きさをfとする。作用・反作用の関係より，小球2が小球1を押す力の大きさもfであり，ばね1が小球1を押す力の大きさはk_1s_1，ばね2が小球2を押す力の大きさはk_2s_2であるから，力のつり合いの式は，右向きを正として

小球1：$k_1s_1-f=0$　　∴ $f=\boldsymbol{k_1s_1}$

小球2：$f-k_2s_2=0$

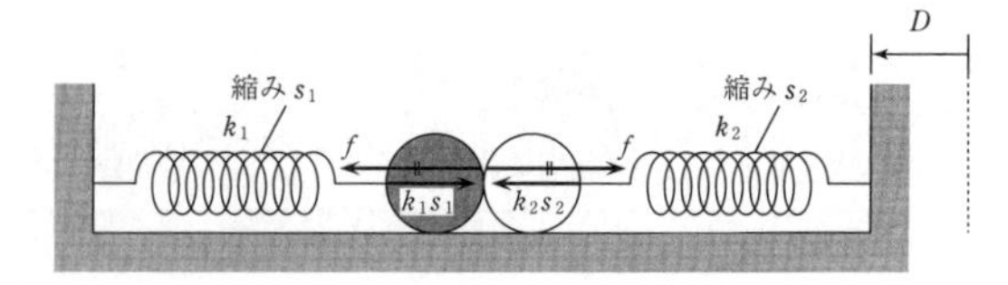

(2) (1)の2式よりfを消去すると

$$k_1s_1=k_2s_2$$

ばねの縮みの和が，壁を移動させた距離Dであるから

$$s_1+s_2=D$$

連立して解くと

$$s_1=\frac{\boldsymbol{k_2}}{\boldsymbol{k_1+k_2}}\boldsymbol{D}\quad：s_1\text{の大きさ}$$

$$s_2=\frac{\boldsymbol{k_1}}{\boldsymbol{k_1+k_2}}\boldsymbol{D}\quad：s_2\text{の大きさ}$$

▶問2．(1) 小球2が小球1と接した状態でゆっくりと移動した後，ばね2は，水平方向に力がはたらかないので自然の長さになっている。よって，ばね1の縮みをX_0とすると

$$X_0=\boldsymbol{D+d}$$

(2) 小球1が小球2と衝突する直前のばね1の縮みはDである。小球1について，力学的エネルギー保存則より

$$\frac{1}{2}k_1(D+d)^2=\frac{1}{2}k_1D^2+\frac{1}{2}m_1V_0^2$$

$$\therefore\quad V_0=\sqrt{\frac{\boldsymbol{k_1}}{\boldsymbol{m_1}}\boldsymbol{d(2D+d)}}\quad\cdots\cdots①$$

(3) 小球1と小球2が衝突する瞬間，小球1はばね1がDだけ縮んだ位置にあるから，ばね1は小球1を大きさk_1Dの力で押している。小球2はばね2が自然の長さの位置にあるから，ばね2が小球2を押す力は0である。

小球1と小球2の間で互いに押す力の大きさの平均値をF，衝突していた時間をΔt

（実際にはきわめて短い）とする。時間 Δt の間に小球1と小球2は動かないとすると，ばね1が小球1を押す力の大きさ k_1D は一定である。
運動量と力積の関係より

小球1について：$m_1V_1-m_1V_0=k_1D\cdot\Delta t-F\cdot\Delta t$

小球2について：$m_2V_2-0=F\cdot\Delta t$

和をとると

$$(m_1V_1+m_2V_2)-m_1V_0=k_1D\cdot\Delta t$$

ここで，問題文の条件より衝突時間がきわめて短いので $\Delta t\fallingdotseq 0$ と考えることができ，$k_1D\cdot\Delta t\fallingdotseq 0$ となる。よって

$$(m_1V_1+m_2V_2)-m_1V_0=0$$

$$\therefore\quad \boldsymbol{m_1V_0=m_1V_1+m_2V_2}\quad\cdots\cdots②$$

これより，運動量保存則が成り立っている。

(4)　反発係数 e の定義は

$$e=\frac{\text{衝突直後に，小球2が小球1から遠ざかる速さ}}{\text{衝突直前に，小球1が小球2に近づく速さ}}$$

$$=\frac{V_2-V_1}{V_0-0}=\boldsymbol{\frac{V_2-V_1}{V_0}}\quad\cdots\cdots③$$

別解　この関係を，次のように表すことも多い。

$$e=-\frac{\text{衝突直後の（小球1の速さ}-\text{小球2の速さ）}}{\text{衝突直前の（小球1の速さ}-\text{小球2の速さ）}}$$

$$=-\frac{V_1-V_2}{V_0-0}=\frac{V_2-V_1}{V_0}$$

(5)　②，③を連立して解くと

$$V_1=\boldsymbol{\frac{m_1-em_2}{m_1+m_2}V_0}\quad\cdots\cdots④$$

$$V_2=\boldsymbol{\frac{(1+e)m_1}{m_1+m_2}V_0}\quad\cdots\cdots⑤$$

(6)　小球2の最大変位を X_2 とする。衝突後の小球2の水平方向の運動は，ばね2からの弾性力だけを受けた運動であるから単振動である。
小球2は，衝突点すなわち静止していた自然の長さの位置 $x_2=0$ から初速度 V_2 で右向きに動き始め，変位が最大となる位置 $x_2=X_2$ で一旦静止し，左向きに折り返す。このとき，はじめに静止していた位置は，力のつり合いの位置で振動の中心であり，最大変位で一旦静止した位置は振動の右端である。
小球2について，力学的エネルギー保存則より

$$\frac{1}{2}m_2{V_2}^2=\frac{1}{2}k_2{X_2}^2$$

$\therefore\quad X_2 = \boldsymbol{V_2\sqrt{\frac{m_2}{k_2}}}$ ……⑥

(7) 小球2の単振動の周期を T_2 とすると

$$T_2 = 2\pi\sqrt{\frac{m_2}{k_2}} \quad \cdots\cdots⑦$$

衝突位置（振動の中心）から，最大変位の位置（振動の右端）に達するまでの時間は，単振動の周期 T_2 の $\frac{1}{4}$ であるから，その時間 t_2 は

$$t_2 = \frac{1}{4}T_2 = \boldsymbol{\frac{\pi}{2}\sqrt{\frac{m_2}{k_2}}}$$

(8) 問題文の条件のうち

$$m_1 = m_2,\ e = 1$$

は，質量が等しい2物体が弾性衝突をすることを表し，この衝突では速度が交換される。したがって

$$V_1 = 0$$
$$V_2 = V_0$$

となる。実際に，④，⑤に条件を代入して計算すると

$$V_1 = \frac{m_1 - em_2}{m_1 + m_2}V_0 = \frac{m_0 - 1\times m_0}{m_0 + m_0}V_0 = 0$$

$$V_2 = \frac{(1+e)\,m_1}{m_1 + m_2}V_0 = \frac{(1+1)\,m_0}{m_0 + m_0}V_0 = V_0$$

(i) 小球1について

衝突後の小球1は，(6)，(7)の小球2の場合と同様に，ばね1からの弾性力を受けて単振動をする。その周期を T_1 とすると

$$T_1 = 2\pi\sqrt{\frac{m_1}{k_1}} = 2\pi\sqrt{\frac{m_0}{4k_0}} = \pi\sqrt{\frac{m_0}{k_0}} = T_0$$

すなわち，小球1の単振動の周期は，小球2の単振動の周期の $\frac{1}{2}$ になる。

小球1の振動の中心は，力のつり合いの位置で自然の長さの位置であるから，$x_1 = D$ である。

$t=0$ で $x_1 = 0$ の衝突点は，自然の長さから D だけ縮んだ位置であり，ここから初速度0で動き始めるから，$x_1 = 0$ は振動の左端である。よって，振幅は D となり，振動の右端は $x_1 = 2D$ である。

周期が T_0 であるから，位置 x_1 と時刻 t の関係は，次のようになる。

$$x_1 = -D\cos\frac{2\pi}{T_0}t + D$$

(ii) 小球2について

$t=0$ で $x_2=0$ の衝突点は，(6)，(7)より，振動の中心である。小球 2 の最大変位（振動の右端）X_2 は，①，⑥より

$$X_2=V_2\sqrt{\frac{m_2}{k_2}}=V_0\sqrt{\frac{m_2}{k_2}}=\sqrt{\frac{k_1}{m_1}d\,(2D+d)}\times\sqrt{\frac{m_2}{k_2}}$$

$$=\sqrt{\frac{4k_0}{m_0}2D\,(2D+2D)}\times\sqrt{\frac{m_0}{k_0}}=4\sqrt{2}D$$

よって，振幅は $4\sqrt{2}D$ となる。周期 T_2 は，⑦より

$$T_2=2\pi\sqrt{\frac{m_2}{k_2}}=2\pi\sqrt{\frac{m_0}{k_0}}=2T_0$$

であるから，$t=\frac{T_0}{2}$ で振動の右端の $x_2=4\sqrt{2}D$ で折り返し，$t=T_0$ で $x=0$ に戻ってくる。

よって，位置 x_2 と時刻 t の関係は，次のようになる。

$$x_2=4\sqrt{2}D\sin\frac{\pi}{T_0}t$$

$t=T_0$ で，小球 1 と小球 2 はともに最初の衝突点 $x=0$ に戻ってきて再び衝突し，その後も周期的な運動を繰り返す。

したがって，変位 x_1 および x_2 の時間変化は下図のようになる。

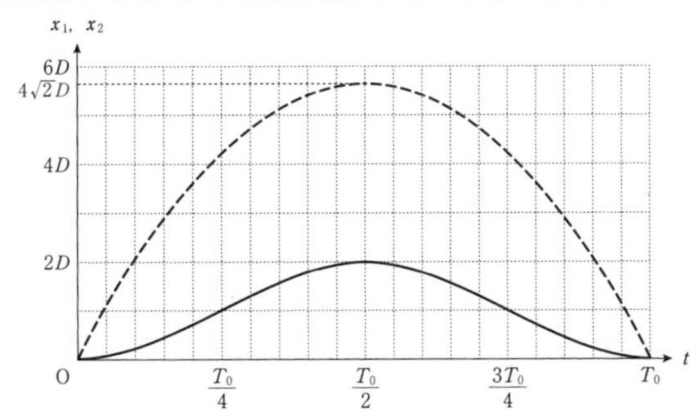

参考　仮に，2 回目の衝突がなく，小球 1 と小球 2 が単振動を続けたとすると，下図のような運動をすることになる。ここで，$0\leqq t\leqq T_0$ の実線で描かれた部分が，本問の答えである。

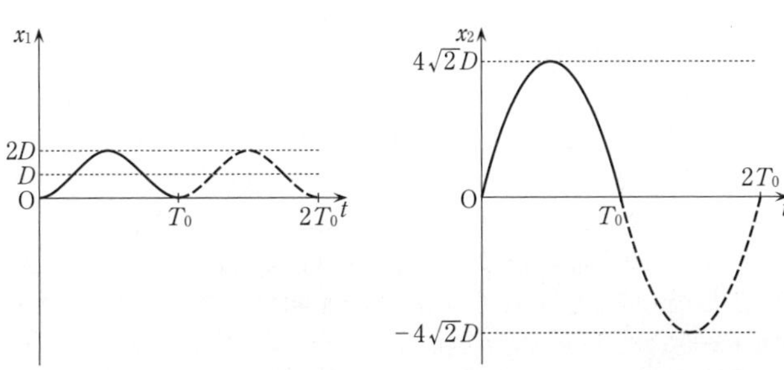

テーマ

◎ばねに付けられた２つの小球の衝突と，単振動の問題である。

前半は，力学的エネルギー保存則，運動量保存則，反発係数の式を連立して解く典型的な問題である。最初の２球の衝突では，一方のばねは自然の長さで，他方のばねは縮んでいることがポイントである。ここで，２球が衝突するときに，これらに取り付けられたばねが縮んだ状態であれば，ばねの弾性力は球に力積を加えるが，衝突時間がきわめて短ければこの力積は無視でき，衝突前後で２球の運動量保存則が成り立つものとしている。すなわち，２球の衝突に際して，ばねの弾性力は無関係となる。

後半は，衝突してから最大変位に達した後，再びもとの位置に戻るまでの変位の時間変化をグラフに描く問題である。単振動では，振動中心は力のつり合いから，振幅は力学的エネルギー保存則から求められる。

2 ばねで放出されて飛び出す小球の放物運動

(2017 年度　第 1 問)

図 1 のように，質量 M の台車が滑らかで水平な台の上に乗っている。台車はばね定数 k で質量が無視できるばねにつながれ，ばねの左端は壁に固定されている。台車の上面は滑らかな水平面であり，上面の点 A には大きさが無視できる質量 m の小物体が台車の壁に接して置かれている。ばねが自然長のとき台車の右面は車止めの壁に接しており，台車の上面と車止め上面の高さは同じである。車止め上面左端の点 B と上面右端の点 C の間は水平方向の距離が L，動摩擦係数 μ の粗い水平面であり，点 C は水平な床面にある点 O からの高さが d の位置にある。物体の運動は鉛直平面内に限り，空気抵抗は無視できるとする。また，重力加速度の大きさは g とする。

問 1. ばねを自然長から a だけ縮ませて静かに離すと，小物体は点 A に位置したまま台車とともに前進し，その後台車は車止めで完全非弾性衝突して瞬時に停止した。

(1) 車止めに達した瞬間の台車の速さ V を m，M，k，a の中から必要なものを用いて表せ。

台車が停止したと同時に，小物体は速さ V で点 A から台車の上面を進み，点 B を通過した後に点 C から速さ v_0 で飛び出した。

(2) 速さ v_0 を m，M，k，a，μ，g，L の中から必要なものを用いて表せ。

(3) 点 C を飛び出した後，小物体は床に達する前に壁 CO から距離 d，床からの高さが $\frac{1}{2}d$ の位置にある点 D を通過した。この時，速さ v_0 を d，g を用いて表せ。

(4) 前問(3)のような状況を実現するばねの縮み a を m，M，k，μ，d，g，L

の中から必要なものを用いて表せ。

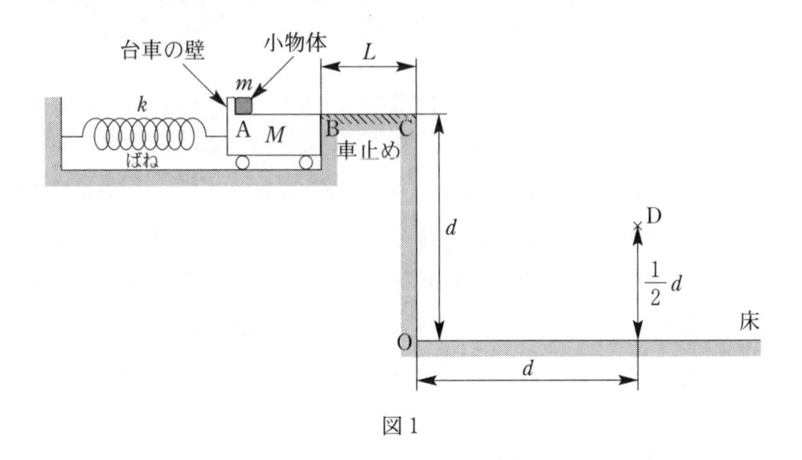

図1

問 2. 次に，図2のように点Cに大きさが無視できる質量 m の小球がある場合を考える。ばねを自然長から a' だけ縮ませて静かに離すと，小物体は点Aに位置したまま台車とともに前進し，その後台車は車止めで完全非弾性衝突して瞬時に停止した。台車が停止したと同時に小物体は点Aから台車上面を衝突直前の速さで進み，点Bを通過した後に点Cにある小球と衝突した。小物体が点Cに達した瞬間の速さを v_0' とし，小物体と小球の反発係数を e とする。

(1) 小物体と小球の衝突直後に，小物体の速さは v_1，小球の速さは v_2 となった。v_1 と v_2 を e，v_0' を用いて表せ。

(2) 小物体と小球の衝突の前後に失われた力学的エネルギー ΔE を e，m，v_0' を用いて表せ。

小物体と小球は大きさを無視できるため，点Cで衝突した後，同時に点Cから飛び出した。小球は，床に達する前に点Oから水平距離 $2d$ の位置にある滑らかな垂直壁で弾性衝突し，その後床に達する前に点Oから水平距離 d の位置で小物体と再び衝突した。

⑶　この時の小物体と小球の反発係数 e の値を求めよ。

⑷　小物体と小球が床に達する前に衝突するためには，ばねの縮み a' がいくらより大きくなければならないか。m，M，k，μ，d，g，L の中から必要なものを用いて答えよ。反発係数 e の値は前問⑶で求めたものを用いよ。

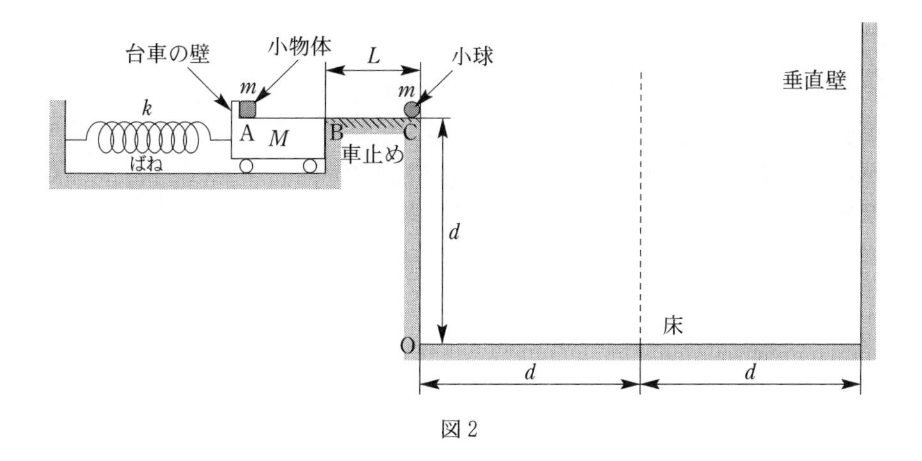

図 2

解 答

▶問1．(1) 小物体と台車を一体として，力学的エネルギー保存則より

$$\frac{1}{2}ka^2=\frac{1}{2}(M+m)V^2 \qquad \therefore \quad V=\boldsymbol{a}\sqrt{\frac{\boldsymbol{k}}{\boldsymbol{M+m}}}$$

(2) 小物体がBC間を進むときに，動摩擦力がする仕事は $-\mu mg\cdot L$ であるから，運動エネルギーと仕事の関係より

$$\frac{1}{2}mv_0{}^2-\frac{1}{2}mV^2=-\mu mgL$$

$$\therefore \quad v_0=\sqrt{V^2-2\mu gL}=\sqrt{\frac{\boldsymbol{ka^2}}{\boldsymbol{M+m}}-\boldsymbol{2\mu gL}} \quad \cdots\cdots①$$

別解 右向きを正とする。小物体がBC間を進むとき，BC面から受ける垂直抗力の大きさを N，水平方向の加速度を α とする。

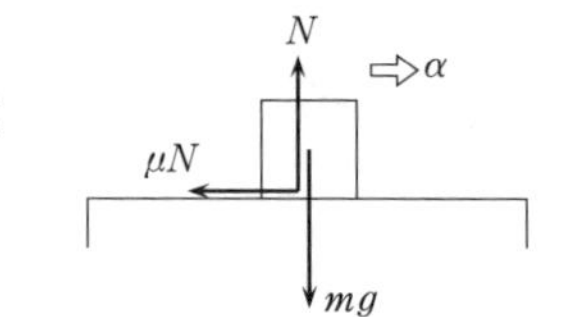

水平方向の運動方程式は　$m\alpha=-\mu N$

鉛直方向の力のつり合いの式は　$N=mg$

$\therefore \quad \alpha=-\mu g$

等加速度直線運動の式より

$$v_0{}^2-V^2=2\alpha L$$

$$\therefore \quad v_0=\sqrt{V^2+2\alpha L}=\sqrt{\frac{ka^2}{M+m}-2\mu gL}$$

(3) 点Cから水平方向に飛び出した小物体が点Dに到達するまでの時間を t_D とする。

水平方向の等速直線運動の式は　$d=v_0t_D$

鉛直方向の自由落下運動の式は　$d-\frac{1}{2}d=\frac{1}{2}gt_D{}^2$

t_D を消去すると

$$\frac{1}{2}d=\frac{1}{2}g\left(\frac{d}{v_0}\right)^2 \qquad \therefore \quad v_0=\sqrt{\boldsymbol{gd}} \quad \cdots\cdots②$$

(4) ①，②より v_0 を消去すると

$$\sqrt{\frac{ka^2}{M+m}-2\mu gL}=\sqrt{gd} \qquad \therefore \quad a=\sqrt{\frac{\boldsymbol{(M+m)g}}{\boldsymbol{k}}(\boldsymbol{d+2\mu L})}$$

▶問2．(1) 運動量保存則より

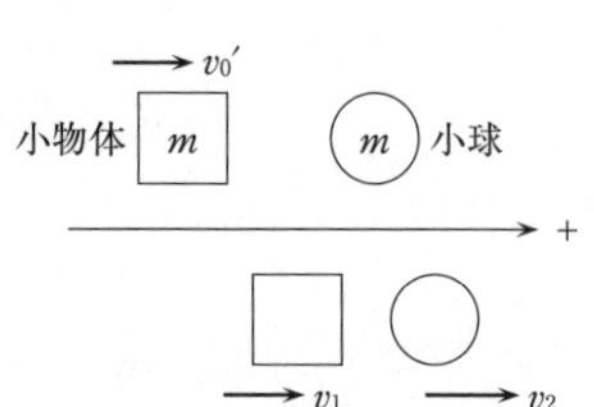

$$mv_0'=mv_1+mv_2$$

反発係数の式より　$e=-\dfrac{v_1-v_2}{v_0'}$

これらを v_1，v_2 について解くと

$$v_1 = \boldsymbol{\frac{1-e}{2}v_0'},\quad v_2 = \boldsymbol{\frac{1+e}{2}v_0'} \quad \cdots\cdots③$$

(2)　衝突の前後で失われた力学的エネルギー ΔE は

$$\Delta E = \frac{1}{2}mv_0'^2 - \left(\frac{1}{2}mv_1{}^2 + \frac{1}{2}mv_2{}^2\right)$$

$$= \frac{1}{2}mv_0'^2 - \left\{\frac{1}{2}m\left(\frac{1-e}{2}v_0'\right)^2 + \frac{1}{2}m\left(\frac{1+e}{2}v_0'\right)^2\right\} = \boldsymbol{\frac{1-e^2}{4}mv_0'^2}$$

(3)　小球が滑らかな垂直壁と弾性衝突をした後の経路は，垂直壁がなかった場合の経路と垂直壁に対して線対称である。小物体と小球が再び衝突した点をEとし，点Cから点Eに到達するまでの時間を t_E とする。小物体と小球の水平方向の運動はともに等速直線運動であるから

小物体は　　$d = v_1t_E$

小球は　　$3d = v_2t_E$

t_E を消去して③を代入すると

$$v_2 = 3v_1$$

$$\frac{1+e}{2}v_0' = 3\times\frac{1-e}{2}v_0' \qquad \therefore \quad e = \boldsymbol{0.5} \quad \cdots\cdots④$$

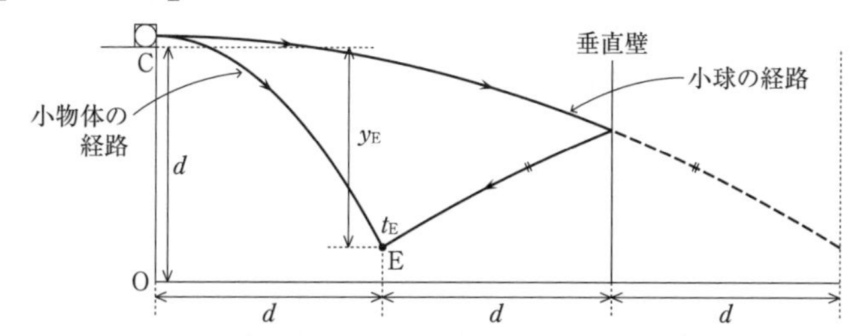

(4)　点Cから点Eまでの鉛直方向の落下距離を y_E とする。題意を満たすためには y_E が鉛直方向の高さ d より小さければよいから，小物体について

水平方向の等速直線運動の式は　　$d = v_1t_E$

鉛直方向の自由落下運動の式は　　$d > y_E = \dfrac{1}{2}gt_E{}^2$

t_E を消去すると

$$d > \frac{1}{2}g\left(\frac{d}{v_1}\right)^2 \qquad \therefore \quad v_1{}^2 > \frac{1}{2}gd \quad \cdots\cdots⑤$$

ところで，v_0' と a' の関係は，①と同様にして

$$v_0' = \sqrt{\frac{ka'^2}{M+m} - 2\mu gL} \quad \cdots\cdots⑥$$

⑤に③，④，⑥を代入すると

$$v_1{}^2=\left(\frac{1-e}{2}v_0'\right)^2=\left(\frac{1-0.5}{2}\times\sqrt{\frac{ka'^2}{M+m}-2\mu gL}\right)^2>\frac{1}{2}gd$$

$$\therefore\quad a'>\sqrt{\frac{2(M+m)g}{k}(4d+\mu L)}$$

テーマ

◎力学分野の基本である放物運動，運動方程式，運動量保存則，反発係数，運動エネルギーと仕事の関係，力学的エネルギー保存則の使い方が問われた。

●物体にはたらく外力に着目して物理法則を理解する必要がある。

タイプ1　物体に外力 $\boldsymbol{F}$ がはたらくと加速度 $\boldsymbol{a}$ をもつ。これが運動方程式 $m\boldsymbol{a}=\boldsymbol{F}$ の本質である。逆に，加速度運動をしている物体には必ず外力がはたらいている。また，外力がはたらいていても等速度運動をしている物体では，それらの外力の和は $\mathbf{0}$ で，力がつりあっている。

(1)　運動方程式より“$\boldsymbol{a}$＝一定”が得られたならば，等加速度直線運動である。

(2)　運動方程式より“$\boldsymbol{a}=-\omega^2\boldsymbol{x}$”が得られたならば，単振動である。

タイプ2　(1)　物体にはたらく外力が仕事をすると，運動エネルギーが変化する。これを運動エネルギーと仕事の関係という。ここで，変化するのは運動エネルギーであって力学的エネルギーではない。

運動エネルギーの変化（おわりの運動エネルギー－はじめの運動エネルギー）
＝すべての外力がした仕事

(2)　物体にはたらく外力のうち保存力（重力，弾性力，万有引力，静電気力など）が仕事をすると，位置エネルギーが減少する。逆に，物体にはたらく保存力に逆らって加えた外力が仕事をすると，位置エネルギーが増加する。

(3)　物体にはたらく外力のうち非保存力（保存力以外の力）が仕事をすると，力学的エネルギーが変化する。

力学的エネルギーの変化
（おわりの運動エネルギーと位置エネルギーの和
－はじめの運動エネルギーと位置エネルギーの和）
＝非保存力（保存力以外の力）がした仕事

(4)　物体にはたらく外力が保存力だけのとき，または非保存力がはたらいてもその力が仕事をしないとき，力学的エネルギーは変化しない。すなわち力学的エネルギー保存則である。

おわりの力学的エネルギー（運動エネルギーと位置エネルギーの和）
＝はじめの力学的エネルギー（運動エネルギーと位置エネルギーの和）

タイプ3　(1)　物体にはたらく外力が力積を加えると，運動量が変化する。

運動量の変化（おわりの運動量－はじめの運動量）
＝すべての外力が加えた力積

(2)　物体系に外力の力積が加わらないとき，運動量は変化しない。すなわち運動量保存則である。

●運動の解法には次の2つの方法があるが，どちらを使うかは題意による。

(i)　運動方程式から加速度を求め，加速度が一定の場合，等加速度直線運動の式を用いる。

(ii)　運動量と力積の関係と運動エネルギーと仕事の関係を用いる。

このとき，2つの方法で同じ結果が得られるが，それは次のように説明できる。

運動方程式 $ma=F$ を $a=\dfrac{dv}{dt}$ で書き換えると

$$m\frac{dv}{dt}=F \qquad \therefore \quad \frac{d}{dt}(mv)=F \quad \cdots\cdots①$$

これを v について解くことで，運動量と力積の関係，エネルギーと仕事の関係を導くことができる。

1　①を時間 $t=t_1$ から $t=t_2$ まで積分する。

すなわち　$\displaystyle\int_{t_1}^{t_2}\frac{d}{dt}(mv)\,dt=\int_{t_1}^{t_2}Fdt$

• 左辺は

$$\int_{t_1}^{t_2}\frac{d}{dt}(mv)\,dt=\Big[mv\Big]_{t_1}^{t_2}=mv_2-mv_1$$

（v_2，v_1 はそれぞれ時刻 t_2，t_1 での v の値）

• 右辺は，平均の力を $\overline{F}$，力がはたらいた時間を $\Delta t=t_2-t_1$ とすると

$$\int_{t_1}^{t_2}Fdt=\overline{F}\Delta t$$

よって　$mv_2-mv_1=\overline{F}\Delta t$　……運動量と力積の関係

$\overline{F}$ を一定として $\dfrac{\overline{F}}{m}=a$ とすると　$v_2=v_1+a\Delta t$　……等加速度直線運動の式

2　①を $v=\dfrac{dx}{dt}$ として，座標 $x=x_1$ から $x=x_2$ まで積分する。

すなわち　$\displaystyle\int_{x_1}^{x_2}\frac{d}{dt}(mv)\,dx=\int_{x_1}^{x_2}Fdx$

• 左辺は，$dx=\dfrac{dx}{dt}dt=v\cdot dt$ を用いて積分変数を x から t に変換し $\dfrac{d}{dt}v^2=2v\dfrac{dv}{dt}$ を用いると

$$\int_{x_1}^{x_2}\frac{d}{dt}(mv)\,dx=\int_{t_1}^{t_2}m\frac{dv}{dt}\frac{dx}{dt}dt=\int_{t_1}^{t_2}mv\frac{dv}{dt}dt=\int_{t_1}^{t_2}\frac{d}{dt}\left(\frac{1}{2}mv^2\right)dt$$

$$=\left[\frac{1}{2}mv^2\right]_{t_1}^{t_2}=\frac{1}{2}mv_2{}^2-\frac{1}{2}mv_1{}^2$$

• 右辺は，平均の力を $\overline{F}$，力がはたらいた距離を $\Delta x=x_2-x_1$ とすると

$$\int_{x_1}^{x_2}Fdx=\overline{F}\Delta x$$

よって　$\dfrac{1}{2}mv_2{}^2-\dfrac{1}{2}mv_1{}^2=\overline{F}\Delta x$　……エネルギーと仕事の関係

$\overline{F}$ を一定として $\dfrac{\overline{F}}{m}=a$ とすると　$v_2{}^2-v_1{}^2=2a\Delta x$　……等加速度直線運動の式

3 斜面と小物体の重心の運動，鉛直曲面内の微小振動

（2013年度　第1問）

図1のように水平な床，床となめらかに接続している曲面，質量Mの台，質量mの大きさの無視できる小物体がある。台上の点Aと点Bの間は斜面になっており，点Aは床よりhだけ高く，点Bは床と同じ高さにある。点Aと点Bは水平方向にはwだけ離れている。斜面ABと床は点Bでなめらかにつながっている。台の重心Gは点Aの鉛直下方にあり，床からの高さはlである。床と曲面は点Cで接続している。CDは半径rの円弧となっており，その中心点Pは点Cの鉛直上方にある。

台は床の上を移動でき，床から離れることはないものとする。小物体は斜面AB，床，および曲面CDの上を移動でき，これらの面のいずれかに常に接しているものとする。床の上にある台の位置エネルギーはゼロとする。小物体については床を位置エネルギーの基準面とする。重力加速度をgとし，摩擦および空気抵抗は無視する。

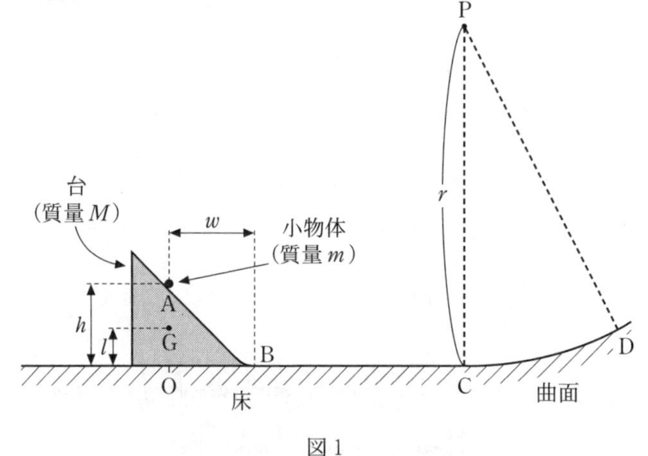

図1

問 1. 最初，台は静止しており，点Gは床の上に固定された点Oの鉛直上方にあった。点Aに小物体を置いて，静かに放した。

(1) 台と小物体の力学的エネルギーの和を求めよ。

(2) 小物体が点Aにあるとき，小物体と台からなる2物体の重心の，床からの高さを求めよ。

問 2. 斜面ABの上を小物体が下っている間，台も床の上を移動するが，小物体と台からなる2物体の重心は水平方向には移動しない。このことに注意して，小物体が台上の点Bまで来たとき，点Oから小物体までの距離を求めよ。

問 3. その後，小物体は台を離れ，床の上を移動しはじめた。

(1) 次の文中の空欄[　ア　]と[　イ　]に入る適切な語句を，下記の(A)〜(F)から選び，解答欄に記号で答えよ。

「小物体が点Aにある時から台を離れた直後までの間，小物体と台は水平方向には[　ア　]を受けないため，小物体と台の[　イ　]の水平成分の和は変化しない。」

(A) 抗力，(B) 運動エネルギー，(C) 外力，(D) 速度，(E) 運動量，(F) 反作用

(2) 小物体が台を離れた直後，小物体の速さは台の速さの何倍になるか。

(3) 台を離れた直後の小物体の速さを求めよ。

問 4. その後，小物体は曲面CDをのぼり，最高点Dに達し，下りはじめた。

(1) 点Dの床からの高さを求めよ。

(2) Mがmより十分大きく$\dfrac{m}{M}=0$とおける場合，点Dの床からの高さを求めよ。

(3) 点Cから小物体までの円弧の長さをxとする。また小物体が受ける重力の，曲面に沿った方向の成分をFとする。xがrより十分小さいとき，Fはxに比例する。その比例定数を解答欄に書け。ただしFの符号は曲面をのぼる向きを正とする。

(4) (3)で考えたxとFは，それぞれ，単振動する物体の変位とその物体が受ける復元力とみなすことができる。このことを踏まえて，円弧CDの長さがrより十分小さいとき，小物体が点Dから点Cまで下るのにかかる時間を求めよ。

解 答

▶問1．(1) 台と小物体はともに静止しているので運動エネルギーは0であり，重力による位置エネルギーは，台は0，小物体は mgh である。よって，台と小物体の力学的エネルギーの和は

$$\boldsymbol{mgh}$$

(2) 次図のように，物体1（質量 m_1，位置 x_1），物体2（質量 m_2，位置 x_2）があるとき，重心の位置 x_G は

$$x_G = \frac{m_1x_1 + m_2x_2}{m_1 + m_2}$$

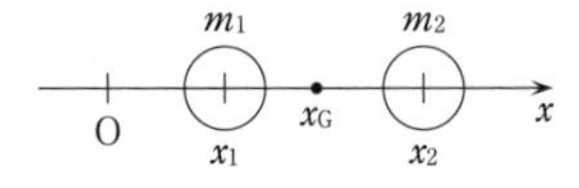

図1の2物体の重心の，床からの高さを y_G とする。点Oを原点として，鉛直方向を考えると

$$y_G = \boldsymbol{\frac{Ml + mh}{M + m}}$$

▶問2．点Oを原点として，水平方向を考えると，初めの重心の位置 x_G は

$$x_G = 0$$

小物体が台上の点Bまで来たとき，点Oから小物体までの距離を x，点Oから台の重心Gまでの水平方向の距離を X とすると

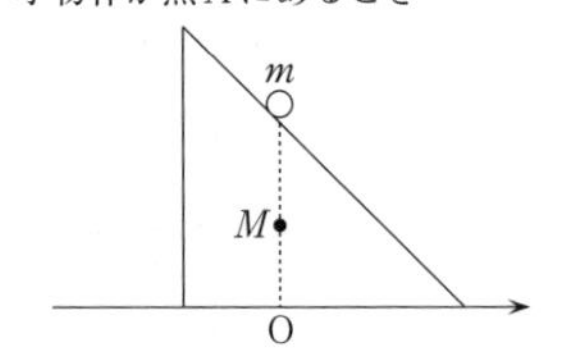

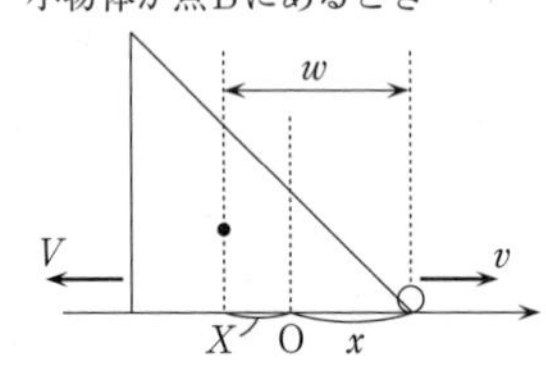

$$x_G = \frac{M(-X) + mx}{M + m}$$

$$X + x = w$$

重心の位置 x_G は0のままなので，これらの式より

$$\frac{-M(w-x) + mx}{M + m} = 0$$

$$\therefore \quad x = \boldsymbol{\frac{M}{M + m}w}$$

▶問3．(1) 小物体にはたらく力は，重力 mg，台からの垂直抗力 N であり，台にはたらく力は，重力 Mg，小物体からの垂直抗力 N，床からの垂直抗力 R である。このうち，水平成分をもつものは垂直抗力 N だけであり，これは小物体と台からなる物体系において作用・反作用で内力となる。このとき，小物体と台からなる物体系に対して，水平方向には外力の力積を受けないから，運動量の水平成分は保存される。

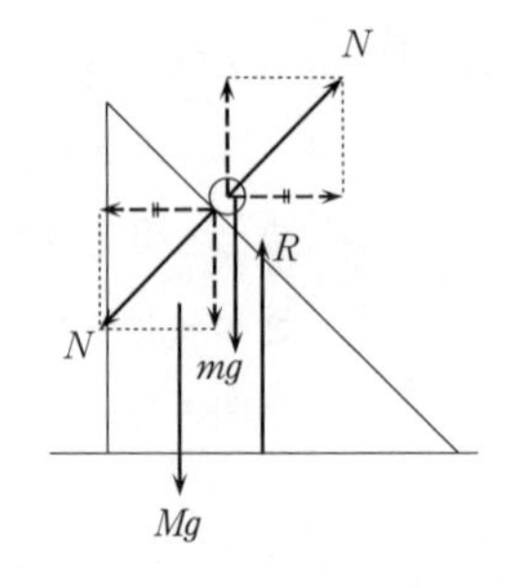

よって　　アー(C)，イー(E)

(2)　小物体が台を離れた直後の，小物体の速さを図の右向きに v，台の速さを左向きに V とすると，運動量保存則より

$$M(-V)+mv=0 \qquad \therefore \quad \frac{v}{V}=\boldsymbol{\frac{M}{m}} \text{〔倍〕}$$

(3)　力学的エネルギー保存則より

$$\frac{1}{2}MV^2+\frac{1}{2}mv^2=mgh$$

(2)の結果を用いて V を消去すると

$$\frac{1}{2}M\left(\frac{m}{M}v\right)^2+\frac{1}{2}mv^2=mgh \qquad \therefore \quad v=\boldsymbol{\sqrt{\frac{M}{M+m}\cdot 2gh}}$$

▶**問4**．(1)　点Dの床からの高さを H とすると，力学的エネルギー保存則より

$$mgH=\frac{1}{2}mv^2=\frac{1}{2}m\cdot\frac{M}{M+m}2gh$$

$$\therefore \quad H=\boldsymbol{\frac{M}{M+m}h}$$

(2)　**問4**(1)を変形すると

$$H=\frac{1}{1+\dfrac{m}{M}}h=\boldsymbol{h} \qquad \left(\because \quad \frac{m}{M}=0\right)$$

(3)　点Cから円弧に沿って距離 x の点をEとする。ここで，$\theta=\dfrac{x}{r}$ であり，x が r より十分小さいとき，θ は十分小さいから，$\sin\theta\fallingdotseq\theta$ と近似できる。F の符号は曲面をのぼる向きを正とするので，x が正のとき F は負であるから

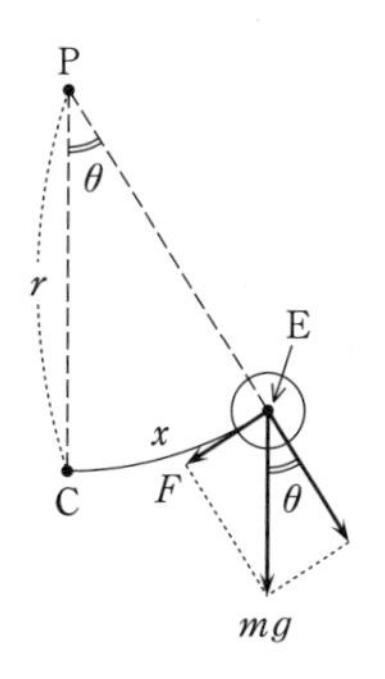

$$F=-mg\sin\theta\fallingdotseq-mg\theta=-mg\cdot\frac{x}{r}$$

$$=-\frac{mg}{r}\cdot x$$

よって，比例定数は

$$\boldsymbol{-\frac{mg}{r}}$$

(4)　単振動の復元力 F は，角振動数を ω とすると

$$F=-m\omega^2x$$

と表されるから，**問4**(3)と比較すると　　$\omega=\sqrt{\dfrac{g}{r}}$

このとき周期 T は　　$T=\dfrac{2\pi}{\omega}=2\pi\sqrt{\dfrac{r}{g}}$

小物体が単振動の端Dから振動の中心Cまで動く時間tは，周期Tの$\frac{1}{4}$であるから

$$t=\frac{1}{4}T=\frac{\pi}{2}\sqrt{\frac{r}{g}}$$

テーマ

◎前半は，小物体が台の斜面を滑ると同時に台も動く問題である。

小物体と台にはたらく力で水平成分をもつものは，互いにはたらき合う垂直抗力だけであるが，小物体と台からなる物体系を考えると，これらの力は作用・反作用の関係で内力となる。すなわち，水平方向には外力の力積がはたらかないので，運動量の水平成分は保存される。

水平方向について，物体系の重心座標x_Gが

$$x_G=\frac{m_1x_1+m_2x_2}{m_1+m_2}$$

であるとき，重心速度v_Gは

$$v_G=\frac{dx_G}{dt}=\frac{m_1\frac{dx_1}{dt}+m_2\frac{dx_2}{dt}}{m_1+m_2}=\frac{m_1v_1+m_2v_2}{m_1+m_2}=\frac{\text{運動量の和}}{\text{質量の和}}$$

である。

運動量の水平成分が一定で保存されるとき，重心の水平方向の速度は一定となる。はじめ，重心が静止しているときは，重心は動かないことになる。

同時に本問では，保存力（重力）以外の外力が仕事をしないので，小物体と台からなる物体系の力学的エネルギーが保存される。

◎後半は単振り子の問題である。小物体にはたらく力の大きさが変位の大きさに比例し，力の向きが変位の向きと反対のとき，小物体は単振動をする。このような力を復元力といい，復元力の比例定数から単振動の周期がわかる。

4 摩擦のある水平面を進む物体とばねによる単振動

(2011年度　第1問)

図1(a)に示すように曲面と水平面がなめらかにつながっている。大きさが無視できる質量 m の物体1を水平面から H の高さの曲面上の位置に置き，静かに手を離す。空気の抵抗は無視できる。速度および加速度は図1(a)における水平方向右向きを正とする。また，重力加速度の大きさを g とする。

問 1. 物体1は曲面に沿って落下し，水平面上を進み，点Pまで到達したときの速度が v_0 であった。曲面および水平面上の点Pまでは摩擦はないものとする。

水平面からの高さ H を v_0 と g を用いて表せ。

問 2. 水平面上の点Pから固定壁までの区間では物体に摩擦力が作用する。ただし動摩擦係数は μ とする。質量 m の物体1が点Pから距離 L だけ進んで，大きさが無視できる質量 m の静止している物体2に衝突し，衝突後は物体1と物体2は質量 $2m$ の一体の物体となって運動を始めた。特に指定がない限り，以下の問いに m，μ，v_0，L，g の中から必要なものを用いて答えよ。

(1) 摩擦力を考慮することにより，物体1が点Pから距離 L だけ進む間の加速度を求めよ。

(2) 物体1が点Pを通過してから物体2に衝突するまでの時間 T を求めよ。

(3) 衝突直前の物体1の速度 v_1 を T，μ，v_0，g を用いて表せ。

(4) 一体となった物体の衝突直後の速度 v_2 を速度 v_1 を用いて表せ。

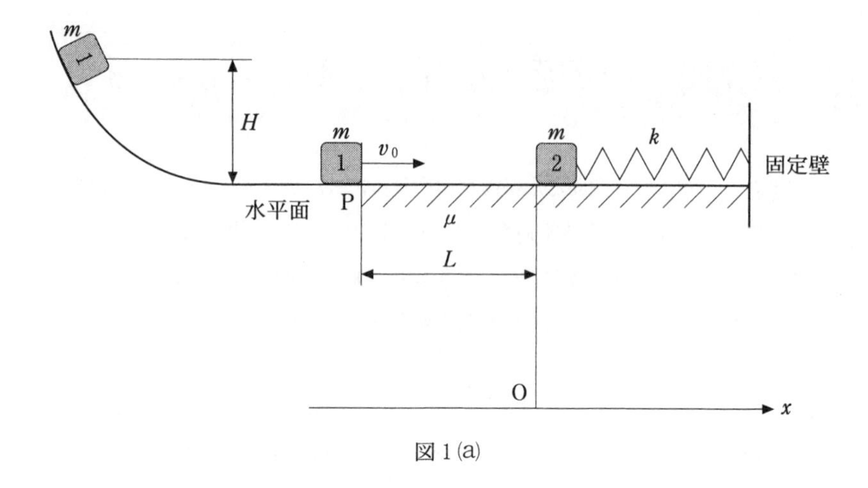

図 1(a)

問 3. 衝突前の物体 2 は固定壁に質量の無視できるばねでつながれており，ばねの長さは自然長になっている。ばね定数を k とする。物体 1 と物体 2 が衝突した点を原点にとり，ばねが圧縮される方向を x 座標の正の向きにとる。衝突後に一体となり速度 v_2 で運動を始めた物体は，ばねの復元力の影響で振動する。物体は離れることなく常に一体となって運動し，その運動は点 P と固定壁の範囲内に収まるとする。振動する過程で進行方向と逆向きに摩擦力が発生するので力学的エネルギーが失われることになる。一体となった物体は，図 1(b)に示すように原点 O から変位 x の正側の極大点 A に到達した後，逆方向に運動して負側の極小点 B に達し，同様の運動を繰り返して，物体の振れ幅は時間とともに小さくなった。特に指定がない限り，以下の問いに m，μ，v_2，g，k，および点 A，点 B における原点 O からの距離 a，b の中から必要なものを用いて答えよ。

(1)　衝突直後の一体となった物体の運動エネルギーを求めよ。

(2)　変位の極大点 A に達するまでに，ばねは a だけ押し縮められた。そのときばねに蓄えられている弾性エネルギーを表せ。

(3)　衝突してから変位の正側の極大点 A に達する間に摩擦によって失われる力学的エネルギーを求めよ。

(4)　ばねに蓄えられる弾性エネルギーと摩擦によって失われる力学的エネルギーに着目して，原点 O から点 A までの距離 a を m，μ，v_2，g，k を用いて表せ。

(5)　図1(b)に示すように一体となった物体が点Aから点Bまで動く間の，ばねの弾性エネルギーと摩擦によって失われる力学的エネルギーに着目して，距離の差 $a-b$ を m，μ，g，k を用いて表せ。

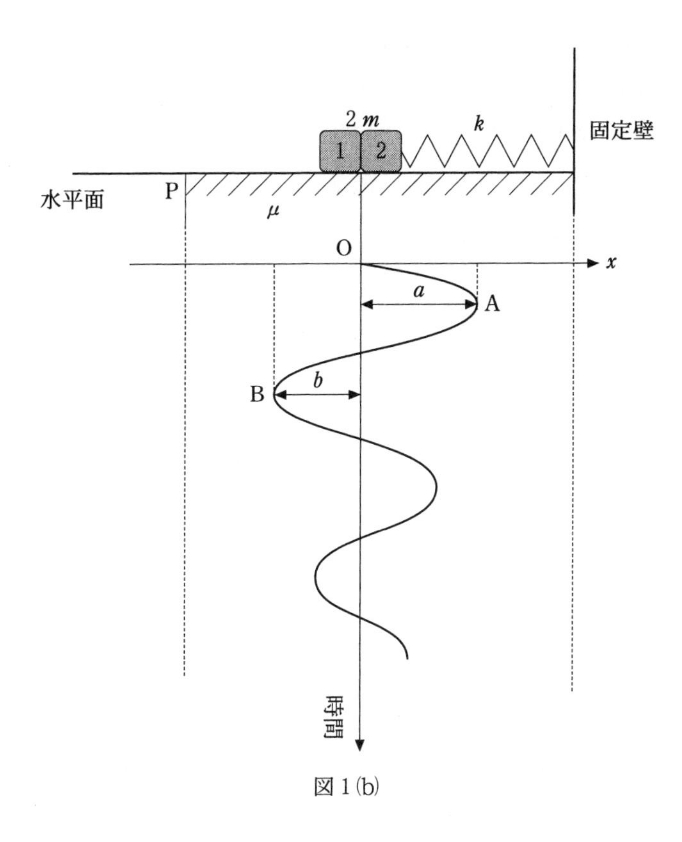

図1(b)

解 答

▶問1．水平面を重力による位置エネルギーの基準として，力学的エネルギー保存則より

$$mgH=\frac{1}{2}mv_0{}^2 \qquad \therefore \quad H=\boldsymbol{\frac{v_0{}^2}{2g}}$$

▶問2．(1) 物体1の加速度を a，水平面から受ける垂直抗力の大きさを N とする。
水平方向の運動方程式より　　$ma=-\mu N$
鉛直方向の力のつり合いの式より　　$N=mg$
したがって

$$ma=-\mu mg \qquad \therefore \quad a=\boldsymbol{-\mu g}$$

(2) 等加速度直線運動の式より

$$L=v_0T+\frac{1}{2}(-\mu g)T^2$$

$$\mu gT^2-2v_0T+2L=0$$

$$\therefore \quad T=\frac{v_0\pm\sqrt{v_0{}^2-\mu g\cdot 2L}}{\mu g}$$

T の複号で得られる2つの解のうち小さい方が求める T なので

$$T=\frac{v_0-\sqrt{v_0{}^2-\mu g\cdot 2L}}{\mu g}=\boldsymbol{\frac{v_0}{\mu g}\left(1-\sqrt{1-\frac{2\mu gL}{v_0{}^2}}\right)}$$

(3) 等加速度直線運動の式より

$$v_1=v_0+(-\mu g)T=\boldsymbol{v_0-\mu gT}$$

(4) 衝突後に2つの物体は一体となるので，運動量保存則より

$$mv_1=2mv_2 \qquad \therefore \quad v_2=\boldsymbol{\frac{1}{2}v_1}$$

▶問3．(1) 運動エネルギーを K とすると　　$K=\frac{1}{2}\cdot 2m\cdot v_2{}^2=\boldsymbol{mv_2{}^2}$

(2) 弾性エネルギーを U とすると　　$U=\boldsymbol{\frac{1}{2}ka^2}$

(3) 摩擦力の大きさは $\mu\cdot 2mg$ であるから，摩擦力がした仕事 W は

$$W=-2\mu mg\cdot a$$

したがって，摩擦によって失われる力学的エネルギーは　　$\boldsymbol{2\mu mga}$

(4) 物体がもつ力学的エネルギーの減少量は，摩擦によって失われる力学的エネルギーに等しいから

$$\frac{1}{2}\cdot 2m\cdot v_2{}^2-\frac{1}{2}ka^2=2\mu mga$$

$$ka^2+4\mu mga-2mv_2{}^2=0$$

$$\therefore \quad a = \frac{-2\mu mg \pm \sqrt{(2\mu mg)^2 + 2kmv_2{}^2}}{k}$$

$a > 0$ であるから

$$a = \frac{-2\mu mg + \sqrt{(2\mu mg)^2 + 2kmv_2{}^2}}{k}$$

$$= \boldsymbol{\frac{2\mu mg}{k}\left\{-1 + \sqrt{1 + \frac{k}{2m}\left(\frac{v_2}{\mu g}\right)^2}\right\}}$$

参考1　エネルギーと仕事との関係は，次のように表現することができる。

①「物体の運動エネルギーは，外力がした仕事の量だけ変化する」
外力がした仕事は，ばねの弾性力がした仕事と動摩擦力がした仕事の和であるから

$$0 - \frac{1}{2}\cdot 2m\cdot v_2{}^2 = -\frac{1}{2}ka^2 - 2\mu mg\cdot a$$

②外力のうち，保存力がした仕事は位置エネルギーの減少に等しいから，「物体の力学的エネルギーは，非保存力がした仕事の量だけ変化する」と表現できる。この表現を用いれば

$$\frac{1}{2}ka^2 - \frac{1}{2}\cdot 2m\cdot v_2{}^2 = -2\mu mg\cdot a$$

(5)　**問3**(4)と同様にして，点Aから点Bまで動く間で，物体がもつ力学的エネルギーの減少量は，摩擦によって失われる力学的エネルギーに等しいから

$$\frac{1}{2}ka^2 - \frac{1}{2}kb^2 = 2\mu mg(a+b)$$

$$\frac{1}{2}k(a+b)(a-b) = 2\mu mg(a+b)$$

$$\therefore \quad a - b = \boldsymbol{\frac{4\mu mg}{k}}$$

参考2　一般的な単振動においては，エネルギーと仕事の関係とともに，運動方程式が重要である。
物体が点Aから点Bまで動くとき，加速度を α とすると，2物体の運動方程式は

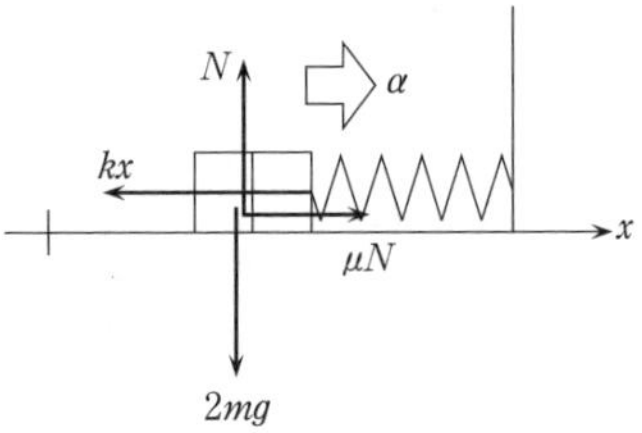

$$2m\alpha = -kx + 2\mu mg$$

$$\therefore \quad \alpha = -\frac{k}{2m}\left(x - \frac{2\mu mg}{k}\right)$$

これは単振動を表す式であり，次の各量がわかる。

角振動数 ω は　　$\omega = \sqrt{\dfrac{k}{2m}}$

振動中心（$\alpha = 0$）の座標 x_0 は　　$x_0 = \dfrac{2\mu mg}{k}$

また，振動中心がわかったことから，振幅 A は　　$A = a - \dfrac{2\mu mg}{k}$

したがって，振動の左端の点Bの座標 x_B は

$$x_B = a - 2A = a - 2\times\left(a - \frac{2\mu mg}{k}\right) = \frac{4\mu mg}{k} - a$$

となる。図1(b)より $x_B=-b$ であるから

$$-b=\frac{4\mu mg}{k}-a \qquad \therefore \quad a-b=\frac{4\mu mg}{k}$$

テーマ

◎摩擦のある水平面上で，物体が等加速度直線運動をする場合と，単振動をする場合の問題である。

●物体が直線運動をする場合

タイプ1　運動のある瞬間に着目して，運動方程式を書く。その解として加速度が一定ならば，その運動の最初から最後までの間で等加速度直線運動の式を用いる。

タイプ2　運動の最初と最後に着目して，物体にはたらく力が保存力だけの場合，または保存力以外の力がはたらいてもその力が仕事をしない場合は，力学的エネルギー保存則の式を用いる。力学的エネルギー保存則は，力が仕事をするかしないかの問題であって，途中の運動状態の変化によらない。

　また，保存力以外の力が仕事をする場合は，その力がする仕事が力学的エネルギーの変化に等しいという式を用いる。高校物理において，保存力以外で仕事をする力の多くは動摩擦力である。動摩擦力がする仕事は負であるから，この仕事の量だけ力学的エネルギーは減少する。

●単振動の解法については 2020 年度，2014 年度の〔テーマ〕を参照されたい。

5 斜面を滑る 2 物体の運動

(2009 年度　第 1 問)

問 1. 文中の空欄にあてはまる語句または数式を答えよ。ただし，[ア] などの一重欄には数式，[[ウ]] などの二重欄には語句，また，同じ記号の欄には同じものが入る。

図 1 のように，なめらかな水平面上に置かれた質量 m の物体 A と質量 M の物体 B の運動を考える。物体 A と B は同一直線上を運動するものとし，速度や力などのベクトル量は，その直線方向の成分のみを持ち，図で右向きを正とする。

いま，物体 A が速度 V で右に向かって運動し，静止している物体 B と衝突したとする。その際，物体 A と物体 B は時間 T の間接触し，その間に物体 A は物体 B に一定の力 F_0 を及ぼしたものとする。2 つの物体が接触している間の物体 B の加速度は [ア] であり，2 つの物体が離れた後(衝突後)の物体 B の速度は [イ] となる。それに対して，物体 A が物体 B から受ける力は，[[ウ]] の法則より [エ] であるから，衝突後の物体 A の速度は [オ] となる。これらの結果より，衝突の際に働く力に関わらず，衝突の前後で 2 つの物体の [[カ]] の和が変化しないことが分かる。

衝突のように短い時間に大きな力を及ぼし合う場合の運動は，力積を用いると記述しやすい。力積の単位は基本単位(kg，m，s)で表すと [キ] である。いま考えている衝突の場合，物体 A が物体 B に及ぼした力積は [ク] である。

また，衝突前後の物体の [[カ]] の変化から衝突の際に働いた力積を求めることもできる。この関係から，物体 A が物体 B に及ぼした力積が最も小さくなるのは，反発係数(はねかえり係数)が [ケ] の場合で，その時の力積は [コ] となることが分かる。

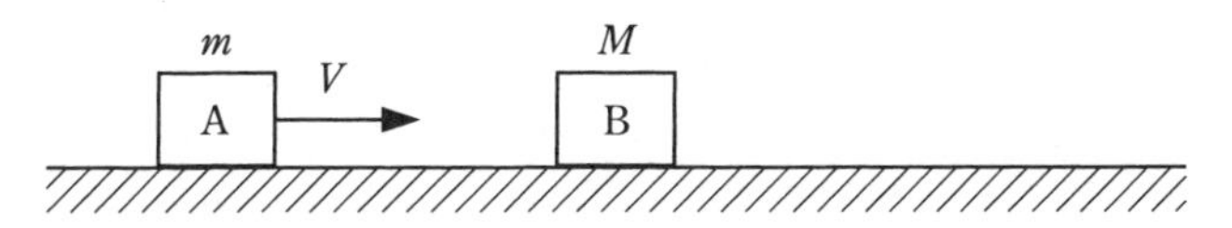

図 1

問 2. 図2に示すように，勾配 θ[rad] が $\tan\theta = 0.3$ で与えられる斜面上での，質量 m の2つの物体CおよびDの運動を考える。斜面と物体Cとの間には摩擦はないが，斜面と物体Dの間には摩擦力が働くものとする。

最初，物体Dは静止摩擦で斜面上に静止している。時刻 $t = 0$ に物体CがD物体から距離 X 離れたところから初速ゼロで滑り始め，時刻 $t = t_1$ に静止状態の物体Dと弾性衝突(完全弾性衝突)した。その後，2つの物体はいったん離れ，時刻 $t = t_2$ に再び斜面の途中で衝突した。

衝突している時間は極めて短く，衝突に対する静止摩擦の影響も無視できるものとする。また，斜面と物体Dとの動摩擦係数を $\mu' = 0.3$ とし，重力加速度の大きさを g，速度は斜面に沿って下向きを正とする。

以下の問いに答えよ。ただし，(1)，(2)および(5)については答えだけではなく，導出過程も記すこと。

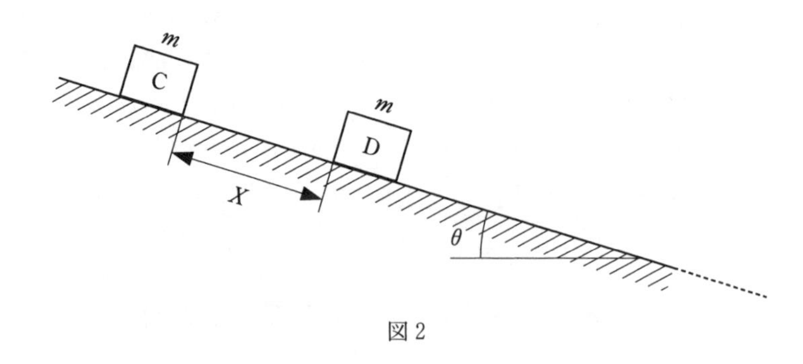

図2

(1) 最初の衝突直前の物体Cの速度 V_0，および衝突の時刻 t_1 を求めよ。ただし，勾配は θ と記してよい。

(2) 最初の衝突直後の，物体Cの速度 V_C および物体Dの速度 V_D を求めよ。ただし，物体Cの衝突直前の速度として V_0 を用いてよい。

(3) 最初の衝突後に物体Dに作用する力をすべて，解答用紙の図中に矢印で記入せよ。さらに，それぞれの力の名称およびその大きさを書け。ただし，矢印の向きと長さは力の向きと大きさに対応させること。

(4) 時刻 $t = 0$ から再び衝突する時刻 $t = t_2$ までの物体CおよびDの速度の時間変化を，それぞれ破線および実線で，解答用紙のグラフに示せ。ただし，グラフの軸の目盛は V_0 と t_1 を基準とすること。

(5) 物体CとDが再び衝突するまでに物体Dが移動する距離 Y を，X を用いて表せ。

〔(3)・(4)の解答欄〕

(3)

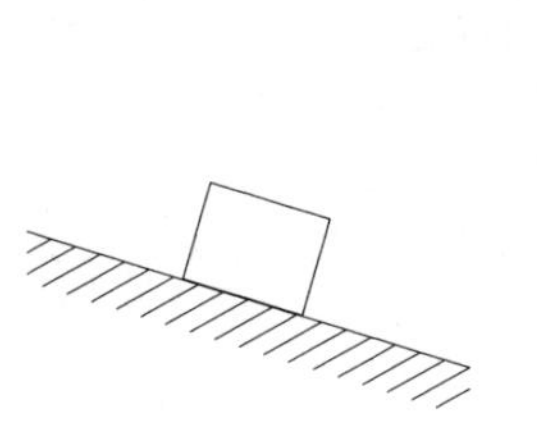

(4)

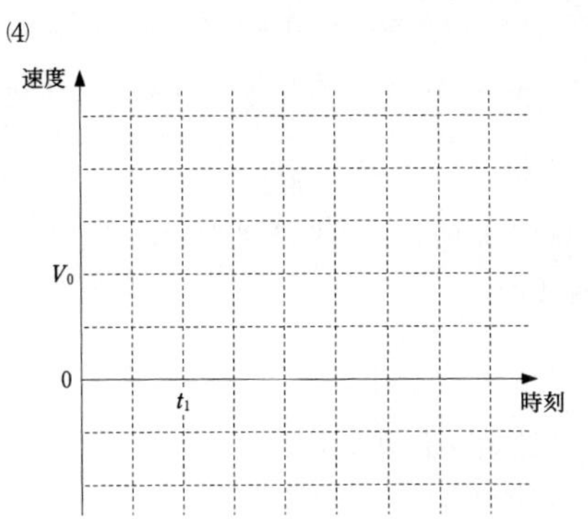

解 答

▶問1．ア．物体Bの加速度を a_B とすると，運動方程式より

$$Ma_B = F_0 \qquad \therefore \quad a_B = \boldsymbol{\frac{F_0}{M}}$$

イ．物体Bは，接触している時間 T の間，等加速度直線運動をしているから，離れた後の速度 V_B は

$$V_B = 0 + a_B T = \boldsymbol{\frac{F_0 T}{M}}$$

ウ．**作用・反作用**の法則である。

エ．物体Aが物体Bから受ける力は，物体Bが物体Aから受ける力と大きさが等しく向きが反対であるから $\boldsymbol{-F_0}$ である。

オ．物体Aの加速度を a_A とすると，運動方程式より

$$ma_A = -F_0 \qquad \therefore \quad a_A = -\frac{F_0}{m}$$

等加速度直線運動の式より，離れた後の速度 V_A は

$$V_A = V + a_A T = \boldsymbol{V - \frac{F_0 T}{m}}$$

カ．（衝突前の運動量の和）$= mV$

（衝突後の運動量の和）$= mV_A + MV_B$

$$= m\left(V - \frac{F_0 T}{m}\right) + M \cdot \frac{F_0 T}{M} = mV$$

であり，**運動量**の和が変化しないことがわかる。

キ．力積は，力と時間の積である。力の単位は〔N〕=〔kg･m/s^2〕，時間の単位は〔s〕であるから，力積の単位は　**〔kg･m/s〕**

別解　運動量と力積の関係より，力積の単位は運動量の単位と等しい。運動量＝質量×速度であるから，単位は　〔kg･m/s〕

ク．物体Aが物体Bにおよぼした力は F_0，接触していた時間は T であるから，力積は　$\boldsymbol{F_0 T}$

ケ．物体Aが物体Bにおよぼした力積を I_B とすると，これは物体Bの運動量の変化に等しい。反発係数が e の場合，衝突後の物体Bの速度 V_B を求めると

運動量保存則より　$mV = mV_A + MV_B$

反発係数の式より　$e = -\dfrac{V_A - V_B}{V}$

これらの式を連立させて解いて

$$V_B = \frac{(1+e)m}{m+M} V$$

力積 I_B は

$$I_B = MV_B - 0 = \frac{(1+e)\,mM}{m+M}V$$

したがって，$0 \leqq e \leqq 1$ より力積 I_B が最も小さくなるのは，$e=\mathbf{0}$ のときである。

コ．$e=0$ のとき　$I_B = \boldsymbol{\frac{mM}{m+M}V}$

▶問2．(1)　物体Cの加速度を a_C とすると，運動方程式より

$$ma_C = mg\sin\theta$$

$$\therefore\ a_C = g\sin\theta$$

等加速度直線運動の式より

$$V_0{}^2 - 0 = 2a_CX$$

$$V_0{}^2 = 2g\sin\theta\cdot X$$

$$\therefore\ V_0 = \boldsymbol{\sqrt{2gX\sin\theta}}$$

また

$$X = \frac{1}{2}a_Ct_1{}^2 = \frac{1}{2}g\sin\theta\cdot t_1{}^2$$

$$\therefore\ t_1 = \boldsymbol{\sqrt{\frac{2X}{g\sin\theta}}}$$

別解　物体Cの重力による位置エネルギーの基準を物体Dと衝突した位置とする。力学的エネルギー保存則より

$$mgX\sin\theta = \frac{1}{2}mV_0{}^2 \qquad \therefore\ V_0 = \sqrt{2gX\sin\theta}$$

物体Cは，重力の斜面方向成分 $mg\sin\theta$ を時間 t_1-0 の間受け続けたので，運動量と力積の関係より

$$mV_0 - 0 = mg\sin\theta\times(t_1-0)$$

$$\therefore\ t_1 = \frac{V_0}{g\sin\theta} = \frac{\sqrt{2gX\sin\theta}}{g\sin\theta} = \sqrt{\frac{2X}{g\sin\theta}}$$

(2)　運動量保存則より

$$mV_0 = mV_C + mV_D$$

反発係数の式より，弾性衝突は反発係数が1であるから

$$1 = -\frac{V_C - V_D}{V_0}$$

これらの式を連立させて解くと

$$V_C = \mathbf{0},\quad V_D = \boldsymbol{V_0}$$

参考　質量が等しい2物体の弾性衝突では，速度が交換されることを覚えておくのがよい。
　2物体の質量を m，衝突前のそれぞれの速度を v_1，v_2，衝突後のそれぞれの速度を v_1'，v_2' とすると

運動量保存則より　　$mv_1+mv_2=mv_1'+mv_2'$

反発係数の式より　　$1=-\dfrac{v_1'-v_2'}{v_1-v_2}$

これらの式を解くと $v_1'=v_2$，$v_2'=v_1$ となる。

(3)　物体Dに作用する垂直抗力を N，動摩擦力を F' とし，斜面下向きの加速度を a_D とする。

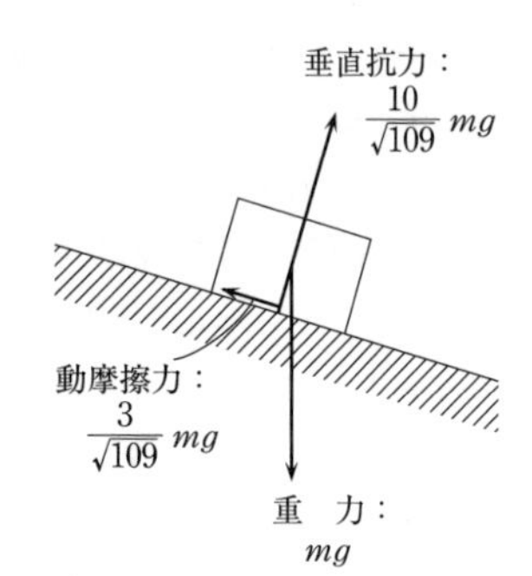

斜面に平行な方向の運動方程式より

$$ma_D=mg\sin\theta-F'\quad\cdots\cdots①$$

斜面に垂直な方向の力のつり合いの式より

$$N=mg\cos\theta\quad\cdots\cdots②$$

ただし　　$F'=\mu'N\quad\cdots\cdots③$

ここで，$\tan\theta=0.3$ であるから　　$\dfrac{\sin\theta}{\cos\theta}=0.3$

これを $\sin^2\theta+\cos^2\theta=1$ に用いると

$$\sin\theta=\frac{3}{\sqrt{109}},\quad \cos\theta=\frac{10}{\sqrt{109}}$$

したがって，②，③より

$$N=\frac{10}{\sqrt{109}}mg,\quad F'=0.3\times\frac{10}{\sqrt{109}}mg=\frac{3}{\sqrt{109}}mg$$

①より

$$ma_D=\frac{3}{\sqrt{109}}mg-\frac{3}{\sqrt{109}}mg=0\qquad\therefore\quad a_D=0$$

つまり，物体Dは，衝突後斜面を滑り下りているときは力のつり合いの状態にあり，等速直線運動をしていることを意味する。また，力の作図についても，矢印の向きと長さを力の向きと大きさに対応させる必要があるから，重力の斜面に平行な方向の成分と，動摩擦力の大きさが等しく，重力の斜面に垂直な方向の成分と垂直抗力の大きさが等しくなるように作図する。

参考　垂直抗力 N と動摩擦力 F' の合力を抗力 R とすると

$$R^2=N^2+F'^2=\left(\frac{10}{\sqrt{109}}mg\right)^2+\left(\frac{3}{\sqrt{109}}mg\right)^2=(mg)^2$$

$$\therefore\quad R=mg$$

(4)　物体Cは，時刻0に初速度0，加速度 $a_C = g\sin\theta = \dfrac{V_0}{t_1}$ で滑り始め，時刻 t_1 に速さ V_0 で物体Dに衝突し，直後静止する。その後，同じ加速度（グラフの傾きが同じ）で滑り，時刻 t_2 に達する。

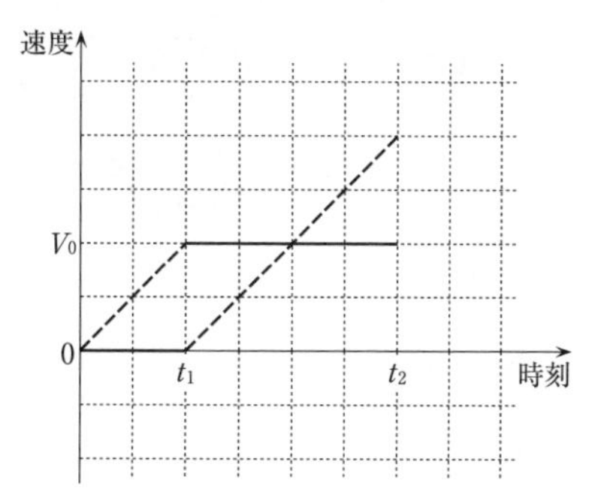

物体Dは，時刻 t_1 までは静止し，時刻 t_1 の後は速さ V_0 で等速度運動して時刻 t_2 に達する。

2つの物体が時刻 t_1 に衝突してから時刻 t_2 に再び衝突するまでの間に斜面上を滑った距離は等しいから，時刻 t_1 から t_2 の間の2つのグラフの面積が等しくなる時刻 t_2 を求めると，$t_2 = 3t_1$ である。

(5)　(4)のグラフの面積より，物体Cが時刻 t_1 までに滑った距離 X は

$$X = \frac{1}{2}V_0 t_1$$

物体Dが時刻 t_1 から t_2 の間に滑った距離 Y は

$$Y = V_0(t_2 - t_1) = V_0(3t_1 - t_1) = 2V_0 t_1 = 2\times 2X = \mathbf{4X}$$

別解　(4)，(5)　物体CとDが衝突してから再び衝突するまでの時間を $T_2\,(=t_2 - t_1)$，その間の物体CおよびDの移動距離を X'，Y とする。物体Cは，加速度 $a_C = g\sin\theta$ の等加速度直線運動を，物体Dは，速度 V_0 の等速直線運動を行うから

$$X' = \frac{1}{2}g\sin\theta\cdot T_2{}^2$$

$$Y = V_0 T_2$$

再び衝突したとき $X' = Y$ であるから

$$\frac{1}{2}g\sin\theta\cdot T_2{}^2 = V_0 T_2 \quad (\text{ただし，} T_2 \neq 0)$$

$$\therefore\quad T_2 = \frac{2V_0}{g\sin\theta} = \frac{2\sqrt{2gX\sin\theta}}{g\sin\theta} = 2\times\sqrt{\frac{2X}{g\sin\theta}} = 2t_1$$

したがって，時刻 $t=0$ からは

$$t_2 = t_1 + T_2 = 3t_1$$

物体Cは，初速度0から加速度 $g\sin\theta$ で滑り，時刻 t_1 で速度 V_0，衝突後再び初速度0から加速度 $g\sin\theta$ で滑り，時刻 t_2 で速度 $2V_0$ となる。

物体Dは，時刻 t_1 まで静止。衝突後時刻 t_2 まで等速度 V_0 で滑ることになる。

このとき，物体Dが移動する距離 Y は

$$Y=V_0T_2=V_0\times\frac{2V_0}{g\sin\theta}=\frac{2{V_0}^2}{g\sin\theta}$$
$$=\frac{2\cdot 2gX\sin\theta}{g\sin\theta}=4X$$

テーマ

◎2物体の衝突では，互いに力積をおよぼし合うので，それぞれの物体において運動量と力積の関係が成立する。これらをひとつの物体系とみると，互いにおよぼし合う力積が作用・反作用の関係で相殺されるので，運動量保存則が成立する。これと，反発係数の式を連立させる。

(i) 反発係数 e と衝突の種類，力学的エネルギーの変化

- $e=1$ の衝突を，弾性衝突（完全弾性衝突）といい，衝突前後で力学的エネルギーは保存する。
- $0\leqq e<1$ の衝突を，非弾性衝突といい，衝突前後で力学的エネルギーは減少する。特に，$e=0$ の衝突を，完全非弾性衝突といい，衝突後，2物体は一体となる。

(ii) 問2の問題文に「衝突している時間は極めて短く，衝突に対する静止摩擦の影響も無視できる」とあるが，一般には「衝突は瞬間的である」などと記述されることが多い。2物体が衝突したとき，2物体間にはたらきあう抗力を R，物体Cにはたらく動摩擦力を F'，物体Dにはたらく静止摩擦力を F，衝突時間を Δt とすると，運動量と力積の関係は

物体C：$mV_C-mV_0=mg\sin\theta\cdot\Delta t-R\Delta t-F'\Delta t$

物体D：$mV_D-0=mg\sin\theta\cdot\Delta t+R\Delta t-F\Delta t$

和を求めると

$$(mV_C+mV_D)-mV_0=\{2mg\sin\theta-(F+F')\}\Delta t$$

この式は，物体系に重力と摩擦力の力積がはたらき，物体系の運動量が変化することを表している。しかし，衝突している時間が極めて短く $\Delta t\fallingdotseq 0$ とすることができるので，物体系にはたらく外力の力積は無視できる。このとき，物体系の運動量は変化しない，すなわち運動量が保存することになる。2021年度の〔テーマ〕も参照されたい。

◎速さ v と時間 t の関係のグラフから得られるものは，面積が移動距離，傾きが加速度である。力学分野では他に，力 F と距離 x のグラフの面積が仕事，などがある。これらの関係をうまく使うのがポイントである。

2　剛　体

6　減速する自転車の車輪が浮き上がらずすべらない条件

（2019 年度　第 1 問）

図 1 のような，自転車とそれに乗った運転者を考える。両者をあわせて一体と考え，自転車・運転者とよぼう。運転者はじっと動かず，水平の路面を慣性でまっすぐ進んでいるとする。

この自転車・運転者全体の質量を M，重心 G は前輪と後輪のまんなかで高さ H のところにあるとする。前輪と後輪の中心の間隔を L とする。また，車輪は軽く，その回転が運動に与える影響は無視できるとする。

まず，前輪のみにブレーキをかけた場合を考える。すると図 1 に示すように，前輪のタイヤには，路面から，路面と平行な摩擦力がはたらく。その大きさを F とする。以下では，ブレーキをかけたほうのタイヤのみに摩擦力がはたらき，ブレーキによって生じる摩擦以外の摩擦や空気抵抗は無視できるとする。

(1)　ブレーキをかける前の自転車の速さを V として，停止するまでに進む距離を求めよ。ただし，F は一定とする。

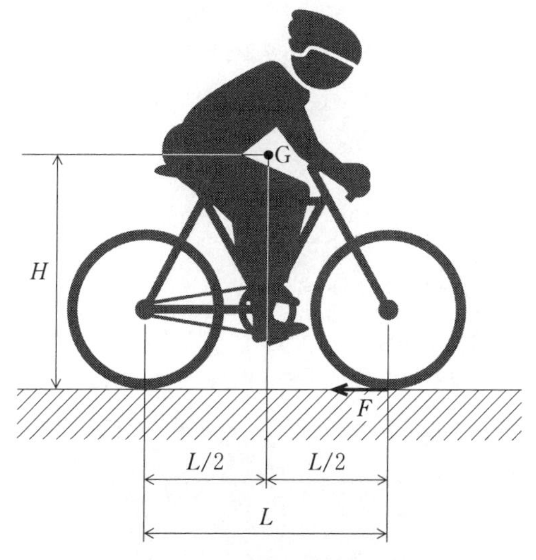

図 1 ：自転車・運転者

自転車の加速度を $-a(a>0)$ とし，自転車とともに運動する観測者を考える。この観測者から見ると自転車・運転者は静止しており，慣性力が外力とつりあっている。外力としては，前輪が受ける摩擦力(大きさ F)，前輪および後輪が路面から受ける垂直抗力(それぞれ，大きさ N_{F} および N_{R})，および重力の4つあり，それらが満たす関係式を求めたい。重力加速度の大きさを g として，以下の問いに答えよ。

(2) 摩擦力以外の3つの外力とこの観測者から見た慣性力について，その向きと大きさを，矢印の向きとおおよその長さで，解答欄の図中に示せ。ただし，矢印の始点はそれぞれの力の作用点とせよ。

〔解答欄〕

(3) 前輪および後輪が路面から受ける垂直抗力による，重心Gを通り紙面に垂直な軸のまわりの力のモーメントを，それぞれ書け。ただし，力のモーメントは反時計回りを正とする。

〔解答欄〕

前輪の垂直抗力のモーメント＝

後輪の垂直抗力のモーメント＝

(4) この観測者から見た，自転車・運転者にはたらく力および力のモーメントのつりあい条件を表す式を書け。ただし，自転車・運転者全体を剛体とみなしてよいとする。

⑸ 前問で求めた関係式を解いて，加速度の大きさ a，垂直抗力の大きさ N_{F} および N_{R} を，摩擦力の大きさ F の関数として表わせ。

⑹ F と N_{F} の比 $\dfrac{F}{N_{\mathrm{F}}}$ を，F の関数としてグラフに描け。ただし，$F \geqq 0$ である。

〔解答欄〕

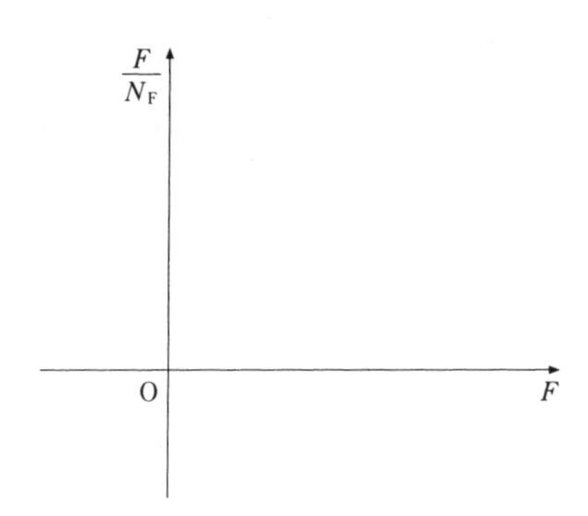

⑺ 後輪が浮き上がらないために F が満たすべき条件を書け。

ブレーキが弱いとタイヤは路面に対してすべらず，タイヤにはたらく摩擦力は静止摩擦力とみなしてよいとする。ブレーキを強くすると摩擦力は大きくなる。摩擦力が最大摩擦力を超えるとタイヤは路面に対してすべり始め，タイヤにはたらく摩擦力は動摩擦力になるとしよう。タイヤと路面の間の静止摩擦係数を μ として，以下の問いに答えよ。

⑻ μ が十分大きくタイヤはすべらないと仮定して，後輪が浮き上がらずに得られる最も大きな減速，すなわち a の最大値を書け。

⑼ 実際にタイヤがすべらずこの最大の減速を得るために，μ が満たすべき条件を書け。

次に，後輪にもブレーキをかけて減速している場合を考える。「両輪とも路面から離れず，かつタイヤがすべらない」という条件の下で得られる最大の減速，

すなわち加速度を $-b$ とした時，b の最大値を求めたい。ただし，タイヤと路面の静止摩擦係数 μ は前問(9)で求めた条件を満たすとする。

(10) 後輪のみにブレーキをかけて得られる最大の減速，すなわち b の最大値はいくらか。

(11) 前後両輪のブレーキを使ってよいとして，最大の減速になる場合を考える。その場合に，前輪にはたらく摩擦力 F_{F} および後輪にはたらく摩擦力 F_{R} は，それぞれいくらか。

解　答

▶(1)　運動エネルギーと仕事の関係より，自転車・運転者全体の運動エネルギーの変化は，摩擦力がした仕事に等しい。停止するまでに進む距離を d とすると

$$0-\frac{1}{2}MV^2=-F\cdot d \qquad \therefore \quad d=\frac{\boldsymbol{MV^2}}{\boldsymbol{2F}}$$

別解　自転車・運転者の加速度を，進行方向を正として α とすると，運動方程式より

$$M\alpha=-F \qquad \therefore \quad \alpha=-\frac{F}{M}$$

等加速度直線運動の式より

$$0-V^2=2\cdot\left(-\frac{F}{M}\right)\cdot d \qquad \therefore \quad d=\frac{MV^2}{2F}$$

▶(2)　作用点については，(i)前輪が路面から受ける垂直抗力 N_F の作用点は，摩擦力の作用点と一致する。垂直抗力と摩擦力の合力が抗力であり，前輪が路面から受ける力である。(ii)慣性力の作用点は，重力と同様に重心Gである。

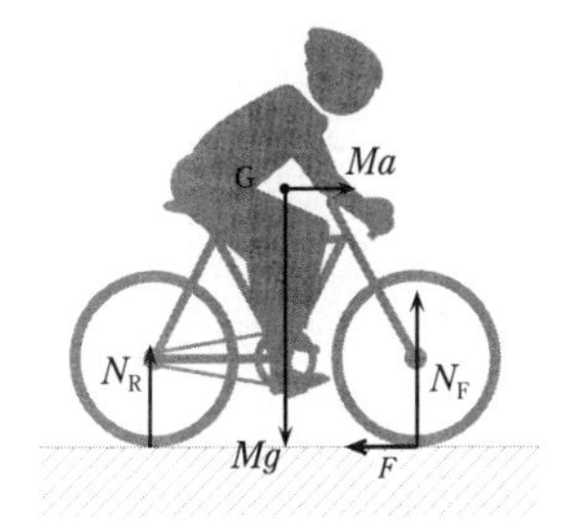

次に，水平方向の力については，(4)の力のつりあいの式より，慣性力 Ma の矢印の長さと摩擦力 F の矢印の長さが等しい。鉛直方向の力についても，同様に考えればよい。

▶(3)　力のモーメントの大きさは，(力の大きさ)×(軸から力の作用線までの距離)で表される。重心Gから，垂直抗力 N_F および垂直抗力 N_R の作用線までの距離は，ともに $\frac{L}{2}$ であるから

$$\text{前輪の垂直抗力のモーメント}=\frac{1}{2}N_F L$$

$$\text{後輪の垂直抗力のモーメント}=-\frac{1}{2}N_R L$$

▶(4)　水平方向の力のつりあいの式は

$$\boldsymbol{Ma-F=0} \quad \cdots\cdots①$$

鉛直方向の力のつりあいの式は

$$N_F+N_R-\boldsymbol{Mg=0} \quad \cdots\cdots②$$

重心Gを通り紙面に垂直な軸のまわりの力のモーメントのつりあいの式は，重心Gから摩擦力 F の作用線までの距離が H であるから

$$\frac{1}{2}N_{\mathrm{F}}L-\frac{1}{2}N_{\mathrm{R}}L-FH=0 \quad \cdots\cdots③$$

▶(5) ①より　$a=\dfrac{F}{M}$

②，③を連立して解くと

$$N_{\mathrm{F}}=\frac{1}{2}Mg+\frac{H}{L}F \quad \cdots\cdots④$$

$$N_{\mathrm{R}}=\frac{1}{2}Mg-\frac{H}{L}F \quad \cdots\cdots⑤$$

▶(6) F と N_{F} の比は，④を用いると

$$\frac{F}{N_{\mathrm{F}}}=\frac{F}{\frac{1}{2}Mg+\frac{H}{L}F}$$

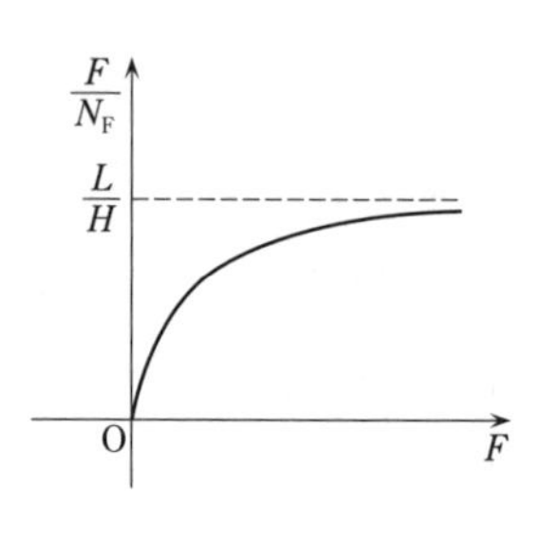

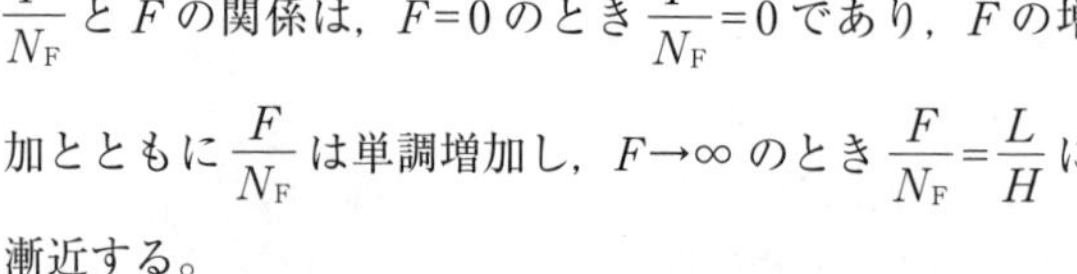

$\dfrac{F}{N_{\mathrm{F}}}$ と F の関係は，$F=0$ のとき $\dfrac{F}{N_{\mathrm{F}}}=0$ であり，F の増加とともに $\dfrac{F}{N_{\mathrm{F}}}$ は単調増加し，$F\to\infty$ のとき $\dfrac{F}{N_{\mathrm{F}}}=\dfrac{L}{H}$ に漸近する。

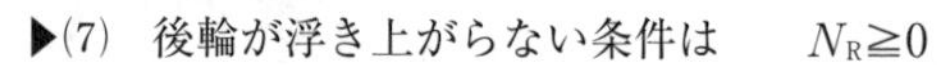

▶(7) 後輪が浮き上がらない条件は　$N_{\mathrm{R}}\geqq 0$

⑤より　$N_{\mathrm{R}}=\dfrac{1}{2}Mg-\dfrac{H}{L}F\geqq 0$

$$\therefore \quad F\leqq\frac{L}{2H}Mg \quad \cdots\cdots⑥$$

▶(8) タイヤにはたらく摩擦力 F は静止摩擦力とするから，①より

$F=Ma$

これを⑥に代入すると

$$Ma\leqq\frac{L}{2H}Mg \qquad \therefore \quad a\leqq\frac{L}{2H}g$$

したがって，a の最大値は　$\dfrac{L}{2H}g$

▶(9) 実際にタイヤがすべらないための条件は，摩擦力 F が最大値 F_{max} になったときでも，これが最大摩擦力以下であればよい。すなわち

$F_{\mathrm{max}}\leqq\mu N_{\mathrm{F}}$

⑥より　$F_{\mathrm{max}}=\dfrac{L}{2H}Mg$

このとき，④より $N_{\mathrm{F}}=\dfrac{1}{2}Mg+\dfrac{H}{L}\cdot F_{\mathrm{max}}$ となるので

$$\frac{L}{2H}Mg\leqq\mu\left(\frac{1}{2}Mg+\frac{H}{L}\cdot\frac{L}{2H}Mg\right)$$

$\therefore \quad \mu \geqq \dfrac{L}{2H}$

▶(10) 後輪のみにブレーキをかけたとき，後輪が路面から受ける摩擦力の大きさを F' とする。①～③と同様に

水平方向の力のつりあいの式は

$$Mb - F' = 0 \quad \cdots\cdots ⑦$$

鉛直方向の力のつりあいの式は

$$N_F + N_R - Mg = 0 \quad \cdots\cdots ⑧$$

重心Gを通り紙面に垂直な軸のまわりの力のモーメントのつりあいの式は

$$\frac{1}{2}N_F L - \frac{1}{2}N_R L - F'H = 0 \quad \cdots\cdots ⑨$$

タイヤがすべらない条件は

$$F' \leqq \mu N_R \quad \cdots\cdots ⑩$$

⑧，⑨を連立して N_R を求めると

$$N_R = \frac{1}{2}Mg - \frac{H}{L}F'$$

⑦，⑩より　$Mb \leqq \mu\left(\dfrac{1}{2}Mg - \dfrac{H}{L}Mb\right)$

$$\therefore \quad b \leqq \frac{\mu L}{2(L+\mu H)}g$$

したがって，b の最大値は　$\boldsymbol{\dfrac{\mu L}{2(L+\mu H)}g}$

$\left(b\text{ が最大値のとき，}N_R = \dfrac{L}{2(L+\mu H)}Mg > 0\text{ である。}\right)$

▶(11) 前後両輪のブレーキを使ったときに得られる最大の減速，すなわちこのときの加速度を $-c$（$c>0$）とすると，同様にして

水平方向の力のつりあいの式は

$$Mc - F_F - F_R = 0 \quad \cdots\cdots ⑪$$

鉛直方向の力のつりあいの式は

$$N_F + N_R - Mg = 0 \quad \cdots\cdots ⑫$$

重心Gを通り紙面に垂直な軸のまわりの力のモーメントのつりあいの式は

$$\frac{1}{2}N_F L - \frac{1}{2}N_R L - F_F H - F_R H = 0 \quad \cdots\cdots ⑬$$

両輪ともタイヤがすべらずに，最大の減速を得る条件は

$$F_F = \mu N_F,\quad F_R = \mu N_R \quad \cdots\cdots ⑭$$

⑭を⑬に代入して，F_F，F_R を消去すると

$$N_F\left(\mu H-\frac{L}{2}\right)+N_R\left(\mu H+\frac{L}{2}\right)=0 \quad \cdots\cdots⑬'$$

⑫, ⑬′ を連立して N_F, N_R を求めると

$$N_F=\left(\frac{1}{2}+\frac{\mu H}{L}\right)Mg$$

$$N_R=\left(\frac{1}{2}-\frac{\mu H}{L}\right)Mg$$

両輪とも路面から離れない条件は, $N_F \geqq 0$, $N_R \geqq 0$ であるから

$$N_R=\left(\frac{1}{2}-\frac{\mu H}{L}\right)Mg \geqq 0 \qquad \therefore \quad \mu \leqq \frac{L}{2H}$$

ここで, μ は(9)で求めた条件 $\mu \geqq \frac{L}{2H}$ も必要であるから, これらを同時に満たすためには $\mu=\frac{L}{2H}$ でなければならない。これを N_F, N_R に代入して, ⑭より F_F, F_R を求めると

$$F_F=\mu N_F=\mu\cdot\left(\frac{1}{2}+\frac{\mu H}{L}\right)Mg$$

$$=\frac{L}{2H}\left(\frac{1}{2}+\frac{L}{2H}\cdot\frac{H}{L}\right)Mg=\boldsymbol{\frac{L}{2H}Mg}$$

$$F_R=\mu N_R=\mu\cdot\left(\frac{1}{2}-\frac{\mu H}{L}\right)Mg$$

$$=\frac{L}{2H}\left(\frac{1}{2}-\frac{L}{2H}\cdot\frac{H}{L}\right)Mg=\mathbf{0}$$

(このとき, ⑪より $c=\frac{L}{2H}g$ となり, (8)の a の最大値と一致している。)

テーマ

◎自転車とともに運動する運転者からみて, 重力, 慣性力, 前輪および後輪が路面から受ける垂直抗力, 摩擦力について, 力のつりあいと力のモーメントのつりあいの関係を考える問題である。

力のモーメントのつりあいは任意の軸をとればよいが, 重心Gを軸にとると, 重力と慣性力のモーメントがともに **0** となって扱いやすい。タイヤが浮き上がらない条件は, 垂直抗力 $N \geqq \mathbf{0}$, タイヤがすべらない条件は, 摩擦力の最大値 $F_{max} \leqq$ 最大摩擦力 μN であり, これらを前輪, 後輪について正しく捉える必要がある。

3　円運動・万有引力

7　地球の周辺を運動する人工衛星

（2022 年度　第 1 問）

地球の周辺を運動する人工衛星を考える。人工衛星は質量 m の質点とみなせ，人工衛星が地球各部から受ける万有引力の合力は，地球の全質量が地球中心Oに集中しているときの万有引力に等しいものとみなせる。なお，地球の質量を M，半径を R とし，万有引力定数を G とする。

問 1. 図1のように，赤道上空を地球の自転と同じ向きに，地球中心Oから半径 r の円軌道上を一定の速さ v で周回運動をしている人工衛星を考える。以下では，赤道面に地球中心Oを原点とする2次元 xy 座標系をとり，人工衛星の位置は (x, y) と表すものとする。以下の問いに答えよ。

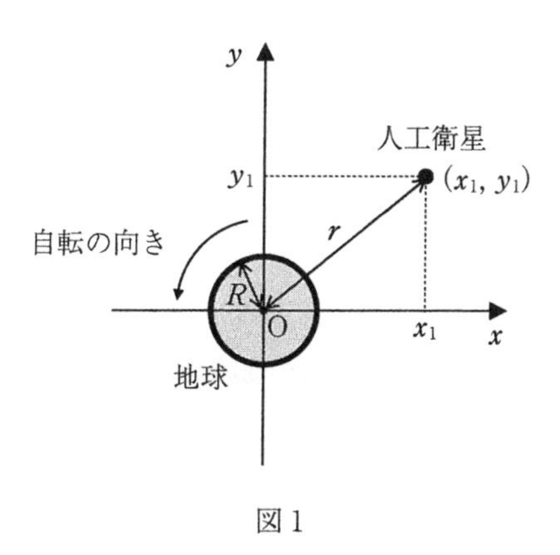

図1

(1)　図1のように人工衛星が位置 (x_1, y_1) にあるとき，人工衛星が受ける万有引力の x 成分 F_x，y 成分 F_y の大きさを，それぞれ G，M，m，r，x_1，y_1 のうち必要なものを用いて表せ。

(2) 図2に示すように，人工衛星が位置$(r, 0)$にあるときの速度を$\vec{v}_1$，それから時間$\varDelta t$の間に角度$\varDelta\theta$ [rad] だけ回転したときの速度を$\vec{v}_2$とする。$\vec{v}_1=(v_{1x}, v_{1y})$，$\vec{v}_2=(v_{2x}, v_{2y})$とするとき，これら2つの位置での速度の各成分を$v$，$r$，$\varDelta t$のうち必要なものを用いて表せ。

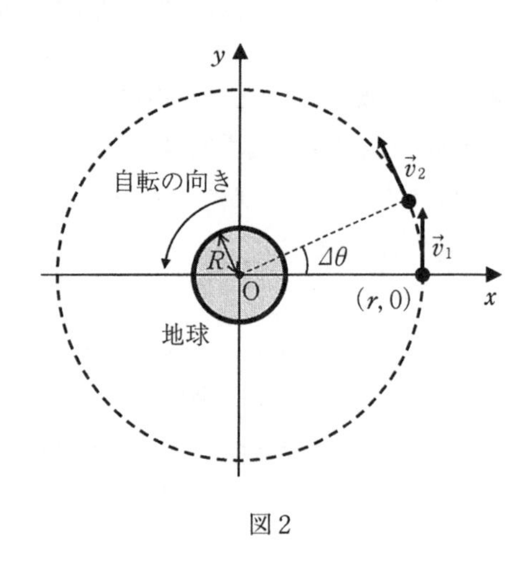

図2

(3) 前問(2)の時間$\varDelta t$の間の速度変化を考える。速度変化のx成分$\varDelta v_x$，およびy成分$\varDelta v_y$をv，r，$\varDelta t$のうち必要なものを用いて表せ。

(4) 前問(3)の結果を用い，人工衛星が位置$(r, 0)$にあるときの加速度のx成分a_x，およびy成分a_yをv，r，$\varDelta t$のうち必要なものを用いて表せ。ここでは，時間$\varDelta t$は微小であり，その間の角度変化$\varDelta\theta$は十分に小さいものとして，微小な角度$\varDelta\theta$に対して成立する近似式$(\sin\varDelta\theta \fallingdotseq \varDelta\theta,\ \cos\varDelta\theta \fallingdotseq 1)$を用いること。

(5) この人工衛星を地上から見たところ静止して見えた。地球の自転の周期をTとするとき，人工衛星の軌道半径rをG，M，Tを用いて表せ。

問 2. 次に，地球中心Oを一つの焦点として楕円運動する人工衛星を考える。「惑星と太陽とを結ぶ線分が単位時間に描く面積（面積速度）は一定である」

とするケプラーの第二法則が，地球中心Oを焦点とする人工衛星の楕円運動でも成り立つものとする。図3のように，この人工衛星の速度を$\vec{v}$，その大きさをvとする。また，地球中心Oから人工衛星へ向かうベクトルを$\vec{r}$とし，その大きさをrとする。速度$\vec{v}$の$\vec{r}$と平行な成分の大きさを$v_{\parallel}$，$\vec{r}$に垂直な成分の大きさを$v_{\perp}$で表し，$\vec{r}$と$\vec{v}$のなす角度をφ $(0<\varphi<\pi)$とする。このとき，面積速度hは$h=\dfrac{1}{2}rv\sin\varphi$と与えられる。以下の問いに答えよ。

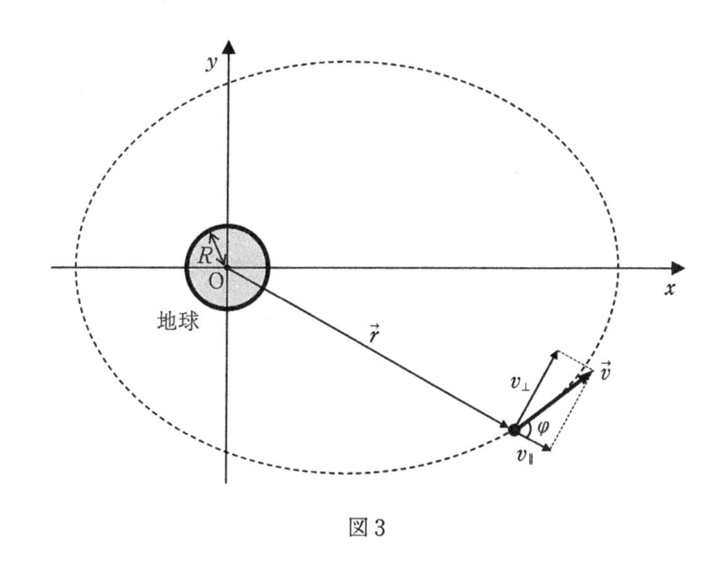

図3

(1)　$v_{\perp}$をrとhを用いて表せ。

(2)　人工衛星の万有引力による位置エネルギーUをG，M，m，rを用いて表せ。ただし，無限遠方の位置エネルギーを$U=0$とする。

(3)　人工衛星の力学的エネルギーEを$v_{\parallel}$，G，M，m，r，hを用いて表せ。

(4)　前問(3)で求めた力学的エネルギーの表式のうち，rを含む項をすべて合わせたもの（$v_{\parallel}$の項を含まないもの）を$V(r)$とする。地球は全質量が地球中心Oに集中している質点とし，大きさは無視できるものとする。rを0から大きくしたとき，最初に$V(r)=0$になる距離r_cを求めよ。また，

$V(r)$ を r の関数としてグラフに図示せよ。このとき，r が0に近づく際および無限遠方に向かう際のグラフの様子がわかるように示せ(極値および変曲点まで求める必要はない)。

〔解答欄〕

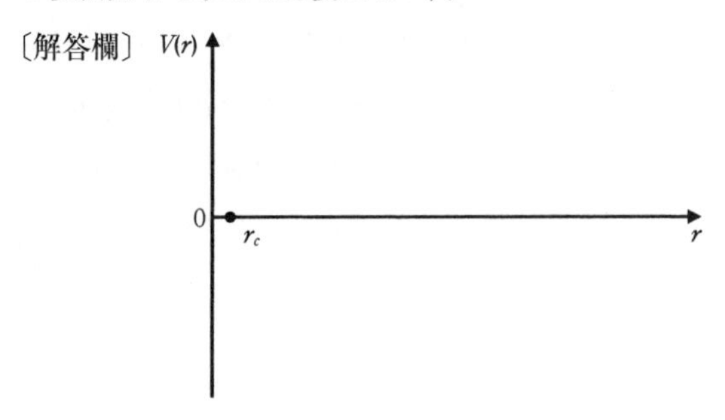

問 3. 図4に示すように，人工衛星を地表面から水平に大きさ v_0 の初速度で発射した。このとき，地球の自転速度および空気抵抗の影響は無視できるものとする。以下の問いに答えよ。

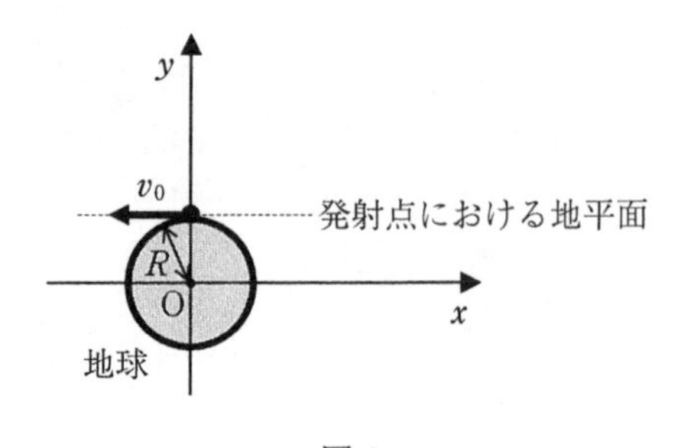

図4

(1) 発射した瞬間の人工衛星の力学的エネルギー E_0 を R，G，M，m，v_0 を用いて表せ。

(2) 人工衛星が無限遠方に飛んでいくために必要な最小の初速度の大きさ $v_{\min}$ を求めよ。

解　答

▶問１．(1)　人工衛星が受ける万有引力の大きさをFとすると

$$F=G\frac{Mm}{r^2}$$

右図のように，人工衛星と地球の中心Oを結ぶ線分がx軸となす角をθとする。

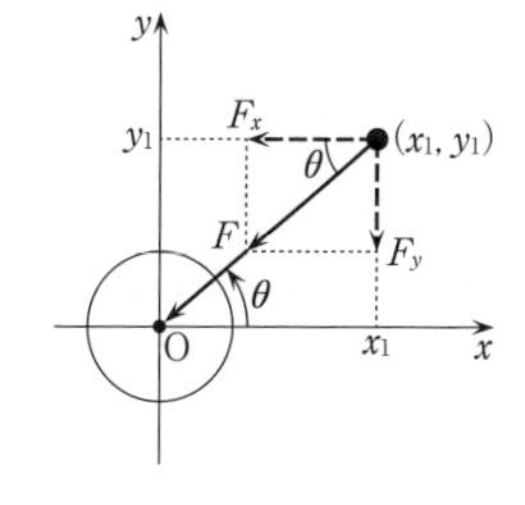

F_xの大きさ：

$$F_x=-F\cos\theta$$

$$\therefore\quad |F_x|=|F\cos\theta|=G\frac{Mm}{r^2}\times\frac{|x_1|}{r}$$

$$=\boldsymbol{\frac{GMm|x_1|}{r^3}}$$

F_yの大きさ：

$$F_y=-F\sin\theta$$

$$\therefore\quad |F_y|=|F\sin\theta|=G\frac{Mm}{r^2}\times\frac{|y_1|}{r}$$

$$=\boldsymbol{\frac{GMm|y_1|}{r^3}}$$

(2)　人工衛星の等速円運動の角速度をωとすると

$$\omega=\frac{\Delta\theta}{\Delta t}$$

よって，人工衛星の速さvは

$$v=r\omega=r\frac{\Delta\theta}{\Delta t}$$

$$\therefore\quad \Delta\theta=\frac{v\Delta t}{r}$$

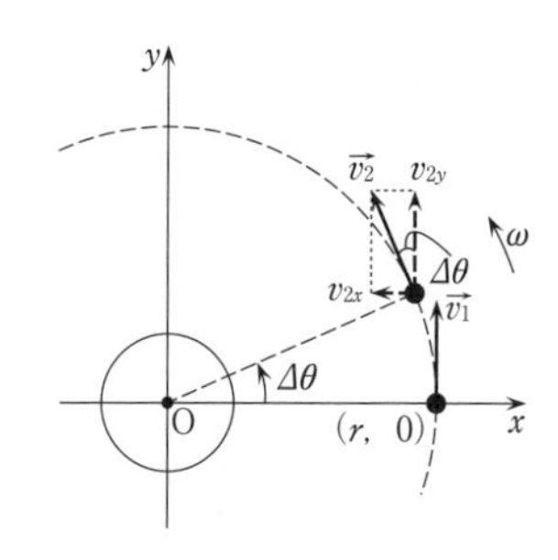

右図より

$$(v_{1x},\ v_{1y})=\boldsymbol{(0,\ v)}$$

$$(v_{2x},\ v_{2y})=(-v\sin\Delta\theta,\ v\cos\Delta\theta)$$

$$=\boldsymbol{\left(-v\sin\frac{v\Delta t}{r},\ v\cos\frac{v\Delta t}{r}\right)}$$

(3)　時間Δtの間の速度変化は，**問１(2)**より

$$\Delta v_x=v_{2x}-v_{1x}=-v\sin\frac{v\Delta t}{r}-0=\boldsymbol{-v\sin\frac{v\Delta t}{r}}$$

$$\Delta v_y=v_{2y}-v_{1y}=v\cos\frac{v\Delta t}{r}-v=\boldsymbol{v\left(\cos\frac{v\Delta t}{r}-1\right)}$$

(4)　**問１(3)**のΔv_x，Δv_yに与えられた近似式を用いると

$$\Delta v_x = -v\sin\frac{v\Delta t}{r} \fallingdotseq -v\times\frac{v\Delta t}{r} = -\frac{v^2\Delta t}{r}$$

$$\Delta v_y = v\left(\cos\frac{v\Delta t}{r} - 1\right) \fallingdotseq v(1-1) = 0$$

加速度の定義より

$$a_x = \frac{\Delta v_x}{\Delta t} = \boldsymbol{-\frac{v^2}{r}}$$

$$a_y = \frac{\Delta v_y}{\Delta t} = \mathbf{0}$$

(5) 人工衛星の周回運動の周期が地球の自転の周期と等しいので，人工衛星の速さ v は，地球の自転の周期 T を用いて

$$v = \frac{2\pi r}{T}$$

人工衛星の等速円運動の運動方程式より

$$m\frac{v^2}{r} = G\frac{Mm}{r^2}$$

よって

$$m\frac{\left(\dfrac{2\pi r}{T}\right)^2}{r} = G\frac{Mm}{r^2}$$

$$\therefore\quad r = \boldsymbol{\sqrt[3]{\frac{GMT^2}{4\pi^2}}}$$

参考 地上から見て静止して見える人工衛星を静止衛星という。静止衛星の軌道半径は，地表面での重力加速度の大きさ g を用いて表すこともできる。地表面においた質量 m_0 の物体にはたらく重力がこの物体と地球との間にはたらく万有引力とすると

$$m_0g = G\frac{Mm_0}{R^2} \qquad \therefore\quad GM = gR^2$$

よって

$$r = \sqrt[3]{\frac{GMT^2}{4\pi^2}} = \sqrt[3]{\frac{gR^2T^2}{4\pi^2}}$$

これに具体的な数値を代入すると

$$r = \sqrt[3]{\frac{9.8\times(6.4\times10^6)^2\times(24\times60\times60)^2}{4\times3.14^2}}$$

$$= 4.23\times10^7 \fallingdotseq 4.2\times10^7\,[\mathrm{m}]$$

地表面からの高さ H は

$$H = r - R = 4.23\times10^7 - 6.4\times10^6 = 3.59\times10^7 \fallingdotseq 3.6\times10^7\,[\mathrm{m}]$$

この高さ H が地球の半径の何倍になるかを求めると

$$\frac{H}{R} = \frac{3.59\times10^7}{6.4\times10^6} = 5.60 \fallingdotseq 5.6\ 倍$$

▶問2．(1) 題意より，面積速度 h は

$$h=\frac{1}{2}rv\sin\varphi$$

よって，図3より

$$v_{\perp}=v\sin\varphi=\boldsymbol{\frac{2h}{r}}$$

(2)　万有引力による位置エネルギーは，人工衛星にはたらく万有引力 $G\frac{Mm}{r^2}$ に逆らって加えた外力 f が仕事をすることに由来する。地球から距離 r の位置にある人工衛星を無限遠方まで運ぶ仕事を W とすると

$$W=\int_r^{\infty}f\cdot dr=\int_r^{\infty}G\frac{Mm}{r^2}dr=\left[-G\frac{Mm}{r}\right]_r^{\infty}=0-\left(-G\frac{Mm}{r}\right)=G\frac{Mm}{r}$$

万有引力による位置エネルギー U は，地球から距離 r の位置から無限遠方に向かうと，加えられた仕事の量だけ増加し，無限遠方で最大値0になるので

$$U=\boldsymbol{-G\frac{Mm}{r}}$$

この－符号は，地球と人工衛星間にはたらく力が引力であることを表す。

(3)　力学的エネルギー E は，運動エネルギーと位置エネルギーの和であり，図3の $\vec{v}$ で三平方の定理より $v^2=v_{\parallel}{}^2+v_{\perp}{}^2$ であるから

$$E=\frac{1}{2}mv^2+U$$

$$=\frac{1}{2}m\left(v_{\parallel}{}^2+v_{\perp}{}^2\right)-G\frac{Mm}{r}$$

$$=\boldsymbol{\frac{1}{2}mv_{\parallel}{}^2+\frac{1}{2}m\left(\frac{2h}{r}\right)^2-G\frac{Mm}{r}}$$

(4)　題意より

$$V(r)=\frac{1}{2}m\left(\frac{2h}{r}\right)^2-G\frac{Mm}{r}$$

$V(r)=0$ となる r が r_c であるから

$$\frac{1}{2}m\left(\frac{2h}{r_c}\right)^2-G\frac{Mm}{r_c}=0$$

$$\therefore\quad r_c=\boldsymbol{\frac{2h^2}{GM}}$$

$V(r)$ のグラフは，$r=r_c$ から r が0に近づくとき，$V(r)$ は増加して無限大に発散し，$r=r_c$ から r が無限遠方に向かうとき，$V(r)$ は $V(r)<0$ の範囲で0に収束する。

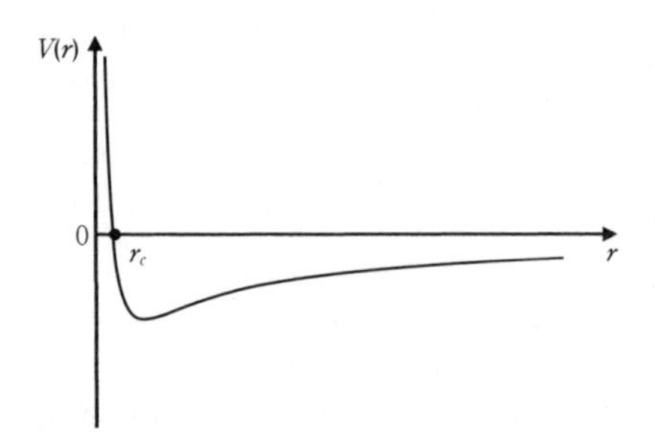

参考 $V(r)$ を r で微分して，極値と増減を考える。

$$\frac{dV(r)}{dr}=-\frac{4mh^2}{r^3}+\frac{GMm}{r^2}$$

極値は

$$\frac{dV(r)}{dr}=-\frac{4mh^2}{r^3}+\frac{GMm}{r^2}=0$$

$$\therefore\quad r=\frac{4h^2}{GM}$$

このとき

$$V(r)=\frac{2mh^2}{\left(\frac{4h^2}{GM}\right)^2}-\frac{GMm}{\frac{4h^2}{GM}}=-\frac{G^2M^2m}{8h^2}$$

よって，$V(r)$ のグラフは次のようになる。

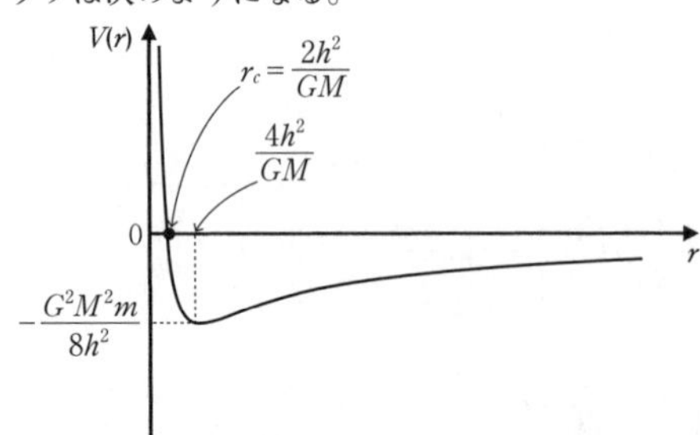

▶問3．(1) 力学的エネルギー E_0は，運動エネルギーと位置エネルギーの和であるから

$$E_0=\frac{1}{2}\boldsymbol{m v_0}^2-\boldsymbol{G}\frac{\boldsymbol{Mm}}{\boldsymbol{R}}$$

(2) 人工衛星が無限遠方にあるときの速度の大きさを v_∞ とする。無限遠方での万有引力による位置エネルギー U は 0 であるから，地表面と無限遠方での力学的エネルギー保存則より

$$\frac{1}{2}mv_0{}^2-G\frac{Mm}{R}=\frac{1}{2}mv_\infty{}^2+0$$

人工衛星が無限遠方に飛んでいくのは，$v_\infty \geqq 0$ のときである。ここで，$v_\infty=0$ のとき，v_0 は最小値 $v_{\min}$ となり

$$\frac{1}{2}mv_{\min}{}^2 - G\frac{Mm}{R} = 0$$

$$\therefore\quad v_{\min} = \sqrt{\frac{2GM}{R}}$$

参考　地表面から発射した人工衛星が無限遠方に飛んでいくために必要な初速度の大きさ $v_{\min}$ を，第二宇宙速度という。問1(5)の〔参考〕と同様に

$$v_{\min} = \sqrt{\frac{2GM}{R}} = \sqrt{\frac{2gR^2}{R}} = \sqrt{2gR}$$

$$= \sqrt{2\times 9.8\times 6.4\times 10^6} = 1.12\times 10^4\,[\mathrm{m/s}] = 11.2\,[\mathrm{km/s}]$$

また，地表面すれすれに等速円運動をする人工衛星の速度，すなわち人工衛星になることができる最小速度の大きさ v_1 を，第一宇宙速度という。等速円運動の運動方程式より

$$m\frac{v_1{}^2}{R} = G\frac{Mm}{R^2}$$

$$\therefore\quad v_1 = \sqrt{\frac{GM}{R}} = \sqrt{\frac{gR^2}{R}} = \sqrt{gR}$$

$$= \sqrt{9.8\times 6.4\times 10^6} = 7.91\times 10^3\,[\mathrm{m/s}] \fallingdotseq 7.9\,[\mathrm{km/s}]$$

テーマ

◎万有引力は保存力である。保存力とは，物体がその力を受けてある点から別の点に移動したとき，仕事が経路によらず一定となるような力をいう。物体にはたらく力が保存力だけの場合，力学的エネルギー $E = \frac{1}{2}mv^2 - G\frac{Mm}{r}$ が保存する。

◎万有引力は中心力である。中心力とは，その力の大きさが力の中心から物体までの距離だけで決まり，その方向が力の中心と物体を結ぶ直線に沿うものをいう。物体にはたらく力が中心力の場合，角運動量 $L = mvr\sin\varphi$ が保存する。すなわち，面積速度 $A = \frac{1}{2}rv\sin\varphi$ が一定である。

●万有引力による人工衛星や惑星の運動の考え方

(i)　円運動（半径 r，速さ v）をする場合

円運動の運動方程式，または遠心力を用いたつりあいの式を用いる。

$$m\frac{v^2}{r} = G\frac{Mm}{r^2}\quad \left(\text{ただし地表面上で } G\frac{Mm}{R^2} = mg \quad \therefore\ GM = gR^2\right)$$

周期 $T = \frac{2\pi r}{v}$

(ii)　楕円運動をする場合

力学的エネルギー保存則，ケプラーの第二法則（面積速度一定の式）を用いる。

$$\frac{1}{2}mv^2 - G\frac{Mm}{r} = \text{一定}$$

$$\frac{1}{2}rv\sin\varphi = \text{一定}$$　（ただし，φ は $\vec{r}$ と $\vec{v}$ のなす角度）

特に，楕円軌道の近地点までの距離 r_1，近地点での速さ v_1，遠地点までの距離 r_2，

遠地点での速さ v_2 の場合，$\sin 90°=1$ であるから

$$\frac{1}{2}r_1v_1=\frac{1}{2}r_2v_2,\ \ \frac{1}{2}mv_1{}^2-G\frac{Mm}{r_1}=\frac{1}{2}mv_2{}^2-G\frac{Mm}{r_2}$$

周期 T は，ケプラーの第三法則によって，他の軌道の周期と比較する。

円軌道と比較する場合

$$\frac{(T_{円軌道})^2}{(a_{円軌道})^3}=\frac{(T_{楕円軌道})^2}{(a_{楕円軌道})^3}\ \ \left(ただし，a_{楕円軌道}=(楕円軌道の長軸半径)=\frac{r_1+r_2}{2}\right)$$

(iii) 地表面からの打ち上げや双曲線軌道で，無限遠方へ飛んでいく場合

力学的エネルギー保存則を用いる。

$$\frac{1}{2}mv^2-G\frac{Mm}{r}=一定$$

特に，任意の点において，力学的エネルギーが正ならば引力圏を脱出して無限遠方へ飛んでいく。逆に，力学的エネルギーが負ならば戻ってくる。

〔注〕

- ケプラーの第二法則「$\frac{1}{2}rv\sin\varphi=一定$」が成立する条件

あるひとつの天体Mのまわりを，ひとつの軌道を運動するひとつの人工衛星（惑星）mについて，軌道上の異なる2点間で成立する。

- ケプラーの第三法則「$\frac{T^2}{a^3}=一定$」が成立する条件

あるひとつの天体Mのまわりを，2つ以上の異なる軌道を運動する別々の人工衛星（惑星）m_1，m_2，… について成立する。地球Mを回る人工衛星 m_1 と月 m_2 では，地球Mがひとつであるから成立するが，太陽 M_1 を回る木星 m_1 と地球Mを回る月 m_2 では，太陽 M_1 と地球Mが異なるから成立しない。

8 鉛直面内でのおもりの円運動，小球を放出しながら進む台

（2015 年度　第 1 問）

問 1．図 1 (a)に示すように，天井に取り付けられた支点 O および支点 O′ から，質量 m のおもりが軽い糸で吊り下げられ，床から高さ $\frac{5}{2}r$ の位置 A で静止している。2 本の糸のなす角∠OAO′ は 90° である。支点 O とおもりを結ぶ糸の長さは $3r$ であり，床から 2 つの支点までの高さは $4r$ である。糸の質量，伸び，空気抵抗は無視できるものとし，おもりは 1 つの鉛直面内で運動するものとする。支点 O の直下で床から $2r$ の高さの点 P には太さを無視できるくぎが鉛直面に垂直に固定されている。重力加速度の大きさを g とする。

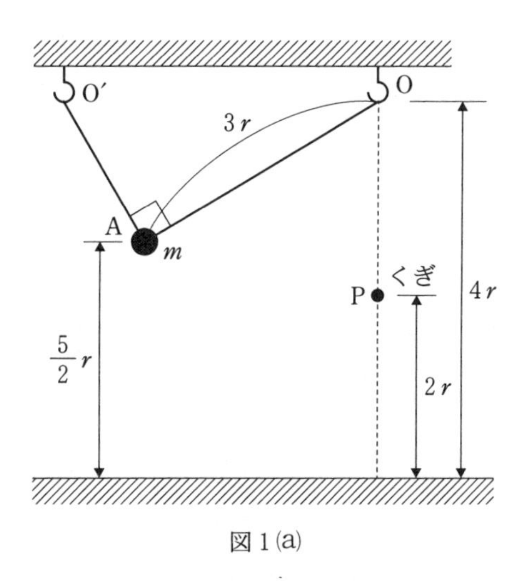

図 1 (a)

(1) 糸 OA に生じている張力の大きさを求めよ。

おもりを糸O′Aから静かに切り離したところ，図1(b)に示すようにおもりは点Oを支点とする運動を始めた。

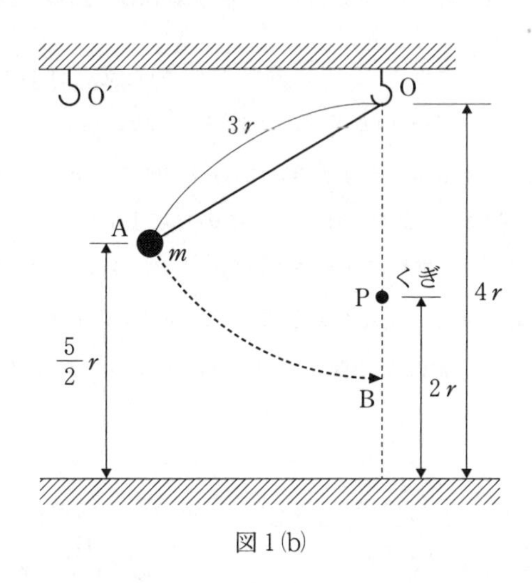

図1(b)

(2) おもりが最下点Bを通過する時の速さv_1を求めよ。

(3) おもりは最下点Bを通過した後，点Pを支点として運動する。通過直前の糸の張力の大きさをT_1，通過直後の糸の張力の大きさをT_2とする。その両者の比$\dfrac{T_2}{T_1}$の値を求めよ。

再び，おもりを位置Aに戻し，初速度を与えたところ，おもりは図1(c)に示すように糸がたるまずに点Pの真上の点C(OC = CP = r)に到達した。到達すると同時におもりを糸から切り離したところ，おもりは床に落下した。ただし，初速度はおもりの描く軌跡に対して接線方向に与えるものとする。

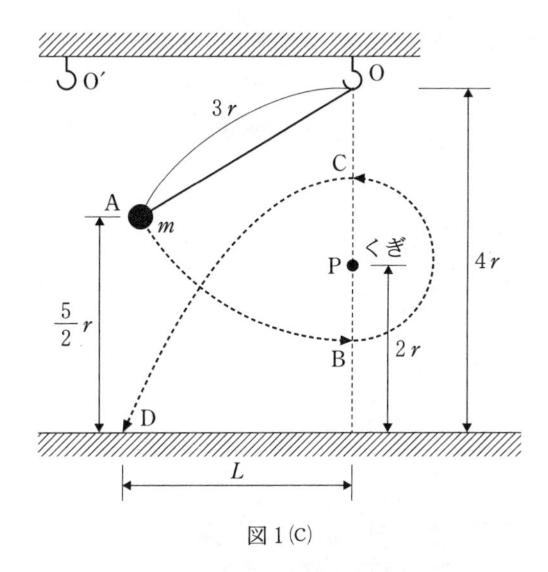

図 1(c)

(4)　糸がたるまずにおもりが点 C に到達するために必要な初速度の大きさの最小値 v_0 を求めよ。

(5)　位置 A でおもりに**問 1**(4)で求めた v_0 を初速度の大きさとして与えた場合の点 C から落下地点 D までの水平距離 L を，m，g，r の中から必要なものを用いて表せ。

問 2. 図 1(d)に示すように，水平でなめらかな床の上に台が静かに置かれている。この台は x 軸方向に運動することができる。その台の上に放出器が固定されており，その放出器には質量 m で大きさが無視できる小球が多数搭載されている。台と放出器および搭載されている多数の小球の質量をすべて含めて質量 M とする。図のように水平方向に x 軸をとる。小球は，放出されるまで放出器に固定されている。空気抵抗は無視できるものとする。

まず，x 軸の負の方向に小球を 1 個ずつ次々と放出する。毎回の放出において，放出直後の小球の台に対する相対速度の大きさが v となるように放出器が調整されている。小球を p 回放出した直後の台の速度を V_p とする。

(1) 1回目の小球放出直後の台の速度 V_1 を，m，M，v を用いて表せ。

(2) 2回目の小球放出直後の台の速度 V_2 を，m，M，v を用いて表せ。

(3) p 回目の小球放出による台の速度変化 $V_p - V_{p-1}$ を，m，M，v，p を用いて表せ。

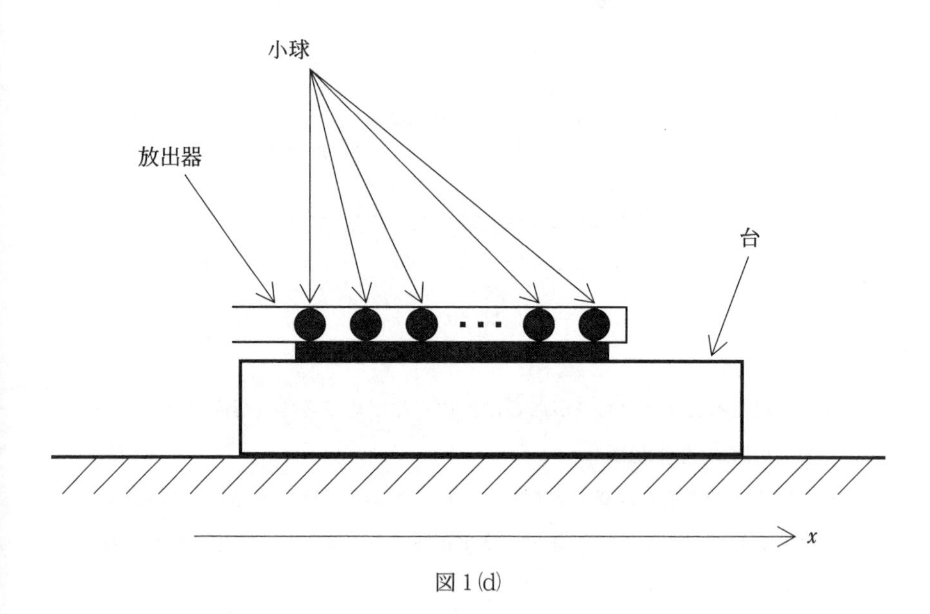

図1(d)

台と小球を元の状態に戻す。放出器をさらに調整して x 軸の負の方向に2個の小球を同時に放出するようにした。放出直後，2個の小球の台に対する相対速度の大きさはどちらも v であった。

(4) 2個の小球を放出した直後の台の速度 U を，m，M，v を用いて表せ。

(5) **問2**(4)で求めた U と**問2**(2)で求めた V_2 の大小関係について，$U > V_2$，$U = V_2$，$U < V_2$ の中から正しいものを一つ選べ。

解　答

▶問1．(1)　OO′からAまでの距離は$\frac{3}{2}r$であるから，糸OA，O′Aが水平方向となす角はそれぞれ30°，60°である。糸OA，O′Aに生じている張力の大きさをそれぞれS，S'とする。力のつり合いの式より

水平方向：$S\cos 30° = S'\cos 60°$

鉛直方向：$S\sin 30° + S'\sin 60° = mg$

$$\frac{1}{2}S + \frac{\sqrt{3}}{2} \times \sqrt{3}S = mg$$

$$\therefore \quad S = \boldsymbol{\frac{1}{2}mg}$$

(2)　重力による位置エネルギーの基準を床の位置にとる。点Bの床からの高さはrであるから，点Aと点Bの間で力学的エネルギー保存則より

$$mg \cdot \frac{5}{2}r = mgr + \frac{1}{2}mv_1{}^2 \qquad \therefore \quad v_1 = \boldsymbol{\sqrt{3gr}}$$

(3)　通過直前：半径が$3r$の円運動であるから，中心方向の運動方程式より

$$m \cdot \frac{v_1{}^2}{3r} = T_1 - mg \qquad \therefore \quad T_1 = m \cdot \frac{3gr}{3r} + mg = 2mg$$

通過直後：半径がrの円運動になるが，速さv_1は変化しないので，同様にして

$$m \cdot \frac{v_1{}^2}{r} = T_2 - mg \qquad \therefore \quad T_2 = m \cdot \frac{3gr}{r} + mg = 4mg$$

したがって　　$\dfrac{T_2}{T_1} = \dfrac{4mg}{2mg} = \boldsymbol{2}$

(4)　点Aでの初速度の大きさをv_A，おもりが点Cを通過するときの速さをv_C，糸の張力の大きさをT_Cとする。点Cの床からの高さは$3r$であるから，点Aと点Cの間で力学的エネルギー保存則より

$$mg \cdot \frac{5}{2}r + \frac{1}{2}mv_\mathrm{A}{}^2 = mg \cdot 3r + \frac{1}{2}mv_\mathrm{C}{}^2 \qquad \therefore \quad v_\mathrm{C}{}^2 = v_\mathrm{A}{}^2 - gr$$

点Cでの円運動の中心方向の運動方程式より

$$m \cdot \frac{v_\mathrm{C}{}^2}{r} = T_\mathrm{C} + mg$$

点Cで糸がたるまない条件は$T_\mathrm{C} \geqq 0$であるから

$$T_\mathrm{C} = m \cdot \frac{v_\mathrm{A}{}^2 - gr}{r} - mg = m \cdot \frac{v_\mathrm{A}{}^2}{r} - 2mg \geqq 0 \qquad \therefore \quad v_\mathrm{A} \geqq \sqrt{2gr}$$

よって，最小値 v_0 は　　$v_0=\sqrt{2gr}$

(5)　点Cからのおもりの運動は，高さ $3r$ から速さ v_C で水平投射された物体の運動である。おもりが点Cから点Dに落下するまでの時間を t_D とすると，鉛直方向には自由落下をするので

$$3r=\frac{1}{2}gt_D{}^2 \qquad \therefore \quad t_D=\sqrt{\frac{6r}{g}}$$

(4)より

$$v_C=\sqrt{v_0{}^2-gr}=\sqrt{2gr-gr}=\sqrt{gr}$$

であるから，水平方向には等速直線運動をするので

$$L=v_Ct_D=\sqrt{gr}\times\sqrt{\frac{6r}{g}}=\sqrt{6}r$$

▶問2．(1)　1回目の小球放出直後の小球の速度を x 軸の負の向きに v_1 とすると，小球放出前後において，運動量保存則より

$$0=(M-m)V_1-mv_1$$

放出直後の小球の台に対する相対速度が x 軸の負の向きに大きさ v であるから

$$-v=-v_1-V_1$$

2式より v_1 を消去すると

$$0=(M-m)V_1-m(v-V_1) \qquad \therefore \quad V_1=\frac{m}{M}v$$

(2)　2回目の小球放出直後の小球の速度を x 軸の負の向きに v_2 とすると，問2(1)と同様に

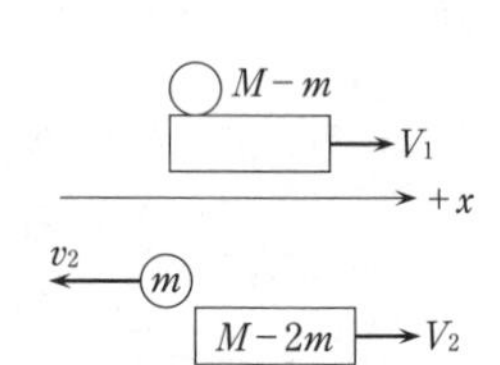

$$(M-m)V_1=(M-2m)V_2-mv_2$$

$$-v=-v_2-V_2$$

2式より v_2 を消去して V_1 に問2(1)の結果を代入すると

$$(M-m)\cdot\frac{m}{M}v=(M-2m)V_2-m(v-V_2)$$

$$\therefore \quad V_2=\frac{m(2M-m)}{M(M-m)}v$$

(3)　p 回目の小球放出直後の小球の速度を x 軸の負の向きに v_p とすると，問2(2)と同様に

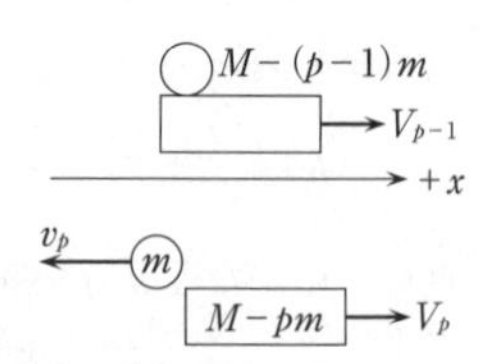

$$\{M-(p-1)m\}V_{p-1}=(M-pm)V_p-mv_p$$

$$-v=-v_p-V_p$$

2式より v_p を消去して

$$\{M-(p-1)m\}V_{p-1}=(M-pm)V_p-m(v-V_p)$$

$$\therefore \quad V_p - V_{p-1} = \frac{m}{M-(p-1)m}v$$

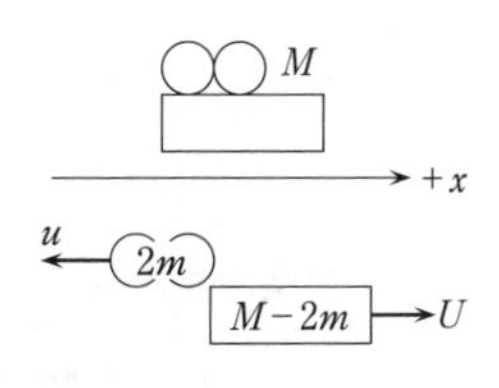

(4)　2個の小球放出直後の小球の速度を x 軸の負の向きに u とすると，**問2**(1)と同様に

$$0=(M-2m)U-2mu$$

$$-v=-u-U$$

2式より u を消去して

$$0=(M-2m)U-2m(v-U) \qquad \therefore \quad U=\frac{2m}{M}v$$

(5)　U と V_2 の差は，**問2**(2)，(4)より

$$U-V_2=\frac{2m}{M}v-\frac{m(2M-m)}{M(M-m)}v=-\frac{m^2}{M(M-m)}v<0$$

したがって　　$U<V_2$

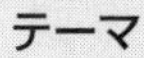

テーマ

◎問1は鉛直面内でのおもりの非等速円運動，問2は小球を連続的に放出して進む台の問題で，異なる2つのテーマからなる。各問とも典型的な問題で，問題量も多くはなく，大問1題として相応の分量である。

◎鉛直面内の非等速円運動の問題では

(i)　円運動の中心方向の運動方程式と

(ii)　力学的エネルギー保存則を連立して解く。

(iii)　糸がたるまない条件は，「(糸の張力の大きさ)≧0」である。

●上端を固定した長さ l の糸の下端に質量 m のおもりをつけ，これに最下点で水平方向に初速度 v_0 を与える。糸が鉛直方向となす角が θ のとき，糸の張力の大きさを S，速さを v とする。
加速度の接線方向（x），中心方向（y）のそれぞれの成分 a_x，a_y は，$a_x=\dfrac{dv}{dt}$，$a_y=\dfrac{v^2}{l}$ であるから，運動方程式は

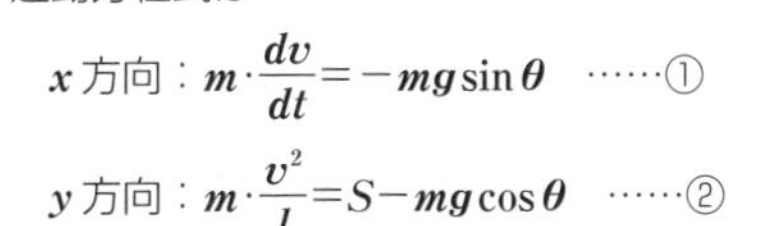

x 方向：$m\cdot\dfrac{dv}{dt}=-mg\sin\theta$　……①

y 方向：$m\cdot\dfrac{v^2}{l}=S-mg\cos\theta$　……②

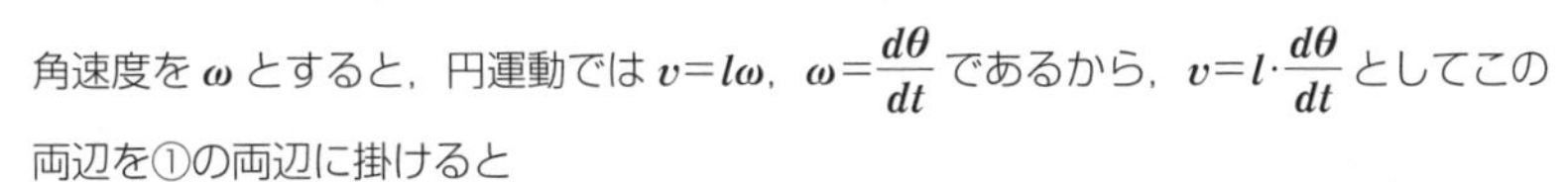

角速度を ω とすると，円運動では $v=l\omega$，$\omega=\dfrac{d\theta}{dt}$ であるから，$v=l\cdot\dfrac{d\theta}{dt}$ としてこの両辺を①の両辺に掛けると

$$m\cdot\frac{dv}{dt}\times v=-mg\sin\theta\times\left(l\cdot\frac{d\theta}{dt}\right)$$

$$mv\frac{dv}{dt}=-mgl\sin\theta\frac{d\theta}{dt}$$

$$\frac{d}{dt}\left(\frac{1}{2}mv^2\right)=\frac{d}{dt}(mgl\cos\theta)$$

$$\therefore\quad \frac{1}{2}mv^2=mgl\cos\theta+\mathrm{Const.}$$ （Const. は積分定数）……③

初期条件は $\theta=0$ のとき $v=v_0$ であるから

$$\frac{1}{2}m{v_0}^2=mgl+\mathrm{Const.}\qquad\therefore\quad \mathrm{Const.}=\frac{1}{2}m{v_0}^2-mgl$$ ……④

④を③に代入して

$$\frac{1}{2}m{v_0}^2=\frac{1}{2}mv^2+mgl(1-\cos\theta)$$ ……⑤ （これは，力学的エネルギー保存則）

●円運動の中心方向の力は運動方向と常に垂直であるから仕事をしない。したがって，接線方向の運動方程式①の解が力学的エネルギー保存則⑤になる。すなわち，運動方程式①，②を解くかわりに，中心方向の運動方程式②と力学的エネルギー保存則⑤を解くことになる。

●おもりが円運動を続ける初速度 v_0 の条件は，円運動の上端（$\theta=180°$）で糸がたるまなければよい（$S\geqq0$）。

⑤より $$\frac{1}{2}m{v_0}^2=\frac{1}{2}mv^2+mg\cdot2l$$

②より $$m\cdot\frac{v^2}{l}=S+mg$$

$$S=\frac{mv^2}{l}-mg=\frac{m{v_0}^2-4mgl}{l}-mg=\frac{m{v_0}^2}{l}-5mg\geqq0\qquad\therefore\quad v_0\geqq\sqrt{5gl}$$

$0<v_0\leqq\sqrt{2gl}$ では，振り子運動となる。

$\sqrt{2gl}<v_0<\sqrt{5gl}$ では，中心Oを超える高さに到達するが，糸がたるんで円軌道から外れる。

 回転円板から放出された物体の運動

（2008 年度　第 1 問）

図 1 に示すように，静止している水平面（xy 平面）の上に厚さが無視できる半径 a の円板を置く。円板の中心は原点 O と一致している。円板上に大きさが無視できる質量 m または $2m$ の物体を置き，円板を点 O を中心として反時計回りに回転させる。回転の角速度 ω を徐々に大きくしていくと，角速度が小さいとき物体は円板とともに回転するが，ある角速度で物体は円板に対して動き始める。

円板の角速度変化はゆっくりであり，円板とともに回転する物体の運動は常に等速円運動と見なせるとする。物体と回転円板および静止水平面との間の静止摩擦係数を μ，動摩擦係数を μ' とする。重力加速度の大きさを g とし，空気抵抗は無視する。また，角度および角速度の単位は，それぞれ rad および rad/s とする。

問 1. 以下の問いに答えよ。

(1)　質量 m の物体を円板の円周上に置いたとき，物体が円板に対して動き始める角速度 ω_A を，a，g，m，μ，μ' のうち必要なものを用いて求めよ。

(2)　質量 $2m$ の物体を円板の円周上に置いたとき，物体が円板に対して動き始める角速度 ω_1 は ω_A の何倍になるか。

(3)　質量 m の物体を，点 O からの距離が $\frac{a}{2}$ となるように円板上に置いたとき，物体が円板に対して動き始める角速度 ω_2 は ω_A の何倍になるか。

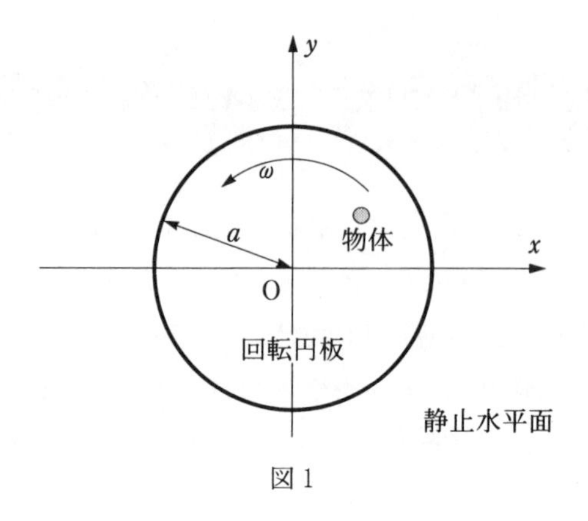

図 1

問 2. 次に，図 2 に示すように，点 O からの距離が $\sqrt{2}\,a$ で y 軸に垂直である壁を置き，問 1 の(1)と同じく，円板の円周上に質量 m の物体を置いて円板を回転させた。円板の角速度が ω_A に達したとき物体は円板から離れ，静止水平面上を運動して壁面上の点 P$(0,\ \sqrt{2}\,a)$で壁と衝突した。以下の問い(2)，(3)，(4)では，ω_A および a，g，m，μ' のうち必要なものを用いて解答せよ。

(1) 物体が円板から離れる瞬間に，物体と点 O を結ぶ線分が x 軸となす角の大きさ θ はいくらか。

(2) 物体が点 P に到達するために必要な ω_A に関する条件を求めよ。

(3) 物体が円板から離れた後，点 P で壁と衝突するまでの時間 t を求めよ。

(4) 点 P で衝突する直前の物体の速さ v_1 を求めよ。

問 3. 物体は，壁面上の点 P で非弾性衝突をした後，静止水平面上を距離 ℓ だけ運動して静止した。壁の表面は滑らかであり，物体と壁とのはねかえり係数(反発係数)を e とする。以下の問いでは，衝突直前の物体の速さ v_1 および e，g，μ' のうち必要なものを用いて解答せよ。

(1) 物体が壁に衝突した直後の速度ベクトルを $\overrightarrow{v_2}$ とするとき，その x 方向成分 v_{2x} および y 方向成分 v_{2y} をそれぞれ求めよ。

(2) 物体が点 P で衝突した後，静止するまでに運動した距離 ℓ を求めよ。

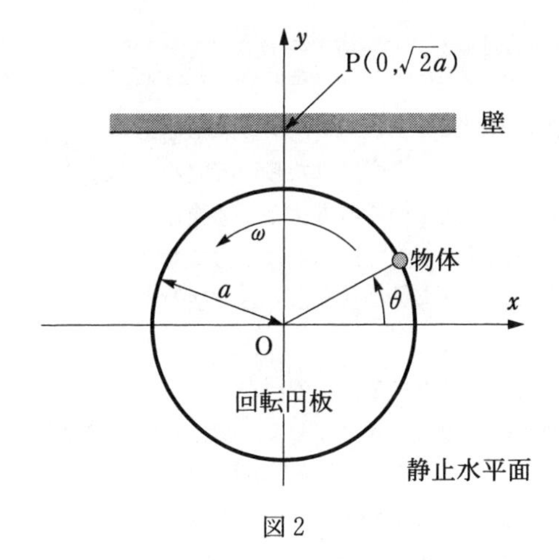

図 2

解　答

▶問1．(1)　物体が円運動をする場合，①静止座標系から見て，着目する物体に実際にはたらいている力だけを用いて運動方程式をつくる方法と，②物体とともに運動する座標系から見て，みかけの力である遠心力を用いて力のつり合いの式をつくる方法がある。

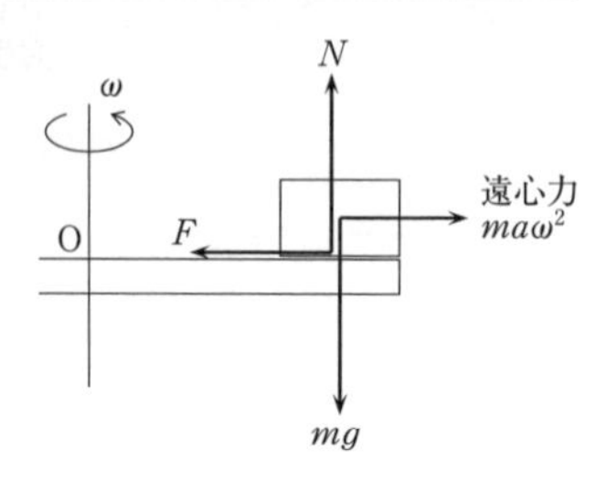

はじめ，物体は，円板とともに半径 a の円運動をしている。円板の回転の角速度を大きくして，物体が円板に対して動き始める瞬間の角速度 ω_A を求めるのだから，②の方法がわかりやすい。
このとき，物体は円板に対して静止しているから，物体にはたらいている力はつり合っている。実際に存在する力は，重力 mg，垂直抗力 N，静止摩擦力 F であり，これに慣性力（みかけの力）として遠心力 $ma\omega^2$ がはたらく。力のつり合いの式は

水平方向　$ma\omega^2 = F$

鉛直方向　$N = mg$

また，最大摩擦力 μN に対して，$F \leqq \mu N$ より

$$ma\omega^2 \leqq \mu mg \qquad \therefore \quad \omega \leqq \sqrt{\frac{\mu g}{a}}$$

したがって，物体が円板に対して動き始める角速度 ω_A は，ω の最大値で

$$\omega_A = \sqrt{\frac{\boldsymbol{\mu g}}{\boldsymbol{a}}}\,\text{〔rad/s〕} \quad \cdots\cdots①$$

(2)　①より，ω_A は物体の質量に無関係である。したがって

$$\omega_1 = \omega_A \qquad \therefore \quad \frac{\omega_1}{\omega_A} = \mathbf{1}\,\text{〔倍〕}$$

(3)　①で，a を $\frac{a}{2}$ と置き換えると，ω_2 が得られる。したがって

$$\omega_2 = \sqrt{\frac{\mu g}{\frac{a}{2}}} = \sqrt{\frac{2\mu g}{a}} = \sqrt{2}\cdot\omega_A \qquad \therefore \quad \frac{\omega_2}{\omega_A} = \boldsymbol{\sqrt{2}}\,\text{〔倍〕}$$

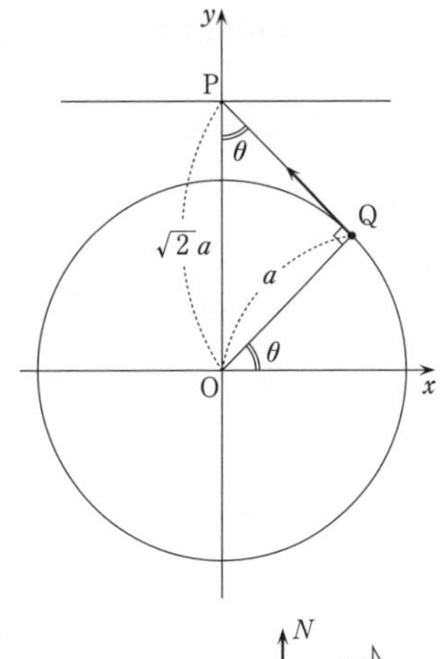

▶問2．(1) 静止座標系（xy 平面）から見ると，物体が円板に対して動き始めるときの方向は，円周の接線方向である。物体が壁面上の点Pに到達するのは，図の点Qで円板を飛び出し，静止水平面上を動摩擦力を受けて等加速度直線運動をする場合である。したがって，△OPQ より

$$\sin\theta=\frac{a}{\sqrt{2}a}=\frac{1}{\sqrt{2}}$$

$$\therefore\quad \theta=\frac{\pi}{4}\text{〔rad〕}$$

(2) 物体がQP 間を運動するときの加速度を α とすると

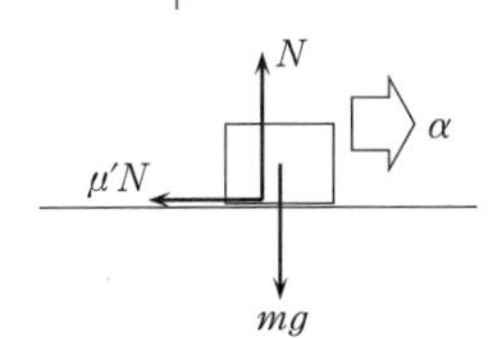

水平方向の運動方程式　$m\alpha=-\mu' N$

鉛直方向の力のつり合いの式　$N=mg$

したがって

$$m\alpha=-\mu'\cdot mg \qquad \therefore\quad \alpha=-\mu' g \quad \cdots\cdots②$$

点Q，Pでの速度をそれぞれ v_{Q}，v_{P} とすると，$v_{\mathrm{Q}}=a\omega_{\mathrm{A}}$ であるから，等加速度直線運動の式より

$$v_{\mathrm{P}}{}^2-v_{\mathrm{Q}}{}^2=2\alpha a$$

$$\therefore\quad v_{\mathrm{P}}{}^2-(a\omega_{\mathrm{A}})^2=2(-\mu' g)a \quad \cdots\cdots③$$

物体が点Pに到達するためには，$v_{\mathrm{P}}\geqq 0$ であればよいから

$$v_{\mathrm{P}}{}^2=(a\omega_{\mathrm{A}})^2-2\mu' ga\geqq 0 \qquad \therefore\quad \boldsymbol{\omega_{\mathrm{A}}\geqq\sqrt{\frac{2\mu' g}{a}}}$$

別解 物体が点Pに到達するためには，点Qでもつ運動エネルギーがQP 間で動摩擦力からされる仕事の大きさより大きければよい。物体の点Qでの速さは $a\omega_{\mathrm{A}}$，動摩擦力の大きさは $\mu' mg$ であるから，点Pでもつ運動エネルギーを K_{P} とすると，運動エネルギーと仕事の関係より

$$K_{\mathrm{P}}-\frac{1}{2}m(a\omega_{\mathrm{A}})^2=-\mu' mg\cdot a$$

$K_{\mathrm{P}}\geqq 0$ であればよいから

$$K_{\mathrm{P}}=\frac{1}{2}m(a\omega_{\mathrm{A}})^2-\mu' mga\geqq 0 \qquad \therefore\quad \omega_{\mathrm{A}}\geqq\sqrt{\frac{2\mu' g}{a}}$$

(3) QP 間の等加速度直線運動の式より

$$a=v_{\mathrm{Q}}t+\frac{1}{2}\alpha t^2=a\omega_{\mathrm{A}}\cdot t+\frac{1}{2}\cdot(-\mu' g)\cdot t^2$$

$$\mu' g\cdot t^2-2a\omega_{\mathrm{A}}\cdot t+2a=0$$

$$\therefore \quad t=\frac{a\omega_A \pm \sqrt{(a\omega_A)^2-2\mu' ga}}{\mu' g}$$

加速度が負の等加速度直線運動は，一般にUターン形の運動で，行きと帰りに同じ位置を通過するから，時刻 t の2つの解のうち小さい方が点Pに到達する時刻である。したがって

$$t=\frac{\boldsymbol{a\omega_A-\sqrt{(a\omega_A)^2-2\mu' ga}}}{\boldsymbol{\mu' g}}$$

(4) **問2**(2)の ω_A の条件の下で③と同様に

$$v_1{}^2-(a\omega_A)^2=2\cdot(-\mu' g)\cdot a$$

$$\therefore \quad v_1=\boldsymbol{\sqrt{(a\omega_A)^2-2\mu' ga}}$$

▶問3. (1) 物体が壁に衝突する直前の速度ベクトルを $\vec{v_1}$，その x 方向成分を v_{1x}，y 方向成分を v_{1y} とすると，$\vec{v_1}$，$\vec{v_2}$，θ は，右図のような関係になる。

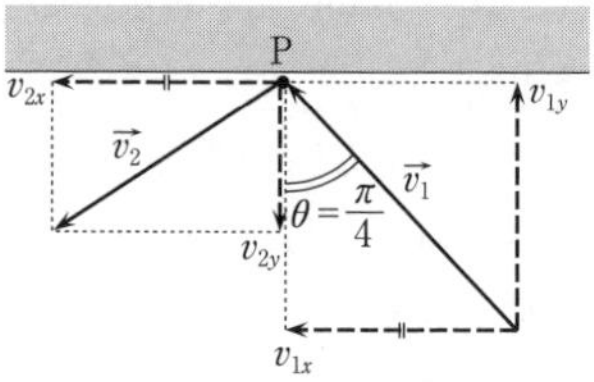

衝突前後で速度の x 方向成分は変化しないから

$$v_{2x}=v_{1x}=-|\vec{v_1}|\sin\frac{\pi}{4}=\boldsymbol{-\frac{v_1}{\sqrt{2}}}$$

速度の y 方向成分は，はねかえり係数の式より

$$e=-\frac{v_{2y}}{v_{1y}}$$

$$\therefore \quad v_{2y}=-e\cdot v_{1y}=-e\cdot|\vec{v_1}|\cos\frac{\pi}{4}=\boldsymbol{-\frac{ev_1}{\sqrt{2}}}$$

(2) 衝突直後の物体の速さ v_2 は

$$v_2=\sqrt{v_{2x}{}^2+v_{2y}{}^2}=\sqrt{\left(-\frac{v_1}{\sqrt{2}}\right)^2+\left(-\frac{ev_1}{\sqrt{2}}\right)^2}=\sqrt{\frac{1+e^2}{2}}\cdot v_1$$

物体が点Pではねかえってから静止するまでの運動は，②の加速度をもつ等加速度直線運動であるから

$$0-v_2{}^2=2\alpha l$$

$$0-\left(\sqrt{\frac{1+e^2}{2}}\cdot v_1\right)^2=2\cdot(-\mu' g)\cdot l \qquad \therefore \quad l=\boldsymbol{\frac{(1+e^2)\,v_1{}^2}{4\mu' g}}$$

テーマ

◎一定の速さで回転する円板上での物体の運動では，次の 2 つの解法がある。
(i)　円板の外で静止している観測者から見て，物体に実際にはたらく力だけを用いて運動方程式をつくる。
(ii)　円板とともに回転する観測者から見て，物体に実際にはたらく力のほかに，遠心力（慣性力）を用いて運動方程式をつくる。
本問では，物体が円板に対して静止しているので，(i)で等速円運動の運動方程式をつくっても，(ii)で力のつり合いの式をつくってもよい。しかし，円板上で物体が単振動をするときは，(ii)の方法で運動方程式をつくると，円板上での単振動の角振動数と振動中心がわかる。この物体の運動を円板の外から見るときは，この単振動に円板の等速円運動を合成すればよい。
◎斜め衝突の問題については，2012 年度の〔テーマ〕を参照されたい。

4　単振動

10　積み重ねられた2物体の単振動と等加速度運動

（2020年度　第1問）

図1に示すように，質量 M の台がばね定数 k のばねで壁につながれ，なめらかな水平面の上に置かれている。台の上には質量 m の物体が置かれ，台と物体の間には静止摩擦係数 μ，動摩擦係数 μ' の摩擦力がはたらく。台と物体の運動およびばねの伸び縮みは，図中の水平面に沿って左右方向にしかおこらないとする。ばねの自然長からの伸びを x（$x<0$ の場合は縮み）とし，速度，加速度，力は全て右向きを正として，以下の問いに答えよ。ただし，空気抵抗は無視できるとする。また，重力加速度の大きさは g とする。

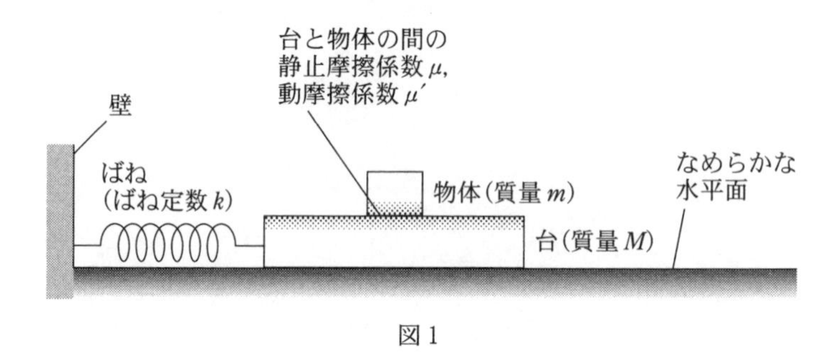

図1

問 1．台と物体が互いにすべらずに運動する場合を考える。

(1)　台と物体を一体として考え，加速度を a として運動方程式を書け。

以後，解答に a を使わないこと。

(2)　この運動は単振動となる。この単振動の周期 T_0 はいくらか。

(3)　力の向きと符号に注意して，下記の文章の空欄 [ア] ， [イ] に適切な数式を書け。

問 1(1)の運動方程式より加速度 a が求められる。物体が台から受ける摩擦力は，ma に等しいので [ア] と求められる。一方，台が物体から受ける摩擦力は，作用・反作用の法則から [イ] と求められる。

(4)　台と物体が常に互いにすべらずに一体となって運動するための最大の振幅はいくらか。

問 2. いま，**問 1**(4)で求めた振幅より少し大きな値 $x = A\,(A > 0)$ にばねを伸ばして，台と物体を手で静止させた。その後，時刻 $t = 0$ で静かに手を離すと台と物体は別々に動き始めた。この運動について考える。ただし，物体が台の上からすべり落ちることはないものとする。

(1)　台と物体の加速度をそれぞれ a_1，a_2 として，台と物体の運動方程式をそれぞれ書け。

以後，解答に a_1，a_2 を使わないこと。

(2)　時刻 t における物体の速度を求めよ。

(3)　**問 2**(1)の運動方程式にしたがって，台は単振動をする。この単振動の振幅と周期 T_1 を求めよ。

以後，解答に T_1 を使わないこと。

(4)　台が**問 2**(3)の単振動を続けているとすると，時刻 $t = \dfrac{T_1}{4}$ における台の速度はいくらか。

別々に動いていた台と物体は，時刻 $t=\dfrac{T_1}{4}$ で同じ速度になり，それ以降は常に一体となって運動した。ばねが自然長から B だけ縮んだところで，台と物体は一体のままいったん静止し，その後反対方向へ動き始めた。

(5)　時刻 $t=0$ から $\dfrac{T_1}{4}$ において，台の速度を実線で，物体の速度を破線で解答用紙のグラフにそれぞれ描け。ただし，グラフに目盛の値は記入しなくてよい。

〔解答欄〕

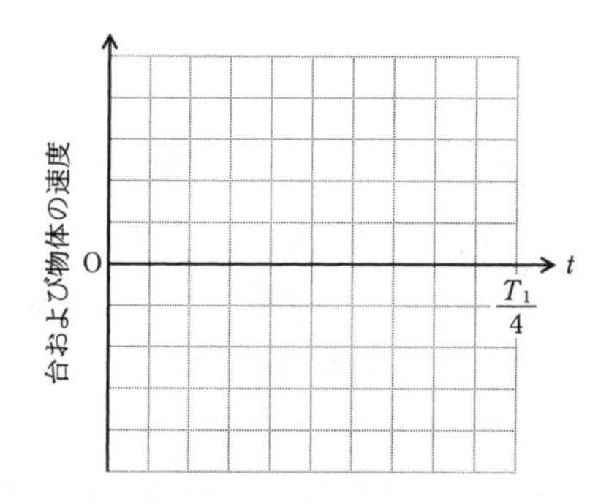

(6)　時刻 $t=\dfrac{T_1}{4}$ で台と物体が同じ速度になることに着目して，A を求めよ。

(7)　時刻 $t=\dfrac{T_1}{4}$ 以降は力学的エネルギーが保存されることを用いて，B を求めよ。ただし，解答に A を使わないこと。

解　答

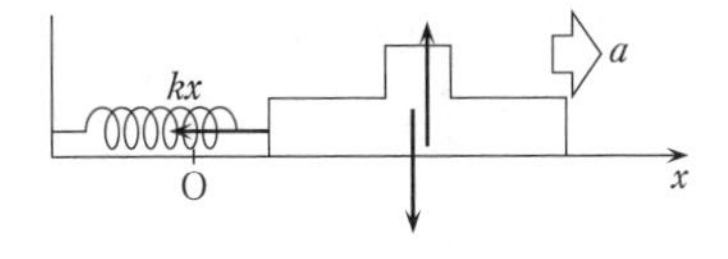

▶問1．(1)　台と物体を一体として考えたとき，位置 x においてこの物体が受ける水平方向の力は，大きさ kx のばねからの弾性力だけであるから，運動方程式は

$$(\boldsymbol{M}+\boldsymbol{m})\,\boldsymbol{a}=-\boldsymbol{kx}$$

(2)　問1(1)より

$$a=-\frac{k}{M+m}x$$

加速度 a が，角振動数 ω を用いて $a=-\omega^2x$ で表されるとき，物体の運動は単振動である。比較すると，角振動数 ω は

$$\omega=\sqrt{\frac{k}{M+m}}$$

よって，周期 T_0 は

$$T_0=\frac{2\pi}{\omega}=2\pi\sqrt{\frac{\boldsymbol{M}+\boldsymbol{m}}{\boldsymbol{k}}}$$

(3)　台と物体とを別々に考えたとき，台と物体にはたらく力は下図のようになる（ただし，物体が台から受ける摩擦力を f，垂直抗力を N とし，台にはたらく重力と水平面からの垂直抗力は描いていない）。

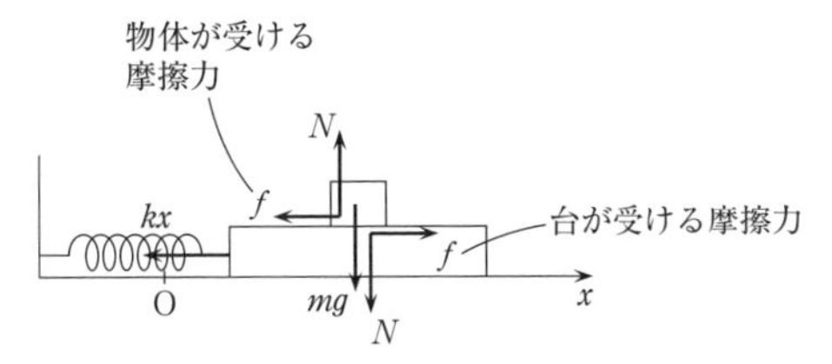

台と物体の加速度はともに a であり，物体が台から受ける摩擦力 f は右向きを正としたベクトル量で表されていることに注意して運動方程式を立てると

台　：$Ma=-kx-f$

物体：$ma=f$

$$\therefore\quad f=ma=-\frac{\boldsymbol{m}}{\boldsymbol{M}+\boldsymbol{m}}\boldsymbol{kx}\quad(\rightarrow ア)$$

この摩擦力と，台が物体から受ける摩擦力は，作用・反作用の関係にあり，これらは大きさが等しく，向きが互いに逆である。したがって，台が物体から受ける摩擦力は

$$\frac{\boldsymbol{m}}{\boldsymbol{M}+\boldsymbol{m}}\boldsymbol{kx}\quad(\rightarrow イ)$$

(4)　台と物体が互いにすべらないためには，これらの間にはたらく摩擦力が最大摩擦

力を超えないことである。最大摩擦力の大きさはμNであり，物体にはたらく鉛直方向の力のつり合いの式より，$N=mg$であるから

$$|f| \leqq \mu N = \mu mg$$

最大の振幅をA_0とすると，このとき，摩擦力は最大値をとるから

$$\frac{m}{M+m}kA_0 = \mu mg$$

$$\therefore \quad A_0 = \boldsymbol{\frac{\mu(M+m)g}{k}}$$

▶問2．(1) 台と物体にはたらく力は右図のようになる（ただし，台にはたらく重力と水平面からの垂直抗力は描いていない）。

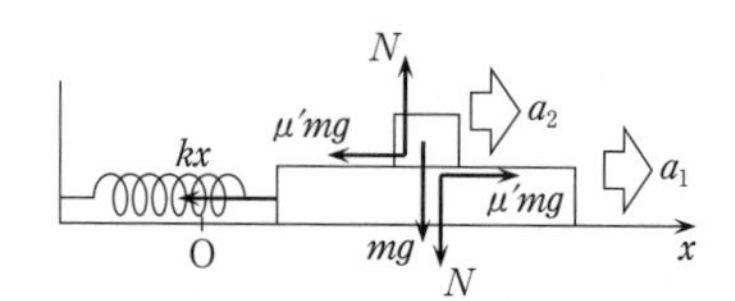

運動方程式は

台　：$\boldsymbol{Ma_1 = -kx + \mu' mg}$

物体：$\boldsymbol{ma_2 = -\mu' mg}$

(2) 物体の運動方程式より

$$a_2 = -\mu' g$$

よって，物体の運動は等加速度直線運動である。時刻tにおける物体の速度をv_2とすると

$$v_2 = 0 + a_2 t = \boldsymbol{-\mu' gt}$$

(3) 台の運動方程式より

$$a_1 = -\frac{k}{M}\left(x - \frac{\mu' mg}{k}\right)$$

単振動の振動中心では$a_1=0$であるから，振動中心の位置をX_1とすると

$$X_1 - \frac{\mu' mg}{k} = 0$$

$$\therefore \quad X_1 = \frac{\mu' mg}{k}$$

最初の台の位置が$x=A$であるから，振幅をA_1とすると

$$A_1 = \boldsymbol{A - \frac{\mu' mg}{k}}$$

また，角振動数をω_1とすると

$$\omega_1 = \sqrt{\frac{k}{M}}$$

したがって，周期T_1は

$$T_1 = \frac{2\pi}{\omega_1} = \boldsymbol{2\pi\sqrt{\frac{M}{k}}}$$

(4)　時刻 $t=\dfrac{T_1}{4}$ における台の位置は，振動中心で $x=X_1=\dfrac{\mu' mg}{k}$ にあり，台は左向きに動いているから，速度の向きは負である。振動中心で，台の速さは最大となり，その速さを $|V_1|$ とすると

$$|V_1|=A_1\omega_1=\left(A-\frac{\mu' mg}{k}\right)\sqrt{\frac{k}{M}}$$

よって，速度 V_1 は

$$V_1=\boldsymbol{-\left(A-\frac{\mu' mg}{k}\right)\sqrt{\frac{k}{M}}}$$

別解　台の力学的エネルギーの変化は，台が物体から受ける摩擦力がした仕事に等しい。$V_1<0$ に注意すると

$$\left\{\frac{1}{2}MV_1{}^2+\frac{1}{2}k\left(\frac{\mu' mg}{k}\right)^2\right\}-\left\{0+\frac{1}{2}kA^2\right\}=-\mu' mg\left(A-\frac{\mu' mg}{k}\right)$$

$$\therefore\quad V_1=-\left(A-\frac{\mu' mg}{k}\right)\sqrt{\frac{k}{M}}$$

(5)　台の時刻 t における位置を x_1，速度を v_1 とすると

$$x_1=\left(A-\frac{\mu' mg}{k}\right)\cos\sqrt{\frac{k}{M}}t+\frac{\mu' mg}{k}$$

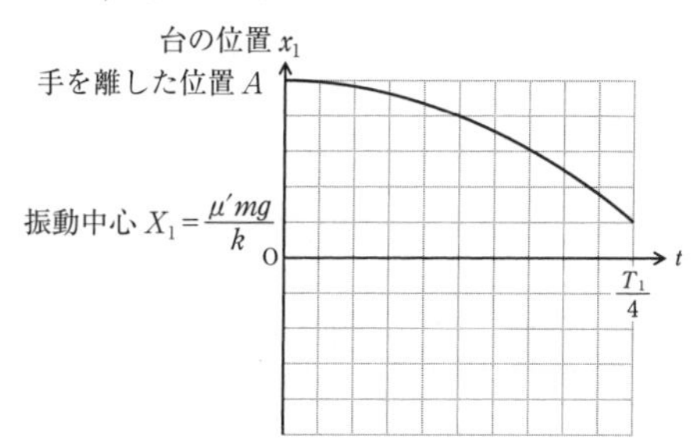

$$v_1=\frac{dx_1}{dt}=-\left(A-\frac{\mu' mg}{k}\right)\sqrt{\frac{k}{M}}\sin\sqrt{\frac{k}{M}}t$$

よって，v_1 と t の関係のグラフは，$-\sin$ の形で表される三角関数である。

物体の速度 v_2 は，**問2**(2)より

$$v_2=-\mu' gt$$

よって，物体の運動は等加速度直線運動である。v_2 と t の関係のグラフは，原点を通り，傾きが負の直線である。

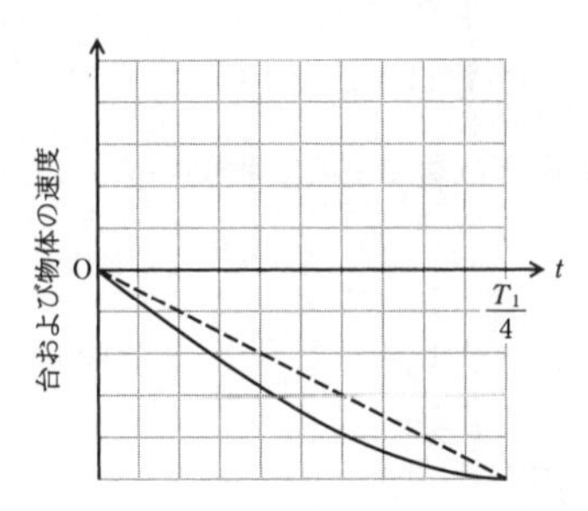

(6) 時刻 $t=\dfrac{T_1}{4}$ における物体の速度を V_2 とすると，**問2**(2)，(3)より

$$V_2=-\mu' g\times\frac{T_1}{4}=-\mu' g\times\frac{\pi}{2}\sqrt{\frac{M}{k}}$$

台の速度は**問2**(4)の V_1 であるから，$V_2=V_1$ より

$$-\mu' g\times\frac{\pi}{2}\sqrt{\frac{M}{k}}=-\left(A-\frac{\mu' mg}{k}\right)\sqrt{\frac{k}{M}}$$

$$\therefore\quad A=\boldsymbol{\left(\frac{\pi}{2}M+m\right)\frac{\mu' g}{k}}$$

(7) 時刻 $t=\dfrac{T_1}{4}$ 以降は，台と物体が一体となって運動するので，台と物体との間にはたらく摩擦力は仕事をしない。よって，力学的エネルギーは変化しない。すなわち，台と物体が，時刻 $t=\dfrac{T_1}{4}$ のときに位置 $x=\dfrac{\mu' mg}{k}$ にあって速度 $V_2=-\mu' g\times\dfrac{\pi}{2}\sqrt{\dfrac{M}{k}}$ で運動しているときと，位置 $x=-B$ で静止したときとで，力学的エネルギーは保存する。よって

$$\frac{1}{2}k\left(\frac{\mu' mg}{k}\right)^2+\frac{1}{2}(M+m)\left(-\mu' g\cdot\frac{\pi}{2}\sqrt{\frac{M}{k}}\right)^2=\frac{1}{2}kB^2$$

$$\therefore\quad B=\boldsymbol{\frac{\mu' mg}{k}\sqrt{1+\frac{\pi^2}{4}\cdot\frac{M(M+m)}{m^2}}}$$

テーマ

◎水平面上に積み重ねられた2物体の単振動である。問2⑷までは典型的な問題であるが，単振動の運動方程式からの角振動数と振動中心の求め方や，問2⑷の振動中心での速度の求め方の理解がポイントである。

◎ばねの単振動の考え方

• 単振動の運動方程式では，原点の取り方には2通りある。

タイプ1　ばねの自然長の位置を原点にして x 軸をとる。物体が位置 x にあるときの加速度を a として運動方程式をつくると

$$ma=-k(x-x_0) \qquad \therefore \quad a=-\frac{k}{m}(x-x_0)$$

ばねの単振動では k はばね定数である。ばね以外であっても物体に復元力がはたらいて単振動を行う場合，k は復元力の比例定数である。

単振動は，加速度が $a=-\omega^2 x$ で表されるから，比較すると

角振動数 $\omega=\sqrt{\dfrac{k}{m}}$，周期 $T=\dfrac{2\pi}{\omega}=2\pi\sqrt{\dfrac{m}{k}}$

振動中心（力のつりあいの位置，すなわち合力が0の位置）は，$a=0$ より　　$x=x_0$

タイプ2　つりあいの位置を探してこの位置を原点にして X 軸をとる。物体が位置 X にあるときの加速度を a として運動方程式をつくると

$$ma=-kX \qquad \therefore \quad a=-\frac{k}{m}X$$

角振動数 $\omega=\sqrt{\dfrac{k}{m}}$，周期 $T=\dfrac{2\pi}{\omega}=2\pi\sqrt{\dfrac{m}{k}}$

振動中心（力のつりあいの位置，すなわち合力が0の位置）は，$a=0$ より　　$X=0$

ここで，力のつりあいの位置が振動中心であることがわかっているから，力のつりあいの位置さえ見つけることができれば，単振動の式は簡単になる。

• 単振動の速度を問われたとき

(i)　位置 x の時間変化（x-t グラフ）を作図して，グラフの式 $x=A\sin(\omega t+\phi_0)+x_0$ をつくる。ただし，A は振幅，ϕ_0 は初期位相，x_0 は初期位置である。これを微分して速度 $v=\dfrac{dx}{dt}=A\omega\cos(\omega t+\phi_0)$ を求める。このとき，振動中心で速度は最大となり，$v_{\max}=A\omega$ である。さらに微分して $a=\dfrac{dv}{dt}$ とすると，これは運動方程式の解である。

(ii)　摩擦力などの非保存力が仕事をしなければ，力学的エネルギー保存則が成立する。振動中心を $x=0$ とすると，「$\dfrac{1}{2}mv^2+\dfrac{1}{2}kx^2=$一定」。ここで，$\dfrac{1}{2}kx^2$ は，弾性力による位置エネルギーのスタイルをしているが，振動中心（力のつりあいの位置）を $x=0$ とする復元力による位置エネルギー（振動のエネルギーとも呼ばれる）である。

(iii)　摩擦力などの非保存力が仕事をすると，「力学的エネルギーの変化＝摩擦力がした仕事」であり，摩擦力がした仕事は負であるから，力学的エネルギーは減少する。

11 水平に運動する台上での単振り子

(2018 年度 第 1 問)

図 1 のように水平で滑らかな床の上に質量 M の台がある。この台には長さ l の糸の先に質量 m の小球が付いた振り子が取り付けられており，台の重心と振り子は床に垂直な同一平面内を運動する。台は図の左右の方向に摩擦なしに動くものとし，運動方向は右向きを正とする。なお，振り子の糸はたるまず，台と小球以外の質量は無視できるものとし，空気抵抗は考えない。また，重力加速度の大きさを g とする。

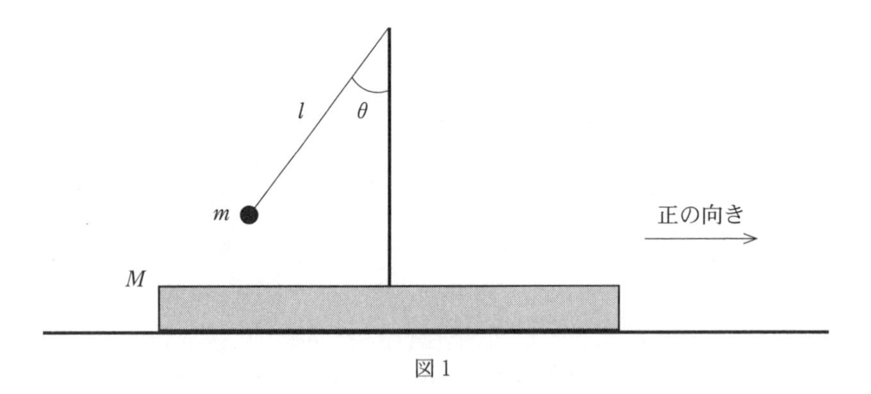

図 1

(1) まず，台が動かない場合を考える。糸が鉛直方向から左に角度 θ 傾いたところで，小球を静止させてから静かに放した。小球が最初に最下点に到達したときの小球の速度，および，糸の張力の大きさを m, M, l, g, θ の中から必要なものを用いて表せ。

以下では，台が自由に動ける場合を考える。

(2) 小球を最下点に静止させた状態から，ゆっくり台を右向きに加速し一定の加速度 a を保った。その後瞬時に加速をやめて，そのまま台を等速運動させると，台上で小球は振り子運動をした。台に静止した観測者から見たとき，この運動中の小球の速度の最大値を m, M, l, g, a の中から必要なものを用いて表せ。

以下では，床に静止した観測者から見るものとして答えよ。

⑶　静止した台の上で，糸が鉛直方向から左に角度 $\theta = 60^\circ$ 傾いたところで，小球を静止させてから静かに放すと，小球も台も動き始めた。小球が最初に最下点に達したときの小球の速度と台の速度，および，糸の張力の大きさを m，M，l，g の中から必要なものを用いて表せ。

次に，静止した台の上で小球を最下点で静止させた後，撃力により台に水平右方向の初速度 V_0 を瞬時に与えると，最下点から運動を始めた小球は，糸が水平になる高さを通過した。糸が水平になったとき，小球の速度は水平方向と鉛直方向の両方の成分を持ちうる。

⑷　水平方向の運動量を考慮することによって，糸が水平になったときの台の速度を m，M，l，g，V_0 の中から必要なものを用いて表せ。

⑸　同じく糸が水平になったときの小球の速度の大きさを m，M，l，g，V_0 の中から必要なものを用いて表せ。

⑹　糸が水平になる高さに小球が達するために，台に与えるべき初速度 V_0 の最小値を m，M，l，g の中から必要なものを用いて表せ。

解 答

▶(1) 小球が最初に最下点に到達したときの小球の速度を v_1，糸の張力の大きさを T_1 とする。台が動かない場合であることに注意して，力学的エネルギー保存則より

$$mgl(1-\cos\theta)=\frac{1}{2}mv_1{}^2$$

小球が最初に最下点に到達するとき，運動方向は正の向きであるから

$$\therefore\quad v_1=\boldsymbol{\sqrt{2gl(1-\cos\theta)}}$$

小球が最下点に到達したときの，円運動の中心方向の運動方程式より

$$m\frac{v_1{}^2}{l}=T_1-mg$$

$$\therefore\quad T_1=m\frac{2gl(1-\cos\theta)}{l}+mg=\boldsymbol{mg(3-2\cos\theta)}$$

参考 小球とともに運動する観測者から見て，遠心力 $m\frac{v_1{}^2}{l}$ を用いて，力のつり合いの式 $T_1=mg+m\frac{v_1{}^2}{l}$ より求めることもできる。

▶(2) 最初の状態は，台がゆっくり加速された後に一定の加速度 a で運動している状態であるから，台に静止した観測者から見ると小球は，重力，慣性力，糸の張力がつり合って静止した状態となる。このとき，糸の張力の大きさを T_2 とし，糸が鉛直方向から角度 θ_2 傾いているとすると

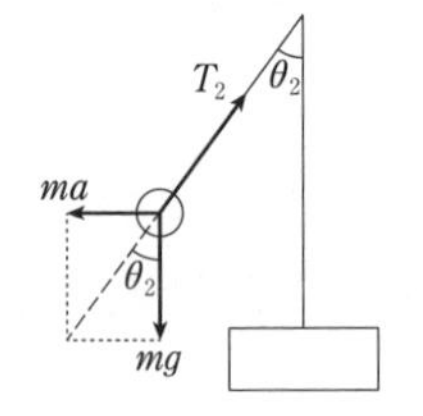

$$\tan\theta_2=\frac{ma}{mg}$$

$$\therefore\quad \tan\theta_2=\frac{a}{g}\quad\cdots\cdots①$$

その後，瞬時に加速をやめて台を等速運動させると，小球は糸が角度 θ_2 傾いた位置から振れ始める。このとき慣性力ははたらかないから，振り子運動の振動中心は，$\theta=0$ の点である。力学的エネルギー保存則より，小球が最下点に到達したときが台に対する小球の相対速度の最大値となるから，これを v_2 とすると

$$mgl(1-\cos\theta_2)=\frac{1}{2}mv_2{}^2$$

ここで，$\tan\theta_2=\frac{a}{g}$ （①） のとき，$\cos\theta_2=\frac{g}{\sqrt{g^2+a^2}}$ であるから

$$v_2=\sqrt{2gl(1-\cos\theta_2)}=\boldsymbol{\sqrt{2gl\left(1-\frac{g}{\sqrt{g^2+a^2}}\right)}}$$

▶(3)　小球と台はそれぞれにはたらく糸の張力の水平成分によって，水平方向に運動する。小球にはたらく糸の張力と台にはたらく糸の張力は作用・反作用の関係にあり，小球と台を1つの物体系と見たとき，この糸の張力は内力となる。このようにして小球と台が互いに運動するとき，この物体系には水平方向の外力の力積がはたらかないから，水平方向の運動量は保存される。

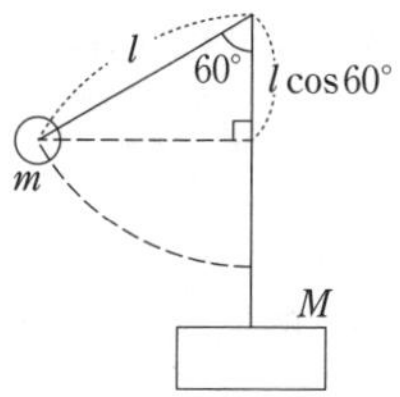

小球が最初に最下点に達したとき，小球と台はともに水平方向の速度成分だけをもつことに注意して，小球の速度を v_3，台の速度を V_3，糸の張力の大きさを T_3 とする。小球を静かに放すとき，小球と台の速度はともに0であるから，水平方向の運動量保存則より

$$0 = mv_3 + MV_3$$

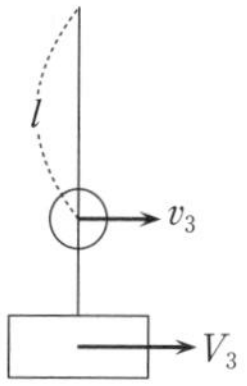

力学的エネルギー保存則より

$$mgl(1 - \cos 60^\circ) = \frac{1}{2}mv_3{}^2 + \frac{1}{2}MV_3{}^2$$

小球が最初に最下点に達するとき，運動方向は正の向きであることを考慮して，これらの式を連立して解くと

$$v_3 = \boldsymbol{\sqrt{\frac{M}{M+m}gl}}$$

$$V_3 = -\frac{m}{M}v_3 = \boldsymbol{-\frac{m}{M}\sqrt{\frac{M}{M+m}gl}}$$

台が動いているとき，台に静止した観測者から見ると，小球は糸の支点を中心に振り子運動をしている。

小球が最下点に達したときの糸の張力の大きさ T_3 を求めるのに，(1)と同様の円運動の中心方向の運動方程式を用いるが，このときに用いる小球の速度は，台に対する相対速度である。この相対速度を u とすると

$$u = v_3 - V_3 = v_3 - \left(-\frac{m}{M}v_3\right)$$

$$= \frac{M+m}{M}\sqrt{\frac{M}{M+m}gl} = \sqrt{\frac{M+m}{M}gl}$$

したがって，運動方程式は

$$m\frac{u^2}{l} = T_3 - mg$$

$$\therefore\quad T_3 = m\frac{\frac{M+m}{M}gl}{l} + mg = \boldsymbol{\frac{2M+m}{M}mg}$$

▶(4) 糸が水平になったとき，小球の速度の水平成分は台の速度と等しい。この速度を V_4 とする。

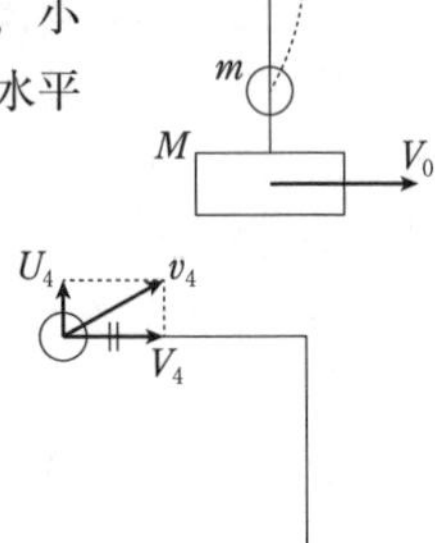

このとき，(3)と同様に，水平方向の運動量が保存される。最初，小球は最下点で静止し，台は水平方向に初速度 V_0 をもつから，水平方向の運動量保存則より

$$MV_0 = mV_4 + MV_4$$

$$\therefore \quad V_4 = \frac{M}{M+m}V_0$$

▶(5) 糸が水平になったとき，小球の速度を v_4 とする。

力学的エネルギー保存則より

$$\frac{1}{2}MV_0{}^2 = \frac{1}{2}mv_4{}^2 + \frac{1}{2}MV_4{}^2 + mgl$$

$$\frac{1}{2}mv_4{}^2 = \frac{1}{2}MV_0{}^2 - \frac{1}{2}M\left(\frac{M}{M+m}V_0\right)^2 - mgl$$

$$\therefore \quad v_4 = \sqrt{\frac{M(2M+m)V_0{}^2}{(M+m)^2} - 2gl}$$

▶(6) 糸が水平になったとき，小球の速度の水平成分は V_4 であり，鉛直成分を U_4 とする。糸が水平になる高さに小球が達するためには，$U_4 \geqq 0$ であればよい。

$v_4{}^2 = V_4{}^2 + U_4{}^2$ であるから

$$U_4{}^2 = v_4{}^2 - V_4{}^2$$

$$= \left\{\frac{M(2M+m)V_0{}^2}{(M+m)^2} - 2gl\right\} - \left(\frac{M}{M+m}V_0\right)^2$$

$$= \frac{M}{M+m}V_0{}^2 - 2gl \geqq 0$$

$$\therefore \quad V_0 \geqq \sqrt{2\frac{M+m}{M}gl}$$

テーマ

◎2物体の相互運動の問題である。類題として，斜面台を滑る小球の問題（2013年度）がある。

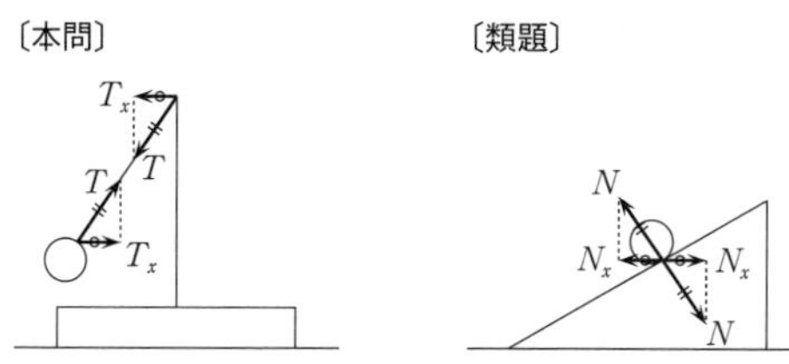

- 台と小球をひとつの物体系とみると，水平方向の運動量は保存する。
  本問では，台と小球との間にはたらく張力 T が，類題では，台と小球との間にはたらく垂直抗力 N がそれぞれ内力となり，これらの物体系では，水平方向には外力がはたらかないことになる。水平方向に外力の力積がはたらかない場合，水平方向の運動量が保存する。
- 物体系の力学的エネルギーが保存する。
  台と小球が相互運動をし，本問のように，台から見て小球が振り子運動をする場合，台から小球にはたらく張力 T がした仕事と小球から台にはたらく張力 T がした仕事の和は 0 である。類題のように，台から見て小球が台の斜面に沿って下る場合，台から小球にはたらく垂直抗力 N がした仕事と小球から台にはたらく垂直抗力 N がした仕事の和は 0 である。また，床から台にはたらく垂直抗力は仕事をしない。したがって，これらの物体系では，台と小球にはたらく保存力である重力以外の力（非保存力）が仕事をしないから，力学的エネルギーが保存する。

◎台に対する振り子運動は，鉛直面内の非等速円運動の一部分である。台とともに運動する観測者からは，円運動の中心方向の運動方程式を，小球とともに運動する観測者からは，遠心力を用いて力のつりあいの式をつくる。

台の速度が変化している場合，振り子の速度は台に対する相対速度を用いることに注意が必要である。

- 鉛直面内の非等速円運動については，2015年度の〔テーマ〕を参照されたい。
- 円運動の場合に，遠心力を使用するかしないかについては，2008年度の〔テーマ〕を参照されたい。

12 単振動する物体と壁ではね返る物体の逐次衝突

(2016年度 第1問)

大きさが無視できる2つの小物体AとBの運動について，以下の問いに答えよ。小物体A，Bはともに同一の直線上を運動し，すべての摩擦ならびに空気抵抗およびバネの質量は無視できるものとする。また，衝突はすべて弾性衝突とする。

問 1．図1に示すような，小物体の発射装置を考える。図1(a)に示すように，質量M_Aの小物体Aは，一端を壁に固定されたバネ定数kのバネに取りつけられ，水平な床の上に置かれている。図1に示すようにx軸を選び，バネが自然長のときの小物体Aの位置をx座標の原点$x=0$とする。

次に，質量M_Bの小物体Bを小物体Aに接触させながらx軸の負の方向に移動させ，図1(b)に示すように，小物体Aの位置が$x=-x_0$($x_0>0$)となったときに静止させた。時刻$t=0$で小物体Bを静かに離したあとの2つの小物体の運動について，以下の問いに答えよ。ただし，原点$x=0$において，小物体Aと小物体Bの間に作用する抗力は0となり，$x>0$の領域においては小物体AとBは独立に運動する。解答は，特に指定のない限りM_A，M_B，k，x_0，tの中から必要なものを使って表すこと。

(1) 小物体Aが原点$x=0$を初めて通過するときの速さv_0を求めよ。

(2) 小物体Aが原点$x=0$を初めて通過する時刻t_0を求めよ。

(3) 時刻t_0以降の小物体Aの位置を表す関数$x_A(t)$の式を示せ。必要であれば，解答にt_0を用いてもよい。

(4) 時刻t_0以降の小物体Bの位置を表す関数$x_B(t)$の式を示せ。必要であれば，解答にt_0を用いてもよい。

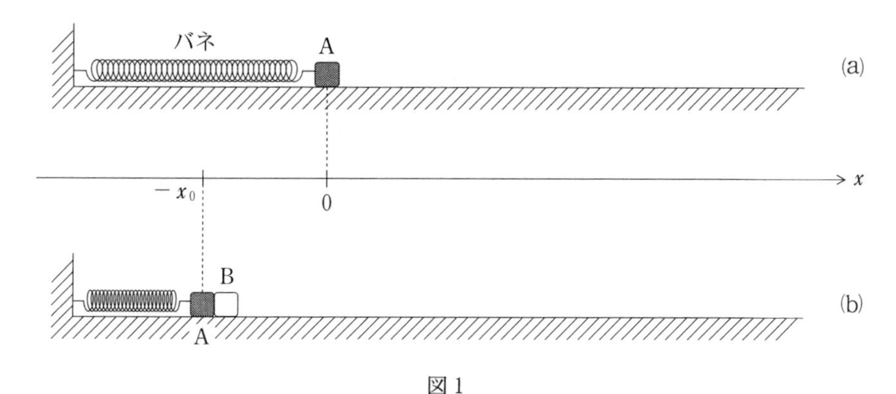

図 1

問 2. 次に，図 2 に示すように，$x > 0$ の領域に反射壁を固定し，図 1 と同じ発射装置から小物体 B を発射して運動を観測した。発射する条件は問 1 と同一である。

反射壁を固定する位置を，$x > 0$ の領域で図 2 に示すように発射装置に近い方から徐々に遠い位置に変えて小物体 B を発射した。この過程で，反射壁を $x = D_0$ の位置に固定したときに，以下のような小物体 A と B の周期運動が初めて観測された。

小物体 A と B は，時刻 $t = 0$ で運動を開始した。時刻 $t = t_0$ で小物体 A と離れて独立に運動した小物体 B は，時刻 $t = t_1$ で反射壁と衝突した。反射壁に衝突した小物体 B は再び小物体 A と接触し，一体となった。2 つの小物体が一体となるとき，小物体 A に対する小物体 B の相対速度は 0 であった。この後，小物体 B は小物体 A と一体となって運動し，再び発射されるという周期運動をした。

以下の問いに答えよ。解答は，M_A，M_B，k，x_0，t_0 の中から必要なものを使って表すこと。

(1) 反射壁の位置 $x = D_0$ を求めよ。また，小物体 B が初めて反射壁に衝突した時刻 $t = t_1$ を求めよ。

(2) 反射壁が位置 $x = D_0$ に固定されている場合の周期運動について，小物体 A の位置を表す関数 $x_A(t)$ と小物体 B の位置を表す関数 $x_B(t)$ の概形を，時刻 $t = 0$ から始まる 1 周期についてそれぞれ図示せよ。

〔解答欄〕

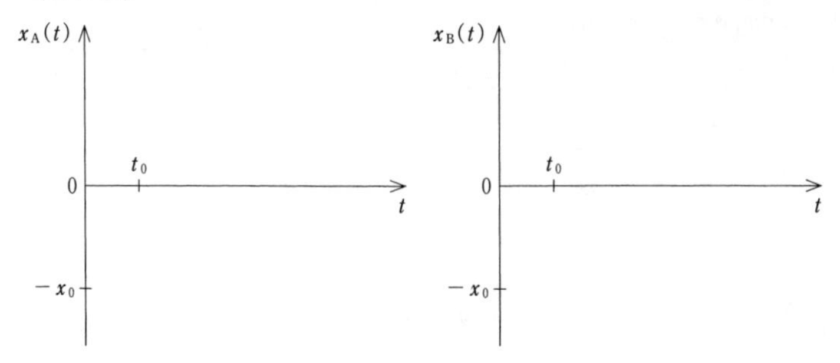

このような，1周期内に反射壁と1回衝突する周期運動をもれなく探したところ，反射壁を固定する位置が，$x = D_0$，$x = D_1$，$x = D_2$，…，$x = D_p$，…のときにだけ生ずることがわかった(ただし，$D_0 < D_1 < D_2 < \cdots < D_p < \cdots$)。以下の問いに答えよ。解答は，$M_A$，$M_B$，$k$，$x_0$，$t_0$の中から必要なものを使って表すこと。

(3) 小物体AとBが上に述べたような周期運動をするために，反射壁の位置$x = D_p$が満たすべき条件をpを含む式で示せ。ただし，$p = 0, 1, 2, \cdots$である。

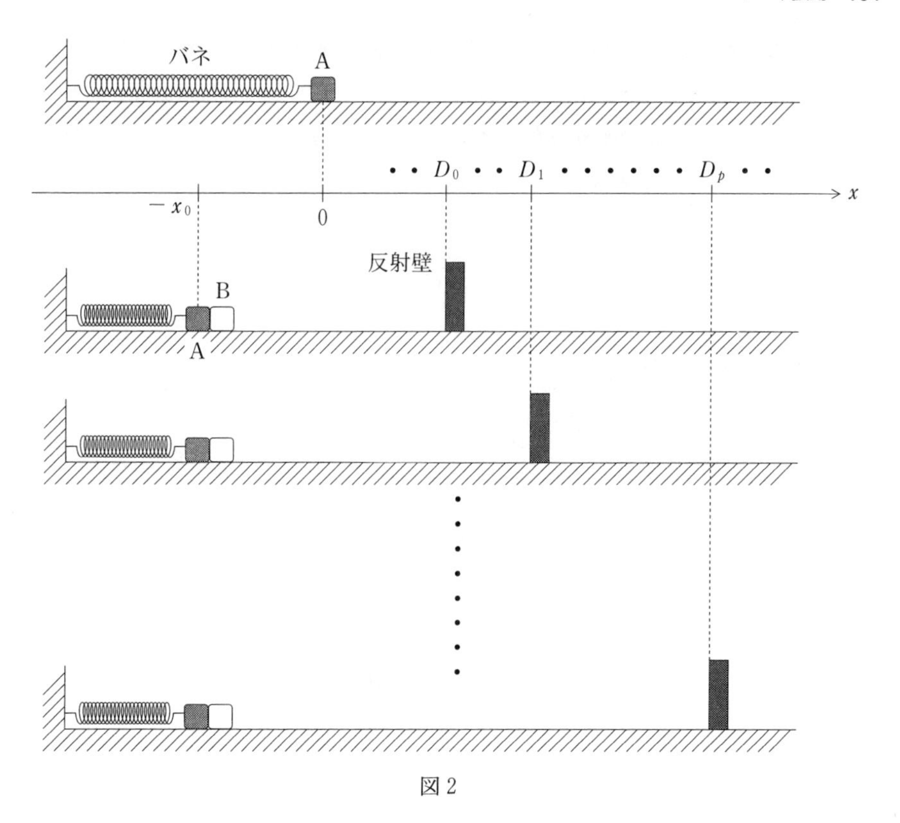

図 2

問 3. 最後に，図 3 に示すように，質量が等しい 2 つの小物体($M_\mathrm{A} = M_\mathrm{B} = M$)を用いて運動を観測した。その他の条件は，問 2 と同一である。この条件では，問 2 に記した周期運動に加えて，以下のような周期運動も観測されることがわかった。

小物体 A と B は時刻 $t = 0$ で運動を開始し，時刻 $t = t_0$ で小物体 A と離れた小物体 B は，$x = L_p$ の位置に固定した反射壁と 1 回目の衝突をした。次に，小物体 B は $x = 0$ の位置で小物体 A と衝突した。その後，小物体 B は $x = L_p$ の位置に固定した反射壁と 2 回目の衝突をして，再び小物体 A と接触し，一体となった。2 つの小物体が一体となるとき，小物体 A に対する小物体 B の相対速度は 0 であった。この後，小物体 B は小物体 A と一体となって運動し，再び発射されるという周期運動をした。

このような，1周期内に反射壁と2回衝突する周期運動をもれなく探したところ，反射壁を$x=L_0$，$x=L_1$，$x=L_2$，…，$x=L_p$，…に固定したときにだけ生ずることがわかった(ただし，$L_0<L_1<L_2<\cdots<L_p<\cdots$)。以下の問いに答えよ。解答は，$M$，$k$，$x_0$，$t_0$の中から必要なものを使って表すこと。

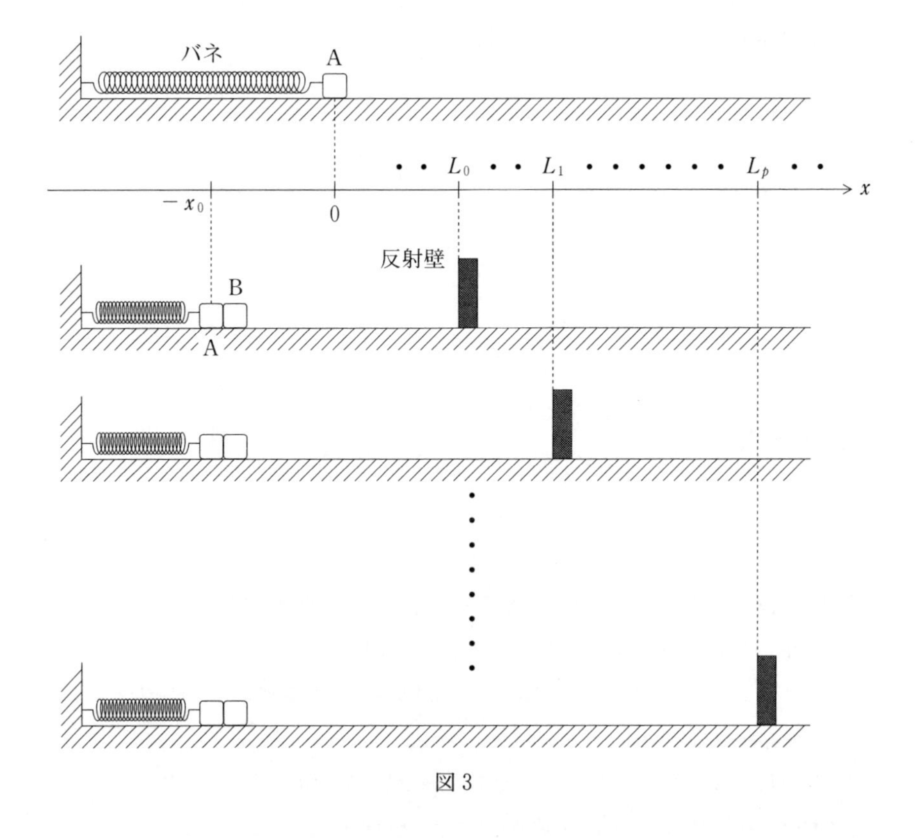

図3

(1) 小物体AとBが上に述べた周期運動をするために，反射壁の位置$x=L_p$が満たすべき条件をpを含む式で示せ。ただし，$p=0,1,2,\cdots$である。

(2) 反射壁が$x=L_0$の位置に固定されている場合の周期運動における小物

体Aの位置を表す関数$x_{\mathrm{A}}(t)$の概形を図示せよ。時刻$t=0$から始まる1周期を描き，$x_{\mathrm{A}}(t)$の最大値を与える時刻tとそのときの最大値を図中に記入せよ。

〔解答欄〕

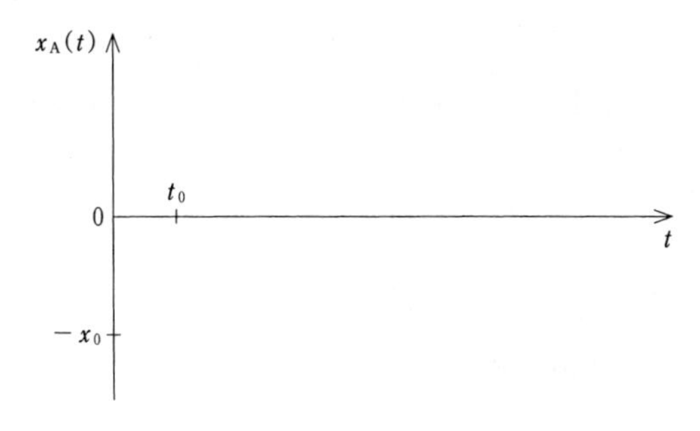

解 答

▶問1．(1) 小物体Bを静かに離したあと，はじめて原点を通過するまで，２つの小物体は一体となって運動するので，力学的エネルギー保存則より

$$\frac{1}{2}kx_0{}^2=\frac{1}{2}(M_\mathrm{A}+M_\mathrm{B})v_0{}^2 \qquad \therefore \quad v_0=\boldsymbol{x_0\sqrt{\frac{k}{M_\mathrm{A}+M_\mathrm{B}}}}$$

(2) バネ定数 k のバネに質量 $(M_\mathrm{A}+M_\mathrm{B})$ の小物体が取りつけられたときの単振動の角振動数 ω，周期 T は

$$\omega=\sqrt{\frac{k}{M_\mathrm{A}+M_\mathrm{B}}},\quad T=\frac{2\pi}{\omega}=2\pi\sqrt{\frac{M_\mathrm{A}+M_\mathrm{B}}{k}}$$

である。求める時刻 t_0 は，振動の端からはじめて振動の中心を通るまでの時間であるから，単振動の周期 T の $\frac{1}{4}$ 倍に等しいので

$$t_0=\frac{1}{4}T=\boldsymbol{\frac{\pi}{2}\sqrt{\frac{M_\mathrm{A}+M_\mathrm{B}}{k}}} \quad \cdots\cdots①$$

(3) 小物体Aは，時刻 t_0 に原点を速度 v_0 で通過した後，$x=0$ を振動の中心として単振動をする。その振幅を A とすると，力学的エネルギー保存則より

$$\frac{1}{2}M_\mathrm{A}v_0{}^2=\frac{1}{2}kA^2$$

$$\therefore \quad A=v_0\sqrt{\frac{M_\mathrm{A}}{k}}=x_0\sqrt{\frac{k}{M_\mathrm{A}+M_\mathrm{B}}}\cdot\sqrt{\frac{M_\mathrm{A}}{k}}=x_0\sqrt{\frac{M_\mathrm{A}}{M_\mathrm{A}+M_\mathrm{B}}}$$

バネ定数 k のバネに質量 M_A の小物体が取りつけられたときの単振動の角振動数 ω_A，周期 T_A は

$$\omega_\mathrm{A}=\sqrt{\frac{k}{M_\mathrm{A}}},\quad T_\mathrm{A}=\frac{2\pi}{\omega_\mathrm{A}}=2\pi\sqrt{\frac{M_\mathrm{A}}{k}}$$

である。$t=t_0$ で $x_\mathrm{A}(t)=0$ であることに注意して

$$x_\mathrm{A}(t)=A\sin\omega(t-t_0)$$

$$=\boldsymbol{x_0\sqrt{\frac{M_\mathrm{A}}{M_\mathrm{A}+M_\mathrm{B}}}\sin\sqrt{\frac{k}{M_\mathrm{A}}}(t-t_0)} \quad \cdots\cdots②$$

(4) 小物体Bは，時刻 t_0 に原点を速度 v_0 で通過した後，速度 v_0 の等速直線運動をするので

$$x_\mathrm{B}(t)=v_0(t-t_0)$$

$$=\boldsymbol{x_0\sqrt{\frac{k}{M_\mathrm{A}+M_\mathrm{B}}}(t-t_0)}$$

▶問2．(1) 小物体Bは反射壁と弾性衝突をするから，衝突後の速度は $-v_0$ である。また，小物体Bが再び小物体Aと接触し一体となるとき，相対速度は0であるから，このときの２つの小物体の速度は等しく $-v_0$ である。単振動をしている小物体の速

度が $-v_0$ となる位置は $x=0$ であるから，２つの小物体が一体となる位置は $x=0$ である。

壁を $x=D_0$ の位置に固定したときに，はじめて周期運動が観測されたので，以上の条件を満たすもののうち，x の値が最も小さく，小物体Bが等速直線運動をして反射壁に衝突するまでの時間 t_1-t_0 も最も小さいものを考えればよい。

すると，t_1-t_0 は，小物体Aの単振動の周期 T_A の $\dfrac{1}{4}$ 倍に等しいから

$$t_1-t_0=\frac{1}{4}T_A=\frac{1}{4}\times 2\pi\sqrt{\frac{M_A}{k}}=\frac{\pi}{2}\sqrt{\frac{M_A}{k}}$$

$$\therefore\quad \boldsymbol{t_1=t_0+\frac{\pi}{2}\sqrt{\frac{M_A}{k}}}\quad\cdots\cdots③$$

このとき，反射壁の位置は

$$D_0=v_0\cdot(t_1-t_0)=x_0\sqrt{\frac{k}{M_A+M_B}}\cdot\frac{\pi}{2}\sqrt{\frac{M_A}{k}}=\boldsymbol{\frac{\pi x_0}{2}\sqrt{\frac{M_A}{M_A+M_B}}}$$

(2)　$0\leqq t\leqq t_0$ では，小物体AとBは一体となって $x=-x_0$ から $x=0$ まで角振動数 ω の単振動の $\dfrac{1}{4}$ 周期分の動きをする。

$t_0\leqq t\leqq t_1$ では，小物体Aは $x=0$ から $x=A$ まで角振動数 ω_A の単振動の $\dfrac{1}{4}$ 周期分の動きをし，小物体Bは $x=0$ から $x=D_0$ まで速度 v_0 の等速直線運動をする。

$t_1\leqq t\leqq 2t_1$ では，小物体A，Bとも $0\leqq t\leqq t_1$ と対称的な動きをする。

ただし，①，③より $t_0>t_1-t_0$ に注意が必要である。

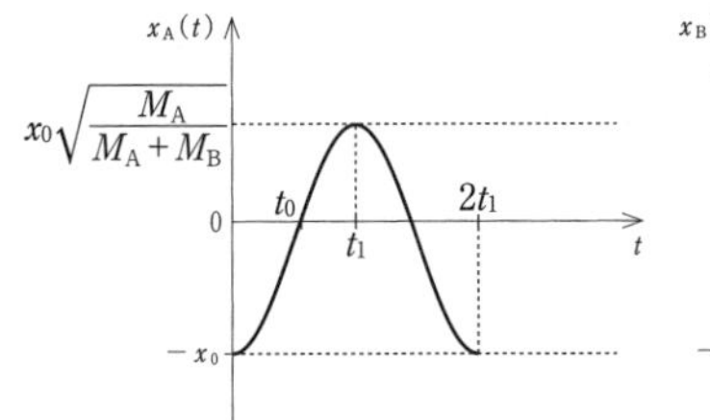

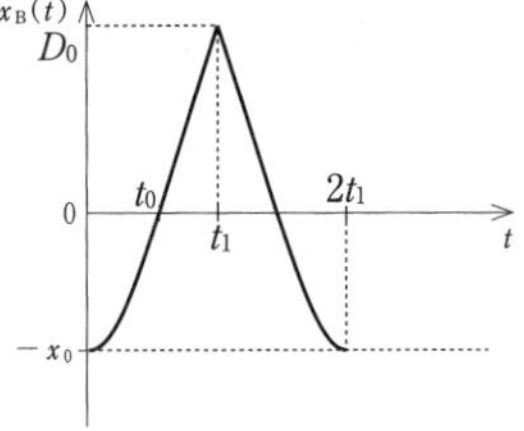

(3)　反射壁と衝突した小物体Bが $x=0$ に戻ってきたとき，単振動をしている小物体Aが $x=0$ を負の向きに進んでいればよい。このように小物体Bが小物体Aと再び一体となる時刻は，右図の $t=\tau_0,\ \tau_1,\ \tau_2,\ \cdots,\ \tau_p,\ \cdots$ である。したがって

$$\tau_p-t_0=\left(p+\frac{1}{2}\right)T_A$$

小物体Bが反射壁まで運動する時間は τ_p-t_0 の $\dfrac{1}{2}$ 倍であるから，反射壁の位置 D_p は

$$D_p = v_0 \cdot \frac{1}{2}(\tau_p - t_0) = x_0\sqrt{\frac{k}{M_A + M_B}} \cdot \frac{1}{2} \cdot \left(p + \frac{1}{2}\right) \cdot 2\pi\sqrt{\frac{M_A}{k}}$$

$$= \boldsymbol{\left(p + \frac{1}{2}\right)\pi x_0\sqrt{\frac{M_A}{M_A + M_B}}} \quad \textbf{(ただし，} \boldsymbol{p = 0,\ 1,\ 2,\ \cdots}\textbf{)}$$

▶問3．(1) 衝突はすべて弾性衝突であるが，衝突直前の２つの小物体の相対速度が0であるときに限り衝突後２つの小物体は一体となることに注意する。反射壁と衝突した小物体Bが $x=0$ に戻ってきたとき，単振動をしている小物体Aが $x=0$ を正の向きに進んでいれば，２つの小物体は一体とならない。このとき，$x=0$ で弾性衝突をした小物体Aと小物体Bが周期運動をして，再び $x=0$ に到達したときは，ともに負の向きに進んでいるので一体となる。

このように，小物体Bが小物体Aと弾性衝突をする時刻は，前図の $t=\tau_0'$，τ_1'，τ_2'，…，τ_p'，…である。したがって

$$\tau_p' - t_0 = (p+1)\,T_A$$

小物体Bが反射壁まで運動する時間は，$\tau_p' - t_0$ の $\frac{1}{2}$ 倍であるから，$M_A = M_B = M$ として，反射壁の位置 L_p は

$$L_p = v_0 \times \frac{1}{2}(\tau_p' - t_0)$$

$$= x_0\sqrt{\frac{k}{M+M}} \cdot \frac{1}{2}(p+1) \cdot 2\pi\sqrt{\frac{M}{k}}$$

$$= \boldsymbol{(p+1)\frac{\pi x_0}{\sqrt{2}}} \quad \textbf{(ただし，} \boldsymbol{p = 0,\ 1,\ 2,\ \cdots}\textbf{)}$$

(2) 小物体Aが小物体Bから離れた後，はじめて $x_A(t)$ が最大値をとる時刻 t_1 は，①，③より

$$t_0 = \frac{\pi}{2}\sqrt{\frac{M+M}{k}} = \frac{1}{\sqrt{2}} \cdot \pi\sqrt{\frac{M}{k}}$$

$$t_1 = t_0 + \frac{\pi}{2}\sqrt{\frac{M}{k}} = \left(1 + \frac{1}{\sqrt{2}}\right)t_0$$

このとき，②より

$$x_A(t_1) = x_0\sqrt{\frac{M}{M+M}}\sin\left\{\sqrt{\frac{k}{M}}(t_1 - t_0)\right\} = \frac{x_0}{\sqrt{2}}\sin\left(\sqrt{\frac{k}{M}} \times \frac{\pi}{2}\sqrt{\frac{M}{k}}\right) = \frac{x_0}{\sqrt{2}}$$

小物体Aと小物体Bが $x=0$ で互いに逆向きに進んで弾性衝突をすると速度が交換され，小物体Aは負の方向に進む。

単振動をする小物体Aの $x_A(t)$ が再び最大値をとる時刻 t_1' は，$t=t_1$ から小物体Aの単振動の周期 T_A の $\frac{3}{2}$ 倍だけ時間が経過したときであるから

$$t_1' = t_1 + \frac{3}{2}T_A = t_1 + \frac{3}{2}\cdot 2\pi\sqrt{\frac{M}{k}} = \left(1+\frac{1}{\sqrt{2}}\right)t_0 + \frac{6}{\sqrt{2}}t_0$$

$$= \left(1+\frac{7}{\sqrt{2}}\right)t_0$$

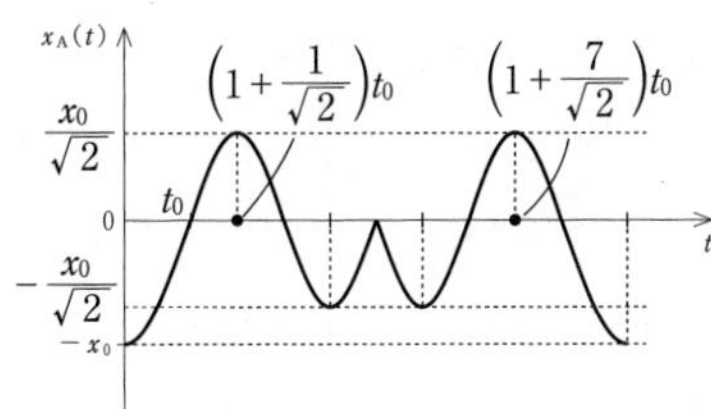

テーマ

◎単振動をする物体Aと，そこから発射されて壁で反射して戻ってくる物体Bの衝突である。2つの物体が原点で衝突するとき，これらの物体の速さは等しく必ず v_0 である。このうち，等速直線運動をする物体Bの速度は $-v_0$ であるが，単振動をする物体Aの速度は v_0 のときと $-v_0$ のときがある。これらが同じ向きに進んで衝突すれば一体となり，逆向きに進んで衝突すれば弾性衝突となる。

　このような異なる運動をする2つの物体の衝突が繰り返される場合，運動の様子をグラフに描きながら，運動や衝突をイメージするのが大切である。

13 斜面上のばねによる2物体の単振動

(2014年度 第1問)

図1(a)のように，水平方向に移動できる角度30°の斜面を持った台の上で，ばね定数kのばねの一端が斜面上の壁に固定されており，他端に質量mの板Aが取り付けられている。ばねが自然長のときの板Aの位置を原点Oとして，斜面上向きにx軸をとる。斜面の上端は$x=L$の位置にある。また，質量Mの球Bがあり，板Aと球Bは斜面上を摩擦無しで運動するものとし，空気抵抗も無いものとする。板A，球Bの大きさおよびばねの質量は無視でき，重力加速度の大きさをgとする。

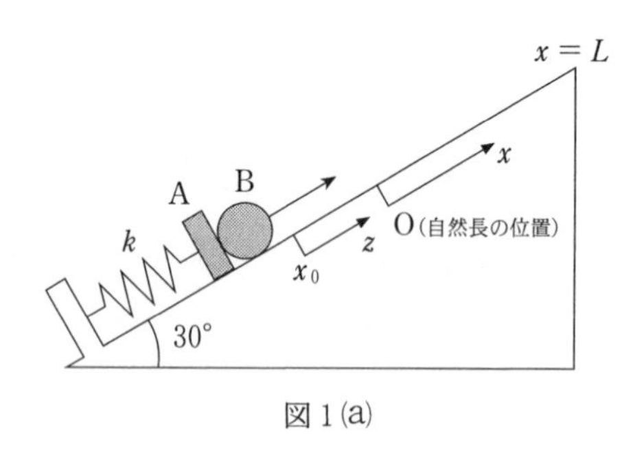

図1(a)

はじめ，台は動かないように支えられている。

問 1. 斜面上でばねと板Aがつり合っているものとする。つり合いの位置の板Aのx座標x_0を求めよ。

球Bを板Aに接触させて，$x=-d\,(d>0)$の位置までばねを縮めて静かに離す。ただし，$(kd>g(m+M))$の関係にある。

問 2. 板Aと球Bが接触している間の運動を考える。板A，球Bの加速度をa，板Aと球Bが押し合う力の大きさをFとする。座標xにおける板A，球Bの運動方程式をm，M，k，g，F，a，xのうち必要なものを用いて表せ。また，運動方程式よりa，Fを求めよ。

問 3. 板Aと球Bは接触して運動した後に離れる。

(1)　板A，球Bが離れる瞬間のx座標，およびそのときのx方向の速度vを求めよ。

(2)　板A，球Bが離れた後に球Bは斜面上で最高到達点に達して戻ってくる。最高到達点のx座標を求めよ。

問 4. 板A，球Bが離れた後の板Aの運動を考える。

(1)　板Aの加速度をa_{A}とし，板Aの運動方程式をm，g，k，a_{A}，xのうち必要なものを用いて表せ。

(2)　**問 4**(1)の運動方程式を，座標xの代わりに，つり合いの位置からの座標zを用いて書き直せ。

(3)　板A，球Bが離れた後，板Aが何往復か振動した後に，板Aと斜面から戻ってくる球Bは衝突する。板Aが衝突前に行う単振動の周期Tを求めよ。

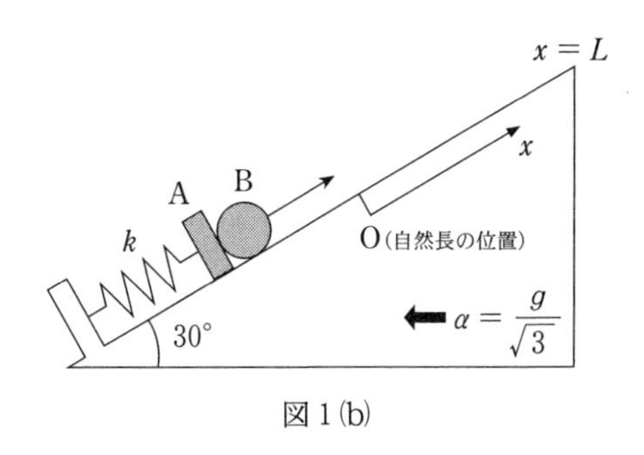

図1(b)

次に，球Bを板Aに接触させ，$x = -d\,(d > 0)$の位置までばねを縮ませた状態で台に力を加え，図1(b)のように台を水平方向左向きに$\alpha = \dfrac{g}{\sqrt{3}}$の加速度で動かし，板A，球Bを静かに離す。

問 5. 板Aと球Bが接触している間の運動を考える。

(1)　台上の観測者から見たときの板A，球Bのx方向の加速度をa'，板Aと球Bが押し合う力の大きさをF'とする。台上の観測者から見たときの板A，球Bの運動方程式をm，M，k，F'，g，a'，xのうち必要なものを用いて表せ。

⑵　**問5**⑴で求めた板A，球Bの運動方程式から F' を消去し，板A，球Bを一体とみなしたときの台上の観測者から見たときの運動方程式を m，M，k，F'，g，a'，x のうち必要なものを用いて表せ。

⑶　点Oを通過するときの時刻を $t = 0$ とした場合，時刻 $t\,(t \leqq 0)$ のときの台上の観測者から見たときの板A，球Bの座標 x と x 方向の速度 v' を求めよ。

問 6. 板A，球Bが離れる瞬間の x 座標，および台上の観測者から見たときの x 方向の速度を求めよ。

問 7. 球Bが到達する最高点の鉛直方向高さを点Oからの高さで表せ。ただし，球Bは $x = L$ で水平面からの角度 $30°$ で飛び出すものとする。

解　答

▶問1．板Aにはたらく力の斜面方向のつり合いの式より

$$mg\sin 30° = k|x_0|$$

$x_0 < 0$ より

$$x_0 = -\frac{mg}{2k}$$

▶問2．板A，球Bにはたらく力は，下図のとおりである。

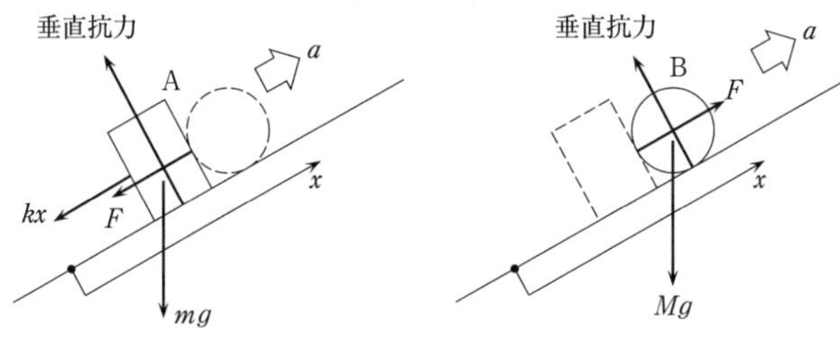

斜面方向の，板Aの運動方程式は

$$ma = -kx - mg\sin 30° - F$$

$$\therefore \quad ma = -kx - \frac{1}{2}mg - F$$

球Bの運動方程式は

$$Ma = F - Mg\sin 30°$$

$$\therefore \quad Ma = F - \frac{1}{2}Mg$$

これらの式を辺々加えて F を消去すると

$$(m+M)\,a = -kx - \frac{1}{2}(m+M)\,g$$

$$\therefore \quad a = -\frac{k}{m+M}x - \frac{1}{2}g$$

または　　$a = -\dfrac{k}{m+M}\left\{x + \dfrac{(m+M)\,g}{2k}\right\}$

これは，角振動数 $\omega = \sqrt{\dfrac{k}{m+M}}$ の単振動である。振動の中心では力がつり合うから $a=0$ となるので，その位置は $x = -\dfrac{(m+M)\,g}{2k}$ である。

また，もとの2式から a を消去すると

$$\frac{1}{m}\left(-kx - \frac{1}{2}mg - F\right) = \frac{1}{M}\left(F - \frac{1}{2}Mg\right)$$

$$\therefore \quad F=-\frac{M}{m+M}kx \quad \cdots\cdots①$$

▶問3．(1)　板Aと球Bが離れるのは，これらが押し合う力Fが0になるときであるから，①より，そのx座標は

$$x=0$$

重力による位置エネルギーの基準を$x=0$の高さにとって，$x=-d$の点と$x=0$の点で，力学的エネルギー保存則より

$$\frac{1}{2}k(-d)^2+(m+M)g(-d)\sin 30°=\frac{1}{2}(m+M)v^2$$

$v>0$より

$$v=\sqrt{\frac{kd^2}{m+M}-gd}$$

別解　復元力による位置エネルギー（振動のエネルギー）と運動エネルギーを用いて，力学的エネルギー保存則を考える。復元力による位置エネルギーの基準は振動の中心であるから

$$\frac{1}{2}k\left[(-d)-\left\{-\frac{(m+M)g}{2k}\right\}\right]^2=\frac{1}{2}k\left[0-\left\{-\frac{(m+M)g}{2k}\right\}\right]^2+\frac{1}{2}(m+M)v^2$$

$$\therefore \quad v=\sqrt{\frac{kd^2}{m+M}-gd}$$

(2)　球Bの最高到達点では速さが0であり，そのx座標をx_1とする。$x=0$の点と最高到達点とで，球Bについて力学的エネルギー保存則より

$$\frac{1}{2}Mv^2=Mgx_1\sin 30°$$

$$\therefore \quad x_1=\frac{v^2}{g}=\frac{1}{g}\left(\frac{kd^2}{m+M}-gd\right)=\frac{kd^2}{(m+M)g}-d$$

別解　球Bは斜面上を等加速度運動する。加速度をβとすると，運動方程式より

$$M\beta=-Mg\sin 30° \qquad \therefore \quad \beta=-\frac{1}{2}g$$

等加速度直線運動の式より

$$0-v^2=2\beta x_1$$

$$0-\left(\frac{kd^2}{m+M}-gd\right)=2\left(-\frac{1}{2}g\right)x_1$$

$$\therefore \quad x_1=\frac{kd^2}{(m+M)g}-d$$

▶問4．(1)　問2と異なり，板Aに球Bから押される力Fはないから，板Aの運動方程式は

$$ma_{\mathrm{A}}=-kx-mg\sin 30°$$

$\therefore\quad \boldsymbol{ma_{\mathrm{A}} = -kx - \frac{1}{2}mg}$　……②

(2)　板Aのつり合いの位置は問1の $x=x_0$ であるから

$$z = x - x_0 \qquad \therefore\quad x = z + x_0$$

これを②に代入すると

$$ma_{\mathrm{A}} = -k(z + x_0) - \frac{1}{2}mg = -k\left(z - \frac{mg}{2k}\right) - \frac{1}{2}mg$$

$\therefore\quad \boldsymbol{ma_{\mathrm{A}} = -kz}$　……③

(3)　③より　　$a_{\mathrm{A}} = -\frac{k}{m}z$

これは，角振動数 $\omega = \sqrt{\frac{k}{m}}$ の単振動であるから，周期 T は

$$T = \frac{2\pi}{\omega} = 2\pi\sqrt{\frac{\boldsymbol{m}}{\boldsymbol{k}}}$$

▶**問5**．(1)　台上の観測者から見たとき，**問2**で示した力のほかに下図のように，板Aには大きさ $m\alpha$ の，球Bには大きさ $M\alpha$ の慣性力が，ともに右向きにはたらく。

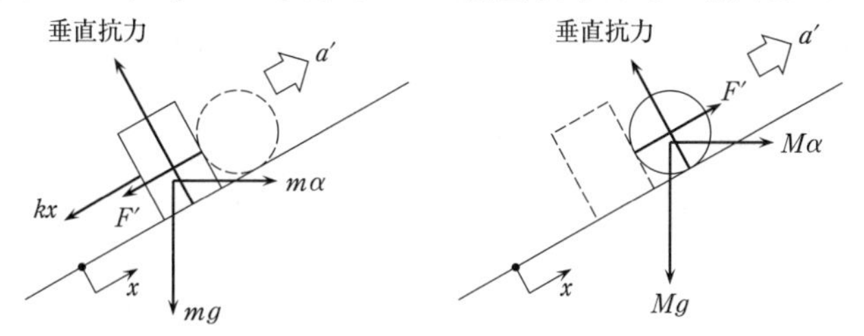

斜面方向の，板Aの運動方程式は

$$ma' = -kx - mg\sin 30° - F' + m\alpha\cos 30°$$

$$= -kx - \frac{1}{2}mg - F' + m\cdot\frac{g}{\sqrt{3}}\cdot\frac{\sqrt{3}}{2}$$

$\therefore\quad \boldsymbol{ma' = -kx - F'}$

球Bの運動方程式は

$$Ma' = F' - Mg\sin 30° + M\alpha\cos 30°$$

$$= F' - \frac{1}{2}Mg + M\cdot\frac{g}{\sqrt{3}}\cdot\frac{\sqrt{3}}{2}$$

$\therefore\quad \boldsymbol{Ma' = F'}$

(2)　**問5**(1)の板Aと球Bの運動方程式を辺々加えて F' を消去すると

$\boldsymbol{(m + M)a' = -kx}$　……④

(3)　④より　　$a' = -\frac{k}{m+M}x$

これは，角振動数 $\omega'=\sqrt{\dfrac{k}{m+M}}$，周期 $T'=\dfrac{2\pi}{\omega'}=2\pi\sqrt{\dfrac{m+M}{k}}$ の単振動であり，振動の中心位置は $x=0$ である。また，最初に $x=-d$ から静かに運動を始めたから，振幅は d である。

題意より，点Oを通過するときの時刻を $t=0$ とし，時刻 $t\,(t\leqq 0)$ では板Aと球Bは一体となって運動しているから，座標 x と時刻 t の関係は右図のようになる。

$t>0$ では，球Bは板Aから離れて運動する（問6，問7）が，板Aと球Bが一体となって運動し続ければ破線のようなグラフになる。

よって，板Aと球Bの座標 x は

$$x=d\sin\omega' t=\boldsymbol{d\sin\sqrt{\frac{k}{m+M}}\,t}$$

また，速度 v' は

$$v'=\frac{dx}{dt}=d\omega'\cos\omega' t=\boldsymbol{d\sqrt{\frac{k}{m+M}}\cdot\cos\sqrt{\frac{k}{m+M}}\,t}$$

▶問6． 問5(1)の板Aと球Bの運動方程式より，a' を消去すると

$$F'=-\frac{M}{m+M}kx$$

板Aと球Bが離れるのは $F'=0$ のときであるから，その x 座標は

$$\boldsymbol{x=0}$$

その時刻は，問5(3)の x の式より $t=0$ であるから，その x 方向の速度 v_0' は

$$v_0'=d\omega'=\boldsymbol{d\sqrt{\frac{k}{m+M}}}$$

▶問7． 球Bが斜面上を上るときの台上の観測者から見た加速度を β' とすると，運動方程式より

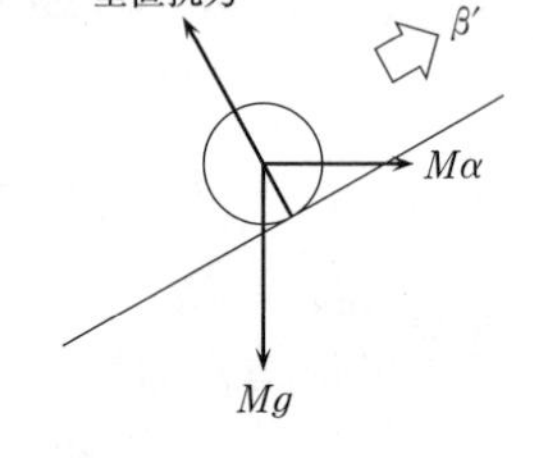

$$M\beta'=M\alpha\cos 30^\circ-Mg\sin 30^\circ$$
$$=M\cdot\frac{g}{\sqrt{3}}\cdot\frac{\sqrt{3}}{2}-\frac{1}{2}Mg$$

$$\therefore\quad \beta'=0$$

すなわち，台上の観測者から見て球Bは斜面上を等速度運動する。斜面の上端を飛び出すときの速度は，板Aから離れるときの速度と等しく問6の v_0' であり，その鉛直成分は $v_0'\sin 30^\circ$ である。斜面の上端を飛び出した後の球Bの鉛直方向の運動は，台の鉛直方向の速度成分が0であるから，台上の観測者から見ても床上の観測者から見ても同じである。

斜面の上端から最高点の鉛直方向高さを h とすると，鉛直投射の式より

$$0-(v_0'\sin 30^\circ)^2=-2gh$$

$$\therefore\quad h=\frac{(v_0'\sin 30^\circ)^2}{2g}=\frac{1}{2g}\times\left(d\sqrt{\frac{k}{m+M}}\times\frac{1}{2}\right)^2=\frac{kd^2}{8(m+M)g}$$

この位置の点Oからの高さ H は

$$H=L\sin 30^\circ+h=\boldsymbol{\frac{1}{2}L+\frac{kd^2}{8(m+M)g}}$$

別解　台から飛び出した後の球Bは，重力だけを受けた運動となるので，力学的エネルギー保存則より

$$\frac{1}{2}M(v_0'\sin 30^\circ)^2+\frac{1}{2}M(v_0'\cos 30^\circ)^2=Mgh+\frac{1}{2}M(v_0'\cos 30^\circ)^2$$

$$\therefore\quad h=\frac{(v_0'\sin 30^\circ)^2}{2g}=\frac{kd^2}{8(m+M)g}$$

（以下，〔解答〕と同様）

テーマ

◎ばねによって単振動する物体の運動方程式を書く場合，原点のとり方には次の2つの方法がある。

(i)　ばねの自然長の位置を原点にとる。座標 x での運動方程式より加速度 a が，$a=-\omega^2(x-x_0)$ と表され，角振動数 ω と振動中心の座標 x_0 がわかる。

(ii)　物体にはたらく力のつり合いの位置を原点にとる。つり合いの位置が振動中心となるので，座標 z での運動方程式より加速度 a は，$a=-\omega^2 z$ と表される。

◎単振動の速度を求める方法

●$x=x_0$ を振動中心として，振幅が A，時刻 $t=0$ での位相が ϕ のとき，位置 x は

$$x=A\sin(\omega t+\phi)+x_0$$

このとき速度 v は

$$v=\frac{dx}{dt}=A\omega\cos(\omega t+\phi)$$

速度の最大値は $\cos(\omega t+\phi)=1$ のときであり $A\omega$ である。この位置は，$\sin(\omega t+\phi)=0$ であるから，$x=x_0$，すなわち振動中心である。

●物体にはたらく運動方向の力が重力と弾性力だけの場合，力学的エネルギー保存則を用いると速度が求められる。

(i)　重力による位置エネルギーの基準（$h=0$）を任意の位置にとる。弾性力による位置エネルギーの基準（$x=0$）は自然長であるから

$$mgh+\frac{1}{2}kx^2+\frac{1}{2}mv^2=\text{一定}$$

(ii)　重力と弾性力の合力が復元力となって単振動をする。復元力による位置エネルギーの基準（$z=0$）は力のつり合いの位置（合力$=0$）であるから

$$\frac{1}{2}kz^2+\frac{1}{2}mv^2=\text{一定}$$

◎復元力による位置エネルギー

ばねのつり合いの位置を原点Oとして鉛直下向きにz軸をとると，力のつり合いの式は

$$mg=kz_0$$

物体が位置z（>0）にあるとき，物体にはたらいている合力fは

$$f=mg-k(z_0+z)$$

これらからmgを消去すると

$$f=-kz$$

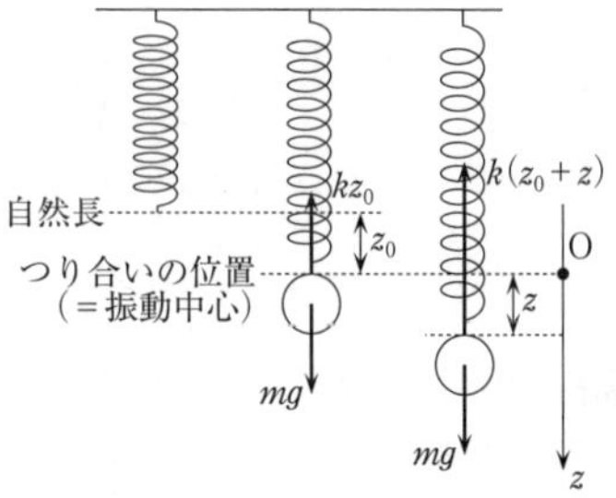

この式は物体にはたらく力fがフックの法則に従うことを表している。したがって，z軸上での運動方程式は

$$ma=-kz \qquad \therefore \quad a=-\frac{k}{m}z$$

これは，物体が角振動数$\omega=\sqrt{\dfrac{k}{m}}$の単振動をし，振動中心が$z=0$であることを表している。$f$は重力と弾性力の合力で，単振動の復元力となる。このとき，物体に復元力$f=-kz$がはたらいて，$z=0$からzだけ伸びたばねがもとの位置に戻るまでにする仕事は$\dfrac{1}{2}kz^2$で表されることになる。すなわち，鉛直に振動するばね振り子では，復元力による位置エネルギーはつり合いの位置（すなわち，振動の中心）を基準にとって$\dfrac{1}{2}kz^2$である。

14 斜面上のばねによる物体の運動，水平面と物体の繰り返し斜め衝突

（2012 年度　第 1 問）

問 1. 図 1 (a)に示すように水平面となす角 θ の斜面 OPQR がある。バネ定数が k で質量の無視できるバネを斜面の上端 O からつるしたところ，バネの下端（自然長の位置）は P であった。P から Q，および Q から R までの距離はいずれも ℓ である。以下では，大きさが無視できる質量 m の小物体の斜面上での運動について考える。重力加速度を g とし，空気抵抗は無視する。斜面の OQ 間は摩擦のないなめらかな面であるが，QR 間はあらい面であり，小物体に対する動摩擦係数は μ である。

(1)　小物体をバネの下端に取り付けたところ，バネが d_1 だけ伸びて静止した（図 1 (a)）。d_1 を m，g，θ，k から必要なものを用いて表せ。

(2)　次に小物体を P の位置まで押し上げて静かに手を離したところ，バネに取り付けられた小物体は振動した。振動の振幅 A，周期 T，および小物体の速さの最大値 $v_{\max}$ を m，g，θ，k から必要なものを用いて表せ。

(3)　その後，小物体は P の位置でバネから離れて，斜面をすべり落ちた。小物体が Q を通過する時の速さ v_Q を m，g，θ，ℓ，k から必要なものを用いて表せ。

(4)　小物体は Q を通過後，摩擦力を受けて減速し，Q から距離 d_2 の斜面上で止まった。Q を通過して減速中の小物体の加速度の大きさ a，Q を通過して止まるまでの時間 t，および距離 d_2 を，m，g，θ，ℓ，k，μ から必要なものを用いて表せ。

(5)　次に図 1 (b)のように小物体をバネに押し当て，バネを自然長の位置 P より d_3 だけ縮め，その位置で静かに手を離した。小物体は P でバネから離れて斜面をすべり続け，R を通過した。R での小物体の速さ v_R を m，g，θ，ℓ，k，μ，d_3 から必要なものを用いて表せ。

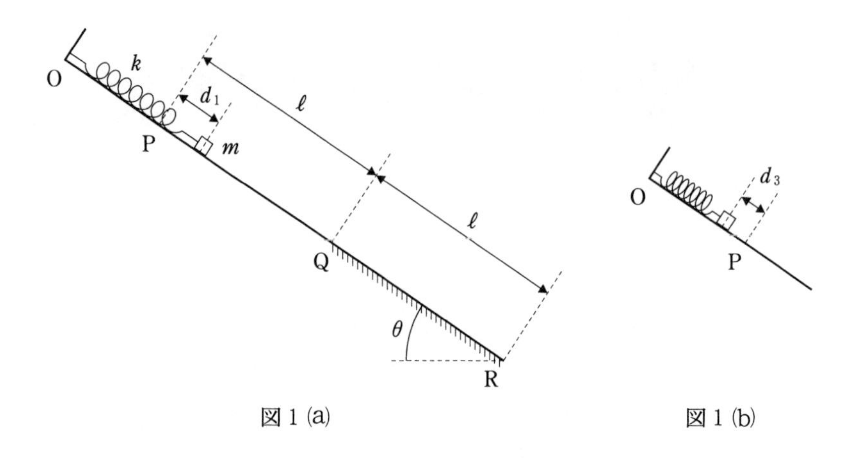

図1(a)　　図1(b)

問 2. 図1(c)に示すように，水平面内にx軸，鉛直上方にy軸をとり，大きさが無視できる質量mの小物体を，時刻$t=0$に原点から角度α，速さv_0で投げ上げた。小物体はxy平面内で放物線を描いて落下し，水平面との衝突をくり返し，最後は水平面上をすべりだした。水平面はなめらかであり，小物体と水平面の反発係数は$e(0<e<1)$である。空気抵抗は無視する。重力加速度をgとする。

n回目の衝突直後の小物体の速さをv_n，速度のx，y成分をv_{nx}，v_{ny}とする。n回目の衝突の時刻をt_n，衝突位置のx座標をx_nとする。さらに，$(n-1)$回目の衝突からn回目の衝突までにかかる時間を$\Delta t_n=t_n-t_{n-1}$，その時間に進む距離を$\Delta x_n=x_n-x_{n-1}$とする。ただし$t_0=0$，$x_0=0$とする。$t_n=\Delta t_1+\Delta t_2+\Delta t_3+\cdots+\Delta t_n$，および$x_n=\Delta x_1+\Delta x_2+\Delta x_3+\cdots+\Delta x_n$の関係がある。

(1) 最初の衝突直後の速度成分v_{1x}，v_{1y}および次の衝突直後の速度成分v_{2x}，v_{2y}をm，α，v_0，e，gから必要なものを用いて表せ。

(2) n回目の衝突直後の速度成分v_{nx}，v_{ny}をm，α，v_0，e，n，gから必要なものを用いて表せ。

(3) Δt_nをm，α，v_0，e，n，gから必要なものを用いて表せ。

(4) x_nをm，α，v_0，e，n，gから必要なものを用いて表せ。ただし，$1+e^1+e^2+e^3+\cdots+e^n=(1-e^{n+1})/(1-e)$の関係式を使ってよい。

(5) nが非常に大きくなるとe^nは0（ゼロ）に等しくなり，v_{ny}も0（ゼロ）に等しくなって小物体は水平面上をすべりだす。すべりだした時の x_n の値 x_f を m，α，v_0，e，g から必要なものを用いて表せ。

(6)　n 回目の衝突で小物体が失うエネルギー q_n を m，$v_{(n-1)x}$，v_{nx}，$v_{(n-1)y}$，v_{ny} から必要なものを用いて表せ。

(7)　n 回の衝突で小物体が失うエネルギーを $Q_n = q_1 + q_2 + q_3 + \cdots + q_n$ とする。n が非常に大きい時の Q_n の値 Q_f を m，α，v_0 を用いて表せ。ただし，n が非常に大きい時は e^n は 0 (ゼロ)に等しいとして答えよ。

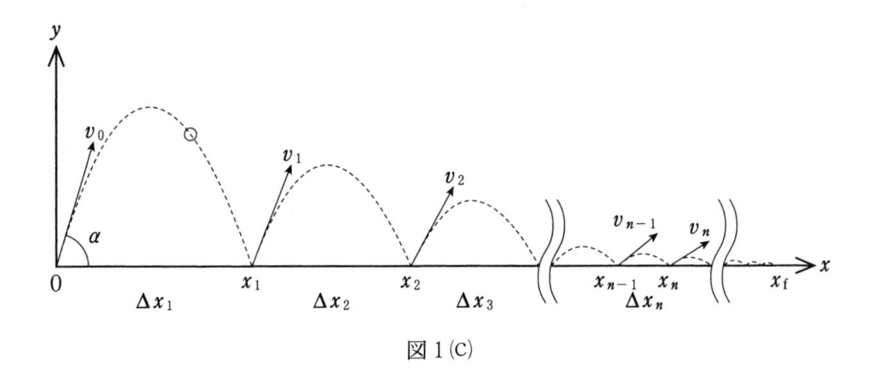

図 1 (C)

解 答

▶問１．(1) 斜面に平行な方向の力のつり合いの式より

$$mg\sin\theta = kd_1 \qquad \therefore \quad d_1 = \boldsymbol{\frac{mg\sin\theta}{k}}$$

(2) つり合いの位置を原点 O′ として斜面に平行下向きに x 軸をとる。物体の加速度を α とすると，運動方程式より

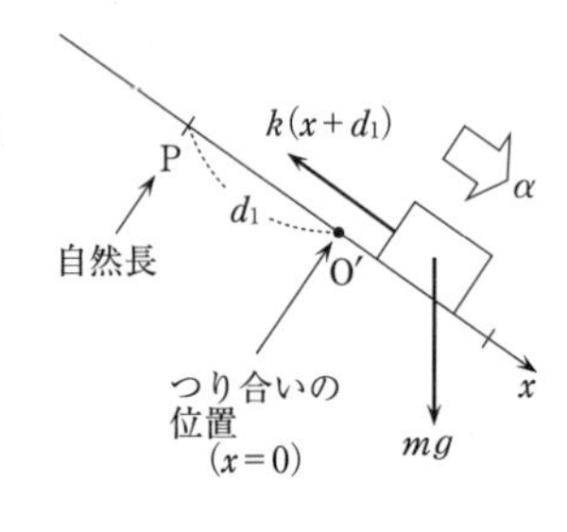

$$m\alpha = mg\sin\theta - k(x+d_1)$$

$$= mg\sin\theta - k\left(x + \frac{mg\sin\theta}{k}\right) = -kx$$

$$\therefore \quad \alpha = -\frac{k}{m}x$$

単振動では，振動の中心で $\alpha=0$ であるから，振動の中心の x 座標は

$$x=0$$

小物体は点Pから静かに動き始めるので，振動の上端は点Pである。よって，振幅 A は

$$A = d_1 = \boldsymbol{\frac{mg\sin\theta}{k}}$$

単振動では，角振動数を ω とすると，加速度は $\alpha = -\omega^2 x$ で表される。比較すると

$$\omega = \sqrt{\frac{k}{m}}$$

ゆえに，周期 T は　　$T = \dfrac{2\pi}{\omega} = \boldsymbol{2\pi\sqrt{\dfrac{m}{k}}}$

時刻 t における物体の位置（座標）x は右図のようになり，位置 x，速度 v は，振幅 A を用いて

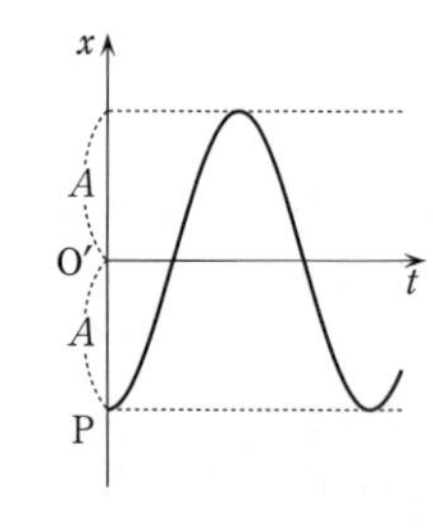

$$x = -A\cos\omega t$$

$$v = \frac{dx}{dt} = A\omega\sin\omega t$$

したがって，速さの最大値 $v_{\max}$ は

$$v_{\max} = A\omega = \frac{mg\sin\theta}{k} \times \sqrt{\frac{k}{m}} = \boldsymbol{\sqrt{\frac{m}{k}}g\sin\theta}$$

単振動における最大速度はつり合いの位置で，その大きさが $A\omega$ であることは覚えておくこと。

別解 〈その１〉 復元力による位置エネルギー（重力と弾性力の合力による位置エネルギーで，振動のエネルギーともいわれる）を考えて，力学的エネルギー保存則を用いる。単振動では，振動の中心で速さは最大となるから

$$\frac{1}{2}kA^2=\frac{1}{2}mv_{\max}{}^2$$

$$\therefore\quad v_{\max}=A\sqrt{\frac{k}{m}}=\frac{mg\sin\theta}{k}\times\sqrt{\frac{k}{m}}=\sqrt{\frac{m}{k}}g\sin\theta$$

〈その２〉　重力による位置エネルギーの基準を点Pにとる。これと，弾性力による位置エネルギー，運動エネルギーを用いた力学的エネルギー保存則より

$$0=-mgA\sin\theta+\frac{1}{2}kA^2+\frac{1}{2}mv_{\max}{}^2\qquad\therefore\quad v_{\max}=\sqrt{\frac{m}{k}}g\sin\theta$$

(3)　物体はPの位置，すなわち単振動の上端で一旦停止した位置でバネから離れるから，初速度0で斜面をすべることになる。物体がPQ間をすべるときの加速度をa_1とすると，運動方程式より

$$ma_1=mg\sin\theta\qquad\therefore\quad a_1=g\sin\theta$$

等加速度運動の式より

$$v_Q{}^2-0=2a_1l\qquad\therefore\quad v_Q=\sqrt{2a_1l}=\boldsymbol{\sqrt{2gl\sin\theta}}$$

別解　重力による位置エネルギーの基準を点Pにとる。力学的エネルギー保存則より

$$0=-mgl\sin\theta+\frac{1}{2}mv_Q{}^2\qquad\therefore\quad v_Q=\sqrt{2gl\sin\theta}$$

(4)　物体がQR間で面から受ける垂直抗力の大きさをNとする。物体はQR間で減速して停止し，その間の加速度の大きさがaであるから，aは斜面に平行上向きである。物体の運動方向の平行下向きを正とすると

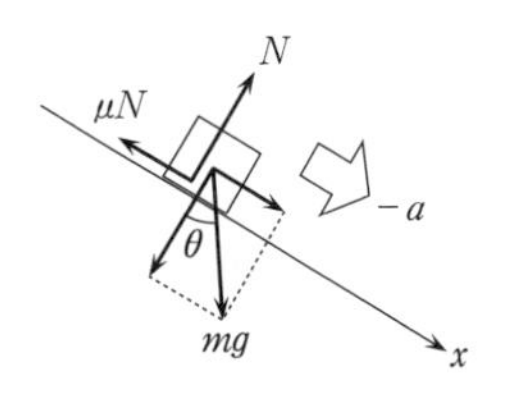

斜面に平行な方向の運動方程式：$m(-a)=mg\sin\theta-\mu N$

斜面に垂直な方向の力のつり合いの式：$N=mg\cos\theta$

$$\therefore\quad \boldsymbol{a=g(\mu\cos\theta-\sin\theta)}$$

等加速度運動の式より　　$0=v_Q-at$

$$\therefore\quad t=\frac{v_Q}{a}=\frac{\sqrt{2gl\sin\theta}}{g(\mu\cos\theta-\sin\theta)}=\boldsymbol{\frac{1}{\mu\cos\theta-\sin\theta}\sqrt{\frac{2l\sin\theta}{g}}}$$

$0-v_Q{}^2=-2ad_2$であるから

$$d_2=\frac{v_Q{}^2}{2a}=\frac{2gl\sin\theta}{2g(\mu\cos\theta-\sin\theta)}=\boldsymbol{\frac{\sin\theta}{\mu\cos\theta-\sin\theta}\cdot l}$$

(5)　物体の力学的エネルギーは，動摩擦力がした仕事の量だけ変化する。物体がQR間で面から受ける動摩擦力の大きさは，問1(4)と同様に考えて$\mu mg\cos\theta$であり，重力による位置エネルギーの基準を点Rにとると

$$\frac{1}{2}mv_R{}^2-\left\{\frac{1}{2}kd_3{}^2+mg(2l+d_3)\sin\theta\right\}=-\mu mg\cos\theta\cdot l$$

$$\therefore\quad v_R=\boldsymbol{\sqrt{\frac{k}{m}d_3{}^2+2g(2l+d_3)\sin\theta-2\mu gl\cos\theta}}$$

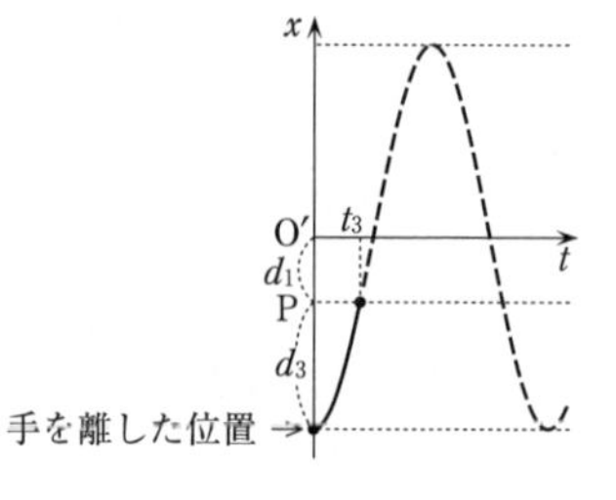

別解 手を離した位置から点Pまでは単振動の一部である。問1(2)と同様に考えて，物体の位置 x，速度 v は

$$x=-(d_3+d_1)\cos\omega t$$

$$v=\frac{dx}{dt}=(d_3+d_1)\,\omega\sin\omega t$$

点Pは $x=-d_1$ であるから，このときの時刻を t_3，速度を v_3 とすると，位置 x の式より

$$-d_1=-(d_3+d_1)\cos\omega t_3 \qquad \therefore\quad \cos\omega t_3=\frac{d_1}{d_3+d_1}$$

$\sin^2\omega t_3+\cos^2\omega t_3=1$ より　　$\sin\omega t_3=\sqrt{1-\left(\dfrac{d_1}{d_3+d_1}\right)^2}$

ゆえに

$$v_3=(d_3+d_1)\times\sqrt{\frac{k}{m}}\times\sqrt{1-\left(\frac{d_1}{d_3+d_1}\right)^2}$$

$$=\sqrt{\frac{k}{m}d_3{}^2+2gd_3\sin\theta}\quad\left(\because\quad d_1=\frac{mg\sin\theta}{k}\right)$$

PQ 間の加速度は a_1 であるから，点Qでの速度を v_4 とすると，等加速度運動の式より

$$v_4{}^2-v_3{}^2=2a_1l$$

QR 間の加速度は $-a$ であるから，等加速度運動の式より

$$v_\mathrm{R}{}^2-v_4{}^2=2(-a)\,l$$

これらの式より，問1(3)の a_1，問1(4)の a を代入して，v_R を求めると

$$v_\mathrm{R}=\sqrt{\frac{k}{m}d_3{}^2+2g\,(2l+d_3)\sin\theta-2\mu gl\cos\theta}$$

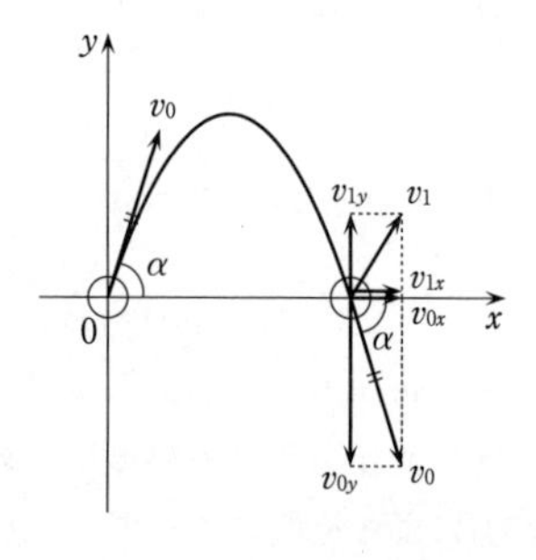

▶問2．(1) 投げ上げの速さが v_0 のとき，運動の対称性から衝突直前の速さも v_0 になる。水平面はなめらかであるから，衝突前後で速度の面に平行な成分は変化しないので

$$v_{1x}=v_{0x}=\boldsymbol{v_0\cos\alpha}$$

速度の面に垂直な成分は，反発係数 e の定義より

$$e=-\frac{v_{1y}}{-v_{0y}}$$

$$\therefore\quad v_{1y}=ev_{0y}=\boldsymbol{e\cdot v_0\sin\alpha}$$

同様にして

$$v_{2x}=v_{1x}=v_{0x}=\boldsymbol{v_0\cos\alpha}$$

$v_{2y}=ev_{1y}=e^2v_{0y}=\boldsymbol{e^2\cdot v_0\sin\alpha}$

(2)　**問2**(1)と同様にして

$v_{nx}=v_{0x}=\boldsymbol{v_0\cos\alpha}$

$v_{ny}=e\cdot v_{(n-1)y}=\cdots=e^n\cdot v_{0y}=\boldsymbol{e^n\cdot v_0\sin\alpha}$

(3)　$n-1$ 回目の衝突直後から n 回目の衝突直前までで，鉛直方向の成分を等加速度運動の式に用いて

$$0=v_{(n-1)y}\cdot\Delta t_n-\frac{1}{2}g\Delta t_n^2\quad（ただし，\Delta t_n\neq 0）$$

$$\therefore\quad \Delta t_n=\frac{2v_{(n-1)y}}{g}=\boldsymbol{\frac{2e^{n-1}v_0\sin\alpha}{g}}$$

(4)　**問2**(3)の時間 Δt_n の間で，水平方向の成分を等速度運動の式に用いて，Δx_n を求めると

$$\Delta x_n=v_{(n-1)x}\cdot\Delta t_n=v_0\cos\alpha\times\frac{2e^{n-1}v_0\sin\alpha}{g}=\frac{e^{n-1}v_0^2\sin 2\alpha}{g}$$

題意の式より，与えられた関係式も用いて

$$\begin{aligned}x_n&=\Delta x_1+\Delta x_2+\Delta x_3+\cdots+\Delta x_n\\&=\frac{v_0^2\sin 2\alpha}{g}+\frac{e\cdot v_0^2\sin 2\alpha}{g}+\frac{e^2\cdot v_0^2\sin 2\alpha}{g}+\cdots+\frac{e^{n-1}\cdot v_0^2\sin 2\alpha}{g}\\&=(1+e+e^2+\cdots+e^{n-1})\cdot\frac{v_0^2\sin 2\alpha}{g}\\&=\boldsymbol{\frac{1-e^n}{1-e}\cdot\frac{v_0^2\sin 2\alpha}{g}}\end{aligned}$$

(5)　**問2**(4)の答えでe^nを 0 とすると

$$x_{\mathrm{f}}=\boldsymbol{\frac{1}{1-e}\cdot\frac{v_0^2\sin 2\alpha}{g}}$$

(6)　n 回目の衝突前後で，水平方向に関しては $v_{(n-1)x}=v_{nx}$ であるから

$$\begin{aligned}q_n&=\frac{1}{2}mv_{n-1}^2-\frac{1}{2}mv_n^2\\&=\frac{1}{2}m\{v_{(n-1)x}^2+v_{(n-1)y}^2\}-\frac{1}{2}m\{v_{nx}^2+v_{ny}^2\}\\&=\boldsymbol{\frac{1}{2}m\{v_{(n-1)y}^2-v_{ny}^2\}}\end{aligned}$$

(7)　**問2**(6)，(2)より

$$\begin{aligned}Q_n&=q_1+q_2+q_3+\cdots+q_n\\&=\frac{1}{2}m\{v_{0y}^2-v_{1y}^2\}+\frac{1}{2}m\{v_{1y}^2-v_{2y}^2\}+\frac{1}{2}m\{v_{2y}^2-v_{3y}^2\}+\cdots+\frac{1}{2}m\{v_{(n-1)y}^2-v_{ny}^2\}\\&=\frac{1}{2}m(v_{0y}^2-v_{ny}^2)=\frac{1}{2}m\{v_{0y}^2-(e^n\cdot v_{0y})^2\}=\frac{1}{2}m\cdot(1-e^{2n})\cdot(v_0\sin\alpha)^2\end{aligned}$$

ここで e^n を0とすると

$$Q_f = \frac{1}{2} m (v_0 \sin\alpha)^2$$

テーマ

◎問1は，斜面上のバネから離れた物体の運動であり，単振動と，エネルギーと仕事の関係やエネルギー保存則が問われている。

- 単振動の解法については，2020年度，2014年度の〔テーマ〕を参照されたい。
- エネルギーと仕事の関係については，2017年度の〔テーマ〕を参照されたい。

問2は，水平面と斜めに繰り返し衝突する物体の問題である。斜め衝突の問題は2008年度にも出題されている。

水平面はなめらかであるから，衝突に際して面に平行な方向では，物体には外力の力積が加わらないので，物体の運動量は変化しない。すなわち，面に平行な方向の速度成分は変化しない。したがって，面に垂直な方向の速度成分だけが e 倍になることがポイントである。

15 水平面と斜面上のばねによる2物体の単振動

（2010年度　第1問）

問 1. 自然長 l，ばね定数 k のばねが一端は固定され，他端には質量 m の板が取り付けられて，なめらかな水平面上に置かれている。その板に接して質量 M の小物体を置き，図1(a)のように小物体と板とを接触させたまま，ばねを長さ d だけ縮めて静かに手を離した。ばねは十分軽くその質量は無視できる。また空気抵抗も無視できる。

(1) はじめ小物体は板に接触したまま運動をする。接触した状態で自然長からのばねの縮みが x であるときの小物体の加速度の大きさを求めよ。

(2) 小物体はやがて板から離れる。手を離してから小物体が板から離れるまでにかかる時間を求めよ。

(3) 小物体が板から離れた直後の小物体の速度の大きさを求めよ。

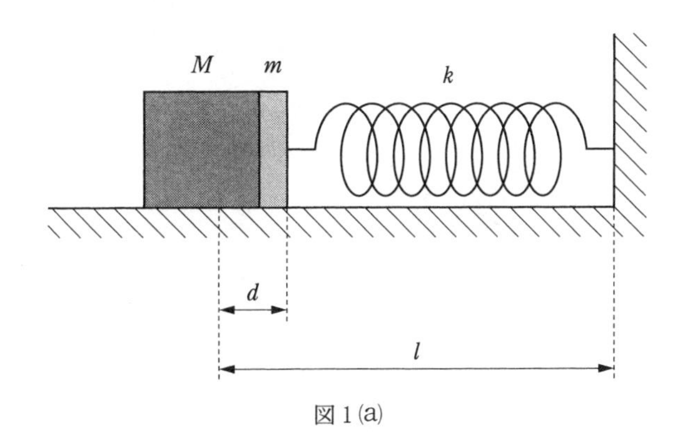

図1(a)

問 2. 次に図1(b)のように，前問で考えたなめらかな面を，水平面から角度 θ だけ傾けた場合を考えよう。小物体がない場合には，ばねが自然長 l から長さ x_0 だけ伸びたつりあいの位置で板は静止する。図のように小物体を板に接触させたまま，ばねを自然長から D だけ縮めて静かに手を離した。重力加速度の大きさを g とする。

(1) つりあいの位置におけるばねの伸び x_0 を求めよ。

(2) 手を離したのち，小物体は板と接触したまま運動し，自然長からのばね

の伸びが s のとき板から離れた。ばねの伸び s を求めよ。

(3) 板から離れた直後の小物体の速度の大きさを求めよ。答えは x_0 を用いずに表せ。

(4) 板は小物体と離れたのち，単振動を行う。$M=\frac{7}{5}m$，$D=\frac{6}{5}x_0$ であるとして，その単振動の振幅を（θ は用いずに）x_0 を用いて表せ。

(5) 小物体と離れてから，板は斜面下向きに運動し，一瞬静止したのち，斜面上向きに運動を始め，そして小物体と離れた位置（ばねの伸びが s の位置）に戻った。小物体と離れてから初めて同じ位置に戻るまでの時間を，m と k を用いて表せ。ただし，前問同様 $M=\frac{7}{5}m$，$D=\frac{6}{5}x_0$ であるとする。

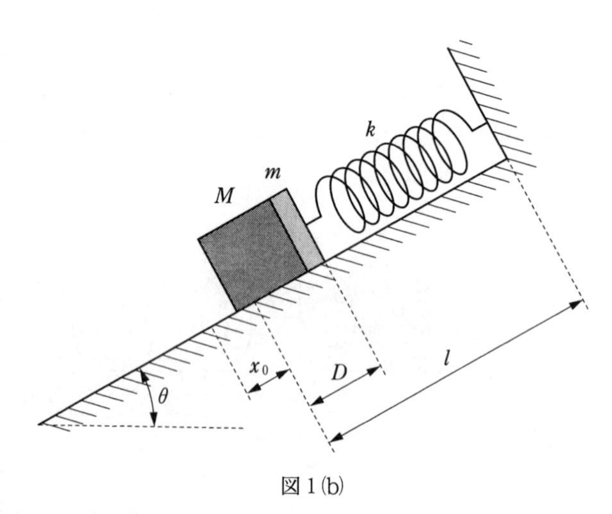

図 1(b)

解 答

▶問1．(1) ばねの自然長の位置を原点に，ばねが縮む向きを x 軸の正とする。小物体の加速度を a_1，小物体と板が互いにおよぼし合う垂直抗力を N_1 とすると，ばねの縮みが x であるときの運動方程式より

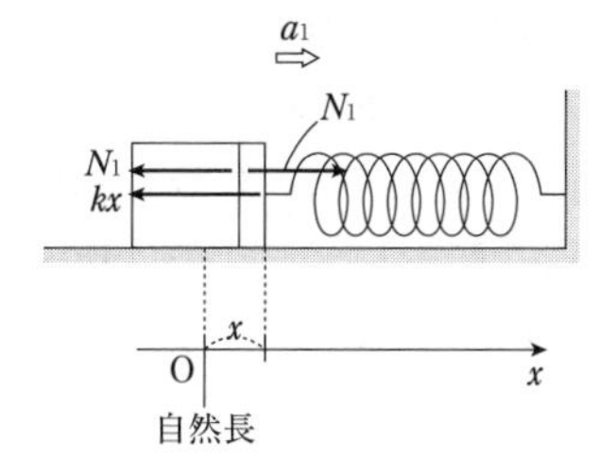

$$\begin{cases} 板\qquad : ma_1 = -kx + N_1 \\ 小物体 : Ma_1 = -N_1 \end{cases} \quad \cdots\cdots①$$

辺々加えて，N_1 を消去して

$$a_1 = -\frac{k}{m+M}x \quad \cdots\cdots②$$

したがって，小物体の加速度の大きさは

$$|a_1| = \boldsymbol{\frac{k}{m+M}x}$$

(2) ①より a_1 を消去して

$$N_1 = \frac{M}{m+M}kx$$

小物体が板から離れるのは $N_1=0$ のときであるから，$x=0$，すなわち，ばねの自然長の位置である。単振動をする物体の加速度は，角振動数を ω_1 として $a_1=-\omega_1{}^2x$ である。②より $\omega_1=\sqrt{\dfrac{k}{m+M}}$ であり，単振動の周期は $T_1=\dfrac{2\pi}{\omega}=2\pi\sqrt{\dfrac{m+M}{k}}$ である。
また，単振動の中心は復元力が 0，すなわち，$a_1=0$ の位置であるから，$x=0$ である。
手を離した位置（ばねが最も縮んだ位置）から小物体が板から離れる位置（ばねの自然長）になるまでの時間を t_1 とすると

$$t_1 = \frac{1}{4}T_1 = \boldsymbol{\frac{\pi}{2}\sqrt{\frac{m+M}{k}}}$$

(3) $x=0$ の位置での小物体の速さを v_1 とすると，力学的エネルギー保存則より

$$\frac{1}{2}kd^2 = \frac{1}{2}(m+M)v_1{}^2 \qquad \therefore \quad v_1 = \boldsymbol{d\sqrt{\frac{k}{m+M}}}$$

別解 ばねの自然長の位置では，板と小物体の単振動の速さは最大となる。振幅が d であるから

$$v_1 = d\omega_1 = d\sqrt{\frac{k}{m+M}}$$

▶問2．(1) 斜面方向の力のつりあいの式より

$$mg\sin\theta = kx_0 \qquad \therefore \quad x_0 = \boldsymbol{\frac{mg\sin\theta}{k}} \quad \cdots\cdots③$$

(2) ばねの自然長の位置を原点に，ばねが縮む向きを x 軸の正とする。小物体の加速度を a_2，小物体と板が互いにおよぼし合う垂直抗力を N_2 とすると，ばねの縮みが x であるときの運動方程式より

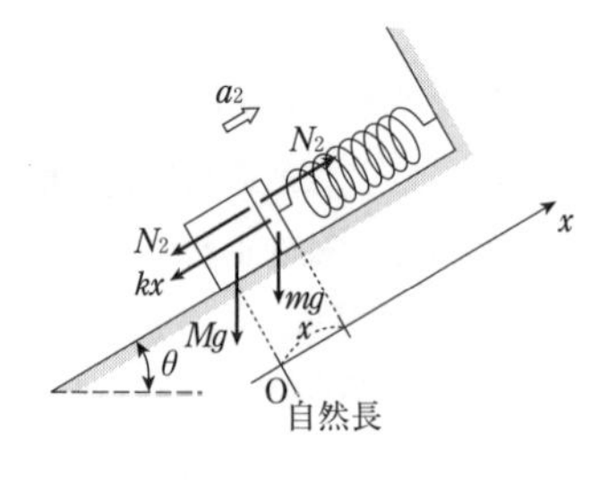

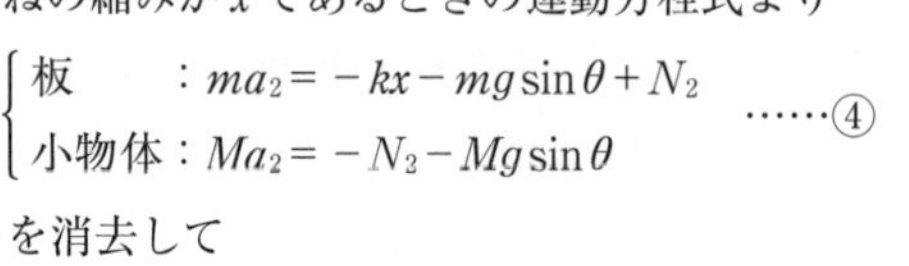
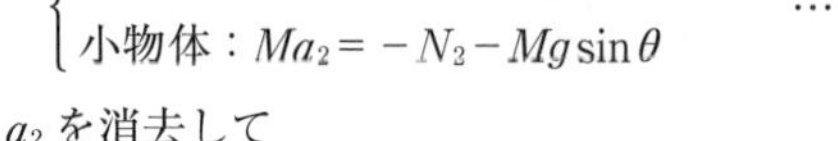

$$\begin{cases} 板\qquad :ma_2=-kx-mg\sin\theta+N_2 \\ 小物体:Ma_2=-N_2-Mg\sin\theta \end{cases} \quad \cdots\cdots ④$$

a_2 を消去して

$$N_2=\frac{M}{m+M}kx$$

小物体が板から離れるのは $N_2=0$ のときであるから　　$x=0$

したがって　　$\boldsymbol{s=0}$

〔注〕 ④より N_2 を消去して

$$a_2=-\frac{k}{m+M}\left\{x+\frac{(m+M)g\sin\theta}{k}\right\}$$

これより，板と小物体が一体となって単振動するときの角振動数は $\omega_2=\sqrt{\dfrac{k}{m+M}}$，振動中心の座標は $x_2=-\dfrac{(m+M)g\sin\theta}{k}$ であることがわかる。

(3) 重力による位置エネルギーの基準をばねの自然長の高さにとる。$x=0$ の位置での小物体の速さを v_2 とすると，力学的エネルギー保存則より

$$\frac{1}{2}kD^2+(m+M)gD\sin\theta=\frac{1}{2}(m+M)v_2{}^2$$

$$\therefore\quad v_2=\sqrt{\boldsymbol{\frac{k}{m+M}D^2+2gD\sin\theta}}$$

(4) 小物体が板から離れると，板の単振動の中心位置は(2)から変化する。(2)と同様に，板の加速度を a_2' とすると，ばねの縮みが x であるときの運動方程式より

$$ma_2'=-kx-mg\sin\theta$$

$$\therefore\quad a_2'=-\frac{k}{m}\left(x+\frac{mg\sin\theta}{k}\right)$$

これより，板の単振動の角振動数は $\omega_2'=\sqrt{\dfrac{k}{m}}$，振動中心の座標は $x_2'=-\dfrac{mg\sin\theta}{k}=-x_0$ であることがわかる。すなわち，板は**問2**(1)のつりあいの位置を中心に単振動をする。

振幅を A とすると，板が小物体と離れた位置と，板が最も下がった位置(＝ばねが最も伸びた位置)とで，力学的エネルギー保存則が成り立つので

$$\frac{1}{2}mv_2{}^2=\frac{1}{2}k(x_0+A)^2-mg(x_0+A)\sin\theta$$

③を用いてθを消去すると

$$\frac{1}{2}mv_2{}^2=\frac{1}{2}kA^2-\frac{1}{2}kx_0{}^2 \quad \cdots\cdots⑤$$

$$\therefore \quad A=\sqrt{x_0{}^2+\frac{m}{k}v_2{}^2}$$

$$=\sqrt{x_0{}^2+\frac{m}{k}\left(\frac{k}{m+M}D^2+2gD\sin\theta\right)}$$

$$=\sqrt{x_0{}^2+\frac{m}{k}\left\{\frac{k}{m+\frac{7}{5}m}\cdot\left(\frac{6}{5}x_0\right)^2+2g\cdot\frac{6}{5}x_0\cdot\frac{k}{mg}x_0\right\}}$$

$$=\boldsymbol{2x_0}$$

別解　板は，つりあいの位置を中心に単振動をする。復元力（重力と弾性力の合力）による位置エネルギーを用いると，その基準はつりあいの位置であるから，力学的エネルギー保存則は

$$\frac{1}{2}mv_2{}^2+\frac{1}{2}kx_0{}^2=\frac{1}{2}kA^2$$

（以下，〔解答〕の⑤以下と同様）

(5)　この単振動を等速円運動に戻して考えると下図のようになり，単振動の周期は$T_2'=\dfrac{2\pi}{\omega_2'}=2\pi\sqrt{\dfrac{m}{k}}$ である。

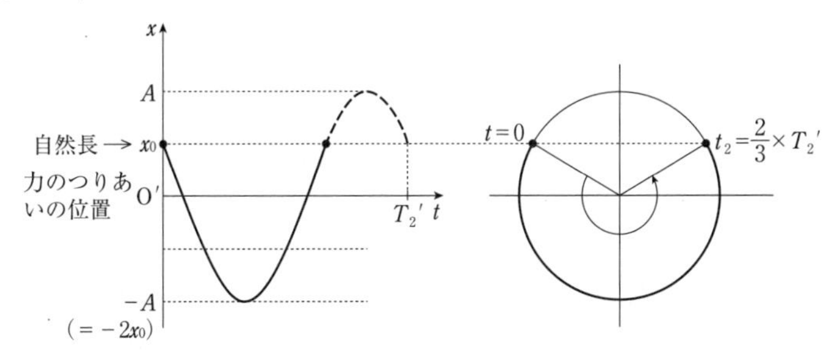

よって，求める時間t_2は，単振動の周期T_2'の$\dfrac{2}{3}$であるから

$$t_2=\frac{2}{3}T_2'=\boldsymbol{\frac{4\pi}{3}\sqrt{\frac{m}{k}}}$$

テーマ

◎ 2 物体間で互いに垂直抗力がはたらきあって単振動をする場合，それぞれの運動方程式から，未知数としての加速度 $\boldsymbol{a}$ と垂直抗力 $\boldsymbol{N}$ が求められる。2 物体が離れるときは $\boldsymbol{N}=\boldsymbol{0}$ であるが，図 1 の(a)，(b)ともに，ばねの自然長の位置であることがわかる。

単振動の解法については，2020 年度，2014 年度の〔テーマ〕を参照されたい。

第 2 章　熱力学

第2章　熱 力 学

節	番号	内　　　容	年　度
気体の状態変化	16	隔壁で仕切られた2室の気体の状態変化	2015年度〔3〕
	17	ばね付きピストン容器における気体の混合	2011年度〔3〕
熱サイクル 熱効率	18	断熱・定圧の各変化を含む熱サイクル	2021年度〔3〕
	19	定圧・定積・等温の各変化を含む熱サイクル	2019年度〔3〕
	20	定圧・定積・断熱の各変化と熱サイクル	2014年度〔3〕
	21	定圧・定積・等温・断熱の各変化を含む熱サイクル	2012年度〔3〕

対策

□　気体の状態変化，熱力学第一法則，モル比熱

気体の状態変化の問題は，理想気体の状態方程式（またはボイル・シャルルの法則）と，熱力学第一法則だけで解決できるといっても過言ではない。

はじめに，状態変化の過程が，定圧，定積，等温，断熱のどの過程か，またはそれ以外の過程なのかを判断する。

次に，変化の前後の状態量（圧力，体積，温度）の関係を，理想気体の状態方程式（またはボイル・シャルルの法則）でつなげる。このとき，変化の過程が p-V 図や T-V 図でどのように表されるかにも注意する。

また，変化の過程におけるエネルギー量（気体が吸収した熱量 Q，気体の内部エネルギーの変化 ΔU，気体が外部へした仕事 W）の関係を，熱力学第一法則（$Q=\Delta U+W$）でつなげる。このとき，定積変化では $W=0$，等温変化（または，等温でなくても変化の前後で温度が等しいとき）では $\Delta U=0$，断熱変化では $Q=0$ であることに着目する。

- 気体の内部エネルギーの変化 ΔU は，定積モル比熱を用いて表され $\Delta U=nC_V\Delta T$ である。これは，気体分子運動論から導かれたものであり，定積モル比熱 C_V を用いるが，定圧，断熱等の状態変化の過程の種類によらず成立する。
- 気体が外部へした仕事 W は，p-V 図の面積であることを利用することが多い。ピストンにばねが付いた問題（2011年度出題）には注意が必要である。
- 気体が吸収した熱量 Q は，気体の内部エネルギーの変化 ΔU と気体が外部へした仕事 W の和を計算することが多い。または，定圧モル比熱 C_P，定積モル比熱 C_V $\left(\text{単原子分子理想気体では } C_P=\frac{5}{2}R,\ C_V=\frac{3}{2}R\right)$ を用いると，定圧変化では

$Q=nC_P\Delta T$，定積変化では $Q=nC_V\Delta T$（ただし，$W=0$ であるから熱力学第一法則より $\Delta U=nC_V\Delta T$）である。このとき，マイヤーの関係式 $C_P-C_V=R$ も重要である。

□　断熱変化

断熱変化では，特にポアソンの式 $p\cdot V^{\gamma}=$一定，または $T\cdot V^{\gamma-1}=$一定 $\left(\gamma\text{は比熱比，単原子分子理想気体では}\ \gamma=\frac{5}{3}\right)$ が成立する。当然であるが，同時にボイル・シャルルの法則 $\frac{pV}{T}=$一定 も成立する。ただし，断熱自由膨張（2011年度出題）では $Q=0$，$W=0$ より $\Delta U=0$ であるから，ポアソンの式は成立しないことにも注意が必要である。

□　熱サイクル・熱効率

熱サイクルの各過程でエネルギー量を求めた後の熱効率 e の計算は頻出事項である。気体が外部から吸収した熱量 Q_{in}，外部へ放出した熱量 Q_{out}，気体が外部へした仕事 W_{out}，外部からされた仕事 W_{in} を用いて，$e=\frac{W_{out}-W_{in}}{Q_{in}}=\frac{Q_{in}-Q_{out}}{Q_{in}}=1-\frac{Q_{out}}{Q_{in}}$ である。

□　2室の気体の混合

ピストンなどで2室に分けられた気体の問題，細管等を通して気体が混合する問題では，2室の気体それぞれについてや気体全体について，理想気体の状態方程式（またはボイル・シャルルの法則）や熱力学第一法則がどのように適用できるのかを考察する。

□　気体分子運動論，熱気球，熱量保存

2008～2022年度には出題されていないが対策を怠ってはならない。

- 気体の圧力をミクロな視点で考えるのが気体分子運動論である。さらに，気体分子の運動エネルギーの平均値が絶対温度に比例すること，気体の内部エネルギーが気体分子のエネルギーの総和であることにつながるので，教科書にもあるような典型的なパターンは理解しておく必要がある。
- 熱気球の問題では，体積を用いずに，圧力，密度，温度についての理想気体の状態方程式（またはボイル・シャルルの法則）を活用する。
- 比熱と熱容量，潜熱，熱量保存などについても理解しておきたい。

1　気体の状態変化

16　隔壁で仕切られた2室の気体の状態変化

（2015年度　第3問）

図3のように，断熱材でできた密閉された容器が隔壁により第1室と第2室に仕切られている。隔壁は各室の気密性を保ちながら容器内を摩擦なくなめらかに動く。また，隔壁を固定することも可能である。隔壁の中央部は熱を通す素材で，それ以外の部分は断熱材でできている。さらに，中央部は開閉可能な断熱カバーで覆われており，このカバーの開閉により両室間の熱の移動を制御できる。すなわち，断熱カバーが閉じていれば，両室の間に熱の移動は無く，断熱カバーが開いていれば，両室の間でゆるやかな熱の移動が可能である。隔壁中央部の熱容量は無視できるものとする。第1室内にはヒーターが設置されており，第1室の気体を加熱することができる。

第1室と第2室に，気体定数を R として定積モル比熱が $\frac{3}{2}R$ である同種の単原子分子理想気体を封入し，以下に述べるような状態変化を行った。なお，問題中の温度は全て絶対温度で与えられている。

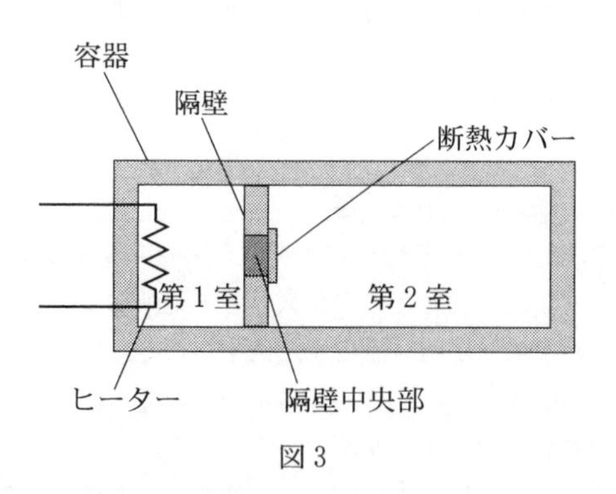

図3

初めの状態Aでは，隔壁は静止しており，断熱カバーは閉じている。このとき，第1室の気体の体積，温度，圧力はそれぞれ V_A，T_A，p_A であり，第2室の気体の体積，温度，圧力はそれぞれ $3V_A$，T_A，p_A であった。

問 1. 第1室の気体の物質量(モルを単位として表した物質の量)を，V_A，T_A，p_A，R の中から必要なものを用いて表せ。

状態Aから，隔壁を固定し断熱カバーを閉じたままヒーターによりゆっくり第1室の気体を加熱したところ，第1室の気体の温度が $2T_A$ となった。この状態を状態Bとする。

問 2. 状態Aから状態Bへの変化の間にヒーターが第1室の気体に加えた熱量を，V_A，T_A，p_A，R の中から必要なものを用いて表せ。

次に，状態Bから隔壁を固定したまま断熱カバーを開け，しばらく待ったところ，熱平衡に達した。この状態を状態Cとする。

問 3. 状態Cにおける第1室，第2室の気体の温度を，V_A，T_A，p_A，R の中から必要なものを用いて表せ。

問 4. 状態Bから状態Cへの変化の間に第1室から第2室に移動した熱量を，V_A，T_A，p_A，R の中から必要なものを用いて表せ。

問 5. 状態Cにおける第1室の気体の圧力，第2室の気体の圧力を，それぞれ V_A，T_A，p_A，R の中から必要なものを用いて表せ。

再び状態Aから考える。以後，隔壁は自由に動けるとし，断熱カバーは閉じている。ヒーターによりゆっくり第1室の気体を加熱し，総量 $3p_AV_A$ の熱を加えた状態を状態Dとする。

問 6. 状態Aから状態Dへの変化の間に生じた第1室，第2室の気体の内部エネルギーの変化をそれぞれ ΔU_1，ΔU_2 とする。$\Delta U_1 + \Delta U_2$ を，V_A，p_A を用いて表せ。

問 7. 状態Dにおける第1室の気体の体積をV_Dとし，状態Dにおける第1室，第2室の気体の圧力をp_Dとする。ΔU_1を，V_A，p_A，V_D，p_Dを用いて表せ。

問 8. p_Dを，V_A，T_A，p_A，Rの中から必要なものを用いて表せ。

解　答

▶**問1．** 第1室の気体の物質量を n_1 とすると，理想気体の状態方程式より

$$p_A V_A = n_1 R T_A \qquad \therefore \quad n_1 = \boldsymbol{\frac{p_A V_A}{R T_A}}$$

▶**問2．** 隔壁が固定されているから，第1室の気体が外部へする仕事は0である。よって，熱力学第一法則より，ヒーターが第1室の気体に加えた熱量 Q_{AB} は，気体の内部エネルギーの増加 ΔU_{AB} に等しい。

$$Q_{AB} = \Delta U_{AB} = \frac{3}{2} n_1 R (2T_A - T_A)$$

$$= \frac{3}{2} \cdot \frac{p_A V_A}{T_A} \cdot T_A \quad \left(\because \quad n_1 R = \frac{p_A V_A}{T_A} \right)$$

$$= \boldsymbol{\frac{3}{2} p_A V_A}$$

▶**問3．** 第2室の気体の物質量を n_2 とすると，初めの状態Aでの理想気体の状態方程式より

$$p_A \cdot 3V_A = n_2 R T_A \qquad \therefore \quad n_2 = \frac{3p_A V_A}{R T_A} \quad \left(\text{または} \quad n_2 R = \frac{3p_A V_A}{T_A} \right)$$

状態Cにおける第1室，第2室の気体の温度を T_C とする。隔壁を固定したまま断熱カバーを開けても，第1室，第2室の気体全体が吸収する熱量は0，気体全体が外部へする仕事は0であるから，熱力学第一法則より，気体全体の内部エネルギーの変化は0である。すなわち，変化の前後で気体の内部エネルギーの和は保存する。よって

$$\frac{3}{2} n_1 R \cdot 2T_A + \frac{3}{2} n_2 R T_A = \frac{3}{2} n_1 R T_C + \frac{3}{2} n_2 R T_C$$

$$\frac{3}{2} \cdot \frac{p_A V_A}{T_A} \cdot 2T_A + \frac{3}{2} \cdot \frac{3p_A V_A}{T_A} T_A = \frac{3}{2} \left(\frac{p_A V_A}{T_A} + \frac{3p_A V_A}{T_A} \right) T_C$$

$$\therefore \quad T_C = \boldsymbol{\frac{5}{4} T_A}$$

▶**問4．** 第2室の気体が吸収した熱量 Q_{BC} を求めればよい。**問2**と同様，第2室の気体が外部へした仕事は0であるから，Q_{BC} は気体の内部エネルギーの増加 ΔU_{BC} に等しい。よって

$$Q_{BC} = \Delta U_{BC} = \frac{3}{2} n_2 R \left(\frac{5}{4} T_A - T_A \right) = \frac{3}{2} \cdot \frac{3p_A V_A}{T_A} \cdot \frac{1}{4} T_A$$

$$= \boldsymbol{\frac{9}{8} p_A V_A}$$

▶**問5．** 第1室，第2室の気体の圧力をそれぞれ p_C，p_C' とする。状態Aと状態Cでボイル・シャルルの法則より

第1室：$\dfrac{p_A V_A}{T_A}=\dfrac{p_C V_A}{\frac{5}{4}T_A}$　　$\therefore$　$p_C=\dfrac{5}{4}p_A$

第2室：$\dfrac{p_A\cdot 3V_A}{T_A}=\dfrac{p_C'\cdot 3V_A}{\frac{5}{4}T_A}$　　$\therefore$　$p_C'=\dfrac{5}{4}p_A$

▶問6．隔壁が動くことで，第1室の気体が第2室の気体へした仕事 W_1 と第2室の気体が第1室の気体へした仕事 W_2 の間には，$W_1=-W_2$ の関係があり，気体全体が外部へした仕事は0である。したがって，気体全体で熱力学第一法則より

$$3p_A V_A=(\Delta U_1+\Delta U_2)+0$$

$$\therefore\quad \Delta U_1+\Delta U_2=3p_A V_A \quad \cdots\cdots①$$

▶問7．状態Dにおける第1室の気体の温度を T_D とする。第1室の気体について，状態Aと状態Dでボイル・シャルルの法則より

$$\frac{p_A V_A}{T_A}=\frac{p_D V_D}{T_D}\qquad \therefore\quad T_D=\frac{p_D V_D}{p_A V_A}T_A$$

したがって，ΔU_1 は

$$\Delta U_1=\frac{3}{2}n_1 R(T_D-T_A)=\frac{3}{2}\cdot\frac{p_A V_A}{T_A}\left(\frac{p_D V_D}{p_A V_A}T_A-T_A\right)$$

$$=\frac{3}{2}(p_D V_D-p_A V_A)\quad \cdots\cdots②$$

▶問8．状態Aでの容器全体の気体の体積の和は $4V_A$ であるから，状態Dにおける第2室の気体の体積を V_D'，温度を T_D' とすると

$$V_D'=4V_A-V_D$$

第2室の気体について，状態Aと状態Dでボイル・シャルルの法則より

$$\frac{p_A\cdot 3V_A}{T_A}=\frac{p_D(4V_A-V_D)}{T_D'}\qquad \therefore\quad T_D'=\frac{p_D(4V_A-V_D)}{3p_A V_A}T_A$$

したがって，ΔU_2 は

$$\Delta U_2=\frac{3}{2}n_2 R(T_D'-T_A)=\frac{3}{2}\cdot\frac{3p_A V_A}{T_A}\left\{\frac{p_D(4V_A-V_D)}{3p_A V_A}T_A-T_A\right\}$$

$$=\frac{3}{2}(4p_D V_A-p_D V_D-3p_A V_A)\quad \cdots\cdots③$$

①に②，③を代入すると

$$\frac{3}{2}(p_D V_D-p_A V_A)+\frac{3}{2}(4p_D V_A-p_D V_D-3p_A V_A)=3p_A V_A$$

$$\frac{3}{2}(4p_D V_A-4p_A V_A)=3p_A V_A$$

$$\therefore\quad p_D=\frac{3}{2}p_A$$

テーマ

◎隔壁により仕切られた断熱容器内での気体の状態変化である。

(i)　気体の圧力 $\boldsymbol{p}$，体積 $\boldsymbol{V}$，温度 $\boldsymbol{T}$ については，隔壁の移動の有無に関わらず，両室間で気体の移動がない場合は物質量が変化しないから，両室それぞれについて変化の前後でボイル・シャルルの法則を使用する。両室間で気体の移動がある場合には，物質量を設定して理想気体の状態方程式を使用し，容器全体の物質量の和が一定であることを利用する。

(ii)　気体が吸収した熱量 $\boldsymbol{Q}$，気体の内部エネルギーの増加 $\boldsymbol{\Delta U}$，気体が外部へした仕事 $\boldsymbol{W}$ については，熱力学第一法則 $\boldsymbol{Q=\Delta U+W}$ を使用する。

- 問 3 では，両室間で隔壁を通して熱の移動があるが，容器全体では $\boldsymbol{Q=0}$，$\boldsymbol{W=0}$ であるから，$\boldsymbol{\Delta U=0}$ となる。これは，容器全体の気体の内部エネルギーの和が変化しないことを表している。このときに，単原子分子の理想気体において $\boldsymbol{\Delta U=\frac{3}{2}nR\Delta T}$ より，$\boldsymbol{\Delta T=0}$（気体の温度が変化しないこと）を表しているのではないことに注意が必要である。
- 問 6 では，隔壁が移動することにより，第 1 室の気体は第 2 室の気体へ仕事をし，第 2 室の気体は第 1 室の気体から仕事をされるが，これらの仕事の大きさは等しく，気体全体として仕事の和は $\boldsymbol{0}$ である。容器全体では $\boldsymbol{Q=\Delta U}$ となる。

17 ばね付きピストン容器における気体の混合

(2011年度 第3問)

図3(a)に示すように大気中に，鉛直方向になめらかに動くピストンとシリンダーからなる容器Aと，容器Bが，細い管でつながれていて，コックは閉じられている。ピストンの断面積はSであり，質量は無視できるものとする。シリンダーの底面とピストンは質量の無視できるばねでつながれており，ばねの自然長はLである。はじめピストンは，ばねの長さが自然長Lになる位置にストッパーで固定されており，容器A内は真空である。容器A内には温度調節器があり，内部の気体を加熱したり冷却したりできる。容器Bの容積は$2SL$である。容器A，Bと細い管，およびコックは断熱材でできており，それらを通した熱の出入りは考えなくてよい。また，細い管の体積は無視できるものとし，ばねおよび温度調節器の体積と熱容量も無視できるものとする。さらに，大気の圧力は高さによらないものとする。気体定数をRとする。

問 1. はじめ容器B内には，絶対温度$2T$の単原子分子の理想気体が$3n$モル入っていた。容器B内の気体の圧力を求めよ。

問 2. 次にコックを開くと，容器B内の気体が容器A内に拡散した。しばらくして熱平衡の状態に達したが，容器A，B内の気体の絶対温度は$2T$のままであった。この拡散の際に，容器A，B内の気体がした仕事を求めよ。

問 3. さらに温度調節器を用いて，容器A，B内の気体の絶対温度を$2T$からTに変化させた。この変化で気体が放出した熱量を求めよ。

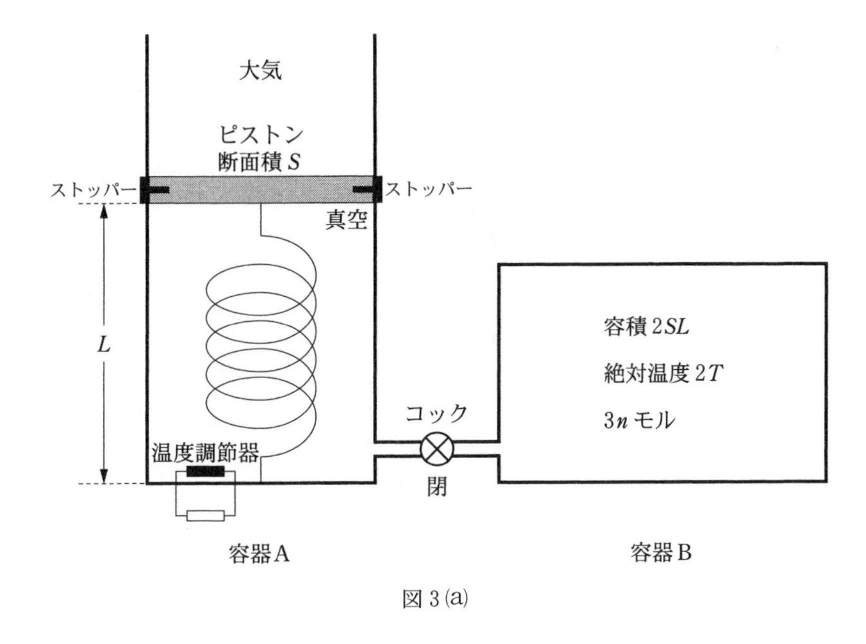

図 3(a)

問 4. 続いてピストンのストッパーを外して自由に動けるようにしたが，ピストンは動かなかった。その後，コックを閉じて容器 A 内の n モルの気体を温度調節器で絶対温度 T から $4T$ までゆっくりと加熱したところ，図 3(b)に示すようにばねの長さは $\frac{4}{3}L$ になり，容器 A 内の気体の圧力は 3 倍になった。

(1)　大気の圧力を求めよ。

(2)　この加熱による，容器 A 内の気体の内部エネルギーの増加を求めよ。

(3)　この加熱の際に，容器 A 内の気体がした仕事を求めよ。

問 5. 最後に，ばねの長さが $\frac{4}{3}L$ の状態でピストンを固定した後，コックを開いた。しばらくして熱平衡の状態に達した。

(1)　熱平衡の状態に達した後の，容器 A，B 内の気体の温度を求めよ。

(2)　熱平衡の状態に達した後の，容器 A，B 内の気体の圧力を求めよ。

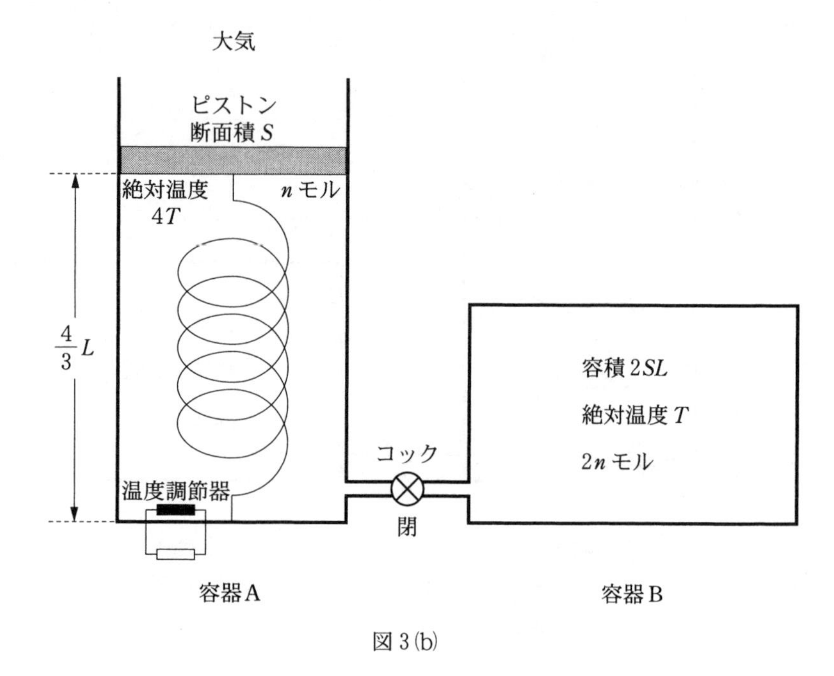
大気
ピストン
断面積 S
絶対温度
$4T$
n モル
$\frac{4}{3}L$
温度調節器
コック
閉
容積 $2SL$
絶対温度 T
$2n$ モル
容器A
容器B

図3(b)

解　答

▶問1．容器B内の気体の圧力を P_{B} とすると，容器B内の気体について，理想気体の状態方程式より

$$P_{\mathrm{B}}\cdot 2SL=3n\cdot R\cdot 2T \qquad \therefore\quad P_{\mathrm{B}}=\boldsymbol{\frac{3nRT}{SL}}$$

▶問2．熱力学第一法則は，「気体が吸収した熱量 Q＝気体の内部エネルギーの増加 ΔU＋気体が外部へした仕事 W」で表される。この拡散の過程においては，容器全体が断熱状態であるから　　$Q=0$

物質量 n，絶対温度 T の単原子分子の理想気体の内部エネルギー U は $U=\frac{3}{2}nRT$ であるから，温度が ΔT だけ変化したとき，内部エネルギーの変化は $\Delta U=\frac{3}{2}nR\Delta T$ である。この拡散では，温度は変化していないから　　$\Delta U=0$

したがって，熱力学第一法則より　　$\boldsymbol{W=0}$

〔注〕 断熱容器内で気体が真空部分へ拡散するとき，これを断熱自由膨張ともいうが，断熱変化であってもポアソンの式（pV^{γ}＝一定 または $TV^{\gamma-1}$＝一定）は成立しない。（〔テーマ〕参照）

▶問3．ストッパーが固定された状態で気体の温度が変化する過程においては，気体の体積変化がないから　　$W=0$

内部エネルギーの変化は　　$\Delta U=\frac{3}{2}\cdot 3n\cdot R\cdot(T-2T)=-\frac{9}{2}nRT$

熱力学第一法則より

$$Q=\Delta U+W=-\frac{9}{2}nRT$$

したがって，気体が放出した熱量は　　$\boldsymbol{\frac{9}{2}nRT}$

▶問4．(1) 大気の圧力を P_0，容器A，B内の気体全体の圧力を P_{A} とする。ばねは自然長であるからピストンに対して弾性力がはたらかず，またピストンの質量は無視できるから，ピストンにはたらく力のつり合いの式より

$$P_0S=P_{\mathrm{A}}S \qquad \therefore\quad P_0=P_{\mathrm{A}}$$

容器A，B内の気体全体について，理想気体の状態方程式より

$$P_{\mathrm{A}}\cdot(SL+2SL)=3n\cdot R\cdot T \qquad \therefore\quad P_{\mathrm{A}}=\frac{nRT}{SL}$$

したがって　　$P_0=\boldsymbol{\frac{nRT}{SL}}$

参考 コックを閉じる直前，圧力と温度が一定であるから，容器内の物質量は容器の体積に比例する。問2の状態では，最初に容器Bに入っていた $3n$ モルの気体が，容積 SL の

容器Aに n モル移動し，容積 $2SL$ の容器Bに $2n$ モル残る。
問3 で気体の絶対温度を T に変化させ，**問4** でピストンのストッパーを外してもピストンが動かないときは，容器Aの気体は n モルのままである。
このとき，容器Aの気体の状態方程式は

$$P_A \cdot SL = nRT \qquad \therefore \quad P_A = \frac{nRT}{SL}$$

である。

(2)　容器A内の気体の内部エネルギーの増加を ΔU とすると

$$\Delta U = \frac{3}{2}nR(4T - T) = \boldsymbol{\frac{9}{2}nRT}$$

(3)　容器A内の気体がした仕事 W は，ピストンの質量が無視できるので，大気圧 P_0 に逆らって体積が増加したときの仕事 W_1 と，ばねの弾性力に逆らってばねを伸ばす仕事 W_2 の和である。ばね定数を k とすると，図3(b)の状態でピストンにはたらく力のつり合いの式より

$$3P_A S = P_0 S + k \cdot \left(\frac{4}{3}L - L\right)$$

$$\therefore \quad k = \frac{6P_0 S}{L} = \frac{6S}{L} \times \frac{nRT}{SL} = \frac{6nRT}{L^2}$$

よって，仕事 W_1，W_2 は

$$W_1 = P_0\left(\frac{4}{3}SL - SL\right) = \frac{nRT}{SL} \times \frac{1}{3}SL = \frac{1}{3}nRT$$

$$W_2 = \frac{1}{2}k\left(\frac{4}{3}L - L\right)^2 = \frac{1}{2} \times \frac{6nRT}{L^2} \times \frac{1}{9}L^2 = \frac{1}{3}nRT$$

$$\therefore \quad W = W_1 + W_2 = \frac{1}{3}nRT + \frac{1}{3}nRT = \boldsymbol{\frac{2}{3}nRT}$$

別解　この加熱の過程で，気体の圧力は，大気圧とばねの弾性力による圧力の和であり，ばねの弾性力は，ばねの伸びすなわち気体の体積の増加量に比例する。気体の圧力の変化量は体積の変化量に比例するので，加熱後の気体の圧力が3倍になったことに注意すると，気体の圧力と体積の関係は右図のようになる。気体がした仕事 W は，このグラフと体積軸で囲まれた斜線部分の台形の面積で表されるから

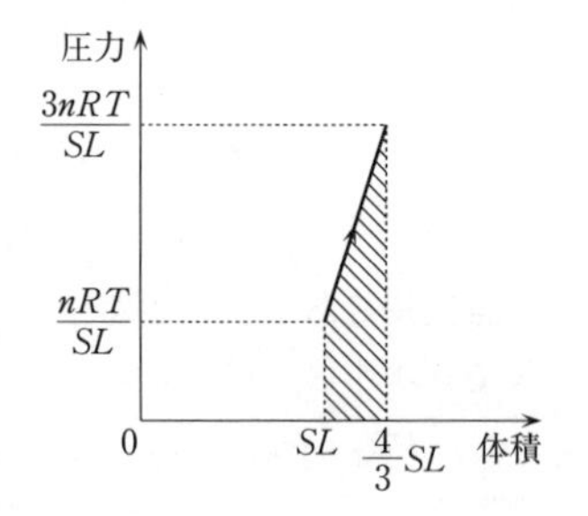

$$W = \frac{1}{2}\left(\frac{nRT}{SL} + \frac{3nRT}{SL}\right)\left(\frac{4}{3}SL - SL\right) = \frac{2}{3}nRT$$

▶問5．(1)　容器A，B内の気体が混合する過程においては，気体と外部との間で熱の出入りがなく（$Q=0$），気体全体の体積変化がないから外部に対して仕事をしない（$W=0$）ので，熱力学第一法則より，気体全体の内部エネルギーの変化は0

$(\Delta U=0)$ である。すなわち，変化の前後で気体の内部エネルギーは保存する。求める温度を T' とすると

$$\frac{3}{2}nR\cdot 4T+\frac{3}{2}\cdot 2n\cdot RT=\frac{3}{2}(n+2n)RT' \qquad \therefore \quad T'=2T$$

(2)　求める圧力を P' とすると，容器A，B内の気体全体について，理想気体の状態方程式より

$$P'\cdot\left(\frac{4}{3}SL+2SL\right)=(n+2n)R\cdot 2T \qquad \therefore \quad P'=\frac{9nRT}{5SL}$$

テーマ

◎本問も条件設定が次々と変化する問題であり，問 2 は気体の断熱自由膨張（真空容器への拡散），問 4 はばねに対する仕事と熱力学第一法則，問 5 は連結 2 容器内での気体の混合である。

●断熱自由膨張

断熱変化であるから気体が吸収した熱量 Q は 0，容器Bから容器Aへ気体が膨張していく過程であるが，容器Aは真空であるから容器Aの気体の圧力に逆らって容器Bの気体がする仕事 W は 0，したがって，熱力学第一法則より，気体の内部エネルギーの変化 ΔU は 0，よって気体の温度変化 ΔT は 0 である。すなわち，気体の断熱自由膨張では，気体は温度を変えないで，真空中に拡散していくことになる。

●ポアソンの式

断熱変化では $Q=0$ であるから，熱力学第一法則より

$$0=\Delta U+W=nC_V\Delta T+p\Delta V$$

微小変化量を微分形に書き換えると

$$0=nC_V\cdot dT+p\cdot dV$$

右辺第 1 項を nRT で，第 2 項を pV で割ると

$$0=\frac{nC_V\cdot dT}{nRT}+\frac{p\cdot dV}{pV} \qquad \therefore \quad \frac{dT}{T}=-\frac{R}{C_V}\frac{dV}{V}$$

積分すると

$$\int\frac{1}{T}dT=-\frac{R}{C_V}\int\frac{1}{V}dV$$

$$\therefore \quad \log T=-\frac{R}{C_V}\log V+\text{Const.}\ \text{（積分定数）}$$

$$\log T+\frac{R}{C_V}\log V=\log T\cdot V^{\frac{R}{C_V}}=\text{Const.}$$

ここで，比熱比 $\gamma=\frac{C_P}{C_V}$，マイヤーの式 $C_P-C_V=R$ を用いると

$$\gamma=\frac{C_P}{C_V}=\frac{C_V+R}{C_V}=1+\frac{R}{C_V} \qquad \therefore \quad \frac{R}{C_V}=\gamma-1$$

よって　$\log T\cdot V^{\gamma-1}=\text{Const.}$　$\therefore$　$T\cdot V^{\gamma-1}=$一定

理想気体の状態方程式 $pV=nRT$ を用いて T を書き換えると

$$\frac{pV}{nR}\cdot V^{\gamma-1}=一定 \qquad \therefore \quad p\cdot V^{\gamma}=一定$$

●断熱自由膨張においては，ポアソンの式（$p\cdot V^{\gamma}$=一定，または $T\cdot V^{\gamma-1}$=一定）は成立しない。ポアソンの式は

熱力学第一法則 $0=\Delta U+W=nC_{\mathrm{V}}\Delta T+p\Delta V$ ……(※)

から得られたものであって，断熱自由膨張では気体がした仕事 W が 0 であるから，(※)式には該当しない。

単原子分子理想気体において，比熱比 $\gamma=\frac{5}{3}$ を用いてポアソンの式のグラフを描くと次図のようになる。断熱自由膨張をこのグラフから考えると，断熱自由膨張では気体全体の圧力 p，体積 V，温度 T がこの p-V 図や T-V 図にそって変化しているのではないことに注意が必要である。

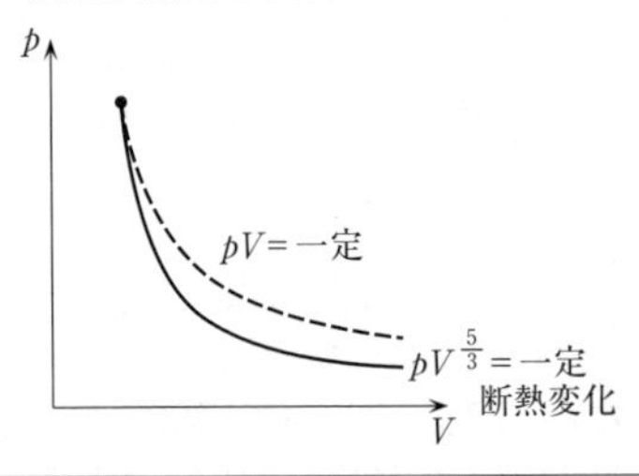

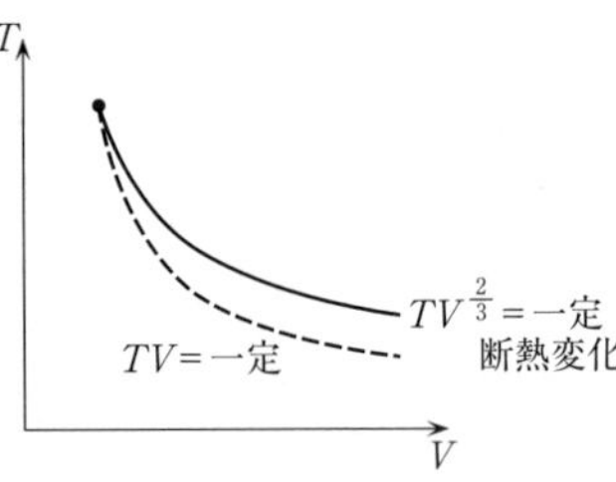

2　熱サイクル・熱効率

18　断熱・定圧の各変化を含む熱サイクル

（2021年度　第3問）

1 molの単原子分子理想気体の圧力pと体積Vを，図1のように，A→B→C→D→A→…と繰り返し変化させる熱機関のサイクルを考える。気体は，過程A→Bでは断熱圧縮され，過程B→Cでは一定の圧力p_Bを保ちながら膨張し，過程C→Dでは断熱膨張し，過程D→Aでは一定の圧力p_A（$p_A < p_B$）を保ちながら圧縮される。状態AとCの気体の体積は等しい。

ここで，状態A，B，C，Dの温度を，それぞれT_A，T_B，T_C，T_Dとし，p_Bとp_Aの比を$G = \dfrac{p_B}{p_A}$と定義する。気体定数をRとすると，この気体の定積モル比熱は$\dfrac{3}{2}R$，定圧モル比熱は$\dfrac{5}{2}R$である。断熱変化では，圧力pと温度Tの間に，$Tp^{-\frac{2}{5}} =$一定 の関係が成り立つものとして，以下の問いに答えよ。

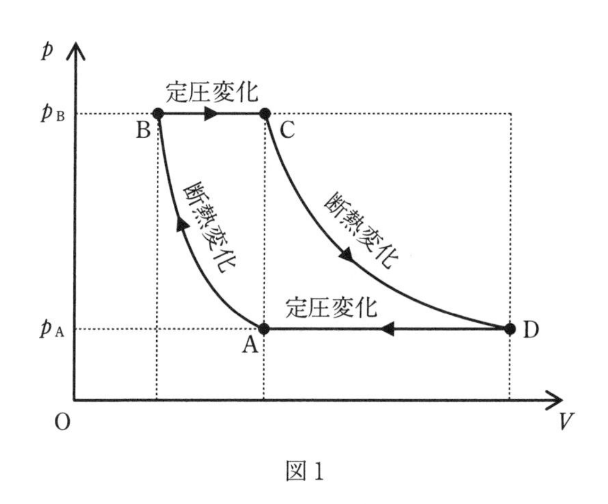

図1

(1)　T_B，T_C，T_DとT_Aの比$\dfrac{T_B}{T_A}$，$\dfrac{T_C}{T_A}$，$\dfrac{T_D}{T_A}$を，Gを用いて表せ。

(2)　過程B→Cにおいて，気体が外部から吸収した熱量Q_{BC}（$Q_{BC} > 0$）とRT_A

の比 $\frac{Q_{BC}}{RT_A}$ を，G を用いて表せ。

(3) 過程 C → D において，気体が外部にした仕事 $W_{CD}(W_{CD} > 0)$ と RT_A の比 $\frac{W_{CD}}{RT_A}$ を，G を用いて表せ。

(4) 過程 D → A において，気体が外部に放出した熱量 $Q_{DA}(Q_{DA} > 0)$ と RT_A の比 $\frac{Q_{DA}}{RT_A}$ を，G を用いて表せ。

(5) 図1に示した気体の状態変化を，気体の温度 T と体積 V の関係で表すとき，A → B，B → C，C → D，D → A の各過程を，解答紙に図示せよ。なお，各過程の変化が，直線の場合は破線で，曲線の場合は実線で結び，上下どちらに凸であるかを，はっきりとわかるように描け。

〔解答欄〕

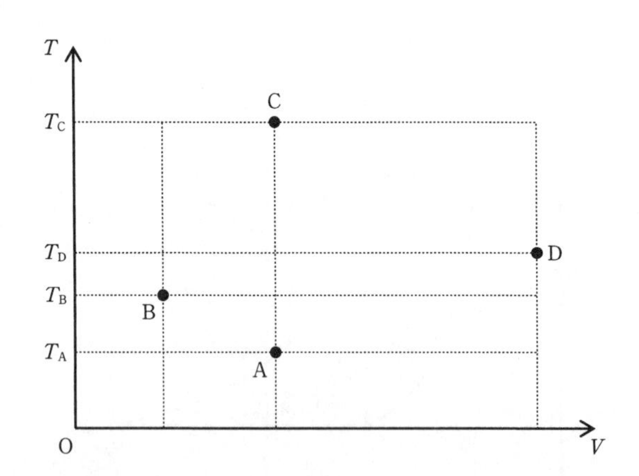

(6) 本サイクルの熱効率に関する以下の文章中の ア ～ エ に適切な式を，a ，b に適切な数値を記入せよ。

1サイクルの間に気体が外部から吸収した熱量のうち，外部にした仕事に変換された割合を熱効率という。したがって，本サイクルの熱効率 e_1 は，Q_{BC} と Q_{DA} を用いて

$$e_1 = 1 - \boxed{\text{ア}}$$

で与えられるが，T_A，T_B，T_C，T_D を用いれば

$$e_1 = 1 - \frac{\boxed{\text{イ}}}{\boxed{\text{ウ}}}$$

と表される。さらに，e_1 を G を用いて表すと

$$e_1 = 1 - G^{\boxed{\text{a}}}$$

となり，圧力の比のみに依存することがわかる。

次に，本サイクルで気体が外部に放出した熱を利用して，熱効率を改善する新たなサイクルを考える。図2のように，状態Dから圧力を保ちながら状態D′へ変化させる間に気体が外部に放出した熱 Q_R を用いて状態Bの気体を加熱し，圧力を保ちながら状態B′へ変化させた。このとき，過程B→B′→Cにおいて，気体が外部から吸収した熱量は $Q_{BC} - Q_R$ と減少し，状態D′とB′の温度は，ともに $\frac{1}{2}(T_D + T_B)$ と等しくなった。

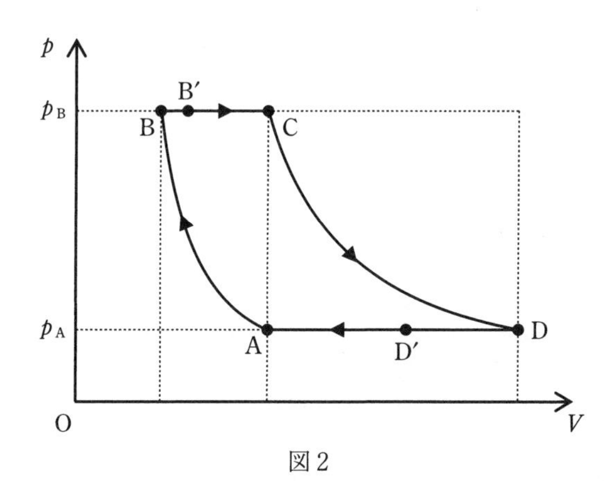

図2

したがって，新たなサイクルの熱効率 e_2 は，T_A，T_B，T_C，T_D を用いて

$$e_2 = 1 - \frac{\boxed{\text{イ}} + \boxed{\text{エ}}}{\boxed{\text{ウ}} + T_C - T_D}$$

で与えられる。熱効率の差は

$$e_2 - e_1 = \frac{T_C - T_D}{\boxed{\text{ウ}} + T_C - T_D}\left(G^{\boxed{\text{a}}} - \frac{\boxed{\text{エ}}}{T_C - T_D}\right)$$

となるが，ここで，$\dfrac{\boxed{\text{エ}}}{T_C - T_D}$ を G を用いて表すと

$$\frac{\boxed{\text{エ}}}{T_C - T_D} = G^{\boxed{\text{b}}}$$

である。

すなわち，$G^{\boxed{\text{b}}} < G^{\boxed{\text{a}}}$ であるから，熱効率の差 $e_2 - e_1$ は正となり，熱効率が改善できたことがわかる。

解　答

▶(1)　過程A→Bは断熱変化であるから，問題文の式「$Tp^{-\frac{2}{5}}=$一定」を用いて

$$T_A p_A{}^{-\frac{2}{5}} = T_B p_B{}^{-\frac{2}{5}}$$

$$\therefore \quad \frac{T_B}{T_A} = \left(\frac{p_A}{p_B}\right)^{-\frac{2}{5}} = \left(\frac{p_B}{p_A}\right)^{\frac{2}{5}} = \boldsymbol{G^{\frac{2}{5}}}$$

状態Aと状態Cは体積が等しいから，ボイル・シャルルの法則より

$$\frac{p_A}{T_A} = \frac{p_B}{T_C}$$

$$\therefore \quad \frac{T_C}{T_A} = \frac{p_B}{p_A} = \boldsymbol{G}$$

過程C→Dは断熱変化であるから，問題文の式を用いて

$$T_C p_B{}^{-\frac{2}{5}} = T_D p_A{}^{-\frac{2}{5}}$$

$$\therefore \quad \frac{T_D}{T_C} = \left(\frac{p_B}{p_A}\right)^{-\frac{2}{5}} = G^{-\frac{2}{5}}$$

よって

$$\frac{T_D}{T_A} = \frac{T_C}{T_A} \times \frac{T_D}{T_C} = G \times G^{-\frac{2}{5}} = \boldsymbol{G^{\frac{3}{5}}}$$

▶(2)　過程B→Cは定圧変化であるから，気体が外部から吸収した熱量 Q_{BC} は，物質量が1molであることと，単原子分子理想気体の定圧モル比熱 $\frac{5}{2}R$ を用いて

$$Q_{BC} = 1 \cdot \frac{5}{2} R (T_C - T_B)$$

よって

$$\frac{Q_{BC}}{RT_A} = \frac{\frac{5}{2}R(T_C - T_B)}{RT_A} = \frac{5}{2}\left(\frac{T_C}{T_A} - \frac{T_B}{T_A}\right)$$

$$= \boldsymbol{\frac{5}{2}\left(G - G^{\frac{2}{5}}\right)}$$

別解　過程B→Cにおいて，気体の内部エネルギーの増加を $\varDelta U_{BC}$ とすると，単原子分子理想気体の定積モル比熱 $\frac{3}{2}R$ を用いて

$$\varDelta U_{BC} = 1 \cdot \frac{3}{2} R (T_C - T_B)$$

気体が外部へした仕事を W_{BC} とし，状態B，Cの体積をそれぞれ V_B，V_C とすると，理想気体の状態方程式 $p_B V_B = RT_B$，$p_B V_C = RT_C$ を用いて

$$W_{BC} = p_B (V_C - V_B) = R (T_C - T_B)$$

よって，熱力学第一法則より

$$Q_{BC}=\Delta U_{BC}+W_{BC}$$
$$=\frac{3}{2}R(T_C-T_B)+R(T_C-T_B)=\frac{5}{2}R(T_C-T_B)$$

（以下，〔解答〕と同様）

▶(3)　過程C→Dにおいて，気体の内部エネルギーの増加を ΔU_{CD} とすると，単原子分子理想気体の定積モル比熱 $\frac{3}{2}R$ を用いて

$$\Delta U_{CD}=1\cdot\frac{3}{2}R(T_D-T_C)$$

過程C→Dは断熱変化であるから，熱力学第一法則より

$$0=\Delta U_{CD}+W_{CD}$$
$$\therefore\quad W_{CD}=-\Delta U_{CD}$$
$$=-\frac{3}{2}R(T_D-T_C)=\frac{3}{2}R(T_C-T_D)$$

よって

$$\frac{W_{CD}}{RT_A}=\frac{\frac{3}{2}R(T_C-T_D)}{RT_A}=\frac{3}{2}\left(\frac{T_C}{T_A}-\frac{T_D}{T_A}\right)=\boldsymbol{\frac{3}{2}(G-G^{\frac{3}{5}})}$$

▶(4)　過程D→Aは定圧変化であるから(2)と同様であるが，Q_{DA} が気体が外部に放出した熱量であることに注意すると

$$Q_{DA}=-1\cdot\frac{5}{2}R(T_A-T_D)=\frac{5}{2}R(T_D-T_A)$$

よって

$$\frac{Q_{DA}}{RT_A}=\frac{\frac{5}{2}R(T_D-T_A)}{RT_A}=\frac{5}{2}\left(\frac{T_D}{T_A}-1\right)=\boldsymbol{\frac{5}{2}(G^{\frac{3}{5}}-1)}$$

▶(5)　過程A→B，過程C→Dの断熱変化は，問題文の式の一定値を k とおくと

$$Tp^{-\frac{2}{5}}=k$$

理想気体の状態方程式より

$$pV=RT$$

p を消去すると

$$T\left(\frac{RT}{V}\right)^{-\frac{2}{5}}=T^{\frac{3}{5}}V^{\frac{2}{5}}R^{-\frac{2}{5}}=k$$

$$\therefore\quad T^{\frac{3}{5}}V^{\frac{2}{5}}=kR^{\frac{2}{5}}$$

R も一定値であるから，改めて定数を K とおくと

$$TV^{\frac{2}{3}}=(kR^{\frac{2}{5}})^{\frac{5}{3}}=K$$

よって，断熱変化の T-V グラフは下に凸の曲線である。

過程B→C，過程D→Aの定圧変化は，理想気体の状態方程式より

$$pV = RT$$

$$\therefore\quad T = \frac{p}{R}V$$

p，R は一定値であるから，この定数を K' とおくと

$$T = K'V$$

よって，定圧変化の T-V グラフは原点を通る直線である。

したがって，気体の温度 T と体積 V の関係は下図のようになる。

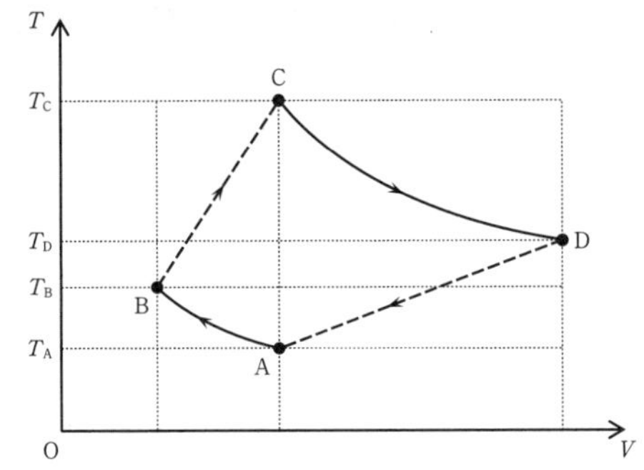

▶(6)　1サイクルの間に気体が外部にした仕事を W_{all} とする。

1サイクルで，気体がもとの状態に戻れば，温度ももとの温度に戻るので，1サイクルでの気体の内部エネルギーの変化は0である。また，1サイクル全体を通して気体が外部から吸収した熱量は $Q_{\mathrm{BC}} - Q_{\mathrm{DA}}$ であるから，熱力学第一法則より

$$Q_{\mathrm{BC}} - Q_{\mathrm{DA}} = 0 + W_{\mathrm{all}}$$

熱効率 e_1 は

$$e_1 = \frac{\text{気体が外部にした仕事}}{\text{気体が外部から吸収した熱量}}$$

$$= \frac{W_{\mathrm{all}}}{Q_{\mathrm{BC}}} = \frac{Q_{\mathrm{BC}} - Q_{\mathrm{DA}}}{Q_{\mathrm{BC}}} = 1 - \frac{\boldsymbol{Q_{\mathrm{DA}}}}{\boldsymbol{Q_{\mathrm{BC}}}} \quad (\to ア)$$

e_1 を T_{A}，T_{B}，T_{C}，T_{D} を用いて表すと

$$e_1 = 1 - \frac{\frac{5}{2}R(T_{\mathrm{D}} - T_{\mathrm{A}})}{\frac{5}{2}R(T_{\mathrm{C}} - T_{\mathrm{B}})} = 1 - \frac{\boldsymbol{T_{\mathrm{D}} - T_{\mathrm{A}}}}{\boldsymbol{T_{\mathrm{C}} - T_{\mathrm{B}}}} \quad (\to イ・ウ)$$

e_1 を G を用いて表すと

$$e_1 = 1 - \frac{\frac{T_{\mathrm{D}}}{T_{\mathrm{A}}} - 1}{\frac{T_{\mathrm{C}}}{T_{\mathrm{A}}} - \frac{T_{\mathrm{B}}}{T_{\mathrm{A}}}} = 1 - \frac{G^{\frac{3}{5}} - 1}{G - G^{\frac{2}{5}}} = 1 - \frac{G^{\frac{3}{5}} - 1}{G^{\frac{2}{5}}(G^{\frac{3}{5}} - 1)} = 1 - G^{-\frac{2}{5}} \quad (\to \mathrm{a})$$

熱効率 e_2 は，気体が外部から吸収した熱量が $Q_{BC}-Q_R$ となるが，気体が外部へした仕事 W_{all} は p-V グラフの面積で表されるから $Q_{BC}-Q_{DA}$ から変化しない。ここで，Q_R は，過程B→B′の定圧変化を用いると，(2)と同様に

$$Q_R=1\cdot\frac{5}{2}R\left\{\frac{1}{2}(T_D+T_B)-T_B\right\}=\frac{5}{4}R(T_D-T_B)$$

または，過程D→D′の定圧変化を用いると，(4)と同様に

$$Q_R=-1\cdot\frac{5}{2}R\left\{\frac{1}{2}(T_D+T_B)-T_D\right\}=\frac{5}{4}R(T_D-T_B)$$

となり，同じ計算結果が得られる。よって

$$e_2=\frac{Q_{BC}-Q_{DA}}{Q_{BC}-Q_R}=\frac{(Q_{BC}-Q_R)-(Q_{DA}-Q_R)}{Q_{BC}-Q_R}=1-\frac{Q_{DA}-Q_R}{Q_{BC}-Q_R}$$

$$=1-\frac{\frac{5}{2}R(T_D-T_A)-\frac{5}{4}R(T_D-T_B)}{\frac{5}{2}R(T_C-T_B)-\frac{5}{4}R(T_D-T_B)}$$

$$=1-\frac{T_D+T_B-2T_A}{2T_C-T_B-T_D}$$

$$=1-\frac{(T_D-T_A)+(\boldsymbol{T_B-T_A})}{(T_C-T_B)+(T_C-T_D)}\quad(\to エ)$$

ここで

$$\frac{T_B-T_A}{T_C-T_D}=\frac{\frac{T_B}{T_A}-1}{\frac{T_C}{T_A}-\frac{T_D}{T_A}}=\frac{G^{\frac{2}{5}}-1}{G-G^{\frac{3}{5}}}=\frac{G^{\frac{2}{5}}-1}{G^{\frac{3}{5}}(G^{\frac{2}{5}}-1)}=G^{-\frac{3}{5}}\quad(\to \mathrm{b})$$

参考　熱効率の差は

$$e_2-e_1=\frac{T_C-T_D}{T_C-T_B+T_C-T_D}\left(G^{-\frac{2}{5}}-\frac{T_B-T_A}{T_C-T_D}\right)$$

$$=\frac{T_C-T_D}{T_C-T_B+T_C-T_D}(G^{-\frac{2}{5}}-G^{-\frac{3}{5}})$$

ここで，$G^{-\frac{3}{5}}<G^{-\frac{2}{5}}$，すなわち $G^{-\frac{2}{5}}-G^{-\frac{3}{5}}>0$ であるから

$$e_2-e_1>0$$

よって，熱効率が改善されたことがわかる。

テーマ

◎断熱変化と定圧変化で構成された熱サイクルの問題であり，九大では定番中の定番（2019 年度，2014 年度，2012 年度にも出題）である。p-V グラフを T-V グラフに書き換える問題，熱効率の問題も典型的である。

特に前半は，問題文に示された次の設定に注意してミスのないように進めたい。

- 定義された G を用いた設問(1)の計算結果を最後まで使い続けるので，雪崩式な失点が怖い。こういったタイプの問題では，途中の解答に違和感を感じるようなことがあれば(1)に戻って解答を点検すべきである。
- 設問(2)では，気体が外部から吸収した熱量を Q_{BC} として $Q_{BC}>0$，設問(4)では，気体が外部に放出した熱量を Q_{DA} として $Q_{DA}>0$ である。熱力学第一法則を用いるときの符号に注意が必要である。

設問(6)は，外部に放出した熱を再利用して熱効率を改善する方法であり，考えさせられる問題である。

◎熱力学第一法則

- 仕事とエネルギーの関係をともなう熱力学的エネルギー保存則であり，エネルギー収支に着目して，次の(i)，(ii)の表現方法がある。
  (i)　気体が吸収した熱量を Q_{in}，気体の内部エネルギーの増加を ΔU_{up}，気体が外部へした仕事を W_{out} とすると

$$Q_{in}=\Delta U_{up}+W_{out}$$

  (ii)　気体が吸収した熱量を Q_{in}，気体が外部からされた仕事を W_{in}，気体の内部エネルギーの増加を ΔU_{up} とすると

$$\Delta U_{up}=Q_{in}+W_{in}$$

- 本問は(i)の表現で定義したが，本来の表現は(ii)である。どちらの表現でも出題されるので，仕事が，外部へしたもの W_{out} であるか，外部からされたもの W_{in} であるかに注意が必要である。

◎熱効率

気体が外部から吸収した熱量を Q_{in}，外部へ放出した熱量を Q_{out}，気体が外部へした仕事を W_{out}，外部からされた仕事を W_{in} とすると，熱機関の熱効率 e は

$$e=\frac{W_{out}-W_{in}}{Q_{in}}=\frac{Q_{in}-Q_{out}}{Q_{in}}=1-\frac{Q_{out}}{Q_{in}}$$

19 定圧・定積・等温の各変化を含む熱サイクル

（2019年度 第3問）

問 1. 次の文中の（ a ）に当てはまる式および（ b ）に当てはまる数値と単位を答えよ。

圧力 $p = 2.7 \times 10^5$ Pa，温度 $T = 430$ K の下で物質量 $n = 1.0$ mol の気体の体積を測定したところ，$V = 1.3 \times 10^{-2}$ m^3 であった。この気体に対して近似的に理想気体の状態方程式が適用できると考え，測定結果から気体定数の値を見積もろう。ここで定義した記号を用いて気体定数を求める式を表すと（ a ）であり，気体定数の計算結果を有効数字2桁で表すと（ b ）となる。この値は気体定数の正しい値とはやや異なる。

問 2. 図1のように，なめらかに上下に動くピストンをもつ断面積 S のシリンダー内に1 mol の単原子分子理想気体が閉じ込められている。シリンダーの外側は真空である。ピストンは質量の無視できる糸につながれており，手で引き上げることができる。気体定数を R とし，この気体の定積モル比熱は $\frac{3}{2}R$ である。

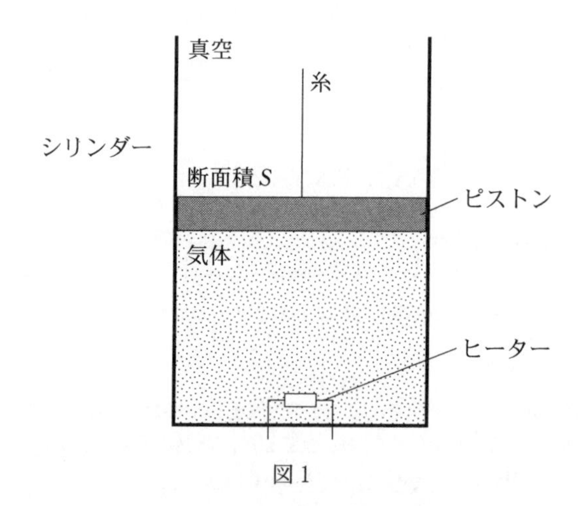

図1

最初，糸がたるんだ状態でピストンは静止しており，糸の張力はゼロ，気体の圧力は p_A，体積は V_A であった。この状態を状態 A とする。

⑴　ピストンの質量を求めよ。ただし，重力加速度の大きさを g とする。

次に，ヒーターにより気体を熱したところ，ピストンが上昇し体積が V_B となった。この状態を状態 B とする。この間，糸はたるんだままで，また，気体から外部への熱の流出はないとする。

⑵　状態 A →状態 B の変化の間に気体がする仕事 W_{AB} を求めよ。

⑶　状態 A →状態 B の変化の間の温度上昇を求めよ。

⑷　ヒーターから気体に与えられる熱 Q_{AB} を求めよ。

気体が状態 B になった時点でヒーターから気体への熱供給を止めた。その後，糸を用いてピストンを引き上げ，気体の体積を V_C にした。この時の気体の温度は状態 A の温度と同じになった。この状態を状態 C とする。ただし，ピストンを引き上げている間，気体と外部の間の熱の移動はないとする。

⑸　状態 C の圧力を求めよ。

⑹　状態 B →状態 C の変化の間に，気体がする仕事 W_{BC} を求めよ。

次に糸の張力をゆっくりとゼロまで弱めながら，気体の体積を減少させた。この間，気体から熱を奪い，温度を一定に保つようにしたところ，気体は状態 A に戻った。状態 C →状態 A の変化の間に気体から奪われる熱を Q_{CA}（$Q_{CA} > 0$）とする。また，状態 C →状態 A の変化の間に気体がされる仕事を W_{CA}（$W_{CA} > 0$）とする。

(7) W_{CA} と Q_{CA} の間に成り立つ関係式を書け。

次に，状態 A →状態 B →状態 C →状態 A というサイクルを考える。

(8) 解答紙の p–V 図上に，このサイクルの概略図を表せ。状態 A，状態 B，状態 C の位置を黒丸で記し，どの点がどの状態かはっきり示すこと。ただし，V_B および V_C の概略値をそれぞれ $1.32\,V_A$，$2.00\,V_A$ とすること。また，状態 A →状態 B，状態 B →状態 C，状態 C →状態 A それぞれの変化を表す線を，直線の場合は実線で，曲線の場合は破線で描け。曲線の場合は正確な形を描く必要はないが，上に凸の形であるか，下に凸の形であるかをはっきりと示すこと。

〔解答欄〕

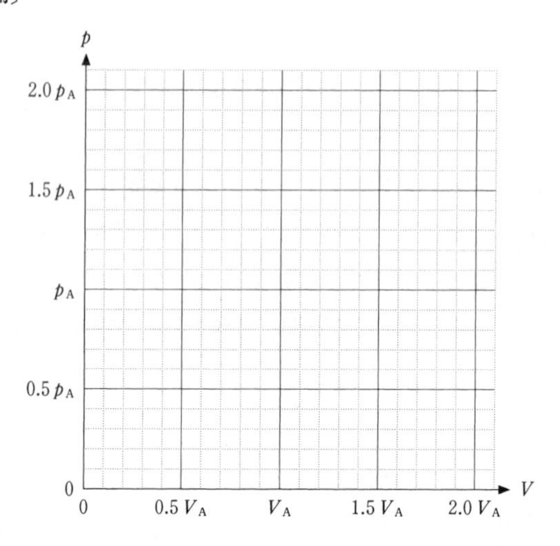

(9) 次の文章の(　ア　)～(　エ　)を数式で，(　オ　)を適当な言葉で埋めよ。

このサイクルの熱効率 e を，Q_{AB}，Q_{CA} を用いて表すと，$e = \dfrac{(\quad ア \quad)}{(\quad イ \quad)}$ である。始点の状態 A から終点の状態 A までのサイクル全体を通しての気体の内部エネルギー変化は(　ウ　)であるので，(　ア　)と同じ量を

W_{AB}，W_{BC}，W_{CA} を用いて表すと(　エ　)となる。また，e の値は必ず1より(　オ　)。

解 答

▶問1. a. 気体定数をR〔J/(mol·K)〕とすると，理想気体の状態方程式より

$$pV=nRT \qquad \therefore \quad R=\boldsymbol{\frac{pV}{nT}}$$

b. 単位が，1〔Pa〕=1〔N/m^2〕，1〔J〕=1〔N·m〕であることに注意すると

$$R=\frac{2.7\times10^5〔\mathrm{Pa}〕\times1.3\times10^{-2}〔\mathrm{m}^3〕}{1.0〔\mathrm{mol}〕\times430〔\mathrm{K}〕}$$

$$=8.16\fallingdotseq\boldsymbol{8.2}〔\mathbf{J/(mol\cdot K)}〕$$

▶問2. (1) ピストンの上部の空間は真空である。ピストンの質量をmとすると，ピストンにはたらく力のつり合いの式より

$$mg=p_{\mathrm{A}}S \qquad \therefore \quad m=\boldsymbol{\frac{p_{\mathrm{A}}S}{g}}$$

(2) 状態A→状態Bの変化では，糸がたるんだままで気体の体積が増加しているから，ピストンにはたらく力は状態Aと変わらない。よって，この変化は，気体の圧力がp_{A}の定圧変化である。このとき，気体がする仕事W_{AB}は

$$W_{\mathrm{AB}}=\boldsymbol{p_{\mathrm{A}}(V_{\mathrm{B}}-V_{\mathrm{A}})}$$

(3) 状態A，Bでの気体の温度をT_{A}，T_{B}とする。理想気体の状態方程式より

$$\text{状態A}：p_{\mathrm{A}}V_{\mathrm{A}}=1\cdot RT_{\mathrm{A}} \qquad \therefore \quad T_{\mathrm{A}}=\frac{p_{\mathrm{A}}V_{\mathrm{A}}}{R}$$

$$\text{状態B}：p_{\mathrm{A}}V_{\mathrm{B}}=1\cdot RT_{\mathrm{B}} \qquad \therefore \quad T_{\mathrm{B}}=\frac{p_{\mathrm{A}}V_{\mathrm{B}}}{R}$$

よって，温度上昇をΔT_{AB}とすると

$$\Delta T_{\mathrm{AB}}=T_{\mathrm{B}}-T_{\mathrm{A}}=\frac{p_{\mathrm{A}}V_{\mathrm{B}}}{R}-\frac{p_{\mathrm{A}}V_{\mathrm{A}}}{R}$$

$$=\boldsymbol{\frac{p_{\mathrm{A}}(V_{\mathrm{B}}-V_{\mathrm{A}})}{R}}$$

(4) 状態A→状態Bの変化で，気体の内部エネルギーの増加をΔU_{AB}とすると，熱力学第一法則より

$$Q_{\mathrm{AB}}=\Delta U_{\mathrm{AB}}+W_{\mathrm{AB}}$$

定積モル比熱$\frac{3}{2}R$を用いると，$\Delta U_{\mathrm{AB}}=1\times\frac{3}{2}R\Delta T_{\mathrm{AB}}$であるから

$$Q_{\mathrm{AB}}=1\times\frac{3}{2}R\times\frac{p_{\mathrm{A}}(V_{\mathrm{B}}-V_{\mathrm{A}})}{R}+p_{\mathrm{A}}(V_{\mathrm{B}}-V_{\mathrm{A}})$$

$$=\boldsymbol{\frac{5}{2}p_{\mathrm{A}}(V_{\mathrm{B}}-V_{\mathrm{A}})}$$

(5) 状態Cでの気体の圧力をp_{C}とする。理想気体の状態方程式より

$$p_C V_C = 1 \cdot RT_A \qquad \therefore \quad p_C = \frac{R \cdot \dfrac{p_A V_A}{R}}{V_C} = \frac{V_A}{V_C} \boldsymbol{p_A}$$

(6)　状態B→状態Cの変化は，気体と外部の間で熱の移動はないので断熱膨張である。気体の内部エネルギーの増加を $\varDelta U_{BC}$ とすると，熱力学第一法則より

$$0 = \varDelta U_{BC} + W_{BC}$$

$$W_{BC} = -\varDelta U_{BC} = -1 \times \frac{3}{2} R \times \left(\frac{p_C V_C}{R} - \frac{p_A V_B}{R} \right)$$

ここで，(3)，(5)より $p_C V_C = p_A V_A$ であるから

$$\boldsymbol{W_{BC} = \frac{3}{2} p_A (V_B - V_A)}$$

(7)　状態C→状態Aの変化は，等温変化である。熱力学第一法則より

$$-Q_{CA} = 0 - W_{CA}$$

$$\therefore \quad \boldsymbol{W_{CA} = Q_{CA}}$$

(8)　$V_B = 1.32 V_A$，$V_C = 2.00 V_A$ のとき，$p_C = \dfrac{V_A}{V_C} p_A = \dfrac{V_A}{2.00 V_A} p_A = 0.50 p_A$ である。

p-V 図では，断熱曲線と等温曲線はどちらも単調減少であるが，断熱曲線は等温曲線より傾きが急である。これらに注意して p-V 図を描くと，次図のようになる。

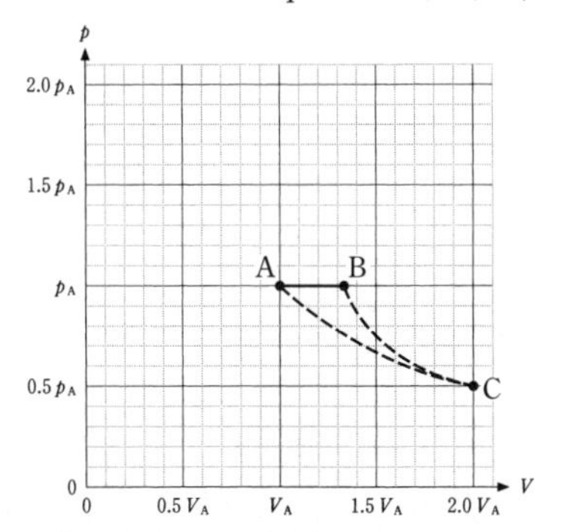

上図で状態C→状態Aの等温変化で，体積 $1.5 V_A$ のときの圧力を p' とすると，

$p' \cdot 1.5 V_A = p_A \cdot V_A$ より　　$p' = \dfrac{2}{3} p_A$（$\fallingdotseq 0.67 p_A$）である。

(9)　各状態の変化において，気体が吸収した熱量，気体の内部エネルギーの増加，気体が外部へした仕事は，それぞれ次表のようになる。

変化	吸収した熱量	内部エネルギーの増加	外部へした仕事
A→B	$Q_{AB}=\frac{5}{2}p_A(V_B-V_A)$	$\frac{3}{2}p_A(V_B-V_A)$	$W_{AB}=p_A(V_B-V_A)$
B→C	0	$-\frac{3}{2}p_A(V_B-V_A)$	$W_{BC}=\frac{3}{2}p_A(V_B-V_A)$
C→A	$-Q_{CA}$	0	$-W_{CA}$
和	$Q_{AB}-Q_{CA}$	0	$W_{AB}+W_{BC}-W_{CA}$

熱効率 e の定義は

$$熱効率\ e=\frac{気体が外部へした仕事の総和}{気体が吸収した熱量}$$

ここで

　　気体が吸収した熱量＝気体が外部へした仕事の総和＋気体が放出した熱量

であるから

$$熱効率\ e=\frac{気体が吸収した熱量-気体が放出した熱量}{気体が吸収した熱量}$$

$$=\frac{\boldsymbol{Q_{AB}-Q_{CA}}}{\boldsymbol{Q_{AB}}}\quad (\to ア・イ)$$

サイクル全体を通して気体の温度はもとに戻っているから，気体の内部エネルギー変化は **0** である。（→ウ）

したがって，サイクル全体を通して熱力学第一法則より

$$(Q_{AB}-Q_{CA})=0+(\boldsymbol{W_{AB}+W_{BC}-W_{CA}})\quad (\to エ)$$

また

$$e=\frac{Q_{AB}-Q_{CA}}{Q_{AB}}=1-\frac{Q_{CA}}{Q_{AB}}$$

$\frac{Q_{CA}}{Q_{AB}}>0$ であるから，$e<1$ となり，e の値は必ず 1 より**小さい**。（→オ）

このことは，熱サイクルで，外部へ放出する熱量を 0 にすることはできない，すなわち，与えられた熱をすべて仕事に変えることはできない，熱効率 100％の熱機関をつくることはできないということを表している。

テーマ

◎定圧変化，断熱変化，等温変化の各過程を経てもとの状態に戻る熱サイクルの問題である。各状態の気体の圧力・体積・温度と，理想気体の状態方程式またはボイル・シャルルの法則の関係，各過程で気体が吸収した熱量・気体の内部エネルギーの増加・気体が外部へした仕事と，熱力学第一法則やモル比熱の関係，熱効率といった教科書の基本事項がまんべんなく問われた。

◎断熱変化と等温変化において，p-V グラフの傾きの絶対値が，等温変化より断熱変化の方が大きいことの証明

断熱変化において，ポアソンの式の定数を a とおくと

$$pV^{\gamma}=a\ (=一定)$$

$$p=aV^{-\gamma}$$

p-V グラフの傾きは

$$\left(\frac{dp}{dV}\right)_{断熱}=-\gamma aV^{-\gamma-1}=-\gamma pV^{-1}=-\gamma\frac{p}{V}$$

等温変化において，ボイルの法則の定数を b とおくと

$$pV=b\ (=一定)$$

$$p=bV^{-1}$$

p-V グラフの傾きは

$$\left(\frac{dp}{dV}\right)_{等温}=-bV^{-2}=-pV^{-1}=-\frac{p}{V}$$

比熱比 $\gamma=\dfrac{C_P}{C_V}=\dfrac{C_V+R}{C_V}>1$ であるから

$$\left(\frac{dp}{dV}\right)_{断熱}<\left(\frac{dp}{dV}\right)_{等温}<0$$

すなわち，断熱変化のグラフと等温変化のグラフはともに曲線で単調減少（下り勾配）だが，断熱曲線の方が急勾配（グラフの傾きの絶対値が大きい）である。

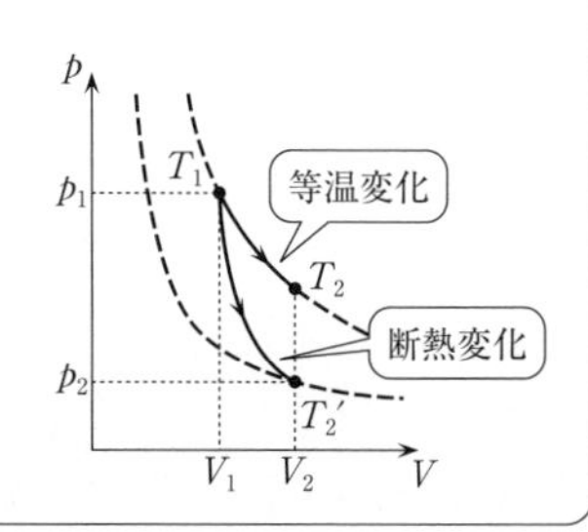

20 定圧・定積・断熱の各変化と熱サイクル

（2014 年度 第 3 問）

1 モルの単原子分子理想気体が，気密を保ちながら，なめらかに動くピストンをもつシリンダー内に閉じ込められている。この気体の圧力 p と体積 V の関係を図 3 に示す。状態 O の気体の圧力は p_0，体積は V_0 であり，その温度を T_0 とする。気体定数は R で表す。この気体の定積モル比熱は $\frac{3}{2}R$，定圧モル比熱は $\frac{5}{2}R$ である。なお気体がした仕事は，気体が外部に対して仕事をした場合を正とし，気体が得た熱量は，気体が外部から熱を与えられた場合を正とする。

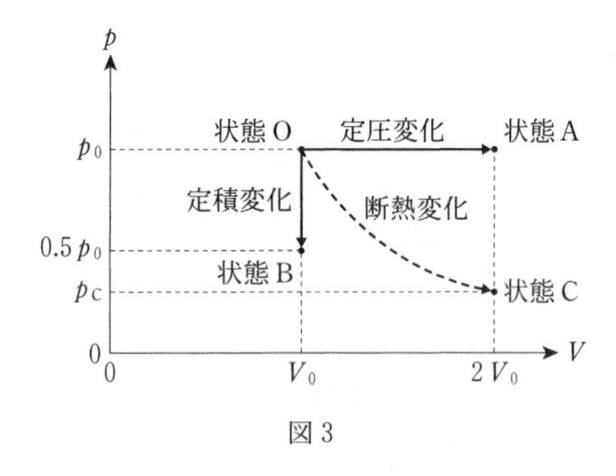

図 3

最初，気体を状態 O から圧力を p_0 に保ったまま，体積を $2V_0$ までゆっくりと変化させた。この状態を状態 A とする。

問 1. 状態 A の温度 T_A を T_0 を用いて表せ。

問 2. 状態 O→状態 A の定圧変化の間に気体がした仕事 W_{OA} と，気体が得た熱量 Q_{OA} をそれぞれ R と T_0 を用いて表せ。

次に，気体を一度状態 O に戻した。そして，状態 O から体積を V_0 に保ったまま，圧力を $0.5p_0$ までゆっくりと変化させた。この状態を状態 B とする。

問 3. 状態 B の温度 T_B を T_0 を用いて表せ。

問 4. 状態 O→状態 B の定積変化の間に生じた気体の内部エネルギーの変化 ΔU_{OB} を R と T_0 を用いて表せ。

その後，再び気体を状態 O に戻した。そして，今度は状態 O から断熱状態を保ったまま，体積をゆっくりと $2V_0$ まで変化させた。この状態を状態 C とする。単原子分子理想気体の断熱変化では，$pV^{\frac{5}{3}}=$ 一定 の関係が成立する。以下の問いでは数値は小数第 2 位まで求めよ。必要であれば $2^{-\frac{5}{3}}=0.315$ を用いてよい。

問 5. 状態 C の圧力 p_{C} を p_0 を用いて表せ。

問 6. 状態 C の温度 T_{C} を T_0 を用いて表せ。

問 7. 状態 O→状態 C の断熱変化の間に生じた気体の内部エネルギーの変化 ΔU_{OC} と，気体がした仕事 W_{OC} をそれぞれ R と T_0 を用いて表せ。

問 8. 気体の温度 T を縦軸に，気体の体積 V を横軸にとって状態変化を描いた図を $T-V$ 図という。上に述べた状態 O→状態 A の定圧変化，状態 O→状態 B の定積変化，状態 O→状態 C の断熱変化を解答紙の $T-V$ 図に描け。状態 A，状態 B，状態 C を図中に状態 O のように黒丸で記入し，状態 O からそれぞれの状態までの変化が直線の場合は実線で，曲線の場合は破線で示せ。曲線の場合は正確な関数形を描く必要はないが，上に凸の変化であるか，下に凸の変化であるかをはっきりと示すこと。

〔解答欄〕

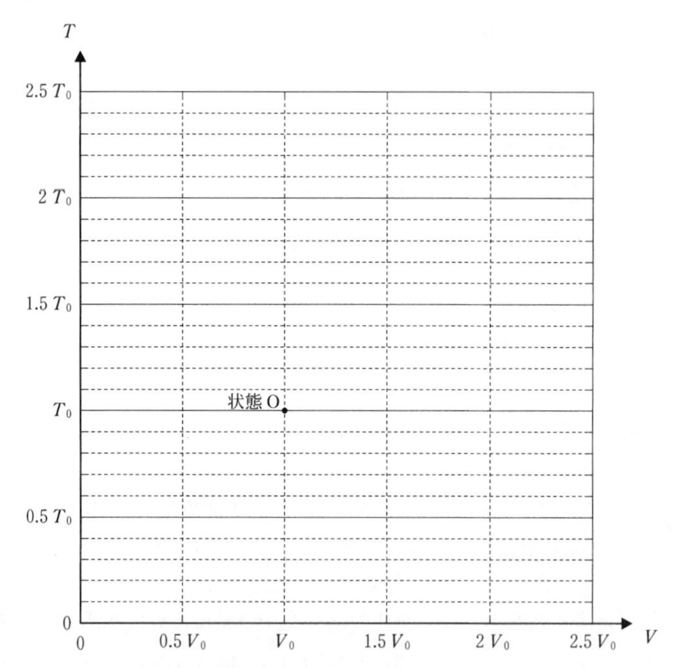

注意：どの点が状態A，状態B，状態Cであるか，はっきりと示すこと。

最後に，気体を状態O→状態A→状態C→状態Oとゆっくり変化させるサイクルを考える。ここで，状態O→状態Aは定圧変化，状態A→状態Cは定積変化，状態C→状態Oは断熱変化である。

問 9. 状態A→状態Cの定積変化の間に気体が得た熱量 Q_{AC} を R と T_0 を用いて表せ。

問10. このサイクルの熱効率 e を求めよ。

解　答

▶問1．定圧変化であるから，シャルルの法則より

$$\frac{V_0}{T_0}=\frac{2V_0}{T_A}\qquad \therefore\quad T_A=\boldsymbol{2T_0}$$

▶問2．状態Oにおける理想気体の状態方程式より

$$p_0V_0=1\times RT_0$$

定圧変化であるから

$$W_{OA}=p_0\times(2V_0-V_0)=p_0V_0=\boldsymbol{RT_0}$$

定圧モル比熱が $\frac{5}{2}R$ であるから，物質量が1モルであることに注意して

$$Q_{OA}=1\times\frac{5}{2}R(2T_0-T_0)=\boldsymbol{\frac{5}{2}RT_0}$$

別解　気体の内部エネルギーの変化を ΔU_{OA} とすると，定積モル比熱が $\frac{3}{2}R$ であるから

$$\Delta U_{OA}=1\times\frac{3}{2}R(2T_0-T_0)=\frac{3}{2}RT_0$$

熱力学第一法則より

$$Q_{OA}=\Delta U_{OA}+W_{OA}=\frac{3}{2}RT_0+RT_0=\frac{5}{2}RT_0$$

▶問3．定積変化であるから，ボイル・シャルルの法則より

$$\frac{p_0}{T_0}=\frac{0.5p_0}{T_B}\qquad \therefore\quad T_B=\boldsymbol{0.5T_0}$$

▶問4．$\Delta U_{OB}=1\times\frac{3}{2}R(0.5T_0-T_0)=\boldsymbol{-0.75RT_0}$

▶問5．断熱変化であるから，与えられた関係式 $pV^{\frac{5}{3}}=$ 一定（ポアソンの式）より

$$p_0V_0^{\frac{5}{3}}=p_C(2V_0)^{\frac{5}{3}}$$

$$\therefore\quad p_C=\left(\frac{V_0}{2V_0}\right)^{\frac{5}{3}}p_0=2^{-\frac{5}{3}}p_0=0.315p_0\fallingdotseq\boldsymbol{0.32p_0}$$

▶問6．ボイル・シャルルの法則より

$$\frac{p_0V_0}{T_0}=\frac{0.315p_0\times2V_0}{T_C}\qquad \therefore\quad T_C=\boldsymbol{0.63T_0}$$

▶問7．$\Delta U_{OC}=1\times\frac{3}{2}R(0.63T_0-T_0)=-0.555RT_0$

$$\fallingdotseq\boldsymbol{-0.56RT_0}$$

断熱変化であるから，熱力学第一法則より

$$0=\Delta U_{OC}+W_{OC}$$

$$\therefore\quad W_{OC}=-\Delta U_{OC}\fallingdotseq \mathbf{0.56}\boldsymbol{RT_0}$$

▶問8．状態O→状態A（定圧変化）では，理想気体の状態方程式より，圧力 p が一定だから

$$pV=RT \qquad \therefore\quad T=\frac{p}{R}V=kV \quad (k\text{ は比例定数})$$

すなわち，温度 T は体積 V に比例するので，原点を通り，状態O$(V_0,\ T_0)$ と状態A$(2V_0,\ 2T_0)$ を結ぶ直線のグラフとなる。

状態O→状態B（定積変化）では，体積 V が一定で，状態O$(V_0,\ T_0)$ と状態B$(V_0,\ 0.5T_0)$ を結ぶ直線のグラフとなる。

状態O→状態C（断熱変化）では，理想気体の状態方程式より

$$pV=RT \qquad \therefore\quad p=\frac{RT}{V}$$

与えられたポアソンの式の一定値を k とおいて，p を代入すると

$$pV^{\frac{5}{3}}=\frac{RT}{V}\cdot V^{\frac{5}{3}}=RTV^{\frac{2}{3}}=k \quad (k\text{ は定数})$$

気体定数 R も一定値であるから，改めて定数を k' とおくと

$$TV^{\frac{2}{3}}=\frac{k}{R}=k' \quad (k'\text{ は定数})$$

$$\therefore\quad T=k'V^{-\frac{2}{3}}$$

すなわち，体積 V が増加すると温度 T が減少する下に凸の曲線のグラフとなる。

これらの関係は次図のようになる。

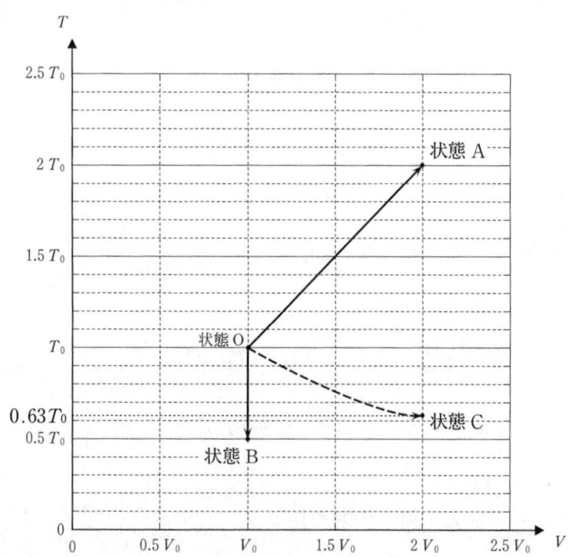

参考　単原子分子理想気体の断熱変化において，T-V 図では，$TV^{\frac{2}{3}}=$一定 のグラフは $TV=$一定 の双曲線のグラフより傾きがゆるやかになる。

一方，p-V 図では，$pV^{\frac{5}{3}}=$一定 のグラフは $pV=$一定（すなわち $T=$一定）の双曲線のグラフより傾きが急になる（2019年度の〔テーマ〕参照）。

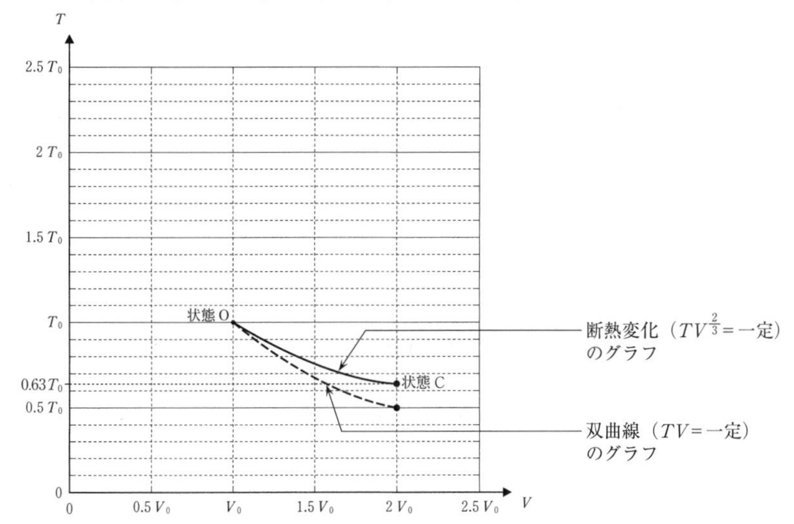

▶**問9**．定積変化であるから，気体がした仕事 W_{AC} は0であるので，熱力学第一法則より気体が得た熱量 Q_{AC} は気体の内部エネルギーの変化 ΔU_{AC} に等しい。

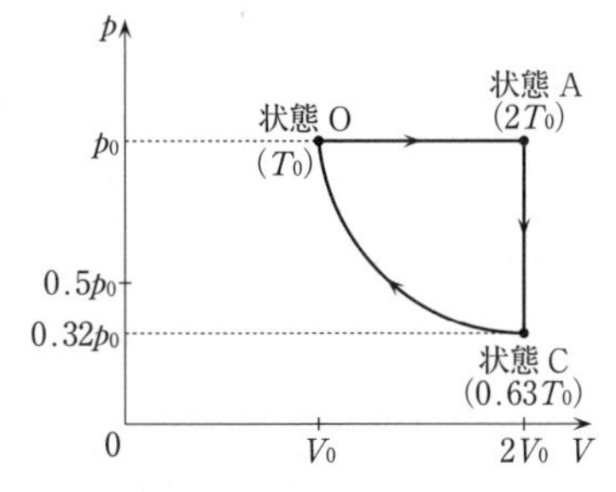

$$
\begin{aligned}
Q_{AC}&=\Delta U_{AC}\\
&=1\times\frac{3}{2}R\,(0.63T_0-2T_0)\\
&=-2.055RT_0\fallingdotseq \mathbf{-2.06}\boldsymbol{RT_0}
\end{aligned}
$$

▶**問10**．気体が吸収した熱量を Q_{in}（$Q_{in}>0$），放出した熱量を Q_{out}（$Q_{out}>0$），気体がした正味の仕事を W とする。1サイクルでもとの状態に戻れば温度ももとの状態に戻っているので，気体の内部エネルギーの変化は0である。熱力学第一法則より

$$Q_{in}-Q_{out}=0+W$$

したがって，このサイクルの熱効率 e は

$$e=\frac{W}{Q_{in}}=\frac{Q_{in}-Q_{out}}{Q_{in}}=1-\frac{Q_{out}}{Q_{in}}$$

熱を吸収するのは状態O→状態Aで，**問2**より $Q_{in}=2.5RT_0$，熱を放出するのは状態A→状態Cで，**問9**より $Q_{out}=2.055RT_0$ であるから

$$e=1-\frac{2.055RT_0}{2.5RT_0}=0.178\fallingdotseq\mathbf{0.18}$$

別解 状態C→状態Oの間に気体がした仕事を W_{CO} とすると，気体がした正味の仕事 W は，$W=W_{OA}+W_{CO}$ である。

問2より $W_{OA}=RT_0$，問7より状態O →状態Cの間で気体がした仕事 W_{OC} と，状態C →状態Oの間で気体がした仕事 W_{CO} は，大きさが等しく逆符号であるから

$$W_{CO}=-W_{OC}=-0.555RT_0$$

よって

$$e=\frac{W}{Q_{in}}=\frac{W_{OA}+W_{CO}}{Q_{OA}}=\frac{W_{OA}+(-W_{OC})}{Q_{OA}}=\frac{RT_0-0.555RT_0}{2.5RT_0}=0.178\fallingdotseq 0.18$$

テーマ

◎モル比熱

- 固体の比熱では一般にグラム比熱 $\boldsymbol{c}$〔J/g·K〕が用いられるが，気体の比熱にはモル比熱 $\boldsymbol{C}$〔J/mol·K〕が用いられる。物質の分子構造が同じならグラム比熱は原子数，分子数に反比例するので，分子構造を考えるなら比熱はモル単位がよい。
- 物質量 $\boldsymbol{n}$ の気体に熱量 $\boldsymbol{Q}$ を加えたときの温度変化が $\boldsymbol{\Delta T}$ のとき，気体のモル比熱は $C=\dfrac{Q}{n\Delta T}$ である。

(i) 定圧モル比熱 $C_P=\dfrac{Q}{n\Delta T}$，単原子分子理想気体では $C_P=\dfrac{5}{2}R$

よって，定圧変化では，$Q=nC_P\Delta T$ …気体が定圧変化をするときだけ成立

(ii) 定積モル比熱 $C_V=\dfrac{Q}{n\Delta T}$，単原子分子理想気体では $C_V=\dfrac{3}{2}R$

よって，定積変化では，$Q=nC_V\Delta T$ …気体が定積変化をするときだけ成立

ここで，定積変化では体積変化が $\boldsymbol{0}$，すなわち気体が外部へした仕事 $\boldsymbol{W}$ は $\boldsymbol{0}$ であるから，熱力学第一法則より　$\Delta U=Q=nC_V\Delta T$

●次に述べるように，気体の内部エネルギー $\boldsymbol{U}$ は気体分子の熱運動のエネルギーであり，気体の絶対温度 $\boldsymbol{T}$ の関数である。したがって，$\Delta U=nC_V\Delta T$ は，気体が定積変化をするときだけでなく，定圧，断熱などのすべての変化で成立する。

●定圧変化では，熱力学第一法則 $Q=\Delta U+W$ より

$$nC_P\Delta T=nC_V\Delta T+p\Delta V$$

理想気体の状態方程式 $pV=nRT$ より　$p\Delta V=nR\Delta T$

よって，$nC_P\Delta T=nC_V\Delta T+nR\Delta T$ より　$C_P=C_V+R$

これをマイヤーの式という。

◎単原子分子理想気体がもつ内部エネルギー $\boldsymbol{U}$ とは，気体分子の熱運動による運動エネルギーである。気体分子1個の運動エネルギーを $\dfrac{1}{2}m\overline{v^2}$，気体の物質量を $\boldsymbol{n}$，アボガドロ定数を N_A，ボルツマン定数を $\boldsymbol{k}$ とすると

$$U=nN_A\times\frac{1}{2}m\overline{v^2}=nN_A\times\frac{3}{2}kT=nN_A\cdot\frac{3}{2}\frac{R}{N_A}T=\frac{3}{2}nRT$$

21 定圧・定積・等温・断熱の各変化を含む熱サイクル
(2012年度　第3問)

1モルの単原子分子理想気体が，気密を保ちながら，なめらかに動くピストンを持つシリンダー内に閉じ込められている。この気体の圧力をp，体積をVと表す。この気体を図3(a)に示したように，状態1→状態2→状態3→状態4→状態5→状態1とゆっくり変化させるサイクルを考え，これをサイクルAとする。状態1→状態2は断熱変化，状態2→状態3は定積変化，状態3→状態4は定圧変化，状態4→状態5は等温変化，状態5→状態1は定積変化である。状態1の圧力はp_1，体積はV_1であり，気体定数をRとする。また，この気体の定積モル比熱は$\frac{3}{2}R$である。この問題で，熱量と仕事は正またはゼロの量とする。

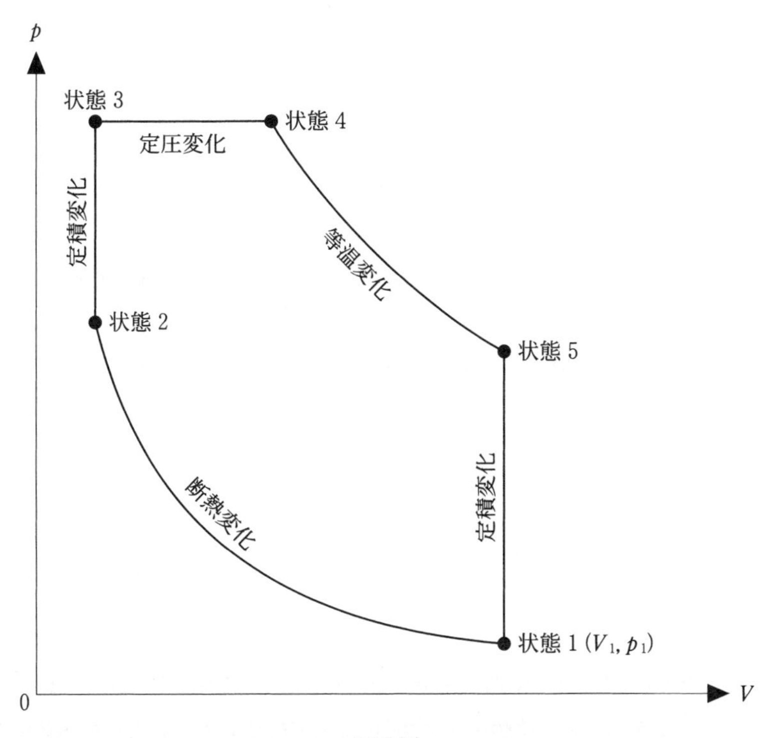

図3(a)

問 1. 状態1→状態2の断熱変化で気体は外部からW_{12}($0 \leqq W_{12}$)の仕事をされた。状態2の絶対温度T_2をp_1，V_1，R，W_{12}を用いて表せ。

問 2. 状態2→状態3の定積変化で気体は熱量Q_{23}($0 \leqq Q_{23}$)を吸収した。状態3と状態2の絶対温度の差$T_3 - T_2$をR，Q_{23}を用いて表せ。

問 3. 状態3→状態4の定圧変化で熱量Q_{34}($0 \leqq Q_{34}$)の移動があった。正しいものを選び番号で答えよ。

① Q_{34}は気体が吸収した熱量である。

② $Q_{34} = 0$である。

③ Q_{34}は気体が放出した熱量である。

問 4. 状態1，状態2，状態3，状態4，状態5の絶対温度をそれぞれT_1，T_2，T_3，T_4，T_5とするとき，それらの関係を表す不等式として正しいものを選び番号で答えよ。

① $T_2 < T_1 < T_3 < T_4 = T_5$　　② $T_1 < T_2 < T_4 = T_5 < T_3$

③ $T_3 < T_4 = T_5 < T_1 < T_2$　　④ $T_1 < T_2 < T_3 < T_4 = T_5$

⑤ $T_2 < T_1 < T_4 = T_5 < T_3$　　⑥ $T_3 < T_4 = T_5 < T_2 < T_1$

次に，サイクルAにおける状態5から，断熱変化で新たな状態6に変化させ，状態6から状態1に定圧変化で戻す，別のサイクルを考える。すなわち，状態1→状態2→状態3→状態4→状態5→状態6→状態1と変化させるサイクルを考え，これをサイクルBとする。

問 5. 状態6を図3(b)中のX，Y，Zから選べ。なお，図中の状態5とYを結んでいる線は等温変化の線である。

問 6. サイクルBにおいて，状態5→状態6の断熱変化で気体は外部へW_{56}の仕事をし，状態6→状態1の定圧変化で熱量Q_{61}の移動があった。また，サイクルAにおいて状態5→状態1の定積変化で気体が放出した熱量をQ_{51}とするとき，Q_{51}をW_{56}とQ_{61}を用いて表せ。ただし，W_{56}，Q_{51}，Q_{61}は，いずれも正またはゼロの量である。

問 7. 状態 6 →状態 1 の定圧変化において，気体は外部から W_{61}($0 \leqq W_{61}$)の仕事をされた。W_{61} を Q_{61} で表せ。

問 8. これらのサイクルを熱機関のサイクルと考えた場合，サイクル A の熱効率 e_A($0 < e_A < 1$)とサイクル B の熱効率 e_B($0 < e_B < 1$)を，Q_{23}，Q_{34}，Q_{45}，Q_{51}，Q_{61} の中から必要なものを用いて，それぞれ表せ。ただし，Q_{45} ($0 \leqq Q_{45}$)は，状態 4 →状態 5 の等温変化で気体が吸収した熱量である。

問 9. $Q_{51} - Q_{61}$ を W_{56} と W_{61} を用いて表せ。

問10. W_{56} と W_{61} の関係で正しいものを選び番号で答えよ。

①　$W_{56} > W_{61}$　　②　$W_{56} = W_{61}$　　③　$W_{56} < W_{61}$

問11. e_A と e_B の関係で正しいものを選び番号で答えよ。

①　$e_A > e_B$　　②　$e_A = e_B$　　③　$e_A < e_B$

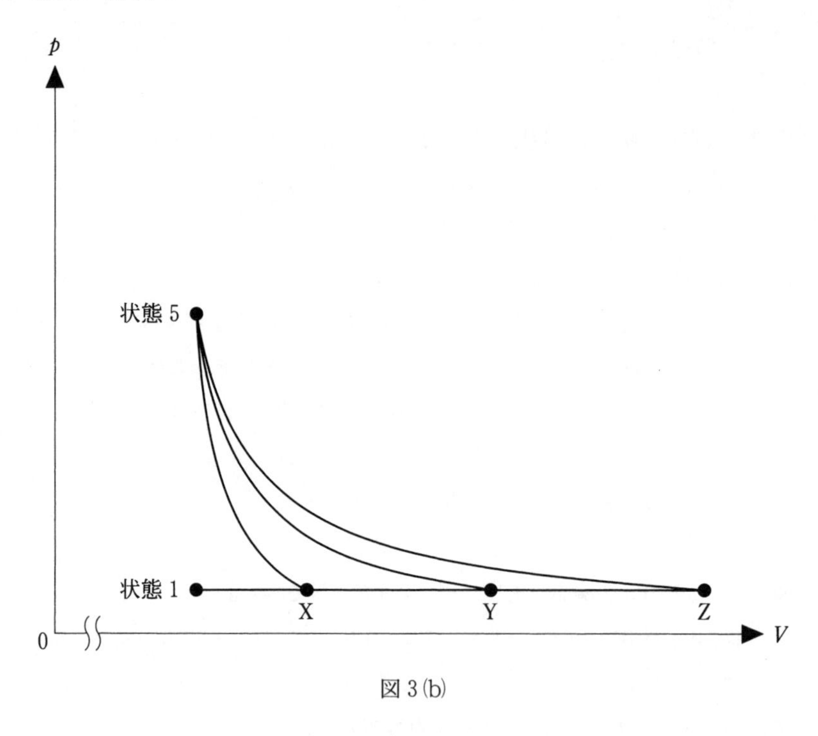

図 3(b)

解　答

▶**問1**．状態1の絶対温度を T_1 とする。理想気体の状態方程式より

$$p_1V_1=1\times RT_1 \qquad \therefore \quad T_1=\frac{p_1V_1}{R}$$

熱力学第一法則を「気体が吸収した熱量 Q＝気体の内部エネルギーの増加 $\varDelta U$＋気体が外部へした仕事 W」と表す。状態1→状態2の断熱変化では，気体が吸収した熱量は0，気体の内部エネルギーの増加を $\varDelta U_{12}$ とすると，$\varDelta U_{12}=1\times\frac{3}{2}R(T_2-T_1)$，気体が外部へした仕事は $-W_{12}$ であるから，熱力学第一法則より

$$0=\frac{3}{2}R(T_2-T_1)-W_{12} \qquad \therefore \quad T_2=T_1+\frac{2W_{12}}{3R}=\boldsymbol{\frac{p_1V_1}{R}+\frac{2W_{12}}{3R}}$$

▶**問2**．定積変化では，気体が外部へした仕事は0であるから，熱力学第一法則より

$$Q_{23}=1\times\frac{3}{2}R(T_3-T_2)+0 \qquad \therefore \quad T_3-T_2=\boldsymbol{\frac{2Q_{23}}{3R}}$$

▶**問3**．この気体の絶対温度を T と表すと，理想気体の状態方程式より

$$pV=1\times RT \qquad \therefore \quad T=\frac{pV}{R}$$

定圧変化（p＝一定）であるから，T は V に比例する。したがって，状態4は状態3より体積が大きいので絶対温度が高く，この変化で内部エネルギーは増加する。また，この変化で体積が増加するので，気体は外部へ仕事をする。よって，**①Q_{34} は気体が吸収した熱量である。**

▶**問4**．**問1**より $T_1<T_2$，**問2**より $T_2<T_3$，**問3**より $T_3<T_4$，状態4→状態5は等温変化であるから $T_4=T_5$ となる。
したがって

④ $T_1<T_2<T_3<T_4=T_5$

これは，図3(a)の p-V グラフに等温線を描いてみてもわかる。

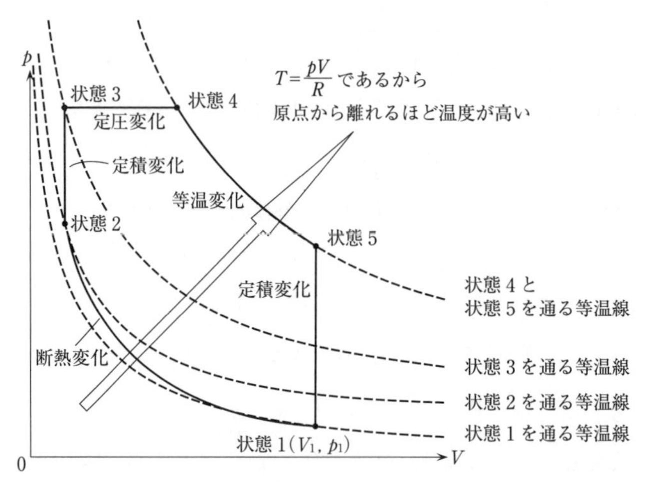

▶**問5**．状態6，図3(b)のYの絶対温度をそれぞれ T_6，T_Y，体積をそれぞれ V_6，V_Y とする。理想気体の状態方程式より

状態6：$p_1V_6=1\times RT_6$ $\quad\therefore\quad V_6=\dfrac{RT_6}{p_1}$

図3(b)のY：$p_1V_Y=1\times RT_Y$ $\quad\therefore\quad V_Y=\dfrac{RT_Y}{p_1}=\dfrac{RT_5}{p_1}$

（∵ 状態5 →図3(b)のYは等温変化）

断熱変化で体積が増加すると，気体が外部へする仕事は正。このとき熱力学第一法則より，気体の内部エネルギーの増加は負。すなわち，絶対温度が下がるので

$T_6<T_5$ よって $V_6<V_Y$

したがって，状態6は図3(b)のXである。これは，断熱変化の p-V グラフが等温変化のそれより傾きが大きいことでわかる（2019年度の〔テーマ〕参照）。

▶**問6**．サイクルBにおける状態5→状態6の断熱変化について，熱力学第一法則より

$$0=1\times\frac{3}{2}R(T_6-T_5)+W_{56}\qquad\therefore\quad T_6-T_5=-\frac{2W_{56}}{3R}\quad\cdots\cdots①$$

状態6→状態1の定圧変化において，定圧モル比熱 C_p はマイヤーの関係 $C_p=R+C_v$ より，$C_p=\dfrac{5}{2}R$ であるから，モル比熱の式より

$$-Q_{61}=1\times\frac{5}{2}R(T_1-T_6)\qquad\therefore\quad T_1-T_6=-\frac{2Q_{61}}{5R}\quad\cdots\cdots②$$

サイクルAにおける状態5→状態1の定積変化について，熱力学第一法則より

$$-Q_{51}=1\times\frac{3}{2}R(T_1-T_5)+0\qquad\therefore\quad T_1-T_5=-\frac{2Q_{51}}{3R}\quad\cdots\cdots③$$

$T_1 - T_5 = (T_1 - T_6) + (T_6 - T_5)$ であるから，①～③より

$$-\frac{2Q_{51}}{3R} = -\frac{2Q_{61}}{5R} - \frac{2W_{56}}{3R} \qquad \therefore \quad Q_{51} = \boldsymbol{W_{56} + \frac{3}{5}Q_{61}}$$

▶**問7**．状態6→状態1の定圧変化において，熱力学第一法則より，②を代入すると

$$-Q_{61} = 1 \times \frac{3}{2}R(T_1 - T_6) - W_{61} = \frac{3}{2}R\left(-\frac{2Q_{61}}{5R}\right) - W_{61}$$

$$\therefore \quad W_{61} = \boldsymbol{\frac{2}{5}Q_{61}}$$

別解　理想気体の状態方程式より

$$p_1V_1 = 1 \times RT_1 \quad , \quad p_1V_6 = 1 \times RT_6$$

辺々引くと　　$p_1(V_1 - V_6) = R(T_1 - T_6)$

したがって，②を用いて

$$-W_{61} = p_1(V_1 - V_6) = R(T_1 - T_6) = R\left(-\frac{2Q_{61}}{5R}\right) = -\frac{2}{5}Q_{61}$$

$$\therefore \quad W_{61} = \frac{2}{5}Q_{61}$$

参考　状態6→状態1で気体の内部エネルギーの増加をΔU_{61}とすると，熱力学第一法則 $-Q_{61} = \Delta U_{61} - W_{61}$，またはモル比熱の式 $\Delta U_{61} = 1 \times \frac{3}{2}R(T_1 - T_6)$ より，$\Delta U_{61} = -\frac{3}{5}Q_{61}$ である。これは，定圧変化では，気体が吸収した熱量，気体の内部エネルギーの増加，気体が外部へした仕事の比が，5：3：2であることを表している。

▶**問8**．熱機関のサイクルがもとの状態1に戻ったとき，気体の絶対温度はもとに戻っているから，気体の内部エネルギーの変化は0である。したがって，熱力学第一法則より，熱量は吸収と放出，仕事は外部へしたと外部からされたの符号に注意して，

サイクルAでは

$$(Q_{23} + Q_{34} + Q_{45} - Q_{51}) = 0 + (-W_{12} + W_{34} + W_{45}) \quad \cdots\cdots④$$

したがって，熱効率e_{A}は

$$e_{\mathrm{A}} = \frac{\text{すべての仕事}}{\text{熱量のうち吸収したもの}}$$

$$= \frac{-W_{12} + W_{34} + W_{45}}{Q_{23} + Q_{34} + Q_{45}} = \frac{Q_{23} + Q_{34} + Q_{45} - Q_{51}}{Q_{23} + Q_{34} + Q_{45}}$$

$$= \boldsymbol{1 - \frac{Q_{51}}{Q_{23} + Q_{34} + Q_{45}}} \quad \cdots\cdots⑤$$

サイクルBでは

$$(Q_{23} + Q_{34} + Q_{45} - Q_{61}) = 0 + (-W_{12} + W_{34} + W_{45} + W_{56} - W_{61}) \quad \cdots\cdots⑥$$

したがって，熱効率e_{B}は

$$e_{\mathrm{B}} = \frac{-W_{12} + W_{34} + W_{45} + W_{56} - W_{61}}{Q_{23} + Q_{34} + Q_{45}} = \frac{Q_{23} + Q_{34} + Q_{45} - Q_{61}}{Q_{23} + Q_{34} + Q_{45}}$$

$$=1-\frac{Q_{61}}{Q_{23}+Q_{34}+Q_{45}} \quad \cdots\cdots ⑦$$

参考 2021 年度の〔テーマ〕の熱効率 e の式

$$e=\frac{W_{\text{out}}-W_{\text{in}}}{Q_{\text{in}}}=\frac{Q_{\text{in}}-Q_{\text{out}}}{Q_{\text{in}}}=1-\frac{Q_{\text{out}}}{Q_{\text{in}}}$$

を用いると，熱効率 e_{A} は，Q_{23}，Q_{34}，Q_{45} が吸収，Q_{51} が放出であるから

$$e_{\text{A}}-1-\frac{Q_{51}}{Q_{23}+Q_{34}+Q_{45}}$$

▶問 9．④，⑥より　$Q_{51}-Q_{61}=W_{56}-W_{61}$ ……⑧

▶問 10．気体がした仕事の大きさは，p-V グラフと V 軸で囲まれた面積であるから，下図より

① $W_{56}>W_{61}$ ……⑨

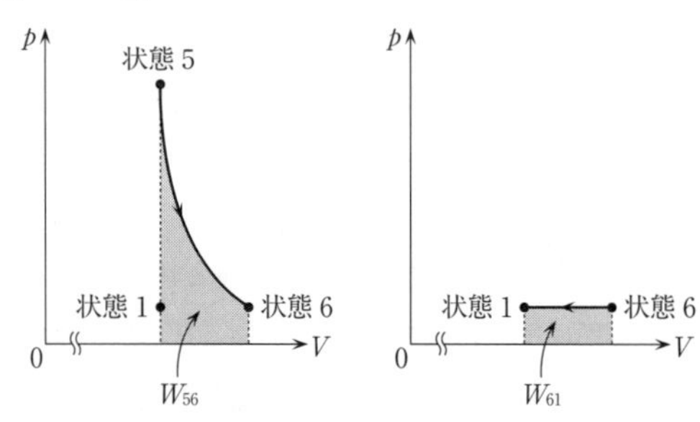

▶問 11．⑧，⑨より

$$Q_{51}-Q_{61}>0 \qquad \therefore \quad Q_{51}>Q_{61}$$

この関係を⑤，⑦に用いると

③ $e_{\text{A}}<e_{\text{B}}$

テーマ

◎定圧変化，定積変化，断熱変化，等温変化の各過程を経てもとの状態に戻る熱サイクルの問題である。2019 年度，2014 年度と同様に，(i)〜(iv)のような教科書の基本事項がまんべんなく問われた。

(i) 各状態の気体の圧力・体積・温度と，理想気体の状態方程式またはボイル・シャルルの法則の関係

(ii) 各過程で気体が吸収した熱量・気体の内部エネルギーの増加・気体が外部へした仕事と，熱力学第一法則やモル比熱の関係

ただし，本問では，熱力学第一法則において，気体が熱量を吸収するときは Q，放出するときは $-Q$，気体の内部エネルギーが増加するときは ΔU，減少するときは $-\Delta U$，気体が外部へ仕事をするときは W，されるときは $-W$ という設定に注意が必要である。

(iii) 熱効率

(iv) ポアソンの式と，断熱変化と等温変化の p-V 図の傾きの関係

第3章　波　動

第3章 波 動

節	番号	内 容	年 度
波の伝わり方	22	正弦波の式，波の反射による定常波	2013年度〔3〕
	23	等速円運動，連結ばねによる縦波のモデル	2009年度〔3〕
音波 ドップラー効果	24	斜めのドップラー効果，音波の屈折	2018年度〔3〕
	25	斜めのドップラー効果	2010年度〔3〕
レンズ	26	凸レンズによる像，屈折の法則，薄膜による光の干渉	2022年度〔3〕
	27	凸レンズによる像，顕微鏡のしくみ	2016年度〔3〕
光波の干渉	28	ヤングの実験レポート	2020年度〔3〕
	29	回折格子，レンズ，ヤングの実験	2008年度〔3〕

対策

□ 波の伝わり方

正弦波の式は，等速円運動の正射影から導かれる波源の単振動が周囲へ伝わり，各点で波源の単振動が遅れて再現される過程を，波が伝わる速さ v，周期 T，波長 λ を用いて表せるようにしておかなければならない。正弦波のグラフも頻出で，媒質の各点の変位 y は，位置 x と時刻 t の関数であるから，y-x グラフと y-t グラフが表す意味の把握が必要である。

互いに逆向きに進む振幅と振動数が等しい正弦波が重ね合わせられると定常波が生じる。同じ向きに進む振動数がわずかに異なる正弦波が重ね合わせられるとうなりが生じる。これらの場合，三角関数の和積公式を用いて正弦波の合成をする必要があり，計算練習も怠ってはならない。

縦波の横波表示と疎密の関係，自由端反射と固定端反射の位相は間違えやすいので，グラフの意味とともに整理しておきたい。重ね合わせの原理，波の独立性，ホイヘンスの原理，反射の法則，屈折の法則，全反射の臨界角などの項目は波動の基本である。平面波と球面波の干渉についても，水面上を伝わる波であったり音波や光波であったりするが，作図も含めて注意が必要である。

□ 音波・ドップラー効果

ドップラー効果の公式導出問題が頻出である。音源が動く場合の，直線方向のドップラー効果と斜め方向のドップラー効果について，観測者の方向に伝わる音波の波長が変化すること，音源が出した音波の数と観測者が聞いた音波の数は等しいが，音源が音を出している時間と観測者が音を聞いている時間が異なることなどを用いて，ドップラー効果を説明できるようにしておく必要がある。

音波の干渉，気柱や弦の振動，うなりの問題は，出題スタイルが比較的限られているので，確実に解けるよう解法パターンを整理しておきたい。

□　レンズ

レンズで屈折した後の光線の進み方と像を作図し，そこから写像公式 $\frac{1}{a}+\frac{1}{b}=\frac{1}{f}$ と像の倍率公式を導出する過程が重要である。また，レンズの組み合わせである顕微鏡や望遠鏡における写像公式の使い方を理解しておこう。

一方，球面レンズを通る光線が1点に集まる理由 $\left(\text{焦点距離}\ f=\frac{R}{n-1}\right)$ を，光波の干渉と屈折の法則を用いて説明できるようにしておきたい。

□　光波の干渉

ヤングの実験，回折格子，薄膜，ニュートンリングなどの光波の干渉問題も，出題スタイルが比較的限られている。2つの経路を通ってきた光の経路差を求め，これが波長の整数倍か半整数倍かで，強め合うか弱め合うか。光が反射する際に，位相が変化するかしないか。干渉する光の経路差や位相差，時間差，波の数の差に着目して，解法パターンを整理しておきたい。

2020年度には教科書にあるヤングの実験の再現が登場した。その他の実験テーマについても，実験レポートの作成を通して，実験方法と整理過程，その実験結果からわかることを確認しておく必要がある。

単スリットやマイケルソン干渉計，ロイドの鏡などにも注意しておきたいが，干渉の解法パターンを理解していれば対応できる。

1 波の伝わり方

22 正弦波の式，波の反射による定常波

（2013年度 第3問）

水面に発生する波について考える。

問 1. 無限に広い水面上で，水面の高さhが図3(a)，(b)のように変化する正弦波が観測された。観測された波は時間，空間に対して無限に続いていて，x方向にのみ伝わっているものとする。図3(a)は時刻$t=0\,\mathrm{s}$のときの波形を，図3(b)は$x=5\,\mathrm{m}$の地点における水面の高さの時間変化をそれぞれ表している。

(1) この波の振幅，波長，周期，ならびに波の進む速さを求めよ。なお，それぞれ単位をつけて解答すること。

(2) 次式で表した水面の高さ$h(x,\ t)$において，a〜dの値をそれぞれ単位をつけて求めよ。なお，a，bについては，$a>0\,\mathrm{m}$，$-10\,\mathrm{m}<b<10\,\mathrm{m}$を満足する値を選ぶこと。

$$h(x,\ t)=a\sin\left\{2\pi\left(\frac{x+b}{c}+\frac{t}{d}\right)\right\}$$

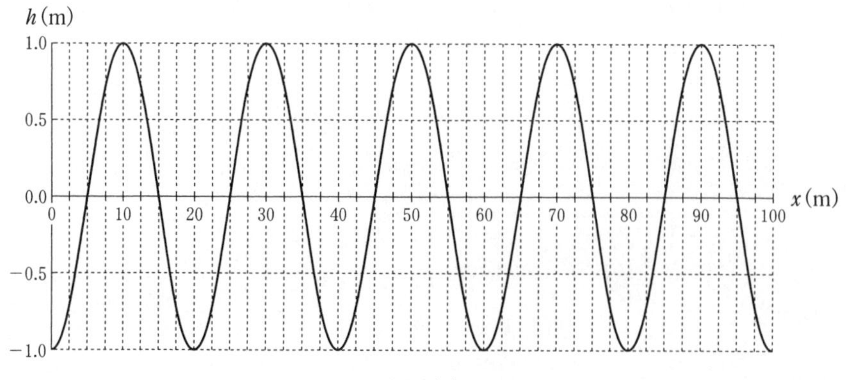

図3(a)

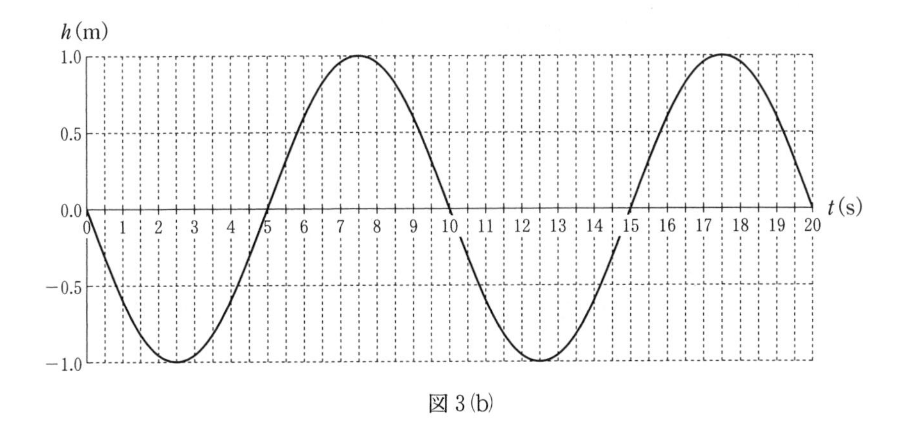

図 3(b)

問 2. 図 3(c)に示すように x 軸の正方向に進行する入射波 $h_{\mathrm{i}}(x,\ t)$ が，次式で表されている場合を考える。

$$h_{\mathrm{i}}(x,\ t) = A\cos\left\{2\pi\left(\frac{x}{\lambda} - \frac{t}{T}\right)\right\}$$

ここで，A，λ，T は x および t によらない正の定数とする。

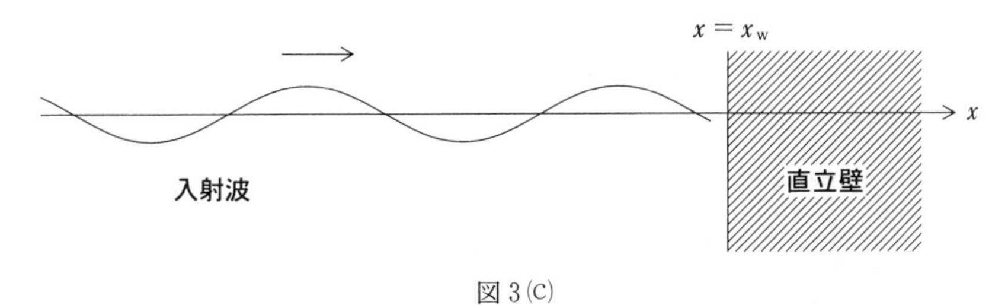

図 3(c)

(1)　$x = x_{\mathrm{w}}\ (x_{\mathrm{w}} > 0)$ にある x 軸に対して直交する直立壁において，この波が反射して反射波 $h_{\mathrm{r}}(x,\ t)$ が発生した。

$h_{\mathrm{r}}(x,\ t)$ を次式で表す場合に，D と E に入る組み合わせのうち正しいものを下記のア～カから選び解答欄に記号で答えよ。

$$h_{\mathrm{r}}(x,\ t) = D\cos(2\pi E + \delta)$$

ここで，δ は直立壁の位置 x_{w} により決定される位相のずれを表し，x および t によらないとする。

	D	E
ア：	A	$\dfrac{x}{\lambda} - \dfrac{t}{T}$

イ：	$\dfrac{A}{2}$	$\dfrac{x}{\lambda}-\dfrac{t}{T}$
ウ：	$2A$	$\dfrac{x}{\lambda}-\dfrac{t}{T}$
エ：	A	$\dfrac{x}{\lambda}+\dfrac{t}{T}$
オ：	$\dfrac{A}{2}$	$\dfrac{x}{\lambda}+\dfrac{t}{T}$
カ：	$2A$	$\dfrac{x}{\lambda}+\dfrac{t}{T}$

(2)　上述の状況について説明した次の文中の四角に入る言葉の組み合わせのうち正しいものを下記のア～エから選び解答欄に記号で答えよ。

「水面上の入射波は直立壁で水面が上下に動ける［ i ］反射するため，壁の位置で定常波は［ ii ］を示す。」

	i	ii
ア：	自由端	節
イ：	自由端	腹
ウ：	固定端	節
エ：	固定端	腹

(3)　上述の入射波 $h_i(x,\ t)$ と反射波 $h_r(x,\ t)$ を合成した定常波 $H(x,\ t)$ を次式で表すとき，F, G, K をそれぞれ A, λ, T, x, t, δ のうち必要なものを用いて答えよ。

$$H(x,\ t) = F\cos G\cos K$$

なお，必要に応じて次の公式を用いてよい。

$$\cos\alpha + \cos\beta = 2\cos\frac{\alpha+\beta}{2}\cos\frac{\alpha-\beta}{2}$$

(4)　次に，δ を次式のように表した場合，直立壁 $(x = x_w)$ での反射の仕方を考えて，P を x_w を用いて答えよ。

$$\delta = 2\pi\left(n + \frac{P}{\lambda}\right) \qquad (n = 0,\ \pm 1,\ \pm 2,\ \pm 3,\ \cdots)$$

(5)　上で得られた δ について $n = 0$ の場合を考える。このとき，ある位置 x における定常波 $H(x,\ t)$ と直立壁の位置における定常波 $H_w = H(x_w,\ t)$ について，それぞれが1周期の中で取り得る最大値 H_{max} と H_{wmax} の比 $\dfrac{H_{max}}{H_{wmax}}$ を表す式を A, λ, x, x_w のうち必要なものを用いて求めよ。

(6)　いま，上で得られた定常波について，$0 \leqq x \leqq x_w$ の区間内に節が3つ発生していた場合に x_w が満たすべき条件を求めよ。

解　答

▶問1．(1)　振幅 A〔m〕は，図3(a)，(b)で，$h=0$ からの波の高さであるから

$$A=\mathbf{1.0}〔\mathrm{m}〕$$

波長 λ〔m〕は，横軸が x〔m〕の図3(a)で，同位相の隣り合う2点間の距離（グラフの山と山の間隔，あるいは谷と谷の間隔）であるから

$$\lambda=\mathbf{20}〔\mathrm{m}〕$$

周期 T〔s〕は，横軸が t〔s〕の図3(b)で，同位相の隣り合う2点間の時間（グラフの山と山の間の時間，あるいは谷と谷の間の時間）であるから

$$T=\mathbf{10}〔\mathrm{s}〕$$

波の進む速さ v〔m/s〕は

$$v=\frac{\lambda}{T}=\frac{20}{10}=\mathbf{2.0}〔\mathrm{m/s}〕$$

(2)　波の初期位相（図3(a)で $x=0$，$t=0$ での単振動の位相）を ϕ_0〔rad〕とする。x 軸の正の向きに進む正弦波の式は，一般に

$$h(x,\ t)=A\sin\left\{2\pi\left(\frac{t}{T}-\frac{x}{\lambda}\right)+\phi_0\right\}$$

で表される。与えられた式を書き換えると

$$h(x,\ t)=a\sin\left\{2\pi\left(\frac{x+b}{c}+\frac{t}{d}\right)\right\}$$

$$=a\sin\left\{2\pi\left(\frac{t}{d}-\frac{x}{-c}\right)+2\pi\frac{b}{c}\right\}$$

これらを比較して，(1)の値を用いると

$$a=A=1.0$$

$$d=T=10$$

$$-c=\lambda\qquad\therefore\quad c=-\lambda=-20$$

$$2\pi\frac{b}{c}=\phi_0\qquad\therefore\quad b=\frac{c}{2\pi}\phi_0=\frac{-20}{2\pi}\times\left(-\frac{\pi}{2}\right)=5.0$$

したがって

$$a=\mathbf{1.0}〔\mathrm{m}〕,\ b=\mathbf{5.0}〔\mathrm{m}〕,\ c=\mathbf{-20}〔\mathrm{m}〕,\ d=\mathbf{10}〔\mathrm{s}〕$$

〔注〕　ここで，図3(a)より，原点 $x=0$ の地点における水面の高さの時間変化は右図のようになり，初期位相 ϕ_0 は，$\phi_0=-\frac{\pi}{2}$ または $\frac{3\pi}{2}$ であるが，$-10\,\mathrm{m}<b<10\,\mathrm{m}$ の条件より，$\phi_0=-\frac{\pi}{2}$ を用いる必要がある。

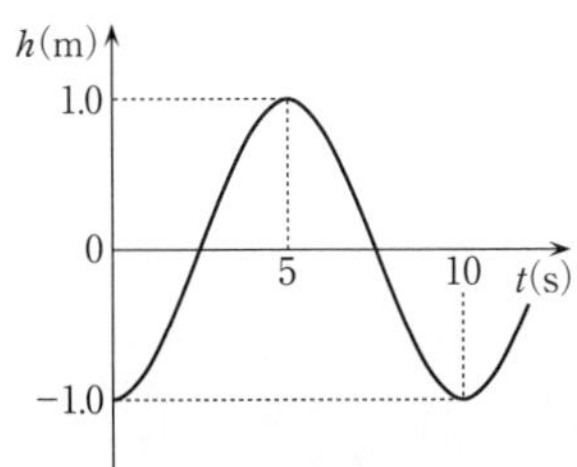

別解 x 軸の正の向きに進む正弦波の式は，x と t の符号を入れ替え

$$h(x,\ t)=A\sin\left\{2\pi\left(\frac{x}{\lambda}-\frac{t}{T}\right)+\phi_0\right\}$$

と表すこともできる。与えられた式を書き換えると

$$h(x,\ t)=a\sin\left\{2\pi\left(\frac{x+b}{c}+\frac{t}{d}\right)\right\}$$

$$=a\sin\left\{2\pi\left(\frac{x}{c}-\frac{t}{-d}\right)+2\pi\frac{b}{c}\right\}$$

これらを比較して，(1)の値を用いると

$a=A=1.0$

$c=\lambda=20$

$-d=T\qquad\therefore\quad d=-T=-10$

$2\pi\dfrac{b}{c}=\phi_0\qquad\therefore\quad b=\dfrac{c}{2\pi}\phi_0=\dfrac{20}{2\pi}\times\left(-\dfrac{\pi}{2}\right)=-5.0$

したがって

$a=1.0$〔m〕，$b=-5.0$〔m〕，$c=20$〔m〕，$d=-10$〔s〕

参考 $x=0$ の地点の水面の高さ $h(0,\ t)$ が初期位相を ϕ_0 として

$$h(0,\ t)=A\sin\left(\frac{2\pi}{T}t+\phi_0\right)\quad\cdots\cdots①$$

であるとき，位置 x の地点へはこの振動が時間 $\Delta t=\dfrac{x}{v}$ だけ遅れて伝わるから

$$h(x,\ t)=A\sin\left\{\frac{2\pi}{T}\left(t-\frac{x}{v}\right)+\phi_0\right\}=A\sin\left\{2\pi\left(\frac{t}{T}-\frac{x}{\lambda}\right)+\phi_0\right\}$$

(i) $\phi_0=0$ のときは

$$h(x,\ t)=A\sin 2\pi\left(\frac{t}{T}-\frac{x}{\lambda}\right)\quad\cdots\cdots②$$

(ii) $\phi_0=\pi$ のときは

$$h(x,\ t)=A\sin\left\{2\pi\left(\frac{t}{T}-\frac{x}{\lambda}\right)+\pi\right\}=A\sin 2\pi\left(\frac{x}{\lambda}-\frac{t}{T}\right)\quad\cdots\cdots③$$

これらのグラフは，次図のようになる。

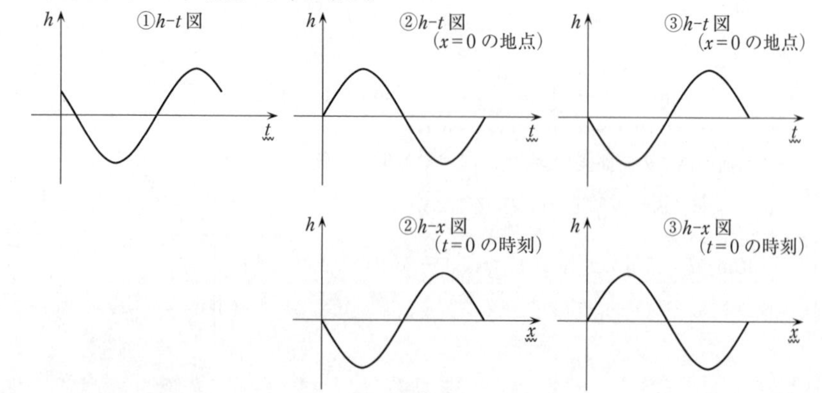

▶問2．(1)　x 軸の正の方向に進行する入射波 $h_{\mathrm{i}}(x,\ t)$ が

$$h_{\mathrm{i}}(x,\ t)=A\cos\left\{2\pi\left(\frac{x}{\lambda}-\frac{t}{T}\right)\right\}\quad\cdots\cdots(\text{あ})$$

のとき，x 軸の負の方向に進行する反射波 $h_{\mathrm{r}}(x,\ t)$ は，$h_{\mathrm{i}}(x,\ t)$ の x を $-x$ と置き換えたものであるから

$$h_{\mathrm{r}}(x,\ t)=A\cos\left\{2\pi\left(\frac{-x}{\lambda}-\frac{t}{T}\right)-\delta\right\}$$

$$=A\cos\left\{2\pi\left(\frac{x}{\lambda}+\frac{t}{T}\right)+\delta\right\}\quad\cdots\cdots(\text{い})$$

与えられた式と比較すると

$$D=A,\quad E=\frac{x}{\lambda}+\frac{t}{T}$$

したがって　　**エ**

(2)　直立壁で水面が上下に動けるので自由端である。よって，入射波と反射波が重なると，壁の位置で定常波は腹となる。

したがって　　**イ**

(3)　定常波 $H(x,\ t)$ は，与えられた公式を用いて，(あ)と(い)の和を求めると

$$H(x,\ t)=h_{\mathrm{i}}(x,\ t)+h_{\mathrm{r}}(x,\ t)$$

$$=A\cos\left\{2\pi\left(\frac{x}{\lambda}-\frac{t}{T}\right)\right\}+A\cos\left\{2\pi\left(\frac{x}{\lambda}+\frac{t}{T}\right)+\delta\right\}$$

$$=2A\cos\left(2\pi\frac{x}{\lambda}+\frac{\delta}{2}\right)\cos\left(-2\pi\frac{t}{T}-\frac{\delta}{2}\right)$$

$$=2A\cos\left(2\pi\frac{x}{\lambda}+\frac{\delta}{2}\right)\cos\left(2\pi\frac{t}{T}+\frac{\delta}{2}\right)\quad\cdots\cdots(\text{う})$$

与えられた式と比較すると

$$\boldsymbol{F=2A}$$

$$\boldsymbol{G=2\pi\frac{x}{\lambda}+\frac{\delta}{2},\quad K=2\pi\frac{t}{T}+\frac{\delta}{2}}\quad(\text{ただし，}G\text{ と }K\text{ は順不同})$$

(4)　合成波(う)は，座標 x だけを含む項 $G(x)$ と，時間 t だけを含む項 $K(t)$ の積の形 $H(x,\ t)=G(x)\cdot K(t)$ で表される。

$K(t)=\cos\left(2\pi\frac{t}{T}+\frac{\delta}{2}\right)$ は，x 軸上の各点が周期 T の単振動をしていることを表す。

$|G(x)|=2A\left|\cos\left(2\pi\frac{x}{\lambda}+\frac{\delta}{2}\right)\right|$ が座標 x の点の振幅を表す。

直立壁の位置で定常波は腹となるから，$H(x,\ t)$ の振幅が最大となる。位置 x での振幅は

$$H_{\max}=2A\left|\cos\left(2\pi\frac{x}{\lambda}+\frac{\delta}{2}\right)\right|\quad\cdots\cdots(\text{え})$$

であり，これが$x=x_{\mathrm{w}}$で最大となるから

$$\left|\cos\left(2\pi\frac{x_{\mathrm{w}}}{\lambda}+\frac{\delta}{2}\right)\right|=1$$

$$2\pi\frac{x_{\mathrm{w}}}{\lambda}+\frac{\delta}{2}=n\pi \quad (n=0,\ \pm1,\ \pm2,\ \cdots)$$

$$\therefore\quad \delta=2\pi\left(n-\frac{2x_{\mathrm{w}}}{\lambda}\right) \quad \cdots\cdots(お)$$

与えられた式と比較すると　$\boldsymbol{P=-2x_{\mathrm{w}}}$

(5)　(お)に$n=0$を代入すると

$$\delta=2\pi\left(0-\frac{2x_{\mathrm{w}}}{\lambda}\right)=-4\pi\frac{x_{\mathrm{w}}}{\lambda} \quad \cdots\cdots(か)$$

位置$x=x_{\mathrm{w}}$における定常波$H(x,\ t)$の高さの最大値，すなわち振幅$H_{\mathrm{w\,max}}$は，**問2**(4)より

$$H_{\mathrm{w\,max}}=2A$$

同様にH_{max}は，(え)，(か)より

$$H_{\mathrm{max}}=2A\left|\cos\left(2\pi\frac{x}{\lambda}+\frac{-4\pi\frac{x_{\mathrm{w}}}{\lambda}}{2}\right)\right|$$

$$=2A\left|\cos 2\pi\frac{x-x_{\mathrm{w}}}{\lambda}\right| \quad \cdots\cdots(き)$$

したがって

$$\boldsymbol{\frac{H_{\mathrm{max}}}{H_{\mathrm{w\,max}}}=\left|\cos 2\pi\frac{x-x_{\mathrm{w}}}{\lambda}\right|}$$

(6)　定常波の節では，$H(x,\ t)$の振幅H_{max}が常に0である。(き)より

$$H_{\mathrm{max}}=2A\left|\cos 2\pi\frac{x-x_{\mathrm{w}}}{\lambda}\right|=0$$

$$2\pi\frac{|x-x_{\mathrm{w}}|}{\lambda}=\left(n+\frac{1}{2}\right)\pi \quad (n=0,\ 1,\ 2,\ \cdots)$$

$$\therefore\quad |x-x_{\mathrm{w}}|=\left(n+\frac{1}{2}\right)\cdot\frac{\lambda}{2}$$

ここで，$n=0$のときは$0\leqq x\leqq x_{\mathrm{w}}$の区間内に節が1つ発生し，$x_{\mathrm{w}}=\dfrac{\lambda}{4}$が腹で，$x=0$が節となる。

同様に考えて，$0\leqq x\leqq x_{\mathrm{w}}$の区間内に節が3つ発生しているときは，次図のようになる。

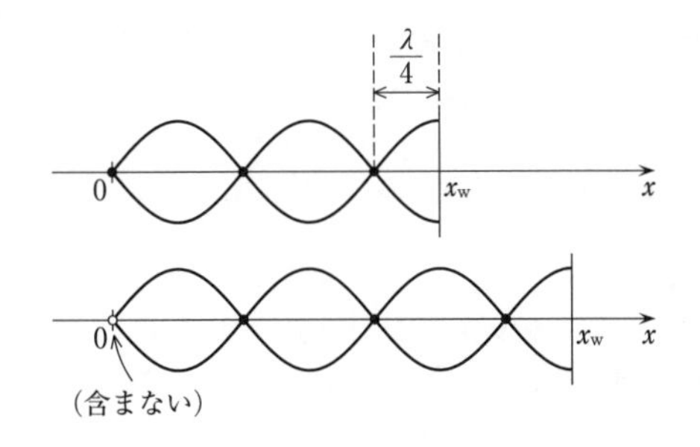

上図より

$$2 \leqq n < 3$$

$$\therefore \quad \boldsymbol{\frac{5}{4}\lambda \leqq x_{\mathrm{w}} < \frac{7}{4}\lambda}$$

別解 直立壁の位置 x_{w} において，定常波は腹である。直立壁の位置から $x=0$ に向かって定常波を描き，$0 \leqq x \leqq x_{\mathrm{w}}$ の区間に節が3つあるような $x=0$ の位置を求めると

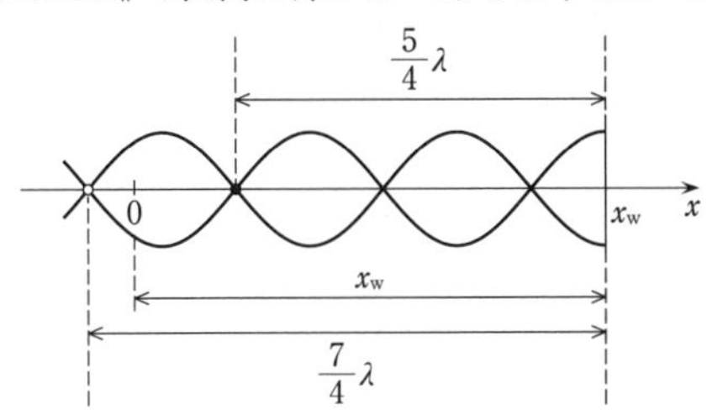

上図より

$$\frac{5}{4}\lambda \leqq x_{\mathrm{w}} < \frac{7}{4}\lambda$$

テーマ

◎正弦波 $h(x,\ t)$ のグラフで注意すべき点は，横軸が x か t かの判断である。

- 図 3 (a)のように横軸に位置 x，縦軸に変位 h を表したグラフはある時刻 t の波形であり，グラフの山と山の間隔が 1 波長である。
- 図 3 (b)のように横軸に時刻 t，縦軸に変位 h を表したグラフはある位置 x における媒質の単振動の様子であり，グラフの山と山の間隔が 1 周期である。

◎波の要素（振幅，波長，周期，伝わる速さ）が等しい 2 つの波 $f_1(x,\ t)$ と $f_2(x,\ t)$ が互いに反対向きに進んで重なると，定常波が生じる。定常波の式は $H(x,\ t)=f_1(x,\ t)+f_2(x,\ t)=G(x)\cdot K(t)$ と書かれ，$G(x)$ は位置 x における振幅の項，$K(t)$ は時刻 t で変化する単振動の項で，変数 x と t が分離された形である。すなわち，$G(x)$ は時刻 t を含まず座標 x だけで定まり，$|G(x)|$ が最大値をとる位置が腹，$|G(x)|$ が最小値の 0（時刻 t によらず常に変位 $H(x,\ t)=0$）をとる位置が節である。定常波の式は，高校の教科書ではほとんど扱われていないので，ここまで準備できていた受験生とそうでない受験生の差は大きいと思われる。

- 2 つの波が重なって生じた合成波の式 $H(x,\ t)$ が，変数 x と t が分離されない形で書かれたならば，それは進行波（波形が時刻とともに移動する波）である。

◎波長 λ と振動数 f がわずかに異なる 2 つの波が重なると，うなりが生じる。

x 軸の正の向きに進む波が $F_1(x,\ t)=A\sin 2\pi\left(\dfrac{x}{\lambda_1}-f_1t\right)$，負の向きに進む波が $F_2(x,\ t)=A\sin 2\pi\left(\dfrac{x}{\lambda_2}+f_2t\right)$ であるとき，合成波 $F(x,\ t)$ は

$$
\begin{aligned}
F(x,\ t)&=F_1(x,\ t)+F_2(x,\ t)\\
&=A\sin 2\pi\left(\frac{x}{\lambda_1}-f_1t\right)+A\sin 2\pi\left(\frac{x}{\lambda_2}+f_2t\right)\\
&=2A\sin\pi\left\{\left(\frac{1}{\lambda_1}+\frac{1}{\lambda_2}\right)x-(f_1-f_2)\,t\right\}\cdot\cos\pi\left\{\left(\frac{1}{\lambda_1}-\frac{1}{\lambda_2}\right)x-(f_1+f_2)\,t\right\}\\
&=G(x,\ t)\cdot K(x,\ t)
\end{aligned}
$$

となって，t と x は分離できない。しかし，f_1 と f_2 の差は小さいことを考えると

① f_1-f_2 が小さい項

$G(x,\ t)=2A\sin\pi\left\{\left(\dfrac{1}{\lambda_1}+\dfrac{1}{\lambda_2}\right)x-(f_1-f_2)\,t\right\}$ は，時刻 t の影響が小さく，時刻 t に関してゆるやかに変化する部分，すなわち，ゆるやかに変化する振幅とみなすことができる。

- このとき，ある位置 x で，音が最も強め合った瞬間から次に最も強め合うまでの時間（振動の強弱の時間間隔）Δt は，$G(x,\ t)$ の位相が π だけ変化する時間であるから

$$\pi|(f_1-f_2)\,\Delta t|=\pi \qquad \therefore\quad \Delta t=\frac{1}{|f_1-f_2|}$$

また，単位時間あたりに強め合う回数，すなわちうなりの回数 n は

$$n=\frac{1}{\Delta t}=|f_1-f_2|$$

② f_1+f_2 が大きい項

$K(x,\ t)=\cos\pi\left\{\left(\dfrac{1}{\lambda_1}-\dfrac{1}{\lambda_2}\right)x-(f_1+f_2)\,t\right\}$ は，時刻 t に関して激しく変化する部分である。

23 等速円運動，連結ばねによる縦波のモデル

(2009 年度　第 3 問)

文中の空欄 ア から ソ にあてはまる数式を答えよ。ただし，角度および角速度の単位は，それぞれ rad および rad/s とし，円周率は π とする。必要があれば，三角関数の公式

$$\sin(\alpha \pm \beta) = \sin\alpha\cos\beta \pm \cos\alpha\sin\beta$$

$$\cos(\alpha \pm \beta) = \cos\alpha\cos\beta \mp \sin\alpha\sin\beta$$

を用いてよい。また，θ の大きさが十分小さいときには，$\sin\theta = \theta$，$\cos\theta = 1$ とせよ。

問 1. 図 4 のように，xy 平面上で時計回りに角速度の大きさが ω で等速円運動をする物体を考える。xy 座標の原点を円の中心とし，時刻 t での物体の位置 $\vec{r}(t)$ を $\vec{r}(t) = (x(t),\ y(t))$ と表す。ただし，円の半径を r とし，時刻 0 では $\vec{r}(0) = (0,\ r)$ とする。同様に，速度 $\vec{v}(t)$ を $\vec{v}(t) = (v_x(t),\ v_y(t))$，加速度 $\vec{a}(t)$ を $\vec{a}(t) = (a_x(t),\ a_y(t))$ と表す。答えは，r，ω，t の中から必要な記号を用いて表せ。

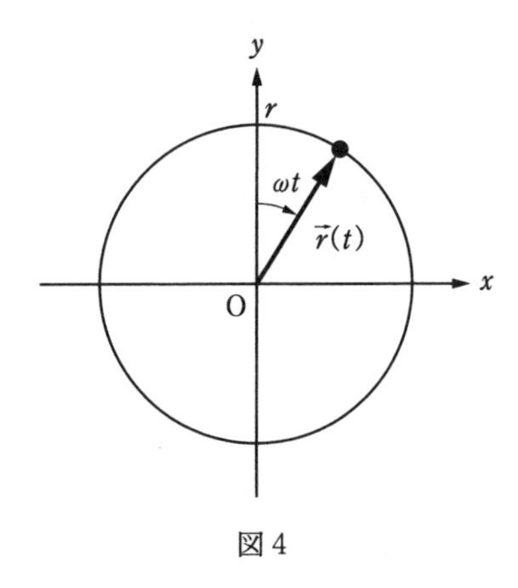

図 4

時刻 t での物体の位置については，$x(t) =$ ア ，$y(t) =$ イ である。時刻 0 から Δt までの位置の変化 $\vec{r}(\Delta t) - \vec{r}(0)$ は，Δt が十分小さい

ときには$\vec{v}(0)\Delta t$に等しいので，$v_x(0)=$ ［ウ］，$v_y(0)=$ ［エ］である。$\vec{v}(0)$と$\vec{v}(t)$のなす角はωtであるから，$v_x(t)=$ ［オ］，$v_y(t)=$ ［カ］となる。同様に，速度の変化$\vec{v}(\Delta t)-\vec{v}(0)$は$\vec{a}(0)\Delta t$に等しいので，$a_x(0)=$ ［キ］，$a_y(0)=$ ［ク］である。$\vec{a}(0)$と$\vec{a}(t)$のなす角はωtであるから，$a_x(t)=$ ［ケ］，$a_y(t)=$ ［コ］となる。

問 2. 図5のように，質量mの多数の物体を，質量が無視できるバネ定数kの同じバネでつなぎ，なめらかな水平面上の直線(x軸)に沿って静止させる。このとき，各物体の間隔はdであり，左端からn番目の物体の位置x_nを$x_n=nd$とする。次に，それぞれの物体を振幅r，角振動数ωでx方向に単振動させる。時刻tにおいて，n番目の物体がはじめに静止していた位置x_nからの変位を$u_n(t)$とする。以下では，すべての物体の変位が図6に示すように波長λの正弦波上にあり，時間の経過にしたがって，この正弦波がx軸の正の向きに進む場合を考える。このとき，λはdにくらべて十分に大きく，物体に作用する力はバネによるもののみとする。答えは，r，ω，t，d，λ，m，kの中から必要な記号を用いて表せ。

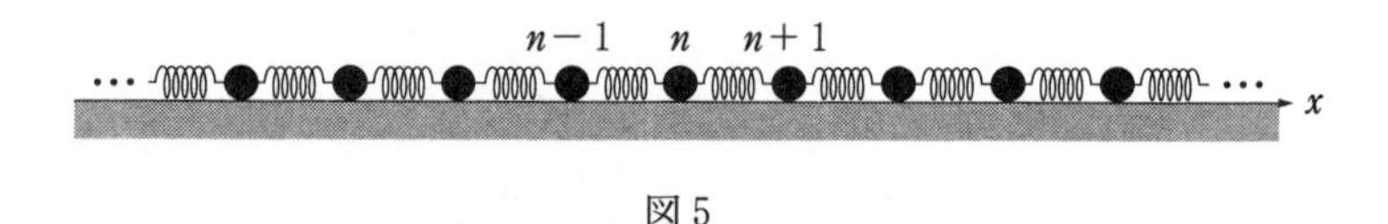

図5

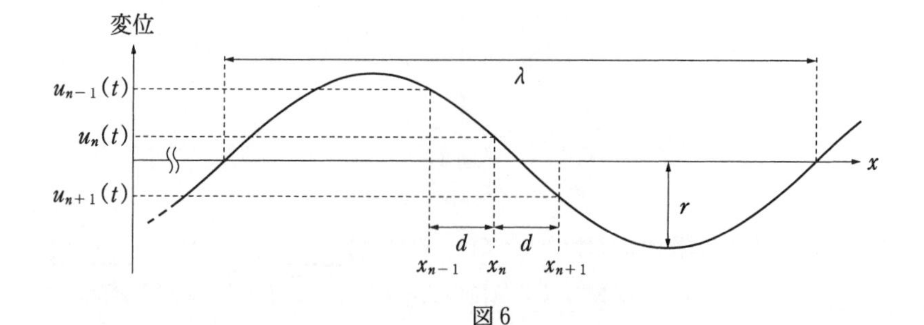

図6

それぞれの物体の単振動は，等速円運動を直線上に投影した運動と考えてよい。いま，P 番目の物体についてみたところ，対応する等速円運動の回転角が ωt であり，単振動の変位は $u_P(t) = r\sin(\omega t)$ であった。このとき，$P-1$ 番目と $P+1$ 番目の物体に対応する等速円運動の回転角は，それぞれ［サ］と［シ］となり，$u_{P-1}(t) = r\sin($［サ］$)$，$u_{P+1}(t) = r\sin($［シ］$)$となる。時刻 t において，P 番目の物体の加速度は［ス］であり，P 番目の物体が左右のバネから受ける力の合力は［セ］$\times r\sin(\omega t)$ であるので，この物体の運動方程式から，ω と λ の間には $\omega^2 =$［ソ］の関係がある。

解　答

▶問1．ア・イ．時刻 $t=0$ で $\vec{r}(0)=(0,\ r)$，すなわち $x(0)=0$ であることを考慮すると，図4より

$$x(t)=r\cos\left(-\omega t+\frac{\pi}{2}\right)=\boldsymbol{r\sin\omega t}\quad(\rightarrow ア)$$

$$y(t)=r\sin\left(-\omega t+\frac{\pi}{2}\right)=\boldsymbol{r\cos\omega t}\quad(\rightarrow イ)$$

ウ・エ．$\vec{r}(\Delta t)-\vec{r}(0)=(r\sin(\omega\Delta t),\ r\cos(\omega\Delta t))-(0,\ r)$

Δt が十分小さいとき，$\omega\Delta t$ も十分小さいとして，与えられた近似式 $\sin\theta=\theta$，$\cos\theta=1$ を用いると

$$\vec{r}(\Delta t)-\vec{r}(0)=(r\cdot\omega\Delta t,\ r)-(0,\ r)$$
$$=(r\omega\Delta t,\ 0)$$

題意より

$$\vec{r}(\Delta t)-\vec{r}(0)=\vec{v}(0)\Delta t$$
$$=(v_x(0)\Delta t,\ v_y(0)\Delta t)$$

であるから，比較すると

$$v_x(0)=\boldsymbol{r\omega}\quad(\rightarrow ウ)$$
$$v_y(0)=\boldsymbol{0}\quad(\rightarrow エ)$$

オ・カ．物体の円運動の速度の大きさは一定であるから

$$|\vec{v}(t)|=|\vec{v}(0)|=v=r\omega$$

図(i)より

$$v_x(t)=|\vec{v}(t)|\cos\omega t$$
$$=\boldsymbol{r\omega\cos\omega t}\quad(\rightarrow オ)$$
$$v_y(t)=-|\vec{v}(t)|\sin\omega t$$
$$=\boldsymbol{-r\omega\sin\omega t}\quad(\rightarrow カ)$$

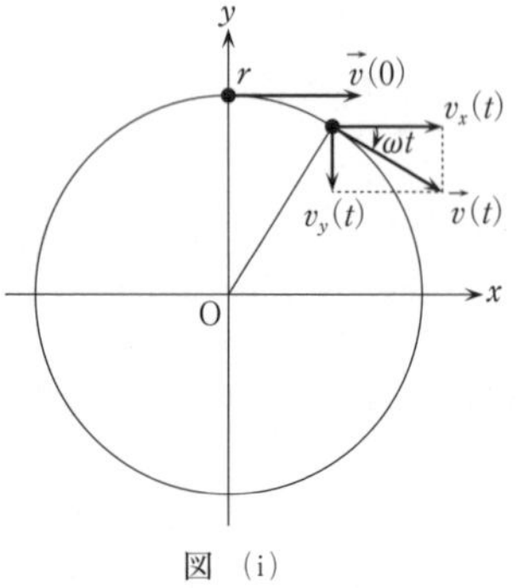

図（i）

キ・ク．$\vec{v}(\Delta t)-\vec{v}(0)=(r\omega\cos(\omega\Delta t),\ -r\omega\sin(\omega\Delta t))-(r\omega,\ 0)$

Δt が十分小さいとき，ウ・エと同様に近似式を用いると

$$\vec{v}(\Delta t)-\vec{v}(0)=(r\omega,\ -r\omega^2\Delta t)-(r\omega,\ 0)$$
$$=(0,\ -r\omega^2\Delta t)$$

題意より

$$\vec{v}(\Delta t)-\vec{v}(0)=\vec{a}(0)\Delta t$$
$$=(a_x(0)\Delta t,\ a_y(0)\Delta t)$$

であるから，比較すると

$a_x(0) = \mathbf{0}$　（→キ）

$a_y(0) = \boldsymbol{-r\omega^2}$　（→ク）

ケ・コ．物体の円運動の加速度の大きさは一定であるから

$|\vec{a}(t)| = |\vec{a}(0)| = a = r\omega^2$

図(ii)より

$a_x(t) = -|\vec{a}(t)|\sin\omega t$

$\quad = \boldsymbol{-r\omega^2\sin\omega t}$　（→ケ）

$a_y(t) = -|\vec{a}(t)|\cos\omega t$

$\quad = \boldsymbol{-r\omega^2\cos\omega t}$　（→コ）

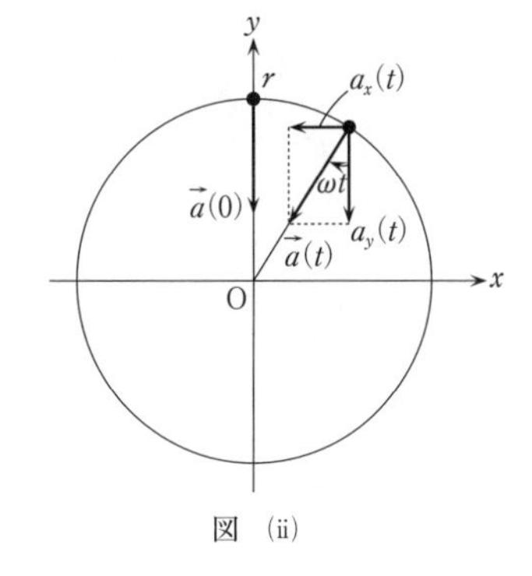

図 (ii)

参考　時刻 t での物体の位置 $\vec{r}(t)$ より，速度は

$$\vec{v}(t) = \frac{\vec{r}(t+\Delta t) - \vec{r}(t)}{\Delta t} = \frac{\Delta\vec{r}}{\Delta t}$$

加速度は

$$\vec{a}(t) = \frac{\vec{v}(t+\Delta t) - \vec{v}(t)}{\Delta t} = \frac{\Delta\vec{v}}{\Delta t}$$

したがって，$x(t) = r\sin\omega t$，$y(t) = r\cos\omega t$ のとき

$$v_x(t) = \frac{dx(t)}{dt} = r\omega\cos\omega t$$

$$v_y(t) = \frac{dy(t)}{dt} = -r\omega\sin\omega t$$

$$a_x(t) = \frac{dv_x(t)}{dt} = -r\omega^2\sin\omega t = -\omega^2 x(t)$$

$$a_y(t) = \frac{dv_y(t)}{dt} = -r\omega^2\cos\omega t = -\omega^2 y(t)$$

▶問2．サ・シ．正弦波は x 軸の正の向きに進んでいるから，原点に近い物体ほど，対応する等速円運動の回転角が大きい。

P 番目の物体に対する $P-1$ 番目の物体の回転角の差を $\Delta\theta$ とすると

$$\Delta\theta : 2\pi = d : \lambda \qquad \therefore\quad \Delta\theta = 2\pi\times\frac{d}{\lambda}$$

すなわち，$P-1$ 番目の物体の回転角は，P 番目の物体の回転角 ωt より $2\pi\times\frac{d}{\lambda}$ だけ進んで

$$\boldsymbol{\omega t + \frac{2\pi d}{\lambda}}\quad（→サ）$$

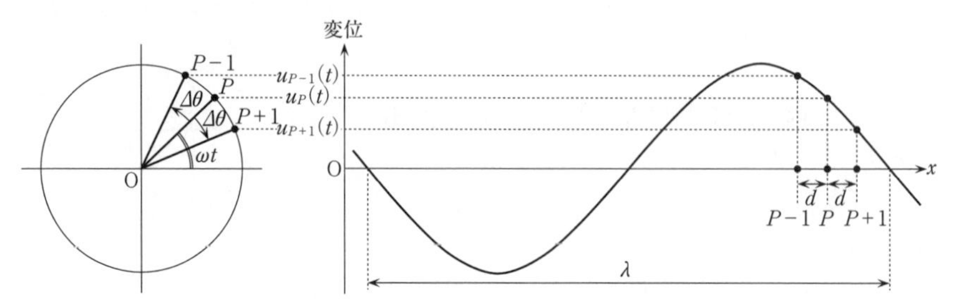

$P+1$ 番目の物体の回転角は，P 番目の物体の回転角 ωt より $2\pi\times\dfrac{d}{\lambda}$ だけ遅れて

$$\boldsymbol{\omega t-\frac{2\pi d}{\lambda}}\quad (\to シ)$$

ス．単振動の変位が $u_P(t)=r\sin(\omega t)$ のとき，加速度は，問1のア・ケと同様にして

$$a_P(t)=\boldsymbol{-r\omega^2\sin(\omega t)}$$

セ．P 番目の物体の左，右のバネの伸びを $\Delta x_\mathrm{L}(t)$，$\Delta x_\mathrm{R}(t)$ とすると

$$\Delta x_\mathrm{L}(t)=u_P(t)-u_{P-1}(t)$$
$$=r\sin\omega t-r\sin\left(\omega t+\frac{2\pi d}{\lambda}\right)$$
$$\Delta x_\mathrm{R}(t)=u_{P+1}(t)-u_P(t)$$
$$=r\sin\left(\omega t-\frac{2\pi d}{\lambda}\right)-r\sin\omega t$$

したがって，P 番目の物体がバネから受ける力の合力 $F_P(t)$ は，与えられた三角関数の公式（加法定理）を用いて

$$F_P(t)=k\Delta x_\mathrm{R}(t)-k\Delta x_\mathrm{L}(t)$$
$$=kr\left[\left\{\left(\sin\omega t\cos\frac{2\pi d}{\lambda}-\cos\omega t\sin\frac{2\pi d}{\lambda}\right)-\sin\omega t\right\}\right.$$
$$\left.-\left\{\sin\omega t-\left(\sin\omega t\cos\frac{2\pi d}{\lambda}+\cos\omega t\sin\frac{2\pi d}{\lambda}\right)\right\}\right]$$
$$=\boldsymbol{-2k\left(1-\cos\frac{2\pi d}{\lambda}\right)}\times r\sin(\omega t)$$

ソ．運動方程式 $ma_P(t)=F_P(t)$ にス・セの結果を代入して

$$m\times\{-r\omega^2\sin(\omega t)\}=-2k\left(1-\cos\frac{2\pi d}{\lambda}\right)\times r\sin(\omega t)$$

$$\therefore\quad \omega^2=\boldsymbol{\frac{2k}{m}\left(1-\cos\frac{2\pi d}{\lambda}\right)}$$

テーマ

◎問1．物体が半径 $\boldsymbol{r}$，角速度 $\boldsymbol{\omega}$ の等速円運動をするとき，時刻 $\boldsymbol{t}$ での直交座標における位置（$\boldsymbol{x}$，$\boldsymbol{y}$）と，極座標における位置（$\boldsymbol{r}$，$\boldsymbol{\theta}$）との関係が問われた。ただし $\boldsymbol{\theta}=\boldsymbol{\omega t}$ である。

- 時刻 $\boldsymbol{t}$ での物体の位置が $\vec{\boldsymbol{r}}(\boldsymbol{t})$ であるとき，速度は $\vec{\boldsymbol{v}}(\boldsymbol{t})=\dfrac{\boldsymbol{\Delta}\vec{\boldsymbol{r}}}{\boldsymbol{\Delta t}}$ であり，$\boldsymbol{\Delta}\vec{\boldsymbol{r}}$ の向きは $\vec{\boldsymbol{r}}$ の向きと常に垂直で，円運動の接線方向である。加速度は $\vec{\boldsymbol{a}}(\boldsymbol{t})=\dfrac{\boldsymbol{\Delta}\vec{\boldsymbol{v}}}{\boldsymbol{\Delta t}}$ であり，$\boldsymbol{\Delta}\vec{\boldsymbol{v}}$ の向きは $\vec{\boldsymbol{v}}$ の向きと常に垂直で，円運動の中心向きであるので，$\vec{\boldsymbol{a}}$ を向心加速度という。

問2．$\boldsymbol{x}$ 軸の正の向きに進む正弦波では，$\boldsymbol{x}$ 軸の正の部分で，原点から遠いほど原点の振動が遅れて伝わる。$\boldsymbol{P}$ 番目の物体の位相に対して，原点から遠い $\boldsymbol{P+1}$ 番目の物体では位相が遅れ，逆に原点に近い $\boldsymbol{P-1}$ 番目の物体では位相が進んでいる。

2 音波・ドップラー効果

24 斜めのドップラー効果，音波の屈折

（2018年度 第3問）

問 1. 図1に示すように，真西から真東に水平飛行する航空機が連続的に発する音波を，地上の点Oで観測する場合を考える。航空機は，点Oの真上を通過するものとする。航空機が発する音波の振動数をf，音波の速さをc，航空機の速さをvとし，$c > v$とする。航空機と点Oの距離は常に音波の波長より長いものとする。また風の影響，音波の減衰，航空機の大きさは無視できるものとする。（航空機が発する音波の波面は，地上に達するまでは，球面であるものとする。）

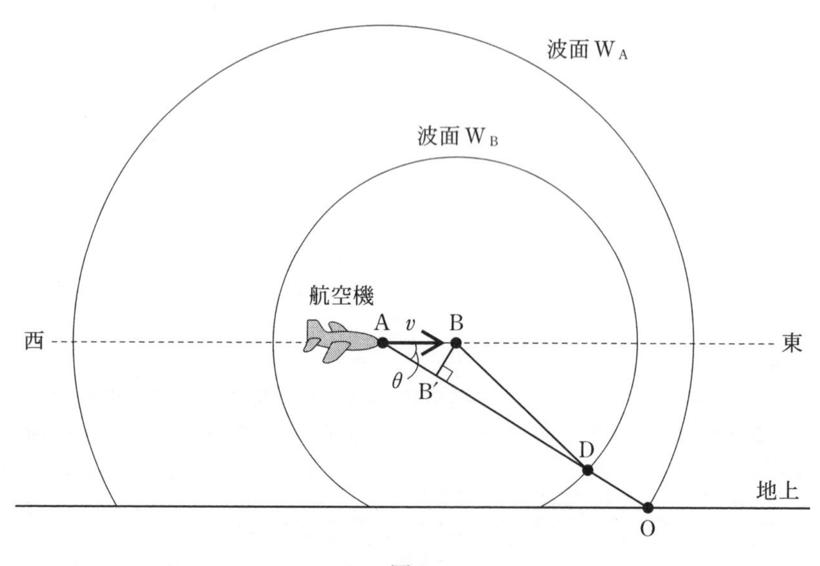

図1

(1) 時刻$t = 0$のときの航空機の位置を点Aとする。このとき航空機の進む方向と，航空機と点Oを結ぶ方向のなす角度はθであった。点Aで発

せられた音波の波面 W_A が，$t = t_0$ に点 O に届いたとすると，距離 AO = 〔ア〕 となる。一方，$t = 0$ から音波の 1 周期分の時間が経過したときの航空機の位置を点 B とする。点 B から AO に下ろした垂線の足を点 B′ とすると，距離 AB′ = 〔イ〕 となる。点 B で発せられた音波の波面 W_B が $t = t_0$ で AO と交わる点を点 D とすると，距離 BD = 〔ウ〕 となる。ここで，$t = t_0$ において点 O から見た波面 W_A と W_B の間隔が点 O において観測される音波の波長とみなせる。距離 AO ≫ AB′ の場合は，音波の波長は距離 DO と考えてよく，また，このとき距離 BD ≒ B′D が成り立つことから距離 DO は 〔エ〕 となる。よって，点 O で観測される音波の振動数は 〔オ〕 となる。

上の 〔ア〕 から 〔オ〕 の空欄にあてはまる数式を，c，f，t_0，v，θ の中から必要なものを用いて表せ。

(2) 航空機が発する音波の振動数を $f = 100$ Hz とする。また $c = 340$ m/s，$v = 170$ m/s とする。(1)の 〔オ〕 で与えられる振動数と θ の関係の概形を，解答用紙の図に線で示せ。$\theta = 0°$，$90°$，$180°$ については振動数を計算し，図中に点で示せ。

〔解答欄〕

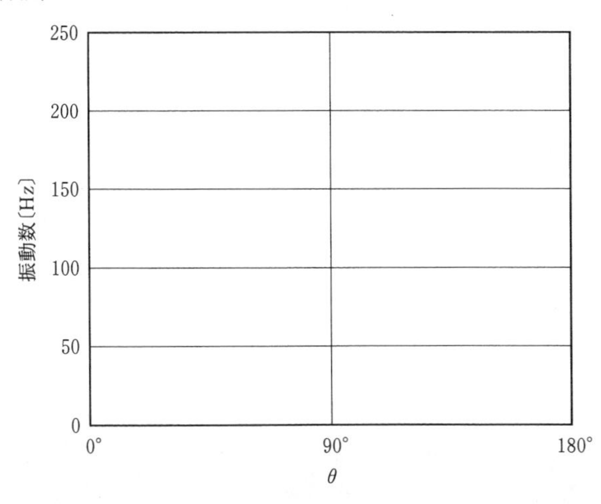

問 2. 音波の速さは大気の温度によって変化し，また大気の温度は高度とともに低くなることがある。このような大気中を伝わる音波を考えたい。簡単のために，図 2 に示すように，温度の異なる 2 つの大気 I，II が，ある高度で接しているとする。大気 I 中を真西から真東に水平飛行する航空機が連続的に発する音波を，地上の点 O で観測する場合を考える。航空機は，点 O の真上を通過するものとする。航空機が発する音波は，大気 I，II の境界面に角度 ϕ_1 で入射する。音波の一部は境界面で反射し，残りは角度 ϕ_2 で屈折して点 O に届く。航空機が発する音波の振動数を f とする。大気 I，II 中の音波の速さをそれぞれ c_1，c_2，航空機の速さを v とし，$c_1 > v$，$c_2 > v$ とする。音波は平面波として進むと考えてよい。また **問 1** と同様に，風の影響，音波の減衰，航空機の大きさは無視できるものとする。さらに，音波の速さは，温度のみに影響を受けるものとし，それ以外の効果は考えなくてよい。

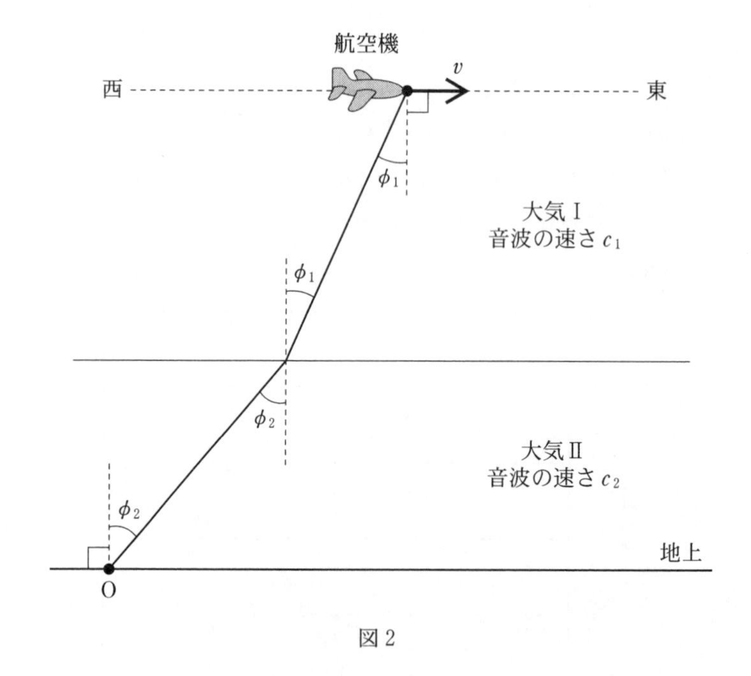

図 2

(1) ϕ_1 と ϕ_2 の間に成り立つ等式を，ϕ_1，ϕ_2，c_1，c_2，f，v の中から必要なものを用いて表せ。

⑵　点Oに届いた音波の波長と振動数を，c_1，c_2，f，v，ϕ_1 の中から必要なものを用いて表せ。

⑶　大気Ⅰと大気Ⅱの温度差が小さいときには，航空機が点Oの真上を通過して東の遠方に飛び去るまで，点Oに音波が届いていた。しかし大気Ⅱの温度が大気Ⅰよりも十分高い日には，$\phi_1 = 60°$ を過ぎて以降，点Oに音波が届かなかった。このとき大気Ⅱ中の音波の速さを測定すると $c_2 = 380\,\mathrm{m/s}$ であった。大気Ⅰ中の音波の速さ c_1 を有効数字2桁で求めよ。

解　答

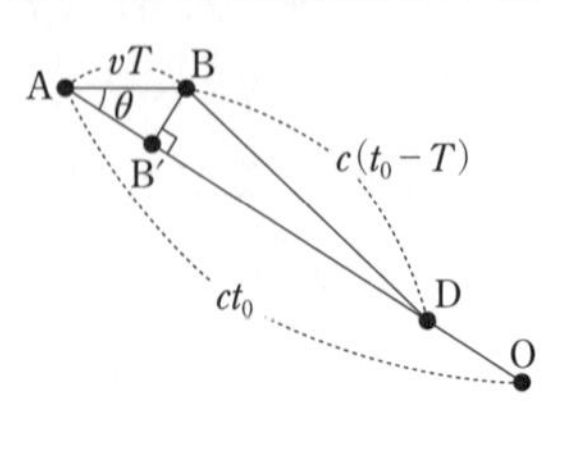

▶問1．(1)　ア．距離AOは，速さcの音波が時間t_0の間に進む距離であるから

距離AO$=\boldsymbol{ct_0}$

イ．音波の周期をTとすると，距離ABは，速さvの航空機が時間Tの間に進む距離であるから，$T=\dfrac{1}{f}$を用いると

距離AB$=vT=\dfrac{v}{f}$

したがって

距離AB′$=\mathrm{AB}\cos\theta=\boldsymbol{\dfrac{v}{f}\cos\theta}$

ウ．航空機は時刻$t=T$に点Bに到達し，この時刻に発せられた音波が時刻$t=t_0$に点Dに達している。距離BDは，速さcの音波が時間(t_0-T)の間に進む距離であるから

距離BD$=c(t_0-T)=\boldsymbol{c\left(t_0-\dfrac{1}{f}\right)}$

エ．距離BD≒B′Dを用いると，距離DOは

$$\mathrm{DO}=\mathrm{AO}-\mathrm{AD}=\mathrm{AO}-(\mathrm{AB'}+\mathrm{B'D})\fallingdotseq\mathrm{AO}-(\mathrm{AB'}+\mathrm{BD})$$

$$=ct_0-\left\{\frac{v}{f}\cos\theta+c\left(t_0-\frac{1}{f}\right)\right\}=\boldsymbol{\frac{c-v\cos\theta}{f}}\quad\cdots\cdots①$$

オ．点Oで観測される音波の振動数をf'とする。点Oにおける音波の速さはcであり，距離DOが音波の波長λ'であるから，$c=f'\lambda'$より

$$f'=\frac{c}{\lambda'}=\frac{c}{\dfrac{c-v\cos\theta}{f}}=\boldsymbol{\frac{c}{c-v\cos\theta}f}$$

参考　斜め方向のドップラー効果は，次のようにして求めることもできる。

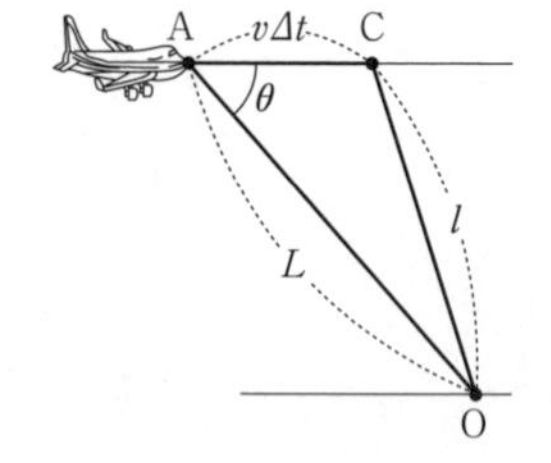

(i)　音源は点Aから十分短い時間Δtの間に距離$v\Delta t$の点Cまで動き，観測者は点Oで時間$\Delta t'$の間この音を聞くとする。このとき，AO間に含まれる音波の数と，CO間に含まれる音波の数は等しい。すなわち，Δtの間に音源が出す音波の数$f\Delta t$と，$\Delta t'$の間に観測者が聞く音波の数$f'\Delta t'$は等しい。

(ii)　AO$=L$，CO$=l$とする。lは，△AOCに余弦定理を用いると

$$l^2=L^2+(v\Delta t)^2-2Lv\Delta t\cos\theta$$

$v\Delta t\ll l$について，$|x|\ll 1$のときの近似式$(1+x)^n\fallingdotseq 1+n\cdot x$，$x^2\fallingdotseq 0$を用いて

$$l=\sqrt{L^2+(v\Delta t)^2-2Lv\Delta t\cdot\cos\theta}$$
$$=L\cdot\sqrt{1+\left(\frac{v\Delta t}{L}\right)^2-2\left(\frac{v\Delta t}{L}\right)\cos\theta}$$
$$\fallingdotseq L\cdot\sqrt{1-2\left(\frac{v\Delta t}{L}\right)\cos\theta}$$
$$=L\cdot\left\{1-2\left(\frac{v\Delta t}{L}\right)\cos\theta\right\}^{\frac{1}{2}}$$
$$\fallingdotseq L\cdot\left\{1-\frac{1}{2}\cdot 2\left(\frac{v\Delta t}{L}\right)\cos\theta\right\}$$
$$=L-v\Delta t\cos\theta$$
$$\therefore\quad L-l=v\Delta t\cos\theta$$

(iii)　点Oで聞く音の時間 $\Delta t'$ は，右図のように考えると

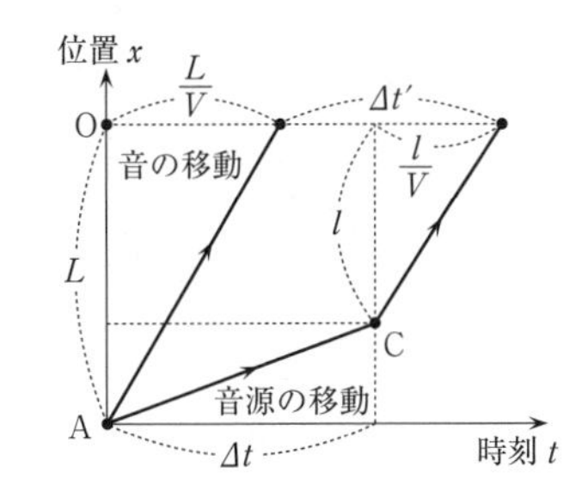

$$\Delta t'=\Delta t+\frac{l}{V}-\frac{L}{V}$$
$$=\Delta t-\frac{L-l}{V}$$
$$=\Delta t-\frac{v\Delta t\cos\theta}{V}$$
$$=\frac{V-v\cos\theta}{V}\cdot\Delta t$$
$$\therefore\quad f'=\frac{\Delta t}{\Delta t'}f=\frac{V}{V-v\cos\theta}f$$

(2)　与えられた値を代入すると

$$f'=\frac{c}{c-v\cos\theta}f=\frac{340}{340-170\cos\theta}\times 100=\frac{200}{2-\cos\theta}$$

航空機が真西から真東まで飛行するとき，θ は 0° から 180° まで連続的に変化し，このとき f' は単調に減少する。

$\theta=0°$ のとき

$$f'=\frac{200}{2-\cos 0°}=200\,[\mathrm{Hz}]$$

$\theta=90°$ のとき

$$f'=\frac{200}{2-\cos 90°}=100\,[\mathrm{Hz}]$$

$\theta=180°$ のとき

$$f'=\frac{200}{2-\cos 180°}=66.66\fallingdotseq 66.7\,[\mathrm{Hz}]$$

したがって，振動数と θ の関係の概形は次図のようになる。

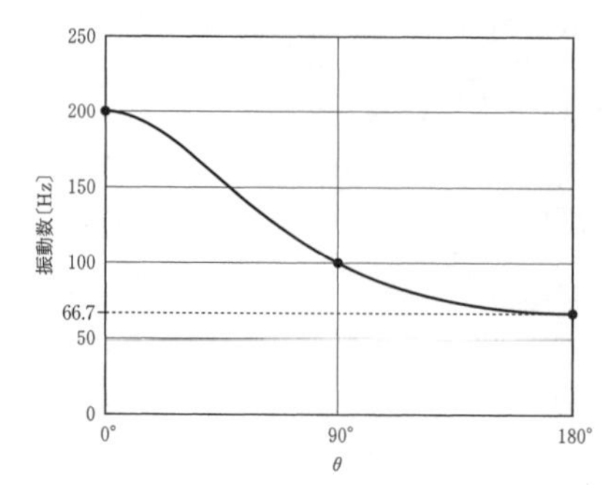

▶問2．(1)　大気Ⅰに対する大気Ⅱの相対屈折率を n_{12}，大気Ⅰ，Ⅱ中の音波の波長をそれぞれ λ_1，λ_2 とすると，音波の振動数は，音波が屈折しても大気Ⅰ，Ⅱ中で変化しないので，屈折の法則より

$$n_{12}=\frac{\sin\phi_1}{\sin\phi_2}=\frac{c_1}{c_2}=\frac{\lambda_1}{\lambda_2}\quad\cdots\cdots②$$

よって　$$\boldsymbol{\frac{\sin\phi_1}{\sin\phi_2}=\frac{c_1}{c_2}}$$

(2)　図2中の航空機を点A，航空機が発する音波が大気Ⅰ，Ⅱの境界面に入射する点を点Pとおく。①の距離DOが図のAP間（大気Ⅰ中）の音波の波長 λ_1 であり，航空機の進行方向と音波の向かう方向のなす角度が $(90°+\phi_1)$ であるから

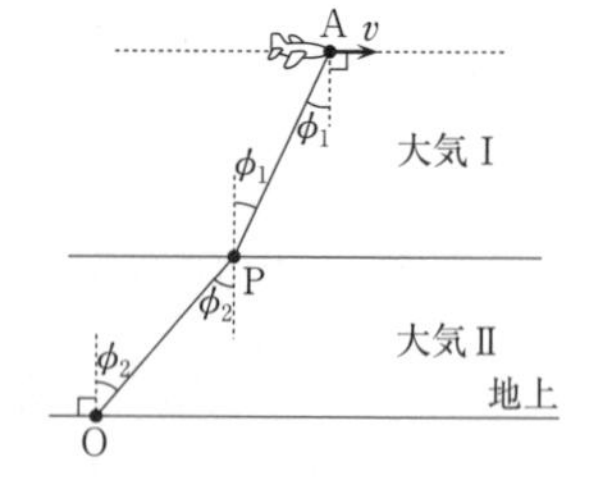

$$\lambda_1=\frac{c_1-v\cos(90°+\phi_1)}{f}=\frac{c_1+v\sin\phi_1}{f}\quad\cdots\cdots③$$

図2のPO間（大気Ⅱ中）の音波の波長 λ_2 は，②，③より

$$\lambda_2=\frac{c_2}{c_1}\lambda_1=\boldsymbol{\frac{c_2}{c_1}\cdot\frac{c_1+v\sin\phi_1}{f}}$$

点Oに届いた音波の振動数を f_2 とする。点Oにおける音波の速さ，すなわちPO間（大気Ⅱ中）における音波の速さは c_2 であるから，$c_2=f_2\lambda_2$ より

$$f_2=\frac{c_2}{\lambda_2}=\frac{c_2}{\dfrac{c_2}{c_1}\cdot\dfrac{c_1+v\sin\phi_1}{f}}=\boldsymbol{\frac{c_1}{c_1+v\sin\phi_1}f}$$

(3)　点Oに音波が届かないのは，音波が大気Ⅰ，Ⅱの境界面の点Pで全反射しているからである。題意より，$\phi_1=60°$ のとき，ちょうど $\phi_2=90°$ であるから，②より

$$\frac{\sin 60°}{\sin 90°}=\frac{c_1}{380}$$

$$\therefore\quad c_1=\frac{\sqrt{3}}{2}\times 380=328$$

$$\fallingdotseq\boldsymbol{3.3\times10^2}\,〔\mathrm{m/s}〕$$

テーマ

◎ドップラー効果は，音源が動く場合と観測者が動く場合について，変化する量と変化しない量に着目し，公式 $f'=\dfrac{V-v_{\mathrm{O}}}{V-v_{\mathrm{S}}}f$ の導出が必要である。

(i)　音源Sが動いても，音速 V が変化することはない（音速は媒質の種類だけで決まる)。

- 音源Sが動くと，単位時間あたりに出る音波の数は変化せず，音波の波長が変化する。音源が，音波を送り出す向きに動けば波長を圧縮し，逆向きに動けば波長を引き伸ばす。

(ii)　観測者Oが動いても，音波の波長が変化することはない。

- 観測者Oが動くと，観測者が単位時間に受け取る音波の数が変化する。これは，観測者に対する音の相対速度が変化することと等しい。観測者が音源に近づくように動いて波を受け取りにいくと，単位時間により多くの波を受け取れ，遠ざかるように動いて波から逃げていくと，より少ない波しか受け取れない。

●さらに，本問で扱われた斜め方向に運動する音源によるドップラー効果，円運動をする音源によるドップラー効果，反射壁が存在する場合，風がある場合，うなり，など典型的な出題が多い。しかし，公式は使えても，本問の問１のような導出が苦手な受験生も見かけるので，ドップラー効果の理解が必要である。

- 2010 年度にも，斜め方向のドップラー効果の導出問題が出題された。

25 斜めのドップラー効果

(2010年度 第3問)

無風状態の空気中を伝わる速さ V〔m/s〕の音波について考える。以下の問いに答えよ。

問 1. 文中の空欄にあてはまる数式を答えよ。

図3(a)のように点Mに静止している振動数測定器に対して，救急車が直線P上を V_S〔m/s〕(ただし，$0 < V_S < V$)の速さで近づきながら，一定の振動数 f〔Hz〕の音を出している。すなわち救急車は1秒間に f 個の音波(1波長分を1個と数える)を発している。測定器からの距離が l〔m〕の地点を点Aとする。点Aで発せられた音波が測定器に到達するまでの時間は，［ア］である。救急車が点Aを通過後，Δt 秒後に点Bに来た。ただし，点Bは点Aと点Mの間にある。点Bで発せられた音波が測定器に到達するまでの時間は，［イ］である。測定器が点Aからの音波を感知してから，点Bからの音波を感知するまでの時間は，［ウ］となる。時間［ウ］の間には $f\Delta t$ 個の音波が含まれるので，測定器が測定した音波の振動数は，［エ］となる。

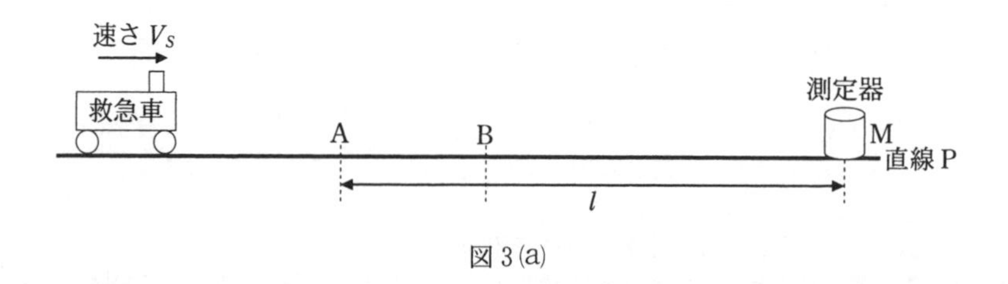

図3(a)

問 2. 文中の空欄にあてはまる数式を答えよ。

図3(b)のように直線P上にある点Mから測定器を点Oに離した場合を考える。問1と同じく，救急車は直線P上を V_S〔m/s〕の速さで左から右に移動しながら，一定の振動数 f〔Hz〕の音を出している。直線P上のある地点を点Cとし，線分OCと直線Pのなす角を θ〔rad〕とする。救急車が点Cを

通過後，Δt 秒後に点 D に来た。線分 OD の長さを L〔m〕とする。図 3(b)のように線分 OC に対して点 D からの垂線の足を点 H とする。時間 Δt が十分短いとき，角 DOC は十分小さいので，線分 OD と線分 OH の長さが等しいと見なせる。このことを利用すると，線分 OC の長さは，［オ］となる。点 C で発せられた音波が測定器に到達するまでの時間は，［カ］である。測定器が点 C からの音波を感知してから，点 D からの音波を感知するまでの時間は，［キ］となる。時間［キ］の間には $f\Delta t$ 個の音波が含まれるので，測定器が測定した音波の振動数は，［ク］となる。

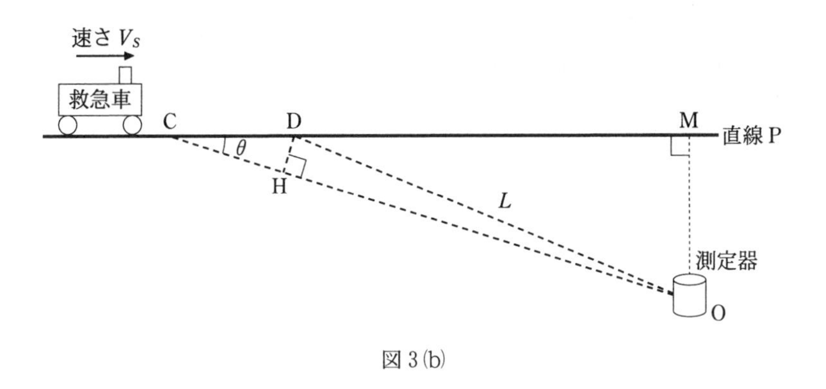

図 3(b)

問 3. 問 2 において，振動数の時間変化を測定器で測定した。測定した振動数の時間変化を正しく表したグラフを，図 3(c)の①～⑥の中から一つ選べ。なお，各グラフ中の 2 曲線は，測定器の設置場所が直線 P から近い場合と遠い場合を表しており，横軸の点 t_0 は救急車が点 M で発した音波が測定器に到達した時刻である。

次に，測定器が直線 P から遠い場合の曲線は曲線 A(実線)，曲線 B(破線)のうちどちらであるかを記号で答えよ。

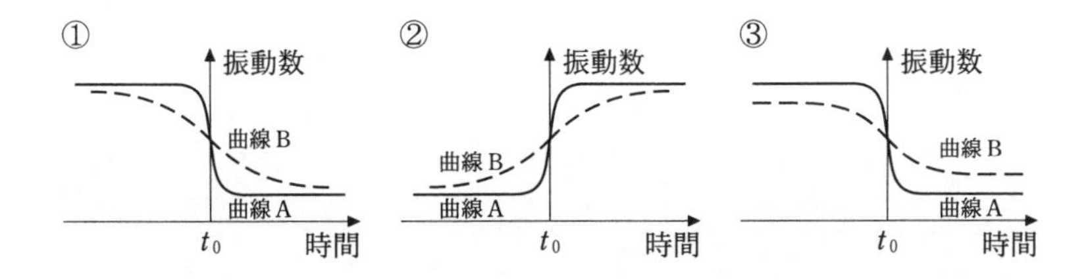

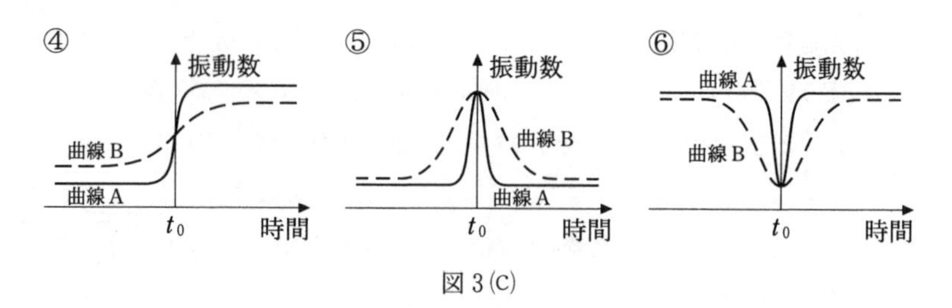

図3(c)

問 4. 実際の救急車は，「ピーポーピーポー・・・・」というように「ピーポー」音を一定の時間間隔 T_0〔s〕で繰り返し発している。問1の図3(a)のように救急車が測定器に近づくときに，測定器に到達する「ピーポー」音の時間間隔を T_1〔s〕として，次の関係式の中で正しいものを記号で答えよ。

Ⓐ $T_1 > T_0$

Ⓑ $T_1 < T_0$

Ⓒ $T_1 = T_0$

解　答

▶問1．ア．救急車から測定器に伝わる音の速さは V であるから，求める時間を t_A〔s〕とすると

$$t_A=\frac{\boldsymbol{l}}{\boldsymbol{V}}\text{〔s〕}$$

イ．AB 間の距離は $V_S\Delta t$ であるから，求める時間を t_B〔s〕とすると

$$t_B=\frac{\boldsymbol{l-V_S\Delta t}}{\boldsymbol{V}}\text{〔s〕}$$

ウ．求める時間を Δt_M〔s〕とすると

$$t_A+\Delta t_M=\Delta t+t_B$$

$$\therefore\quad \Delta t_M=\Delta t+t_B-t_A=\Delta t+\frac{l-V_S\Delta t}{V}-\frac{l}{V}=\frac{\boldsymbol{V-V_S}}{\boldsymbol{V}}\boldsymbol{\Delta t}\text{〔s〕}$$

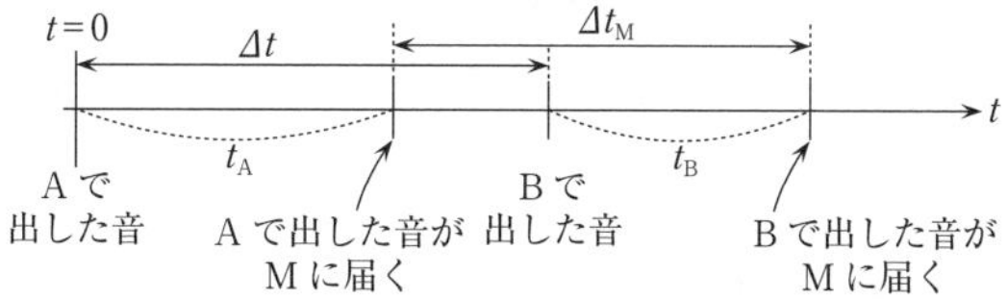

$t=0$　Δt　Δt_M　t
t_A　t_B
A で出した音
A で出した音が M に届く
B で出した音
B で出した音が M に届く

エ．AB 間で発した $f\Delta t$ 個の音波は，測定器で，ウで求めた時間で受ける。
求める振動数を f_M'〔Hz〕とすると，救急車が出した音波の数と測定器が測定した音波の数が等しいから

$$f\Delta t=f_M'\Delta t_M$$

$$f\Delta t=f_M'\cdot\frac{V-V_S}{V}\Delta t$$

$$\therefore\quad f_M'=\frac{\boldsymbol{V}}{\boldsymbol{V-V_S}}\boldsymbol{f}\text{〔Hz〕}\quad\cdots\cdots\text{ⓘ}$$

▶問2．オ．CD 間の距離は，$V_S\Delta t$ であるから

$$\overline{OC}=\overline{OH}+\overline{CH}\fallingdotseq\overline{OD}+\overline{CD}\cos\theta=\boldsymbol{L+V_S\Delta t\cos\theta}\text{〔m〕}$$

カ．求める時間を t_C〔s〕とすると

$$t_C=\frac{\overline{OC}}{V}=\frac{\boldsymbol{L+V_S\Delta t\cos\theta}}{\boldsymbol{V}}\text{〔s〕}$$

キ．点Dで発せられた音波が測定器に到達するまでの時間を t_D〔s〕とすると

$$t_D=\frac{L}{V}\text{〔s〕}$$

求める時間を Δt_O〔s〕とすると

$$t_C+\Delta t_O=\Delta t+t_D$$

$$\therefore \quad \Delta t_O = \Delta t + t_D - t_C = \Delta t + \frac{L}{V} - \frac{L + V_S \Delta t \cos\theta}{V}$$

$$= \boldsymbol{\frac{V - V_S\cos\theta}{V}\Delta t}\,[\mathrm{s}]$$

ク．求める振動数を f_O'〔Hz〕とすると，問1のエと同様にして

$$f\Delta t = f_O'\Delta t_O$$

$$f\Delta t = f_O' \cdot \frac{V - V_S\cos\theta}{V}\Delta t$$

$$\therefore \quad f_O' = \boldsymbol{\frac{V}{V - V_S\cos\theta}f}\,[\mathrm{Hz}] \quad \cdots\cdots ⅱ$$

▶問3．測定器が直線Pから近い場合でも遠い場合でも，救急車が近づくときは，ⅱで $0° \leqq \theta < 90°$ であるから $0 < \cos\theta \leqq 1$ で $f_O' > f$ となり，振動数は大きく観測され，遠ざかるときは，ⅱで $90° < \theta \leqq 180°$ であるから $0 > \cos\theta \geqq -1$ で $f_O' < f$ となり，振動数は小さく観測される。これに該当するグラフは①または③である。

救急車が近づくときで十分遠方にあるときは，ⅱで $\theta = 0°$ であるから $\cos\theta = 1$ で

$$f_O' = \frac{V}{V - V_S}f = f_M'$$

これは，直線Pから測定器までの距離によらない。

同様に，救急車が遠ざかるときで十分遠方にあるときは，ⅱで $\theta = 180°$ であるから $\cos\theta = -1$ で

$$f_O' = \frac{V}{V + V_S}f$$

となる。

すなわち，救急車が十分遠方にあるとき，測定器が直線Pから近い場合でも遠い場合でも，同じ振動数に観測される。

したがって，正しいグラフは①である。

また，測定器が直線Pに近い場合，観測される振動数は点M付近で急激に変化するが，直線Pから遠い場合，観測される振動数は点M付近でゆるやかに変化する。

したがって，遠い場合の曲線は，破線の曲線Bである。

▶問4．音波の時間間隔も「ピーポー」音の時間間隔も，音のどの部分を「1個」と数えるかの違いだけで，考え方は同じである。

救急車が1秒間に出す「ピーポー」音の個数を F〔Hz〕，測定器に1秒間に到達する「ピーポー」音の個数を F_M'〔Hz〕とすると，図3(a)の場合であるから，ⅰと同様に

$$T_1 = \frac{1}{F_M'} = \frac{1}{\frac{V}{V - V_S}F} = \frac{V - V_S}{V}T_0 < T_0$$

したがって，正しい関係式はⒷである。

テーマ

◎ドップラー効果の公式の導出である。ドップラー効果の公式は暗記していて使い方を知っていても，その導き方は十分理解できていない受験生もいるのではないだろうか。

- 音源が動く場合，振動数 f の音源が時間 Δt の間に出した音波を，観測者では振動数 f' の音波を時間 $\Delta t'$ の間受け取るとき，これらの音波の数が等しいこと，すなわち $f \cdot \Delta t = f' \cdot \Delta t'$ を用いる。観測者が動く場合は，音源と同じ数の音波が含まれる時間が変化すること，すなわち単位時間あたりに受け取る音波の数（振動数）が変化することでドップラー効果が生じるのである。

3 レンズ

26 凸レンズによる像，屈折の法則，薄膜による光の干渉

(2022年度 第3問)

問 1. 凸レンズ（虫眼鏡）を物体に近づけたとき，物体が拡大されて見えることについて考えよう。図1のように，点Fおよび F′を焦点とする焦点距離 f の凸レンズと長さ h の物体がある。物体は，凸レンズの中心Oから前方（左側）へ距離 a $(a<f)$ だけ離れた位置に，凸レンズと平行に置かれており，その下端は凸レンズの光軸上にある。以下の問いに答えよ。

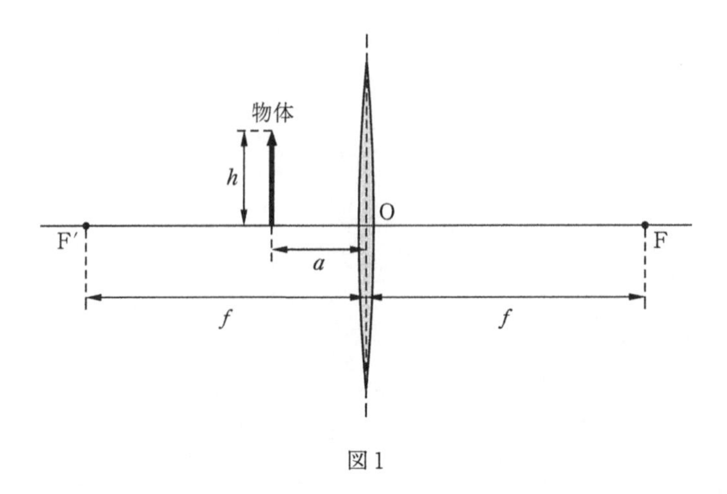

図1

(1) $a=\dfrac{f}{3}$ の場合を考え，凸レンズの後方（右側）から見た物体の虚像を解答欄に作図せよ。

〔解答欄〕

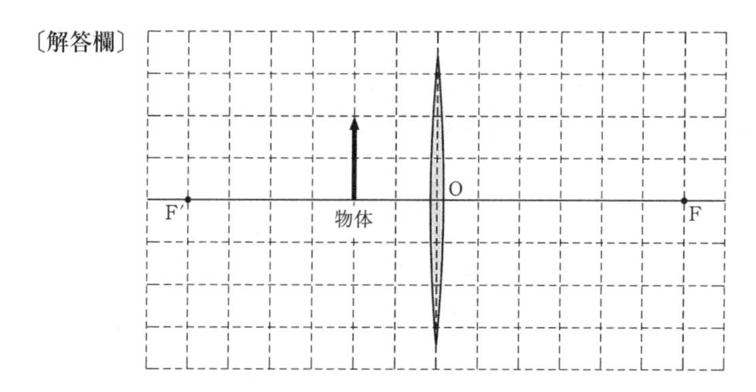

⑵　$0 < a < f$ を満たす任意の a に対して，虚像の長さ h' と h の比 $\dfrac{h'}{h}$ を求めよ。

問 2. 次に凸レンズにおいて，光がどのように屈折および反射するのかを見てみよう。簡単な模型として，図 2 のような，点 C を中心とする半径 r の球面と平面からなる平凸レンズを考える。点 C を通り平面に垂直な平凸レンズの光軸を x 軸とし，x 軸と球面の交点を原点 O とする。平凸レンズは平面側が x 軸の負の向き（前方）になるように置く。平凸レンズの屈折率を $n\,(n > 1)$ とし，周囲の空気の屈折率は 1 とする。以下に考えるすべての光線は単色光で，xy 平面内を進むものとする。以下の問いに答えよ。

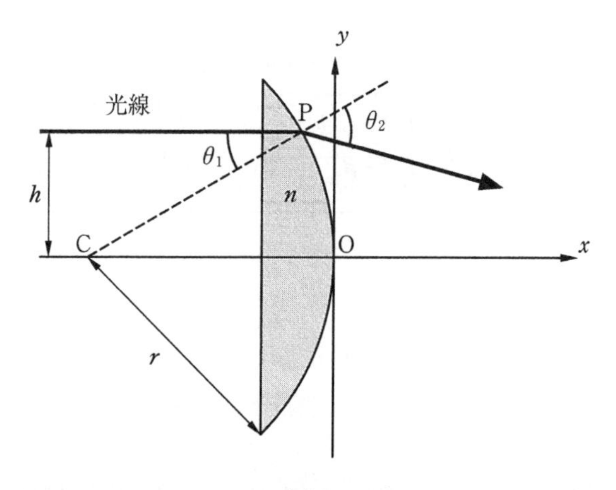

図 2

平凸レンズの前方（左側）から，$y = h\,(h > 0)$ の線に沿った光線を平凸レンズの平面に垂直に入射させる。光線は球面上の点Pに到達する。なお点Pにおける光の屈折や反射を考える際，平凸レンズの表面は点Pのごく近傍では平面であると考えてよい。

(1)　点Pにおける入射角を θ_1[rad] としたとき，$\sin\theta_1$ を h，r および n のうち必要なものを用いて表せ。

(2)　点Pにおける屈折角を θ_2[rad] としたとき，$\sin\theta_2$ を θ_1 および n を用いて表せ。

(3)　θ_1 がある条件を満たすとき，光線は点Pにおいて全反射する。全反射するかしないかの境界となる条件は $\theta_1 = \theta_c$ である。θ_c と n の間の関係式を示せ。また，θ_1 が θ_c より①大きいとき，②小さいときのどちらの条件で全反射が起こるかを選び，番号で答えよ。

次に，図3のように h が r に比べて十分小さい場合を考える。このとき，θ_1 および θ_2 は小さく，$\sin\theta_1 \fallingdotseq \theta_1$ および $\sin\theta_2 \fallingdotseq \theta_2$ の近似が成り立つとする。

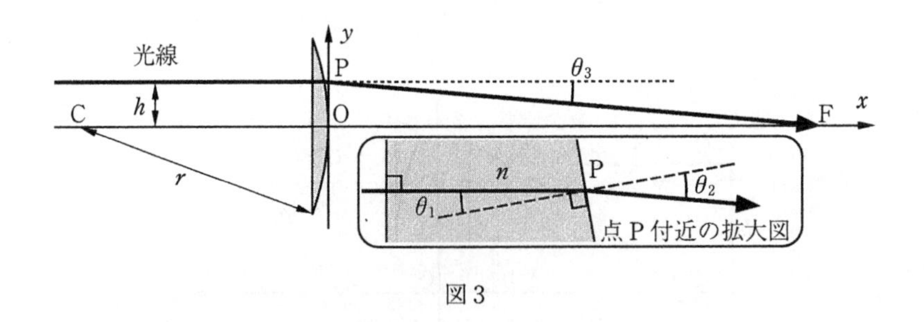

図3

(4)　平凸レンズを出て後方（右側）に進む光線と光軸のなす角 θ_3[rad] を r，h，および n を用いて表せ。

(5)　平凸レンズ通過後の光線は，h の値によらず焦点Fを通過すると考えてよい。h が r に比べて十分小さいので，点 P の座標を $(x,\ y) = (0,\ h)$ と近似し，OF 間の距離（焦点距離）f を r および n を用いて表せ。なお，θ_3 は小さく，$\tan\theta_3 \fallingdotseq \theta_3$ の近似が成り立つとする。

次に，図 3 のような平凸レンズを屈折率 n' $(1 < n' < n)$ の液体中に置いた。

(6)　液体中での平凸レンズの焦点距離 f' を r，n および n' を用いて表せ。またf' と f の間の正しい関係式を以下から 1 つ選び，番号で答えよ。

①　$f' < f$　　　②　$f' = f$　　　③　$f' > f$

問 3. カメラ等に用いられるレンズの表面には，反射を抑えるため，コーティングと呼ばれる透明な薄膜が塗布されることがある。その模型として，図 4 のように，屈折率 1 の空気と屈折率 n $(n > 1)$ のガラスの間に挟まれた厚さ d，屈折率 n_2 $(n_2 > 1)$ の薄膜を考えよう。空気側（左側）から波長 λ の単色光を，薄膜表面に垂直に入射させ，反射光を観測した。以下の問いに答えよ。

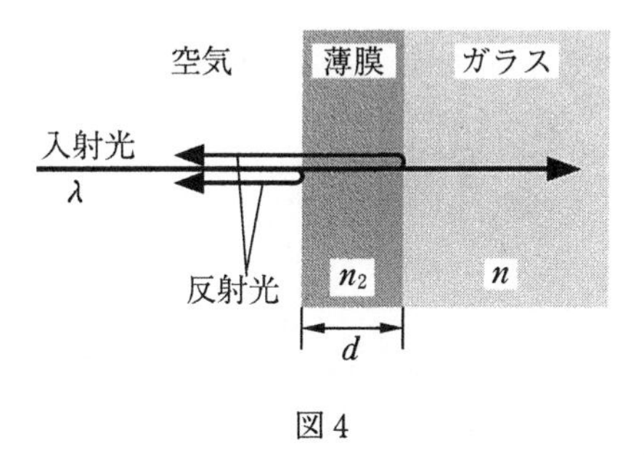

図 4

(1)　光が薄膜とガラスの境界で反射するときの位相のずれを (a) $n_2 < n$ および (b) $n_2 > n$ の場合にわけて答えよ。

(2)　薄膜の両面で反射した光が弱め合う条件を (a) $n_2 < n$ および (b) $n_2 > n$ の場合にわけて，d，λ，n，n_2 の中から必要なもの，および整数 $m = 0$，1，2，… を用いて表せ。ただし，$d = 0$ の場合は条件から除外せよ。

解 答

▶問1．(1)

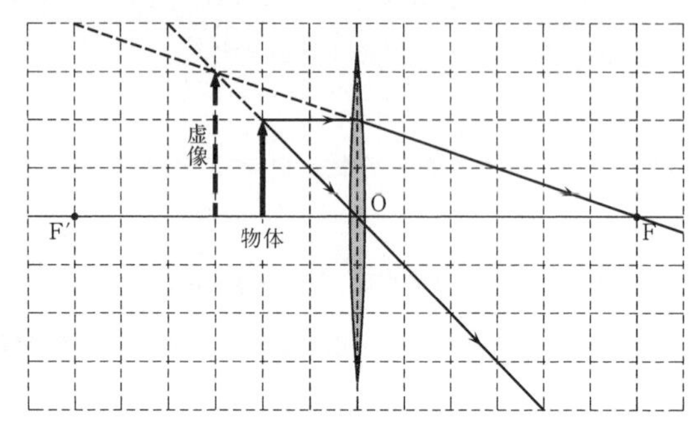

レンズに対して物体の側，すなわち，レンズに向かって光が進んでくる方向（図の左側）を前方といい，レンズで屈折した後に光が進んでいく方向（図の右側）を後方という。

像の作図には次の①～③の3種類の光線を用いる。実際にはこのうちの2種類でよい。

①レンズの中心を通る光線は，屈折せず直進する。

②光軸に平行な光線は，屈折後，後方（右側）の焦点を通る。

③前方（左側）の焦点を通る光線は，屈折後，光軸に平行に進む。

図1では，物体が焦点の内側にあるので，正立虚像が物体と同じ側（レンズの前方）にできる。

像が，凸レンズの中心Oから後方（右側）へ距離 b だけ離れた位置にできたとすると，レンズの公式は

$$\frac{1}{a}+\frac{1}{b}=\frac{1}{f}$$

ここで，$a=\dfrac{f}{3}$ の場合は

$$\frac{1}{\frac{f}{3}}+\frac{1}{b}=\frac{1}{f}$$

$$\therefore \quad b=-\frac{f}{2} \quad (<0)$$

よって，正立虚像が，凸レンズから前方（左側）へ距離 $\dfrac{f}{2}$ だけ離れた位置にできる。

(2) 像の倍率は，次図において，△OPQ と △OP′Q′ が相似であることより，虚像のときは $b<0$ であることを考えて

$$\frac{h}{a}=\frac{h'}{|b|}$$

$$\therefore \quad \frac{h'}{h}=\left|\frac{b}{a}\right|$$

レンズの公式より

$$\frac{1}{b}=\frac{1}{f}-\frac{1}{a}$$

$$\therefore \quad b=\frac{af}{a-f}$$

よって

$$\frac{h'}{h}=\left|\frac{\dfrac{af}{a-f}}{a}\right|=\left|\frac{f}{a-f}\right|$$

ここで，虚像ができる場合で，$0<a<f$ であるから

$$\boldsymbol{\frac{h'}{h}=\frac{f}{f-a}}$$

▶**問２．**(1)　右図の△CPQ において

$$\sin\theta_1=\frac{\mathrm{PQ}}{\mathrm{CP}}=\boldsymbol{\frac{h}{r}}$$

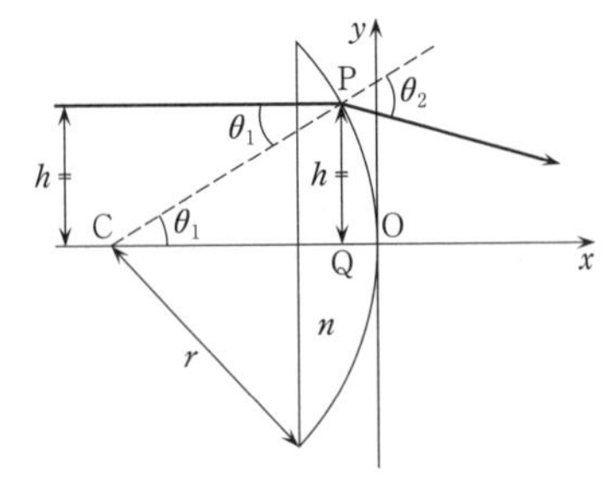

(2)　媒質１（絶対屈折率 n_1，速さ v_1）から入射角 θ_1 で入射した光が，媒質２（絶対屈折率 n_2，速さ v_2）へ屈折角 θ_2 で屈折した場合，媒質１に対する媒質２の相対屈折率 n_{12} は，屈折の法則より

$$n_{12}=\frac{\sin\theta_1}{\sin\theta_2}=\frac{v_1}{v_2}$$

また，相対屈折率と絶対屈折率の関係より

$$n_{12}=\frac{n_2}{n_1}$$

ここで，絶対屈折率とは，真空に対する媒質の屈折率をいう。単に屈折率という場合は，この絶対屈折率のことである。

図２の点Ｐの場合，$n_1\rightarrow n$（平凸レンズの屈折率），$n_2\rightarrow 1$（空気の屈折率）と書き換えて

$$\frac{\sin\theta_1}{\sin\theta_2}=\frac{1}{n}$$

$$\therefore \quad \sin\theta_2=\boldsymbol{n\sin\theta_1}$$

(3)　屈折角 θ_2 が大きくなってちょうど 90°になるときが，全反射するかしないかの境界となる条件で，このときの入射角 θ_c を臨界角という。よって，**問２**(2)より

$$\sin 90^\circ=n\sin\theta_c$$

$\therefore \quad \sin\boldsymbol{\theta}_c = \dfrac{\mathbf{1}}{\boldsymbol{n}}$

また，全反射が起こるのは，入射角 θ_1 が θ_c より大きいときであるから，選ぶ番号は①である。

(4) 右図より

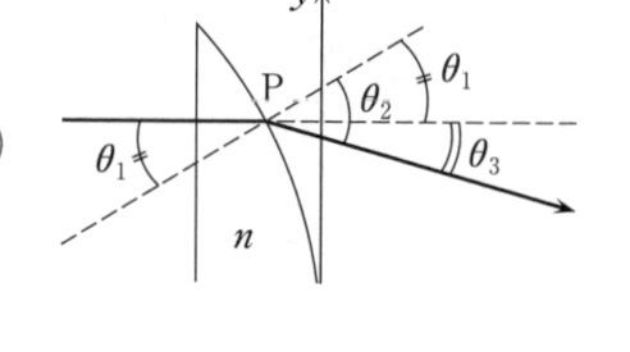

$$\theta_3 = \theta_2 - \theta_1$$

$\sin\theta_1 \fallingdotseq \theta_1$ および $\sin\theta_2 \fallingdotseq \theta_2$ が成り立つとき，**問2**(1)，(2)の $\sin\theta_2 = n\sin\theta_1$，$\sin\theta_1 = \dfrac{h}{r}$ を用いると

$$\theta_3 \fallingdotseq \sin\theta_2 - \sin\theta_1$$
$$= n\sin\theta_1 - \sin\theta_1$$
$$= (\boldsymbol{n}-1)\frac{\boldsymbol{h}}{\boldsymbol{r}}$$

別解 上図より　$\theta_2 = \theta_1 + \theta_3$

θ_1 および θ_3 は小さく，$\cos\theta_1 \fallingdotseq 1$，$\cos\theta_3 \fallingdotseq 1$ の近似が成り立つとすると

$$\sin\theta_2 = \sin(\theta_1 + \theta_3)$$
$$= \sin\theta_1 \cdot \cos\theta_3 + \cos\theta_1 \cdot \sin\theta_3$$
$$\fallingdotseq \sin\theta_1 \times 1 + 1 \times \sin\theta_3$$

問2(1)，(2)より

$$\sin\theta_1 + \sin\theta_3 = n \cdot \sin\theta_1$$

$$\sin\theta_3 = (n-1)\sin\theta_1 = (n-1)\frac{h}{r}$$

$$\therefore \quad \theta_3 \fallingdotseq (n-1)\frac{h}{r}$$

(5) 図3より

$$\tan\theta_3 = \frac{h}{f}$$

与えられた近似式を用いると

$$\theta_3 \fallingdotseq \frac{h}{f}$$

よって，これが，**問2**(4)の θ_3 と等しいとおいて

$$\frac{h}{f} = (n-1)\frac{h}{r}$$

$$\therefore \quad f = \frac{\mathbf{1}}{\boldsymbol{n}-\mathbf{1}}\boldsymbol{r}$$

参考 問1(1)より，レンズの写像公式は $\dfrac{1}{a} + \dfrac{1}{b} = \dfrac{1}{f}$ で表され，焦点距離 f は，$f = \dfrac{ab}{a+b}$ である。

問2では，図2の平行光線がレンズで屈折した後，焦点に集まるのは，レンズに入射してから焦点までの光学距離が等しく，同位相で強め合うことを意味する。この立場からの焦点距離 f は，$f=\dfrac{1}{n-1}r$ である。

(6)　平凸レンズが屈折率 n' の液体中にあるとき，点Pにおける入射角は θ_1 のままで，屈折角を θ_2'〔rad〕，屈折光線と光軸のなす角を θ_3'〔rad〕とする。

問2(2)と同様に，点Pにおける屈折の法則より

$$\frac{\sin\theta_1}{\sin\theta_2'}=\frac{n'}{n}$$

問2(4)と同様に

$$\theta_3'=\theta_2'-\theta_1$$

小さい角 θ_1，θ_2' についての近似式より

$$\begin{aligned}\theta_3' &\fallingdotseq \sin\theta_2'-\sin\theta_1\\ &=\frac{n}{n'}\sin\theta_1-\sin\theta_1\\ &=\left(\frac{n}{n'}-1\right)\frac{h}{r}\end{aligned}$$

問2(5)と同様に

$$\tan\theta_3'=\frac{h}{f'}$$

小さい角 θ_3' についての近似式より

$$\theta_3'\fallingdotseq\frac{h}{f'}$$

よって

$$\frac{h}{f'}=\left(\frac{n}{n'}-1\right)\frac{h}{r}$$

$$\therefore\quad \boldsymbol{f'=\frac{1}{\dfrac{n}{n'}-1}r}$$

$1<n'<n$ より　　$1<\dfrac{n}{n'}<n$

したがって

$$\frac{1}{\dfrac{n}{n'}-1}r>\frac{1}{n-1}r$$

すなわち　　$f'>f$

よって，選ぶ番号は③である。

▶**問3**．(1) (a)　光が屈折率の小さい媒質（薄膜，屈折率 n_2）から大きい媒質（ガラ

ス，屈折率 $n\,(n_2<n)$）へ進もうとして，その境界で反射するときは，固定端反射に相当する。よって，光が反射するときの位相のずれは π である。

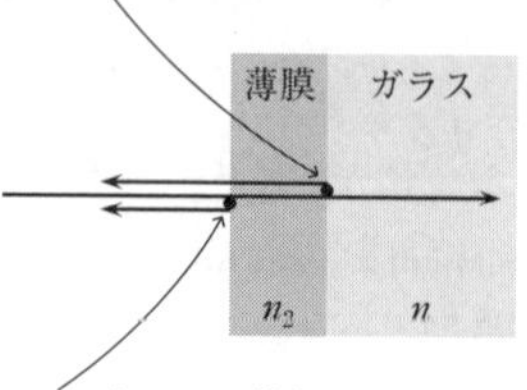

(b) 光が屈折率の大きい媒質（薄膜，屈折率 n_2）から小さい媒質（ガラス，屈折率 $n\,(n_2>n)$）へ進もうとして，その境界で反射するときは，自由端反射に相当する。よって，光が反射するときの位相のずれは **0** である。

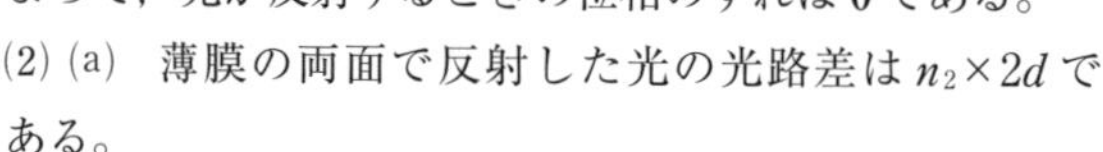

(2) (a) 薄膜の両面で反射した光の光路差は $n_2\times2d$ である。

光が空気と薄膜の境界で反射するときは，屈折率が小さい媒質（空気，屈折率 1 ）から大きい媒質（薄膜，屈折率 $n_2\,(n_2>1)$）へ進もうとして，その境界で反射するときなので，固定端反射に相当し，光が反射するときの位相のずれは π である。

薄膜の両面で反射した光が，ふたたび空気中で重なり合って弱め合うには，これらの光の位相に π のずれがあればよい。

空気と薄膜の境界面で反射する光に位相のずれが π あり，薄膜とガラスの境界面で反射する光にも位相のずれが π あり，これらが相殺されるので，光路差 $n_2\times2d$ が波長の半整数倍であればよい。m が 0 から始まる整数であることに注意すると

$$\boldsymbol{2n_2d=\left(m+\frac{1}{2}\right)\lambda}$$

別解 薄膜の両面で光が反射するとき，両面間の経路差は $2d$ であり，空気中で波長 λ の光は薄膜中で波長 $\dfrac{\lambda}{n_2}$ となるから，両面で反射した光が弱め合う条件は

$$2d=\left(m+\frac{1}{2}\right)\cdot\frac{\lambda}{n_2}$$

と考えてもよい。

(b) 空気と薄膜の境界面で反射する光に位相のずれが π あり，薄膜とガラスの境界面で反射する光には位相のずれはないので，光路差 $n_2\times2d$ が波長の整数倍であればよい。m が 0 から始まる整数であること，および $d=0$ を除外することに注意すると

$$\boldsymbol{2n_2d=(m+1)\lambda}$$

テーマ

◎問 1 は，凸レンズによって生じる正立虚像の作図（2016 年度にも出題があった）であるが，レンズの写像公式 $\frac{1}{a}+\frac{1}{b}=\frac{1}{f}$ を用いて，像が生じる正確な位置を求める必要がある。レンズから物体までの距離 a とレンズから像までの距離 b を測定することで，レンズの焦点距離 $f=\frac{ab}{a+b}$ が求められる。

問 2 では，屈折の法則を用いることで，凸レンズの焦点距離 $f=\frac{1}{n-1}r$ が求められる。

光波の干渉を用いて焦点距離 f を求める場合もある。凸レンズに入射する平行光線について，レンズの異なる点に入射する光が焦点に届いたとき，すべての点からの光学距離が等しく，位相差が 0 になって強め合うことから，焦点距離 $f=\frac{1}{n-1}r$ が求められる。

問 3 の薄膜の干渉では，異なる経路を通ってきて重なり合う 2 つの光の光路差と，それぞれの光が境界で反射するときの位相のずれの両面から，光の強め合い・弱め合いが，波長の整数倍か半整数倍かを判断しなければならない。

27 凸レンズによる像，顕微鏡のしくみ

(2016年度 第3問)

図1のように，凸レンズLの光軸上に物体AA′がある。点FとF′はレンズLの焦点であり，fは焦点距離である。点OはレンズLの中心であり，点PはA′Pが光軸に平行となるレンズL中の点である。物体AA′の位置は，レンズLの前方(左側)であり，焦点Fの外側である。

図1は，点A′から出た光の一部が進む経路を破線で示している。レンズLを通過した光は，レンズの後方(右側)で集まり，実像BB′を形成している。物体AA′とレンズLの距離をa，実像BB′とレンズLの距離をbとする。なお，レンズの厚さは無視できるものとする。

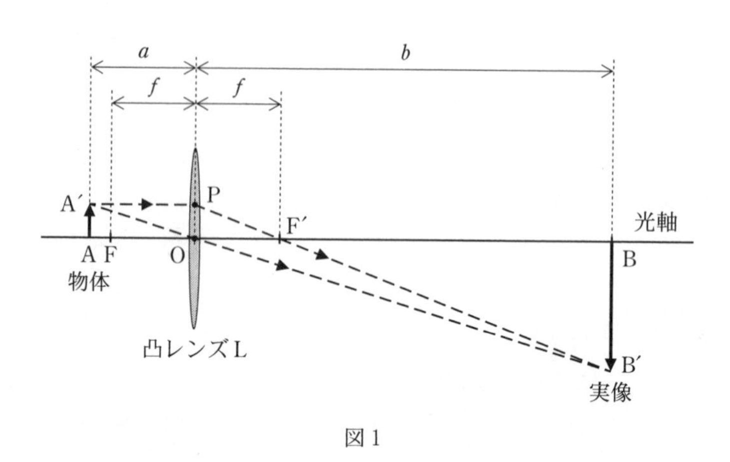

図1

問 1. (①)から(⑤)に適する記号または数式をa，b，fの中から必要なものを用いて答えよ。

図1より，△AA′Oは△BB′Oに相似であるため，$\dfrac{\text{AA}'}{\text{BB}'}=\dfrac{(\ ①\ )}{(\ ②\ )}$となる。また，△OPF′は△BB′F′に相似であるため，$\dfrac{\text{OP}}{\text{BB}'}=\dfrac{(\ ③\ )}{(\ ④\ )}$である。以上より$a$，$b$，$f$の間にはレンズの式(⑤)が成立することがわかる。

$f = 16$ cm，$a = 20$ cm の場合を考える。このとき，レンズ L の後方(右側)に形成される実像の位置にスクリーンを設置し，これを固定した。物体 AA′ を動かさずに，レンズ L を光軸に沿って後方(右側)へ移動させると，ある位置でスクリーン上に再び鮮明な像が現れた。

問 2. スクリーン上に再び鮮明な像が現れたときの物体 AA′ とレンズ L の距離を求めよ。また，このときのスクリーン上での像の倍率を求めよ。

次に，虫眼鏡による物体の観察方法を考える。この方法では，物体 AA′ の位置は，図 2 のようにレンズ L の前方(左側)，焦点 F の内側である。AA′ から出た光は，レンズ L を通過した後に広がってしまうが，レンズ L の後方(右側)から観察すると，観測者は AA′ の方向に拡大された虚像(CC′)を肉眼で見ることができる。

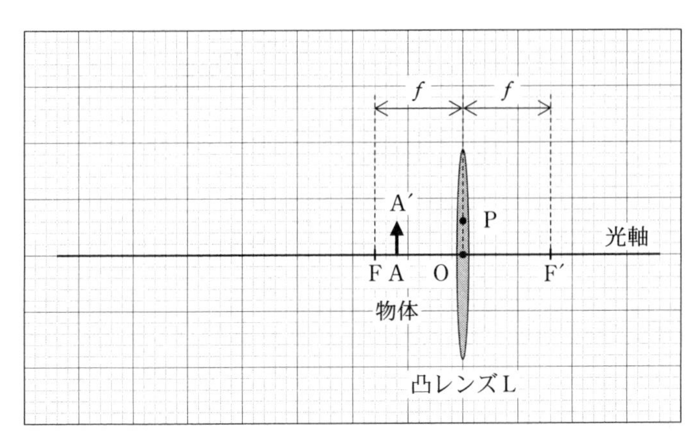

図 2

問 3. 点 A′ から出て，①点 P へ向かう光が進む経路と②点 O へ向かう光が進む経路をそれぞれ解答図に示せ。さらに，③虚像 CC′ の位置と大きさを作図により示せ。解答図には①，②，③を明記すること。

(解答欄の図は図 2 と同じ)

問 4. $f = 16$ cm，AA′ と L の距離を 12 cm とするとき，レンズ L と虚像 CC′ の距離を求めよ。

今度は，2枚の凸レンズを組み合わせて，顕微鏡の仕組みを利用して物体の拡大像を得る。図3のように，光軸上に物体AA′，凸レンズL_1，凸レンズL_2を設置した。レンズL_1の焦点は点F_1とF_1'であり，焦点距離はf_1である。また，レンズL_2の焦点は点F_2とF_2'であり，焦点距離はf_2である。

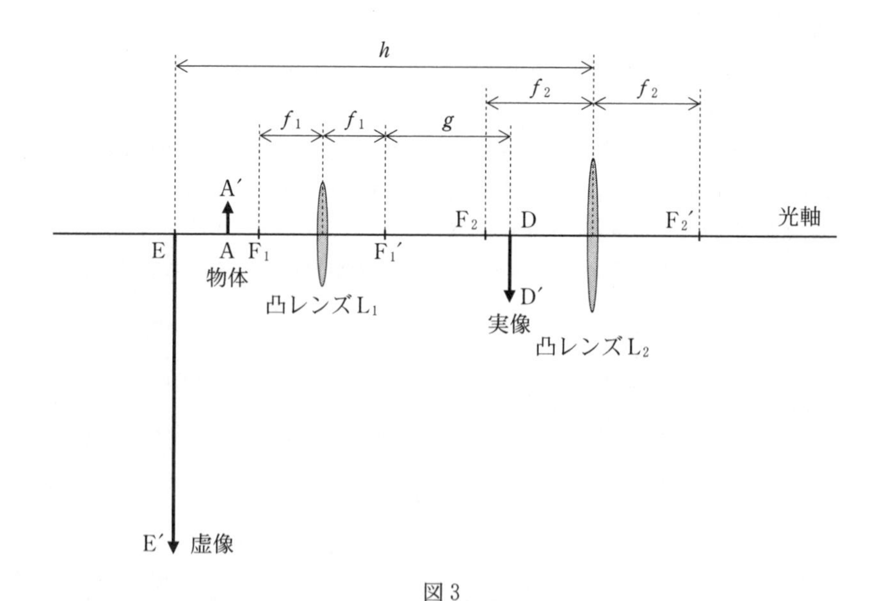

図3

物体AA′の位置はレンズL_1の焦点F_1の外側であり，L_1によってAA′の実像DD′が形成されている。このとき，点F_1'とDD′の距離はgである。また，DD′の位置は，レンズL_2の焦点F_2の内側である。この条件では，虫眼鏡による観察と同じように，レンズL_2の後方(右側)に実像は形成されない。顕微鏡では，観測者はレンズL_2の後方(右側)から実像DD′の方向を眺め，拡大された虚像を肉眼で観察する。この虚像をEE′とする。L_2からEE′までの距離はhである。

問 5. 倍率$\dfrac{DD'}{AA'}$をf_1，f_2，g，hの中から必要なものを用いて表せ。

問 6. 倍率 $\dfrac{\mathrm{EE'}}{\mathrm{AA'}}$ は，レンズ $\mathrm{L_1}$ の倍率と $\mathrm{L_2}$ の倍率の積で表される。$\dfrac{\mathrm{EE'}}{\mathrm{AA'}}$ を f_1，f_2，g，h の中から必要なものを用いて表せ。

次に，レンズ $\mathrm{L_1}$ を焦点距離が f_3 の凸レンズ $\mathrm{L_3}$ に交換した。レンズ $\mathrm{L_3}$ の位置は $\mathrm{L_1}$ と同じであり，また $f_3 < f_1$ である。物体 AA′ を光軸に沿って適切な位置に移動させると，虚像 JJ′ が虚像 EE′ と同じ位置に形成された。

問 7. 物体 AA′ はどの方向に移動させたか。また，倍率 $\dfrac{\mathrm{JJ'}}{\mathrm{AA'}}$ と $\dfrac{\mathrm{EE'}}{\mathrm{AA'}}$ はどちらが大きいか。正しい組み合わせを番号で答えよ。

①	物体 AA′ を右へ移動させた	$\dfrac{\mathrm{EE'}}{\mathrm{AA'}} > \dfrac{\mathrm{JJ'}}{\mathrm{AA'}}$
②	物体 AA′ を右へ移動させた	$\dfrac{\mathrm{EE'}}{\mathrm{AA'}} < \dfrac{\mathrm{JJ'}}{\mathrm{AA'}}$
③	物体 AA′ を左へ移動させた	$\dfrac{\mathrm{EE'}}{\mathrm{AA'}} > \dfrac{\mathrm{JJ'}}{\mathrm{AA'}}$
④	物体 AA′ を左へ移動させた	$\dfrac{\mathrm{EE'}}{\mathrm{AA'}} < \dfrac{\mathrm{JJ'}}{\mathrm{AA'}}$

問 8. 倍率 $\dfrac{\mathrm{JJ'}}{\mathrm{AA'}}$ を f_1，f_2，f_3，g，h の中から必要なものを用いて表せ。

解 答

▶**問1**．△AA′O は△BB′O に相似であるため

$$\frac{\mathrm{AA'}}{\mathrm{BB'}}=\frac{\mathrm{OA}}{\mathrm{OB}}=\boldsymbol{\frac{a}{b}}\quad \cdots\cdots(あ)\quad (\rightarrow ①・②)$$

△OPF′ は△BB′F′ に相似であるため

$$\frac{\mathrm{OP}}{\mathrm{BB'}}=\frac{\mathrm{F'O}}{\mathrm{F'B}}=\boldsymbol{\frac{f}{b-f}}\quad \cdots\cdots(い)\quad (\rightarrow ③・④)$$

(あ)，(い)で，AA′＝OP であるため

$$\frac{a}{b}=\frac{f}{b-f}\qquad \therefore\quad \boldsymbol{\frac{1}{a}+\frac{1}{b}=\frac{1}{f}}\quad \cdots\cdots(う)\quad (\rightarrow ⑤)$$

▶**問2**．$f=16$〔cm〕，$a=20$〔cm〕のとき，スクリーンを設置する位置は，像ができる距離 b の位置であるから，レンズの式(う)より

$$\frac{1}{20}+\frac{1}{b}=\frac{1}{16}\qquad \therefore\quad b=80$$

物体とスクリーンを動かさずにレンズを動かして，スクリーン上に再び鮮明な像が現れたとき，物体 AA′ とレンズ L の距離を a'，像とレンズ L の距離を b' とすると

$$\frac{1}{a'}+\frac{1}{b'}=\frac{1}{f}\quad \cdots\cdots(え)$$

f は一定であり，$a+b=a'+b'$ であるから，(え)は(う)の a と b の値を交換した式となる。したがって

$$a'=b=\mathbf{80}\text{〔cm〕}$$

$$b'=a=20\text{〔cm〕}$$

像の倍率を m とすると

$$m=\frac{\text{像の大きさ BB}'}{\text{物体の大きさ AA}'}=\frac{b'}{a'}=\frac{20}{80}=\boldsymbol{\frac{1}{4}}$$

▶**問3**．①点 A′ から出て点 P へ向かう光は，点 P で屈折後，点 F′ を通る。

②点 A′ から出て点 O へ向かう光は，点 O を直進する。

③①と②の光はレンズ L の後方（右側）で広がるので，レンズ L の前方（左側）へ伸ばす（逆行させる）と，交点が虚像の上端 C′ である。

物体 AA′ は光軸に垂直であるから虚像 CC′ も光軸に垂直であり，その光軸上の点が下端 C である。

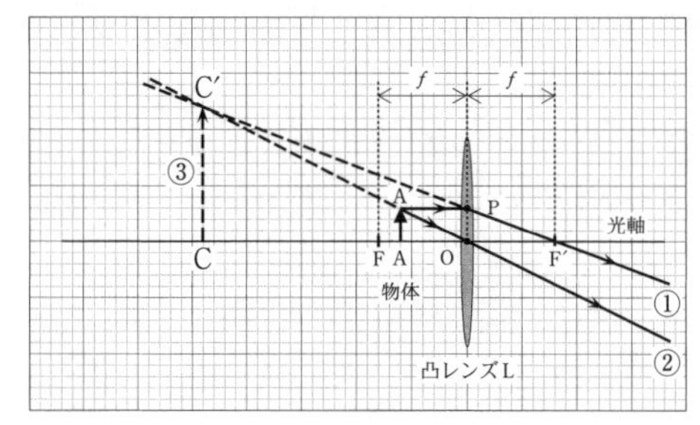

▶問4．レンズの式(う)より

$$\frac{1}{12}+\frac{1}{b}=\frac{1}{16} \qquad \therefore \quad b=-48$$

ここで，$b<0$ であるのは，虚像がレンズの前方（左側）にできることを表している。したがって，レンズLと虚像CC′の距離は**48 cm**

▶問5．下図のように，O_1，P_1，O_2，P_2 をとり，点A′から出る光の経路と，虚像EE′が観察される様子を作図する。

$\triangle F_1'O_1P_1$ と $\triangle F_1'DD'$ が相似であるため

$$\frac{DD'}{O_1P_1}=\frac{F_1'D}{F_1'O_1}=\frac{g}{f_1}$$

ここで，$AA'=O_1P_1$ であるため，倍率は

$$\frac{DD'}{AA'}=\frac{DD'}{O_1P_1}=\boldsymbol{\frac{g}{f_1}}$$

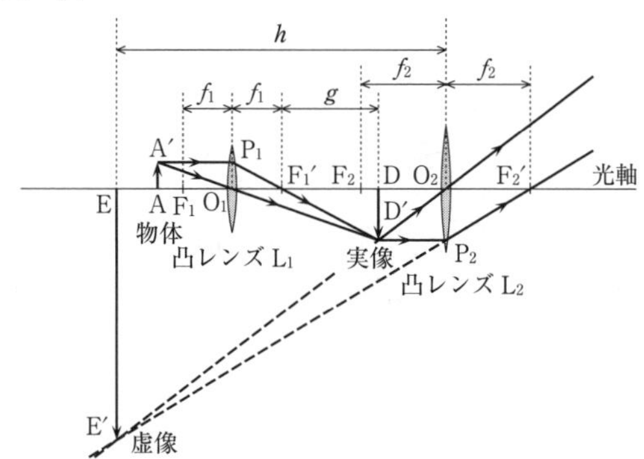

▶問6．$\triangle F_2'O_2P_2$ と $\triangle F_2'EE'$ が相似であり，また，$DD'=O_2P_2$ であるため，凸レンズL_2 による倍率は

$$\frac{EE'}{DD'}=\frac{EE'}{O_2P_2}=\frac{F_2'E}{F_2'O_2}=\frac{f_2+h}{f_2}$$

したがって

$$\frac{EE'}{AA'}=\frac{DD'}{AA'}\cdot\frac{EE'}{DD'}=\boldsymbol{\frac{g}{f_1}\cdot\frac{f_2+h}{f_2}} \quad \cdots\cdots(お)$$

▶**問7**．レンズL_1をレンズL_3に交換しても，虚像の位置が変わらないから実像の位置も変わらない。

レンズの式(う)より，レンズから実像までの距離bを変えないで，レンズの焦点距離fを小さくして像を得るためには，レンズから物体までの距離aを小さくしなければならない。

したがって，物体AA′を右へ移動させたことがわかる。

このとき，像の倍率$\dfrac{\mathrm{DD'}}{\mathrm{AA'}}=\dfrac{b}{a}$は大きくなるから，$\dfrac{\mathrm{JJ'}}{\mathrm{AA'}}$は$\dfrac{\mathrm{EE'}}{\mathrm{AA'}}$より大きくなる。

したがって，正しい組み合わせは②である。

▶**問8**．下図のように，レンズL_1をレンズL_3に交換したとき，レンズL_3の焦点を点F_3とF_3'，点F_3'とDD′の距離をg'とすると

$$f_3+g'=f_1+g$$

$$\therefore\quad g'=f_1+g-f_3$$

(お)と同様に

$$\frac{\mathrm{JJ'}}{\mathrm{AA'}}=\frac{\mathrm{DD'}}{\mathrm{AA'}}\cdot\frac{\mathrm{JJ'}}{\mathrm{DD'}}$$

$$=\frac{g'}{f_3}\cdot\frac{f_2+h}{f_2}$$

$$=\boldsymbol{\frac{f_1+g-f_3}{f_3}\cdot\frac{f_2+h}{f_2}}$$

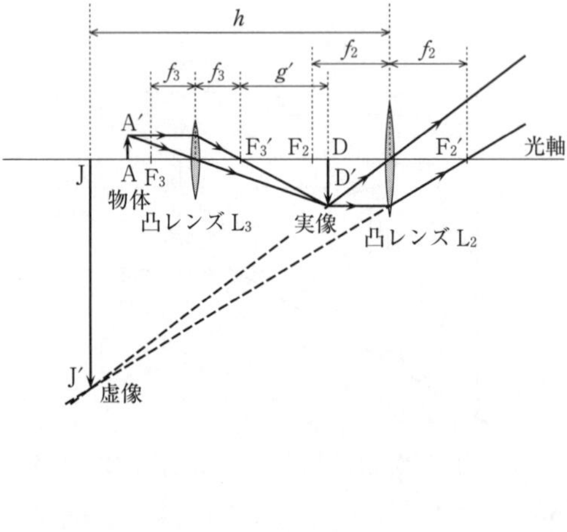

h
f_3 f_3 g' f_2 f_2
A′
A F_3
F_3' F_2 D
D′
F_2'
光軸
J
J′
物体
凸レンズL_3
実像
凸レンズL_2
虚像

テーマ

◎レンズの公式 $\frac{1}{\boldsymbol{a}}+\frac{1}{\boldsymbol{b}}=\frac{1}{\boldsymbol{f}}$ の $\boldsymbol{a}$，$\boldsymbol{b}$，$\boldsymbol{f}$ の符号と意味

- 光が進んでいく向きを基準として，「前方」とは実際の物体（光源）のある側，「後方」とは実像のできる側である。

f	a	b
＋　凸レンズ	＋　前方に，実物体（実光源）	＋　後方に，倒立・実像
－　凹レンズ	－　後方に，虚物体（虚光源）	－　前方に，正立・虚像

◎$\frac{1}{\boldsymbol{a}}+\frac{1}{\boldsymbol{b}}=\frac{1}{\boldsymbol{f}}$ のグラフ

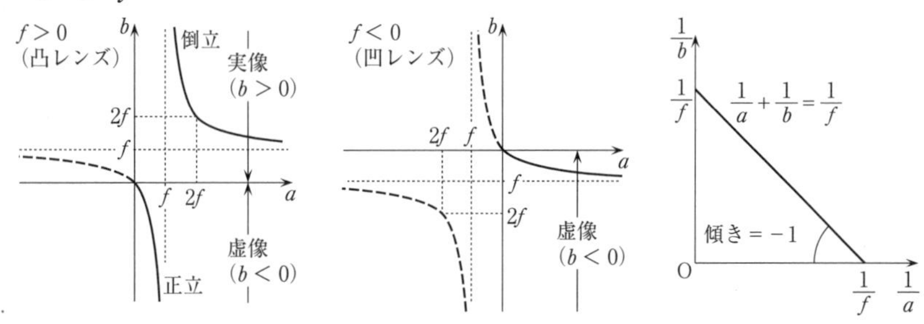

- 横軸に $\boldsymbol{a}$ を，縦軸に $\boldsymbol{b}$ をとってグラフを描く。$\frac{1}{\boldsymbol{a}}+\frac{1}{\boldsymbol{b}}=\frac{1}{\boldsymbol{f}}$ を，$(\boldsymbol{a}-\boldsymbol{f})(\boldsymbol{b}-\boldsymbol{f})=\boldsymbol{f}^2$ と書くと，$\boldsymbol{a}=\boldsymbol{f}$，$\boldsymbol{b}=\boldsymbol{f}$ を漸近線とする直角双曲線となる。
- 横軸に $\frac{1}{\boldsymbol{a}}$ を，縦軸に $\frac{1}{\boldsymbol{b}}$ をとってグラフを描く。$\frac{1}{\boldsymbol{a}}$ と $\frac{1}{\boldsymbol{b}}$ の和が一定値 $\frac{1}{\boldsymbol{f}}$ の直線であり，直線の傾きは $-\mathbf{1}$ である。

問5～問8．組み合わせレンズでは，レンズの公式を順に2回使う。

(i)　1枚目のレンズによってつくられた像 DD′ を，2枚目のレンズでの物体と考える。

(ii)　本問の像 DD′ は，2枚目のレンズの前方につくられているので，実物体（実光源）で $\boldsymbol{a}>\mathbf{0}$ として，2枚目のレンズの公式に用いる。

(iii)　しかし，1枚目のレンズの像 DD′ が，2枚目のレンズの後方につくられたときは，これを虚物体（虚光源）と考え $\boldsymbol{a}<\mathbf{0}$ として，2枚目のレンズの公式に用いる。これは，1枚目のレンズによる像がつくられる前に2枚目のレンズによって屈折してしまい，2枚目のレンズの後方に像がつくられる場合である。

4 光波の干渉

28 ヤングの実験レポート

(2020年度 第3問)

千春さんは，実験中に記録した実験ノート(資料1)をもとに，レポート(資料2)を作成している。これらの資料に関して，以下の問いに答えよ。

問 1. 資料1の空欄 [(ア)] に入る人名を答えよ。

問 2. 資料1の波線部(イ)は，干渉縞の暗線の間隔 s の平均を計算する方法について述べている。千春さんが s を求める際にその3倍である $3s$ を利用した理由を，表1に示すクラスメートの浩介さんの計算方法と比較しながら考えよう。

(1) 資料1の表Cにおいて，千春さんが求めた s の平均を表す式を，暗線の位置を示す記号 x_0，x_1，x_2，x_3，x_4，x_5 を用いて書き表せ。

表1：浩介さんの計算方法

$x_1 - x_0$	3.9 mm
$x_2 - x_1$	4.1 mm
$x_3 - x_2$	3.9 mm
$x_4 - x_3$	4.1 mm
$x_5 - x_4$	4.0 mm
s の平均	4.00 mm

(2) 一方，浩介さんは右の表1のように，隣り合う暗線の間隔の計算値を利用して，s の平均を求めた。浩介さんが求めた s の平均を表す式を，(1)と同様に，暗線の位置を示す記号を用いて書き表せ。

(3) 2人が求めた s の平均は同じ値でその有効数字は3桁となったが，千春さんの計算方法の方が精度は高い。その理由を述べよ。

問 3. 資料2の空欄 [(エ)] は，スクリーン上の点Qで暗線が観察される条件を記す部分である。文章と数式を用いて適切な説明を書き加え，この部分を完成させよ。

問 4. 資料１の表Ａと表Ｃに示す数値を用いて，この実験で使用した単色光源から出ている光の波長 λ を計算せよ。有効数字と単位に注意して記すこと。

問 5. 資料１の波線部(ウ)を考察するため，図１に示す状況を考えよう。千春さんは実験の途中で，点Ｐに置かれていた単スリットを，光軸 PO と垂直である黒い矢印の向きに距離 X_0 だけはなれた点 P′ へ動かした。X_0 は単スリットと複スリットの間の距離 L_0 に比べて十分小さいとする。

(1) 資料２と同様の計算を用いて，経路 P′AQ と経路 P′BQ の長さの差(経路差 $\Delta L' = \mathrm{P'BQ} - \mathrm{P'AQ}$)を求め，点Ｑが干渉縞の明線の位置となる条件，および点Ｑが干渉縞の暗線の位置となる条件を示せ。

(2) 上の結果を考慮して，単スリットを点Ｐから点 P′ に動かしたときに干渉縞の明線が移動する方向(図１の向きａ，向きｂのいずれであるか)，および明線の移動距離を答えよ。

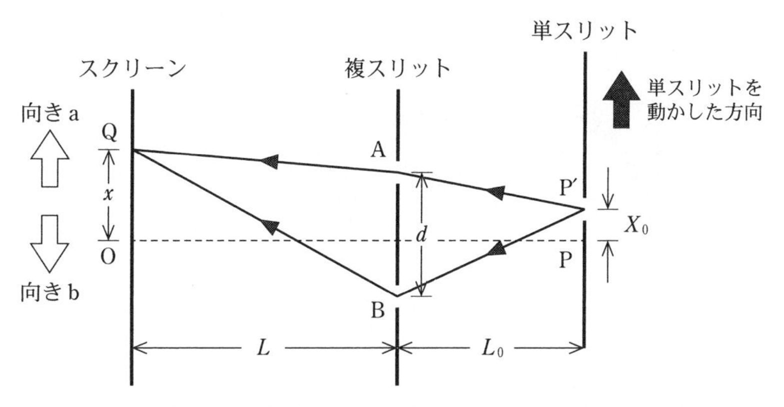

図１：実験装置を真上からみた配置(単スリットを動かした後)

資料1 千春さんの実験ノート

複スリットを用いた光の干渉

実験の目的：

複スリットの間隔，干渉縞の間隔，複スリットとスクリーンの距離を測定し，それらと光の波長の関係を考察する。

事前に調べたこと：

この実験は (ア) の実験と呼ばれている。1800年頃に (ア) はこのような実験をして，光の波動性を証明した。

実験の方法：

① 図Aのように，単色光源，単スリット，複スリット，スクリーンを配置し，単スリットと複スリットの距離 L_0，複スリットとスクリーンの距離 L，複スリットの間隔 d を測定した。

② スクリーン上に干渉縞ができることを確認した。

③ 干渉縞の間隔を測定するため，暗線の一つを基準線に選んだ。その位置 x_0 と，そこから数えて n 本目の暗線の位置 x_n $(n = 1 \sim 5)$ をものさしで測定した。

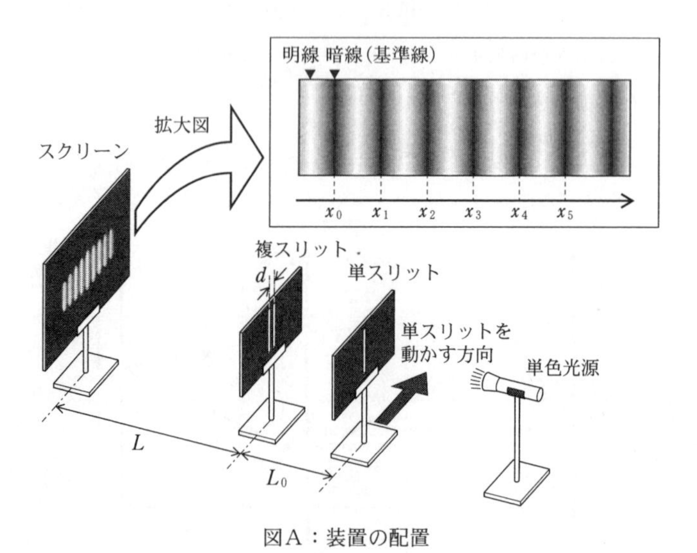

図A：装置の配置

測定の結果：

表A：測定した結果

L_0：単スリットと複スリットの間の距離	0.102 m
L：複スリットとスクリーンの間の距離	0.700 m
d：複スリットの間隔	0.105 mm

表B：暗線の位置

x_0	27.1 mm
x_1	31.0 mm
x_2	35.1 mm
x_3	39.0 mm
x_4	43.1 mm
x_5	47.1 mm

以下の手順により，表Bの測定値を用いて，隣接する暗線の間隔 s の平均を表Cの通り計算した。

(イ)① 暗線の間隔の3倍($3s$)を求めた。
② $3s$ の平均を計算し，この値から s の平均4.00 mm(有効数字3桁)を得た。

表C：間隔 s の平均の計算

$x_3 - x_0$	11.9 mm
$x_4 - x_1$	12.1 mm
$x_5 - x_2$	12.0 mm
$3s$ の平均	12.0 mm
s の平均	4.00 mm

実験中に気付いたこと：

(ウ)単スリットを光軸と垂直な方向(図Aに記した黒い矢印の方向)へわずかに動かすと，干渉縞はその間隔を保ったままスクリーン上を移動した。

(実験日：令和2年2月3日　共同実験者：浩介)

資料 2　千春さんのレポート(一部抜粋)

◎干渉縞の位置はどのような物理量と関係しているか

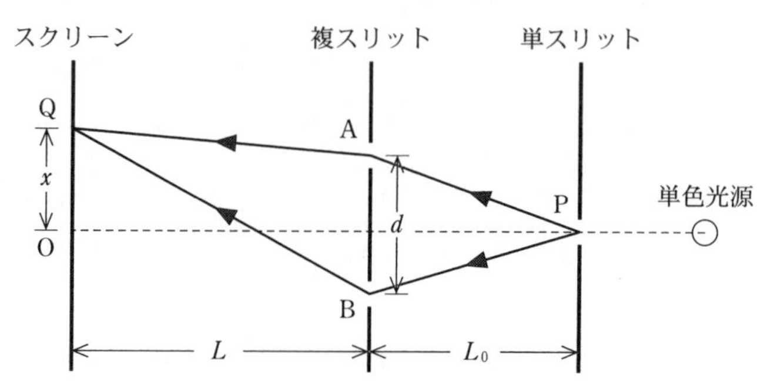

L_0：単スリットと複スリットの距離

L：複スリットとスクリーンの距離

d：複スリットの間隔

x：スクリーンの中心Oから点Qまでの距離

図B：実験装置を真上からみた配置

上図のように，単スリットの位置Pで回折された光が複スリットのAまたはBを通り，スクリーン上の点Qに到達したとする。単スリットと複スリットの開口幅は十分に狭い。Aを通る経路PAQとBを通る経路PBQで，それぞれの長さは

$$\mathrm{PAQ} = \mathrm{PA} + \mathrm{AQ} = \sqrt{L_0{}^2 + \left(\frac{d}{2}\right)^2} + \sqrt{L^2 + \left(x - \frac{d}{2}\right)^2}$$

$$\mathrm{PBQ} = \mathrm{PB} + \mathrm{BQ} = \sqrt{L_0{}^2 + \left(\frac{d}{2}\right)^2} + \sqrt{L^2 + \left(x + \frac{d}{2}\right)^2}$$

となる。点Qが中心Oよりも下にあるときには，$x < 0$とすれば上式はそのまま成り立つ。

ゆえに，経路差 $\Delta L = \mathrm{PBQ} - \mathrm{PAQ}$ は，

$$\Delta L = \sqrt{L^2 + \left(x + \frac{d}{2}\right)^2} - \sqrt{L^2 + \left(x - \frac{d}{2}\right)^2}$$

$$= L\left\{\sqrt{1 + \left(\frac{x}{L} + \frac{d}{2L}\right)^2} - \sqrt{1 + \left(\frac{x}{L} - \frac{d}{2L}\right)^2}\right\}$$

$$\fallingdotseq \frac{xd}{L}$$

最後の変形には，$|\alpha| \ll 1$ のときの近似式 $\sqrt{1+\alpha} \fallingdotseq 1 + \dfrac{\alpha}{2}$ を用いた。

点Qで明線がみられるとき，Aを通った光とBを通った光の位相がそろっているから，経路差 ΔL がちょうど波長 λ の整数倍に等しくなる。つまり，

$$\frac{xd}{L} = m\lambda \quad (m = 0,\ \pm 1,\ \pm 2,\ \cdots)$$

である。

一方，点Qで暗線がみられるとき，Aを通った光とBを通った光の位相が

(エ)

解 答

▶問1．ヤング

参考 光源の光は，波長が決まっていても，いろいろな位相をもつ光が含まれている。単スリットを通して位相のそろった光（干渉することが可能な光で，コヒーレントな光という）を取り出し，複スリットで回折してスクリーン上で干渉すると，明暗の干渉縞が現れる。単スリットがない場合や，複スリットのA，Bの位置に別々の2つの光源を置いても，スクリーン上には干渉縞はみられない。

▶問2．(1) 千春さんが求めた s の平均を $\overline{s_T}$ とすると，表Cは $3s$ を3回測定したものに等しいから

$$\overline{s_T}=\boldsymbol{\frac{(x_3-x_0)+(x_4-x_1)+(x_5-x_2)}{9}}$$

(2) 浩介さんが求めた s の平均を $\overline{s_K}$ とすると，表1は s を5回測定したものに等しいから

$$\overline{s_K}=\frac{(x_1-x_0)+(x_2-x_1)+(x_3-x_2)+(x_4-x_3)+(x_5-x_4)}{5}=\boldsymbol{\frac{x_5-x_0}{5}}$$

(3) **千春さんは，x_0，x_1，x_2，x_3，x_4，x_5 の6個の測定値を用いた計算であるが，浩介さんは，x_0，x_5 の2個の測定値だけしか用いていない計算であるから。**

参考 浩介さんの計算方法だと，多くの数値を用いた平均値で精度が高くなったように感じるが，x_1，x_2，x_3，x_4 の4個の測定値は計算に用いられなかったことになり，精度が低くなる。結果としては，x_0 と x_5 だけを測定して得られたものと同じである。

▶問3．π〔rad〕ずれているから，経路差 ΔL が波長 λ の半整数倍に等しくなる。つまり

$$\boldsymbol{\frac{xd}{L}=\left(m+\frac{1}{2}\right)\lambda \quad (m=0,\ \pm1,\ \pm2,\ \cdots)}$$

である。

▶問4．点Qで暗線がみられる条件は，問3より

$$\frac{xd}{L}=\left(m+\frac{1}{2}\right)\lambda \quad (m=0,\ \pm1,\ \pm2,\ \cdots)$$

暗線間隔が s であるから

$$\frac{(x+s)d}{L}=\left\{(m+1)+\frac{1}{2}\right\}\lambda$$

差をとると

$$\frac{sd}{L}=\lambda$$

$$\therefore\quad \lambda=\frac{sd}{L}=\frac{4.00\times10^{-3}\times0.105\times10^{-3}}{0.700}$$

$$=\boldsymbol{6.00\times10^{-7}}\text{〔m〕}$$

▶**問5**．(1)　Aを通る経路P′AQとBを通る経路P′BQで，それぞれの長さは

$$P'AQ = P'A + AQ = \sqrt{L_0{}^2 + \left(\frac{d}{2} - X_0\right)^2} + \sqrt{L^2 + \left(x - \frac{d}{2}\right)^2}$$

$$P'BQ = P'B + BQ = \sqrt{L_0{}^2 + \left(\frac{d}{2} + X_0\right)^2} + \sqrt{L^2 + \left(x + \frac{d}{2}\right)^2}$$

ゆえに，経路差$\Delta L'$は

$$\begin{aligned}\Delta L' &= P'BQ - P'AQ \\ &= \left\{\sqrt{L_0{}^2 + \left(\frac{d}{2} + X_0\right)^2} + \sqrt{L^2 + \left(x + \frac{d}{2}\right)^2}\right\} - \left\{\sqrt{L_0{}^2 + \left(\frac{d}{2} - X_0\right)^2} + \sqrt{L^2 + \left(x - \frac{d}{2}\right)^2}\right\} \\ &= L_0\left\{\sqrt{1 + \left(\frac{d}{2L_0} + \frac{X_0}{L_0}\right)^2} - \sqrt{1 + \left(\frac{d}{2L_0} - \frac{X_0}{L_0}\right)^2}\right\} \\ &\qquad + L\left\{\sqrt{1 + \left(\frac{x}{L} + \frac{d}{2L}\right)^2} - \sqrt{1 + \left(\frac{x}{L} - \frac{d}{2L}\right)^2}\right\} \\ &\fallingdotseq L_0\left[\left\{1 + \frac{1}{2}\left(\frac{d}{2L_0} + \frac{X_0}{L_0}\right)^2\right\} - \left\{1 + \frac{1}{2}\left(\frac{d}{2L_0} - \frac{X_0}{L_0}\right)^2\right\}\right] + \frac{xd}{L} \\ &= \frac{dX_0}{L_0} + \frac{xd}{L}\end{aligned}$$

したがって，点Qが干渉縞の明線の位置となる条件は

$$\boldsymbol{\frac{xd}{L} + \frac{X_0 d}{L_0} = m\lambda \quad (m = 0,\ \pm 1,\ \pm 2,\ \cdots)}$$

点Qが干渉縞の暗線の位置となる条件は

$$\boldsymbol{\frac{xd}{L} + \frac{X_0 d}{L_0} = \left(m + \frac{1}{2}\right)\lambda \quad (m = 0,\ \pm 1,\ \pm 2,\ \cdots)}$$

(2)　単スリットが点Pにあるときと，点P′にあるときとで，同じmをもつ明線の位置をx，x'とすると

$$\frac{xd}{L} = m\lambda$$

$$\frac{x'd}{L} + \frac{X_0 d}{L_0} = m\lambda$$

よって

$$\frac{xd}{L} = \frac{x'd}{L} + \frac{X_0 d}{L_0}$$

$$\therefore \quad x' - x = -\frac{L}{L_0}X_0$$

単スリットを図1の向きに動かすとき$X_0 > 0$であるから，$x' < x$となる。

よって，干渉縞の明線が移動する方向は　　**図1の向きb**

明線の移動距離は　　$\boldsymbol{\frac{L}{L_0}X_0}$

テーマ

◎ヤングの実験のレポート整理の問題である。第1回（2021年度）大学入学共通テストの理科の問題作成方針でも取り上げられている「観察・実験・調査の結果などを数学的な手法を活用して分析し解釈する力を問う問題」「科学的な事物・現象に係る基本的な概念や原理・法則などの理解を問う問題」である。日頃の実験に各自が主体的に取り組むことへのメッセージと受け取られ，教科書および実験の確実な理解が求められる。

29 回折格子，レンズ，ヤングの実験

（2008年度　第3問）

細い溝を格子状に刻んだガラス板がある。図4に示すように，波長λの平行なレーザー光線をこのガラス板の格子面に垂直にあて，格子面から十分に遠い距離Lにあるスクリーンに映す。スクリーンは格子面と平行である。

以下の空欄【㋐】から【㋚】に適切な語句，記号，数式あるいは数値を入れよ。ただし，語句㋐については「上下」，「左右」のどちらかを，記号㋖については，＞，＝，＜のいずれかを選べ。数値は有効数字2桁で求めよ。また，角度の単位はradとし，数値ならびに数式を求める際に，大きさが0.1 rad以下の小さい角度αについては，$\cos\alpha \fallingdotseq 1.0$，$\sin\alpha \fallingdotseq \tan\alpha \fallingdotseq \alpha$と近似せよ。

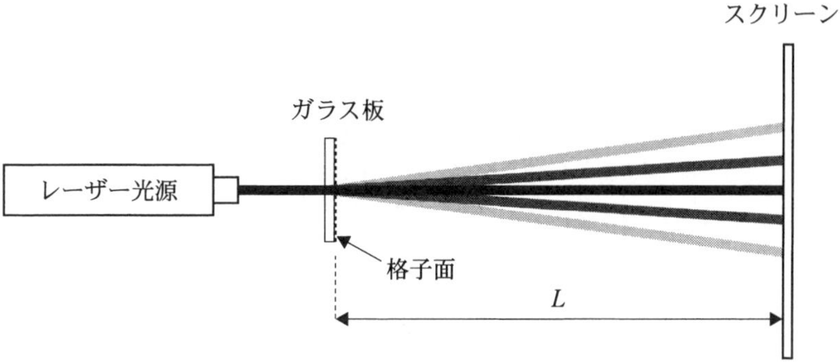

図4

1. 格子面では細い溝で囲まれた同じ大きさの升目（ますめ）が，上下方向および左右方向に規則正しく並んでいる。これらの升目を通過して回折した光線は互いに干渉してスクリーン上に図5に示すパターンをつくる。図5の黒塗りの部分が明るいところであり，中央のOは入射光と同じ方向に進んできた光線である。その左右に光線Aのような明るいところがほぼ等間隔に生じるのは，升目が【語句㋐】方向に間隔d_Aで規則正しく並んでいるためである。光線Aが入射光となす角度をθ_Aとする。間隔d_Aで隣りあう升目を通過して光線Aの方向に回折した光の道のりの差は【数式㋑】であり，それが波長λの【数値㋒】倍になっている。

$\lambda = 0.53\,\mu$m の緑色レーザー光線を格子面の一部(直径約 2 mm の領域)にあて，スクリーンの位置を $L = 2000$ mm とした。1 μm は 10^{-3} mm である。光線 O と光線 A の中心間の距離 Δx をスクリーン上で測ったところ，$\Delta x = 32$ mm であった。したがって，光線 A が入射光となす角は $\theta_{\rm A} =$【数値(エ)】rad である。このとき，格子の間隔 $d_{\rm A}$ は，Δx，L，λ を用いて $d_{\rm A} =$【数式(オ)】で表され，その値は $d_{\rm A} =$【数値(カ)】μm と求められる。一方，光線 O とその真上にある光線 B の中心間距離 Δy は，スクリーン上で 36 mm であった。これより，【語句(ア)】の方向に垂直な方向の格子の間隔 $d_{\rm B}$ は，$d_{\rm A}$ と比較すると，$d_{\rm B}$【記号(キ)】$d_{\rm A}$ である。

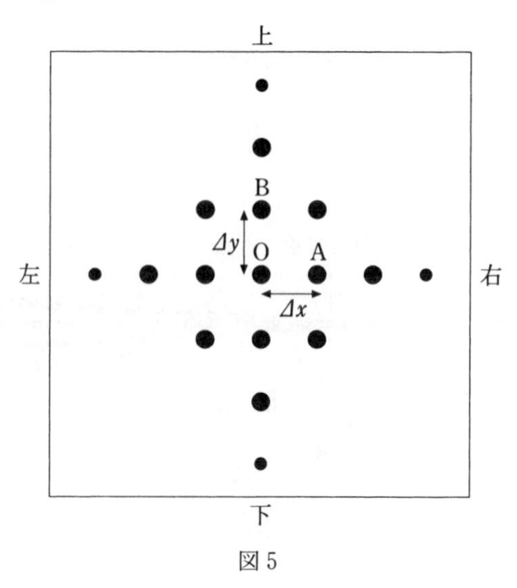

図 5

2. 次に，図 6 に示すように，薄い凸レンズを格子面から $a = 50$ mm の距離に格子面と平行に置いたところ，今度はスクリーン上に，レーザー光線があたっている領域の格子の拡大像が鮮明に現れた。このことから，このレンズの焦点距離 f が【数値(ク)】mm であることがわかる。また，倍率 M は【数値(ケ)】である。

格子面で回折した光線は，凸レンズを通った後に，焦点面(焦点距離 f の位置にあるレンズと平行な平面)上の異なる点に集まる。光線 O が集まる点 $\rm F_O$ と光線 A が集まる点 $\rm F_A$ の間隔 D は，$d_{\rm A}$，f，λ を使って $D =$【数式(コ)】と表される。

3. 凸レンズを通って点 F_O や点 F_A に集まる光線は，レンズの働きによってそれぞれ位相がそろっている。以下では，焦点面での光線 O と光線 A は同じ位相であるとする。小さな穴があいた板を焦点面に置いて，点 F_O の光線 O と点 F_A の光線 A のみを通したところ，今までスクリーン上で拡大像が現れていた円形の領域に，直線状の明暗の干渉縞（じま）が等間隔に現れた。焦点面からスクリーンまでの距離を ℓ とすると，ℓ が D や 干渉縞（じま）が現れている領域の半径と比べて十分に長いので，縞（しま）の隣りあう明線（または隣りあう暗線）の間隔 ΔX は，D，ℓ，λ を使って $\Delta X =$【数式(サ)】と表される。この式と数式(コ)から，間隔 ΔX と格子の間隔 d_A の関係式が求められる。

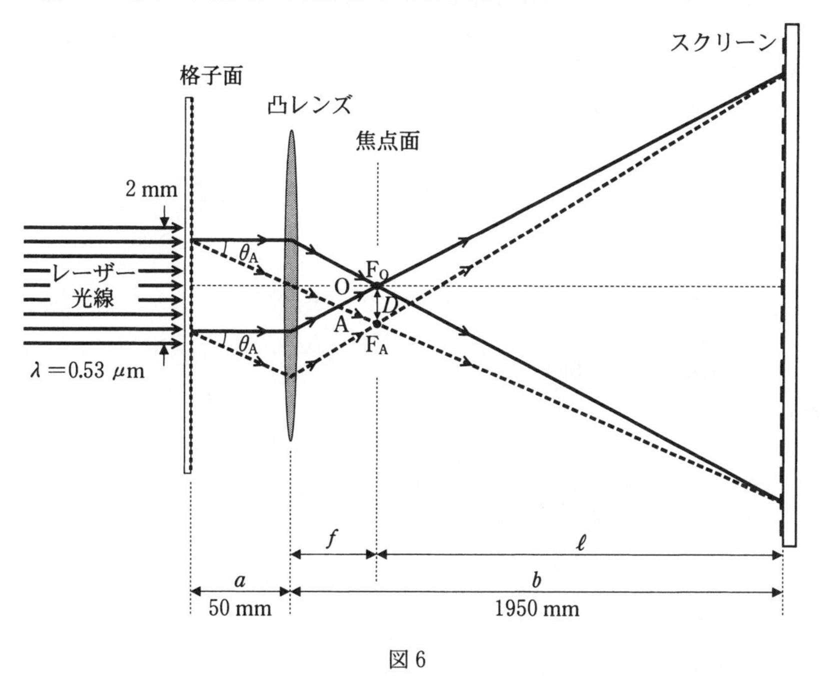

図 6

解　答

1．▶(ア)　光は格子面の升目が並んでいる方向に回折して，その方向で干渉した結果，明るい点の並びをつくる。
したがって，升目の並びは**左右**方向である。

▶(イ)　隣りあう升目をS_1，S_2とする。S_1，S_2から光線Aの方向に回折した光は，平行光線とみなすことができる。S_2とHで同位相であり，それらの道のりの差は

$$S_1H=\boldsymbol{d_A\sin\theta_A}$$

実際，升目はS_1，S_2以外にも数多くあり，隣りあうすべての升目からの光がこの条件を満たす。

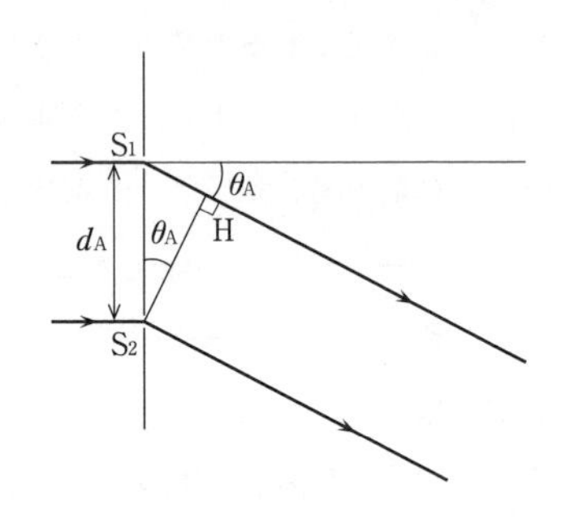

▶(ウ)　(イ)の光の道のりの差が波長λの整数倍のとき，これらの光は強め合って明るい光線となる。光線Aは中央の光線Oのすぐ隣であるから，道のりの差は1波長である。
よって　　**1.0**

▶(エ)　右図より

$$\tan\theta_A=\frac{\Delta x}{L}=\frac{32\,[\text{mm}]}{2000\,[\text{mm}]}=1.6\times10^{-2}\quad\cdots\cdots①$$

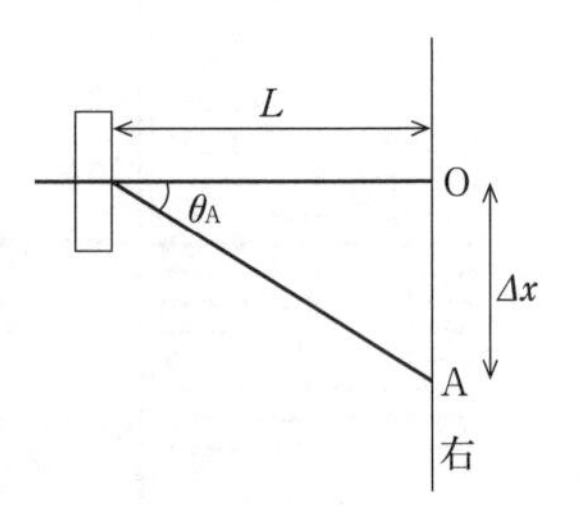

このθ_Aは，大きさが0.1rad以下となるから，与えられた近似式を用いて

$$\theta_A\fallingdotseq\tan\theta_A=\boldsymbol{1.6\times10^{-2}}\,[\text{rad}]$$

▶(オ)　(イ)，(ウ)より

$$d_A\sin\theta_A=\lambda\qquad\therefore\quad\sin\theta_A=\frac{\lambda}{d_A}\quad\cdots\cdots②$$

$\sin\theta_A\fallingdotseq\theta_A\fallingdotseq\tan\theta_A$の近似を用いると，①，②より

$$\frac{\lambda}{d_A}=\frac{\Delta x}{L}\qquad\therefore\quad d_A=\boldsymbol{\frac{L\lambda}{\Delta x}}\quad\cdots\cdots③$$

▶(カ)　(オ)より

$$\tan\theta_A\fallingdotseq\theta_A\fallingdotseq\sin\theta_A=\frac{\lambda}{d_A}\quad\cdots\cdots④$$

$$\therefore\quad d_A=\frac{\lambda}{\tan\theta_A}=\frac{0.53\,[\mu\text{m}]}{1.6\times10^{-2}}\fallingdotseq33.1\,[\mu\text{m}]\fallingdotseq\boldsymbol{33}\,[\mu\text{m}]$$

▶(キ)　③と同様にして

$$d_B=\frac{L\lambda}{\Delta y}$$

$\Delta y > \Delta x$ であるから　　$d_B < d_A$

2．▶(ク)　レンズの写像公式より

$$\frac{1}{a}+\frac{1}{b}=\frac{1}{f} \qquad \frac{1}{50}+\frac{1}{1950}=\frac{1}{f}$$

∴　$f=48.75 \fallingdotseq \mathbf{49}$〔mm〕

▶(ケ)　倍率 M は

$$M=\frac{\text{像の大きさ}}{\text{物体の大きさ}}=\frac{\text{スクリーン上の格子像の升目の間隔}}{\text{格子面の升目の間隔}}$$

であり

$$M=\left|\frac{b}{a}\right|=\left|\frac{1950}{50}\right|=\mathbf{39}\text{〔倍〕}$$

▶(コ)　レンズの中心を M として，$\triangle \mathrm{MF_OF_A}$ より

$$\tan\theta_A=\frac{D}{f} \quad \cdots\cdots⑤$$

したがって，④，⑤より

$$\frac{\lambda}{d_A}=\frac{D}{f} \qquad \therefore \quad D=\boldsymbol{\frac{f\lambda}{d_A}}$$

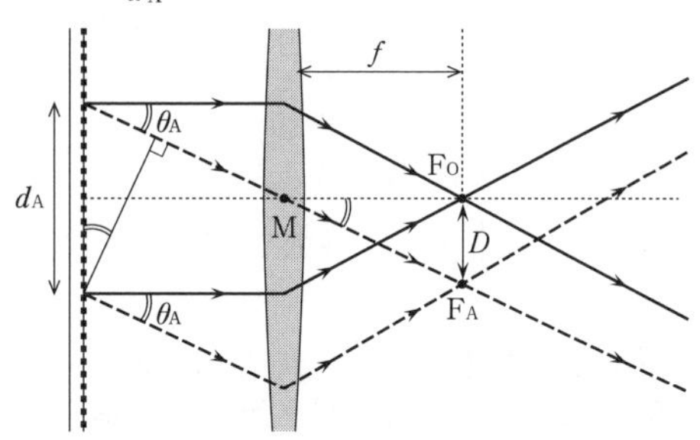

3．▶(サ)　ヤングの実験と同様の光の干渉である。$\mathrm{F_OF_A}$ の垂直二等分線がスクリーンと交わる点を Q，Q から距離 X 離れた位置に生じる m 番目（$m=1,\ 2,\ 3,\ \cdots$）の明線の位置を P とする。D や X が ℓ に比べて十分に小さいので，$\mathrm{F_OP}$ を進む光線と $\mathrm{F_AP}$ を進む光線は平行とみなすことができる。

したがって，光路差は（図２）のように点 H′ をとれば，$\mathrm{F_OH'}$ となる。

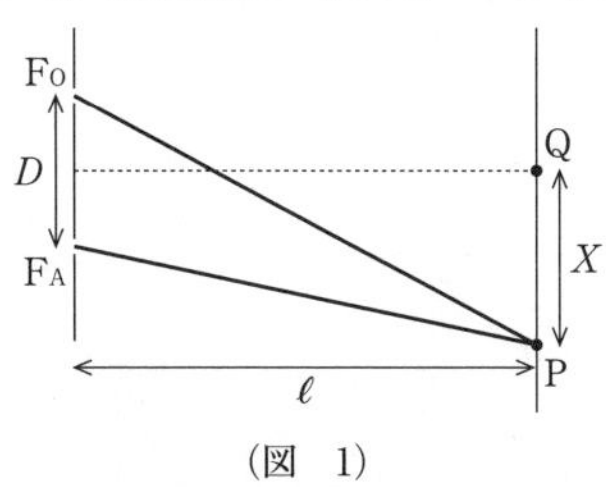

（図　1）

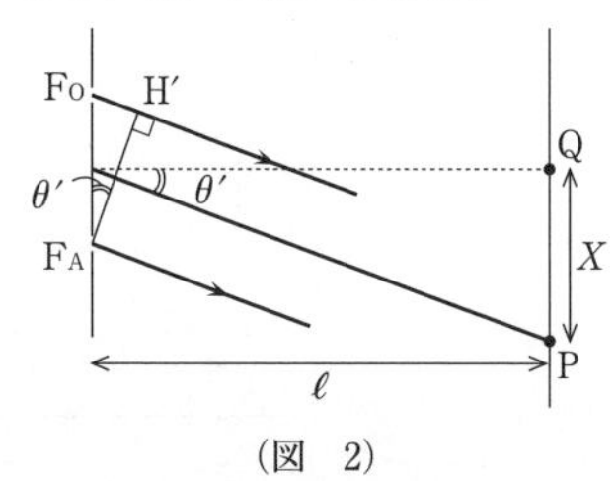

（図　2）

$\sin\theta_A \fallingdotseq \theta_A \fallingdotseq \tan\theta_A$ の近似を用いると

$$F_OP - F_AP = F_OH' = D\sin\theta' \fallingdotseq D\tan\theta' = D\cdot\frac{X}{\ell}$$

m 番目の明線条件は

$$\frac{DX}{\ell} = m\lambda$$

その隣の $m+1$ 番目の明線条件は

$$\frac{D(X+\Delta X)}{\ell} = (m+1)\lambda$$

これらの式より

$$\frac{D\cdot\Delta X}{\ell} = \lambda \qquad \therefore\quad \Delta X = \frac{\ell\lambda}{D}$$

テーマ

◎回折格子やヤングの実験における光の干渉では，異なる2つの経路を通ってきた光に着目する。その光路差が波長の整数倍であるとき，それらの光は強め合い明点が観測される。一方，薄膜やニュートンリングなど，媒質の境界面で光の反射をともなう場合の光の干渉では，反射の際の位相の変化を考慮する必要がある。

- レンズの公式（写像公式）$\dfrac{1}{a}+\dfrac{1}{b}=\dfrac{1}{f}$ は，屈折の法則を用いない単純な幾何光学である。

一方，物理光学は，凸レンズを通る光線が1点に集まる理由を，光波の干渉と屈折の法則を用いて説明することである。凸レンズに平行光線を入射するとき，レンズの異なる点に入射する光であっても，レンズの厚みが異なることによって，焦点ではすべての光の光路差が0になるように強め合い位相がそろう。

簡単のために，屈折率 n のガラスでできた中心の厚さ d，球面の半径 R，焦点距離 f の平凸レンズを考える。レンズに入射した平面波は，レンズを通過後，球面波となり焦点に集まる。d が f および R に比べて十分小さいとすると，$f=\dfrac{R}{n-1}$ である。

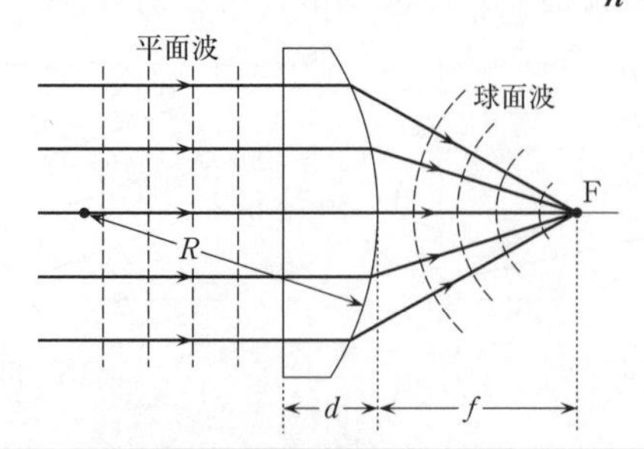

第 4 章　電磁気

第4章　電磁気

節	番号	内　容	年　度
直流回路	30	導体内の自由電子の運動，ホール効果	2016年度〔2〕
	31	抵抗率の測定，ホール効果	2010年度〔2〕
コンデンサー	32	平行平板コンデンサーへの誘電体の挿入と極板の移動	2020年度〔2〕
	33	ばねに接続されたコンデンサーの極板にはたらく力	2009年度〔2〕
電磁誘導	34	正方形コイルを流れる電流が磁場から受ける力のモーメント	2022年度〔2〕
	35	コイルに生じる誘導起電力，交流発電機	2019年度〔2〕
	36	一様でない磁場中を落下する導体ループ	2018年度〔2〕
	37	2本の平行レール上を運動する2本の導体棒	2015年度〔2〕
	38	コンデンサーとコイルの回路を貫く磁場中での導体棒の運動	2012年度〔2〕
	39	2本の平行レール上を運動する導体棒に生じる誘導起電力	2011年度〔2〕
交流	40	内部抵抗をもつ電源によるコンデンサーの充電，電気振動	2014年度〔2〕
	41	交流発電機，抵抗とコンデンサーを流れる交流	2008年度〔2〕
荷電粒子の運動	42	コンデンサーの充電，磁場内での荷電粒子の運動	2021年度〔2〕
	43	電場・磁場内での荷電粒子の運動	2013年度〔2〕

対策

□　直流回路

導体や半導体に電場・磁場をかけた場合の自由電子やホールの運動，いわゆるオームの法則のミクロな扱いやホール効果が出題されている。

回路の問題を解くためには，キルヒホッフの法則が必須である。キルヒホッフの第二法則は，直流電源と抵抗の回路の問題だけでなく，コンデンサーにおける電圧降下，コイルに生じる逆起電力，磁場内を運動する導体棒に生じる誘導起電力，交流電源を含んだ回路など，いろいろな条件の下で使いこなせることが必要である。

直流回路では，電流計や電圧計の内部抵抗が関わる問題，電球やダイオードなどの非オーム抵抗を含む回路で**電流－電圧特性曲線**を利用する問題にも注意が必要である。

□　コンデンサー

平行平板コンデンサーの電気容量，蓄えられた電気量と静電エネルギー，誘電体の挿入や極板の移動による静電エネルギーの変化と外力がした仕事との関係，極板間引力の問題が出題されている。これらは解法のスタイルが決まっているが，思考力を必要とするので十分な対策をして臨みたい。

極板間の電場や極板間引力のためには，ガウスの法則の理解が重要である。電荷に出入りする電気力線の数はその電荷の電気量に比例し，電場の強さは単位面積あたりの電気力線の数で表される。このことから，電場の強さと電位の関係を，一様な電場の場合と点電荷の場合を区別して整理しておく必要がある。

コンデンサー回路のスイッチの切り替え問題についても，電気量保存則と電位の関係式を用いて計算する典型的なパターンを使えるようにしておこう。

□　電磁誘導

最頻出分野である。力学と電磁気を関連付けて，①導体棒に電流が流れるとローレンツ力（電流が磁場から受ける力）$F=IBl$ が生じて動き出す。②導体棒が動くと誘導起電力 $V=vBl$ が生じる。ここではファラデーの電磁誘導の法則が必要である。③導体棒が力を受けるときは，運動方程式が必要である。導体棒が一定の速さになったときは 加速度$=0$ で力がつり合っている。④電流が流れている回路については，キルヒホッフの法則が必要である。①と②が逆の，導体棒が動いて誘導起電力が生じ，電流が流れてローレンツ力が発生するスタイルの出題もある。

磁場中を運動する導体棒に生じる誘導起電力の向きでミスが起こりやすく，①閉回路を考えてレンツの法則により求める方法，②ローレンツ力がはたらいて空間を移動する自由電子の向きに着目するか，ローレンツ力と電場から受ける力のつり合いから求める方法，の両方が出題されている。

さらには，２本の導体棒やコイルが運動する問題，一様でない磁場の問題，コンデンサーやコイルの自己誘導を含む発展的な出題もあるが，電磁誘導の法則の本質を理解し，運動方程式とキルヒホッフの法則を正確に利用すれば十分対応できる。

□　交流

出題頻度が高いわけではないが，交流発電機，抵抗・コンデンサー・コイルを流れる交流，電圧と電流の位相差，リアクタンス，（交流分野ではないが）コンデンサーやコイルに直流電源を接続したときの過渡現象，電気振動の回路の出題がある。

さらに，最大値と実効値，インピーダンス，RCL 並列・直列回路，並列・直列共振，振動回路についても，対策を疎かにしてはならない。

□ 荷電粒子の運動

電場・磁場内での荷電粒子の運動は，電場・磁場から受ける力による運動方程式と，運動エネルギーと仕事の関係が問題となる。電場は，荷電粒子を等加速度直線運動させ，荷電粒子におよぼす力が仕事をして運動エネルギーを変化させる。磁場は，荷電粒子を等速円運動させ，荷電粒子におよぼすローレンツ力は仕事をしないので運動エネルギーは変化しない。

電場・磁場を同時にかけた場合の荷電粒子の運動，らせん運動，サイクロトロンやベータトロンなどの加速器に関する出題にも注意が必要である。

導体や半導体に電場・磁場をかけた場合の自由電子やホールの運動，いわゆるオームの法則のミクロな扱いやホール効果，水素原子に磁場をかけた場合の軌道電子の振る舞いも出題されている。

1　直流回路

30　導体内の自由電子の運動，ホール効果

（2016 年度　第 2 問）

図 1 に示すように，辺 a，b[m]の長方形の断面をもった長さ l[m]の一様な導体中に電気量 $-e$[C]（$e > 0$）をもつ自由電子が，数密度 n[個/m^3]で分布しているとする。l は a，b に比べ十分に大きいとする。導体の両端に電圧 V[V]を印加すると自由電子は導体内の電場から力を受け，加速されて進む。自由電子は金属イオン等との衝突により抵抗力を受け，やがて抵抗力が電場から受ける力とつりあって，一定の速さで移動するようになる。この抵抗力の大きさが自由電子の速さ v[m/s]に比例し，kv（k は比例定数）で表されるものとする。v が一定になった時点で流れる電流の大きさを I[A]とする。

問 1. 導体に流れる電流の大きさ I[A]を e，n，a，b，l，v，V，k の中から必要な記号を用いて表せ。

問 2. 自由電子が電場から受ける力と抵抗力とがつりあうときの電子の速さ v[m/s]を e，n，a，b，l，V，k の中から必要なものを用いて表せ。

問 3. 電気抵抗 R[Ω]と抵抗率 ρ[Ω・m]を e，n，a，b，l，k の中から必要なものを用いて表せ。

問 4. 長さ $l = 10.0$ m，辺の長さ $a = b = 4.00 \times 10^{-4}$ m の導体があり，その抵抗率が温度 20.0 ℃ で 1.60×10^{-8} Ω・m である。抵抗率の温度係数 β を 4.30×10^{-3}[1/℃]とする。なお温度 0.00 ℃ における抵抗率を ρ_0 とすると，温度 t[℃]における抵抗率は $\rho_0(1 + \beta t)$[Ω・m]と与えられる。

(1)　温度 20.0 ℃ におけるこの導体の抵抗値を求めよ。

⑵　この導体の両端に電圧 3.00 V を印加した。このときに流れる電流の大きさと 1.00 時間あたりに発生するジュール熱を求めよ。このとき導体の温度は 20.0 ℃ に保たれているものとする。

⑶　この導体の温度 100 ℃ における抵抗値を求めよ。

⑷　導体の温度を上げると，その抵抗値が増加する理由を 60 字以内で説明せよ。

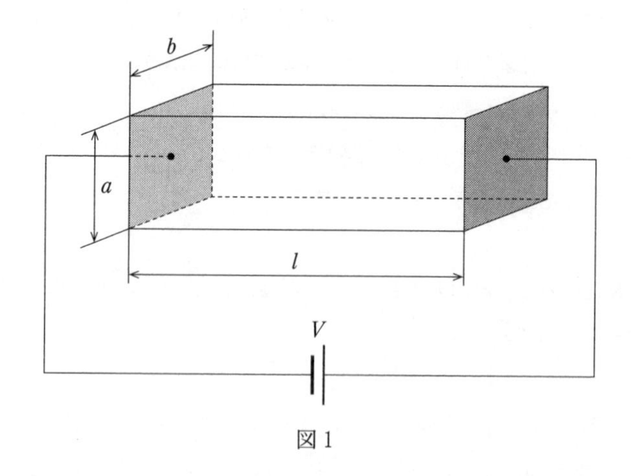

図 1

次にホール効果について考察する。電流の担い手(キャリア)が自由電子である場合を考える。図 2 のように辺の長さが各々 a，b，c[m]であるような直方体の試料に，y 軸の正方向に大きさが I[A]の一定の電流を流し，磁束密度の大きさが B[T]の一様な磁場を z 軸の正の向きに加える。試料の自由電子の数密度は n[個/m^3]であるとする。

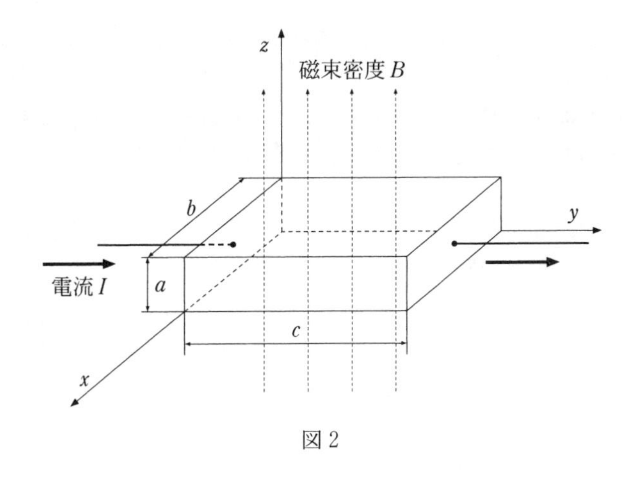

図 2

問 5.　試料中を速さ v[m/s]で y 軸に平行に動く電子 1 個にはたらくローレンツ力の大きさ f_M[N]と向きを求めよ。大きさは e, n, a, b, c, I, B, v の中から必要なものを用いて表せ。

問 6.　ローレンツ力によって自由電子の分布に偏りが生じ，これによって試料の平行な 2 面の間に大きさ E[V/m]の電場が発生する。このローレンツ力によって発生する電場から電子 1 個が受ける力の大きさ f_E[N]と向きを求めよ。大きさは e, n, a, b, c, I, B, v, E の中から必要なものを用いて表せ。

問 7.　一定時間ののち問 5 の大きさが f_M[N]のローレンツ力と問 6 の電場による大きさ f_E[N]の力とがつりあう。このとき，磁束密度の大きさ B[T]とローレンツ力により発生した電場の大きさ E[V/m]との間に成り立つ関係式を記せ。

問 8.　試料に加えられた磁場の磁束密度の大きさ B[T]，流れている電流の大きさ I[A]，およびローレンツ力により発生した電場に垂直な試料の 2 面の間の電位差 V_H[V]を測定することによって，試料中の自由電子の数密度 n[個/m^3]を求めることができる。数密度 n を e, a, b, c, I, B, V_H の中から必要なものを用いて表せ。

解　答

▶**問1．** 導体の断面を時間 Δt〔s〕間に通過する電気量を ΔQ〔C〕とする。着目する断面を時間 Δt 間に通過した自由電子は断面積 ab，長さ $v\Delta t$ の直方体に含まれているから，その数は，$n\times v\Delta t\cdot ab$ である。よって，導体に流れる電流の大きさ I〔A〕は

$$I=\frac{\Delta Q}{\Delta t}=\frac{e\cdot n\cdot v\Delta t\cdot ab}{\Delta t}=\boldsymbol{envab}\text{〔A〕}\quad\cdots\cdots①$$

▶**問2．** 導体内の電場の強さは，$\frac{V}{l}$ であるから，力のつりあいの式より

$$e\cdot\frac{V}{l}=kv\qquad\therefore\quad v=\boldsymbol{\frac{eV}{kl}}\text{〔m/s〕}\quad\cdots\cdots②$$

▶**問3．** ①に②を代入すると

$$I=en\cdot\frac{eV}{kl}\cdot ab\qquad\therefore\quad V=\frac{kl}{e^2nab}\cdot I$$

オームの法則 $V=RI$ と比較すると

$$R=\boldsymbol{\frac{kl}{e^2nab}}\text{〔}\boldsymbol{\Omega}\text{〕}$$

電気抵抗 R は長さ l，断面積 S を用いて，$R=\rho\frac{l}{S}=\rho\frac{l}{ab}$ であるから

$$\rho=\boldsymbol{\frac{k}{e^2n}}\text{〔}\boldsymbol{\Omega\cdot\mathrm{m}}\text{〕}$$

▶**問4．** (1)　温度 20.0℃における導体の抵抗率を ρ_{20}〔Ω·m〕，抵抗値を R_{20}〔Ω〕とすると

$$R_{20}=\rho_{20}\frac{l}{ab}=1.60\times10^{-8}\times\frac{10.0}{4.00\times10^{-4}\times4.00\times10^{-4}}=\boldsymbol{1.00}\text{〔}\boldsymbol{\Omega}\text{〕}$$

(2)　オームの法則より

$$I=\frac{V}{R_{20}}=\frac{3.00}{1.00}=\boldsymbol{3.00}\text{〔A〕}$$

時間 t〔s〕あたりに発生するジュール熱 W〔J〕は

$$W=VIt$$

よって，1.00 時間あたりに発生するジュール熱は

$$W=3.00\times3.00\times60.0\times60.0=\boldsymbol{3.24\times10^4}\text{〔J〕}$$

(3)　温度 100℃における抵抗値を R_{100}〔Ω〕とする。与えられた抵抗率を用いて，$R=\rho_0(1+\beta t)\cdot\frac{l}{ab}$ として，温度 20.0℃と温度 100℃の抵抗値を比較すると

$$1.00=\rho_0(1+4.30\times10^{-3}\times20.0)\times\frac{10.0}{4.00\times10^{-4}\times4.00\times10^{-4}}$$

$$R_{100}=\rho_0(1+4.30\times10^{-3}\times100)\times\frac{10.0}{4.00\times10^{-4}\times4.00\times10^{-4}}$$

したがって

$$R_{100}=\frac{1.43}{1.086}\times1.00=1.316\fallingdotseq\mathbf{1.32}〔\Omega〕$$

(4)　**導体の温度が上がると陽イオンの熱運動が激しくなり，自由電子との衝突回数が増加するため，電流が流れにくくなるから。**(60字以内)

▶問5．電子1個にはたらくローレンツ力の大きさは

$f_M=\boldsymbol{evB}$〔N〕

電流が y 軸の正の向きに流れているので，電子は y 軸の負の向きに移動する。フレミングの左手の法則より，ローレンツ力の向きは，**x 軸の正の向き**である。

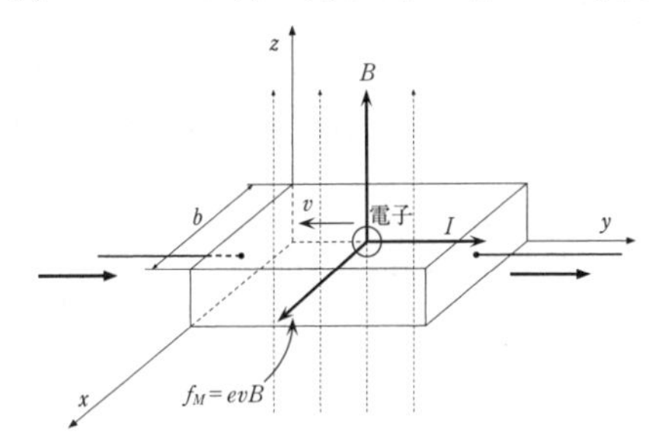

▶問6．電子はローレンツ力を受けて x 軸の正の向きに移動するので，試料の $x=b$ の面が負に，$x=0$ の面が正に帯電する。

これによる電場は，x 軸の正の向きであるから，電子1個が電場から受ける力の大きさは　　$f_E=\boldsymbol{eE}$〔N〕

その向きは，**x 軸の負の向き**である。

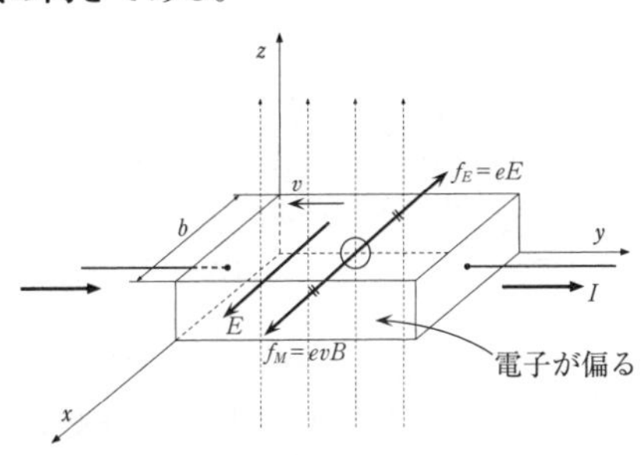

▶問7．力のつりあいの式より

$f_M=f_E$　　$evB=eE$　　$\therefore$　$\boldsymbol{E=vB}$　……③

▶問8．x 軸方向の2面間の電位差 V_H は

$V_H=Eb$　……④

③，④より，v を求めると

$$v=\frac{E}{B}=\frac{V_H}{Bb}$$

①に代入すると

$$I=en\cdot\frac{V_H}{Bb}\cdot ab \qquad \therefore \quad n=\frac{\boldsymbol{IB}}{\boldsymbol{ea}V_H}〔\textbf{個/m}^3〕$$

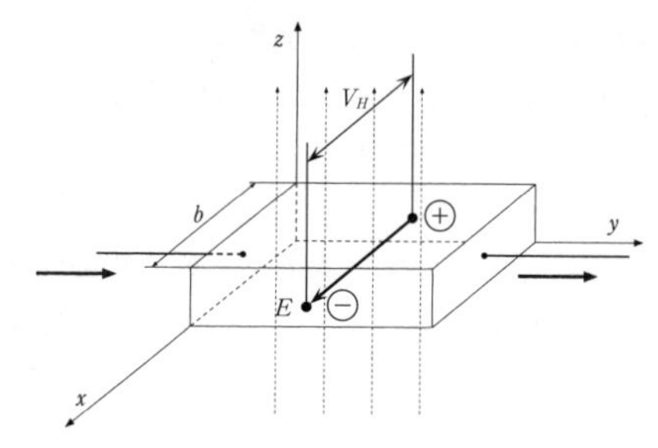

参考　導体のキャリアは自由電子である。$x=0$ の面に対して $x=b$ の面の電位は $-V_H$ であり，x 軸方向の電場は $E=-\frac{-V_H}{b}$ である。

キャリアが自由電子の n 型半導体も同様である。

キャリアがホールの p 型半導体では，x 軸方向の電位と電場の符号が n 型半導体と逆になる。

テーマ

◎前半は，導体内の自由電子の運動からオームの法則，電気抵抗と抵抗率を導く問題。後半は，キャリアが自由電子である場合のホール効果の問題で，ローレンツ力と電場による力のつりあいは定番である。どちらも教科書通りである。2010年度に，ほぼ同様のテーマの出題があった。

- 問4の数値計算問題は，日頃から有効数字や単位に注意しながら練習を積んでおかなければならない。また，導体の温度が上がったときに抵抗値が増加する理由を説明させる問題は，教科書を図やグラフ，コラムも含めて丁寧に読んでおく必要がある。

◎ホール効果とは，金属や半導体に電流が流れているとき，これに垂直に磁場をかけると，電流と磁場に垂直な方向に電位差が現れる現象である。金属や半導体の厚さ，磁束密度，電流，電位差からは，ホール係数と呼ばれる物質の種類によって決まる定数が求められ，ホール係数を測定することによって，キャリアが電子であるのかホール（正孔）であるのかがわかり，またその数密度もわかる。

31　抵抗率の測定，ホール効果

（2010年度　第2問）

図2(a)に示すように厚さ t が 1.0 cm，幅 w が 5.0 cm，長さ l が 9.0 cm の直方体の半導体を用いて実験を行った。以下の問いに答えよ。ただし，数値で答える場合には，有効数字を考慮した計算結果とともに適切な単位をつけよ。なお，問1と問2で示すグラフからは最小目盛の $\frac{1}{5}$ の精度で値が読めるものとする。

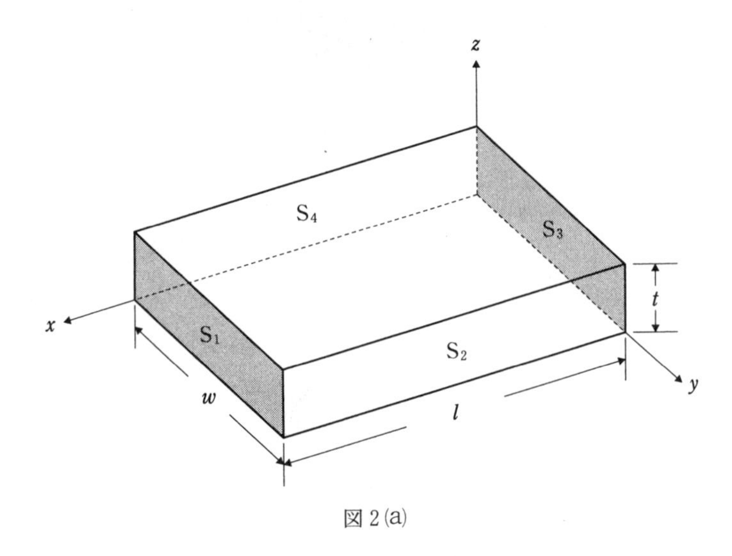

図2(a)

問 1. 半導体の側面 S_1 と S_3 に平板電極を取り付け，図2(b)に示す測定回路を用いて電流と電圧の関係を調べると，図2(c)に示す結果が得られた。以下の問いに答えよ。なお，この測定範囲では半導体の温度変化は無視できる。また，導線の抵抗も無視できる。

〔注〕 平板電極の抵抗も無視できるものとする。

(1) 電流計の内部抵抗は無く，かつ，電圧計の内部抵抗を無限大と仮定して，半導体の抵抗を求めよ。

(2) 実際は電流計の内部抵抗が 1.2 Ω，電圧計の内部抵抗が 3.0×10^6 Ω であった。このときの半導体の抵抗を求めよ。

(3) この半導体の抵抗率を求めよ。

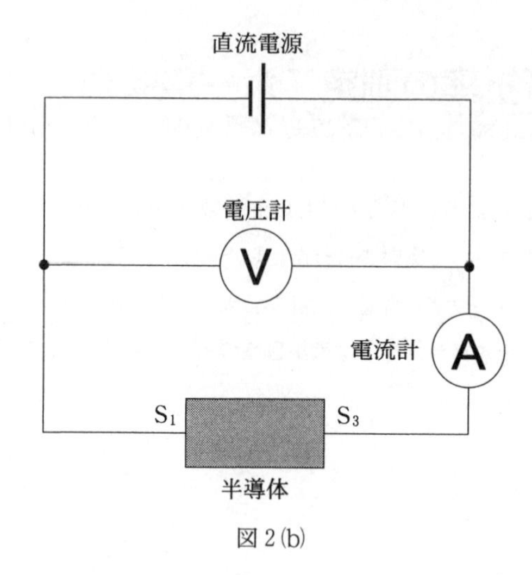

図2(b)

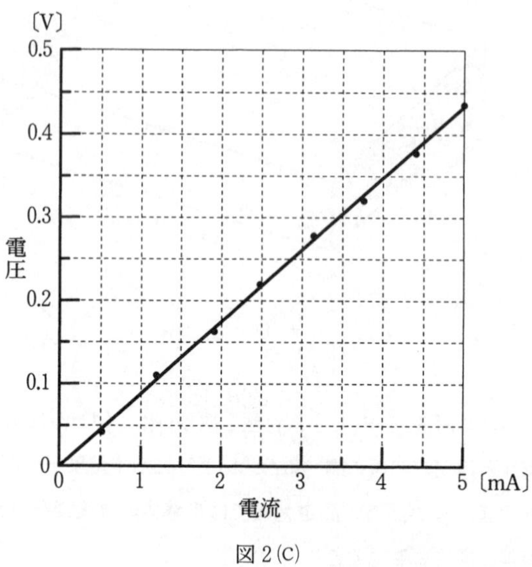

図2(c)

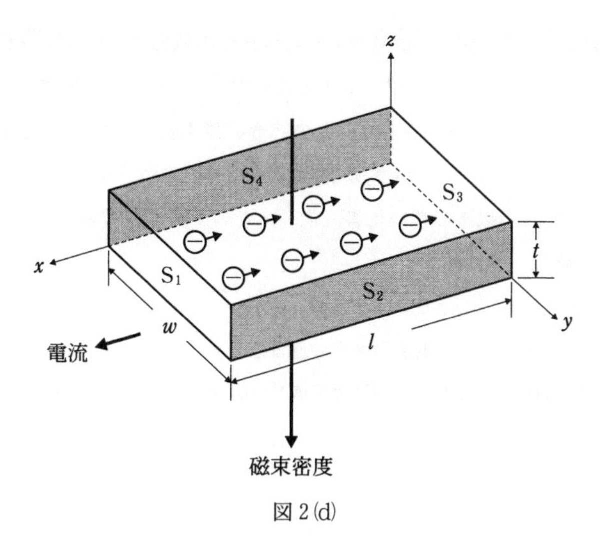

図 2(d)

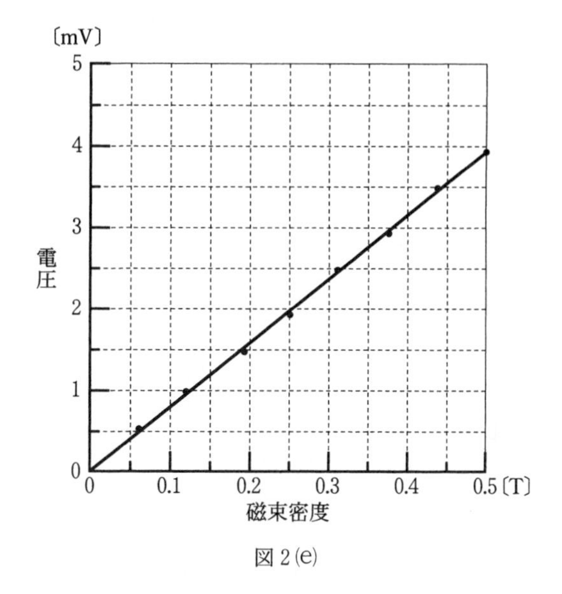

図 2(e)

問 2. 半導体を磁場(磁界)の中に入れて電流を流すと，半導体中のキャリア(電流の担い手)にローレンツ力が加わり，キャリアが半導体の一方の端に集まることで電荷の偏りが生じる。このため電流ならびに磁場に対して垂直な方向に電場(電界)が生じて，キャリアにかかるローレンツ力とこの電場による力がつり合う。図2(d)に示すように半導体の側面 S_1，S_3 間に x 軸の正の方向に 8.0 mA の電流を流し，z 軸の負の方向に一様な磁束密度を加えると側面 S_2，S_4 間に電圧が生じた。このときの磁束密度と電圧の関係を調べると，図2(e)に示す結果が得られた。この半導体のキャリアは自由電子のみであるとして，以下の問いに答えよ。ただし，電子の電荷は -1.6×10^{-19} C とする。

(1)　電位は S_2 と S_4 とでどちらが低いか。

(2)　半導体中の自由電子の平均の速さを求めよ。

(3)　半導体中の自由電子の個数密度（1 m^3 あたりの個数）を求めよ。

解　答

▶問１．(1)　図２(c)のグラフの最も大きな値を最小目盛の$\frac{1}{5}$の精度$\Big($横軸では$0.5〔\mathrm{mA}〕\times\frac{1}{5}=0.1〔\mathrm{mA}〕$，縦軸では$0.05〔\mathrm{V}〕\times\frac{1}{5}=0.01〔\mathrm{V}〕\Big)$で読むと，電流$I=5.0〔\mathrm{mA}〕$のとき電圧$V=0.43〔\mathrm{V}〕$である。

半導体の抵抗$r〔\Omega〕$は

$$r=\frac{V}{I}=\frac{0.43}{5.0\times10^{-3}}=\mathbf{8.6\times10^{1}〔\Omega〕}$$

〔注〕　グラフからデータを読み取る場合は，誤差を小さくするために，できるだけ大きな値で読み取る必要があり，グラフの目盛の交点にこだわってはならない。交点と思われるところを選んで$I=4.0〔\mathrm{mA}〕$のとき$V=0.35〔\mathrm{V}〕$とすると

$$r=\frac{V}{I}=\frac{0.35}{4.0\times10^{-3}}=87.5\fallingdotseq8.8\times10^{1}〔\Omega〕$$

また図２(c)の８個の測定点のうちの１つを選ぶわけでもない。
グラフの直線はこれらの測定値を平均化したものである。

(2)　電流計，電圧計の内部抵抗をそれぞれ$r_{\mathrm{A}}〔\Omega〕$，$r_{\mathrm{V}}〔\Omega〕$，半導体の抵抗を$r'〔\Omega〕$とする。

電流計にかかる電圧$V_{\mathrm{A}}〔\mathrm{V}〕$は

$$V_{\mathrm{A}}=r_{\mathrm{A}}I=1.2\times5.0\times10^{-3}=6.0\times10^{-3}〔\mathrm{V}〕$$

半導体にかかる電圧$V'〔\mathrm{V}〕$は

$$V'=V-V_{\mathrm{A}}=0.43-6.0\times10^{-3}=0.424〔\mathrm{V}〕$$

したがって

$$r'=\frac{V'}{I}=\frac{0.424}{5.0\times10^{-3}}=84.8\fallingdotseq\mathbf{8.5\times10^{1}〔\Omega〕}$$

別解　半導体と電流計の両端に0.43Vの電圧が加わり，5.0mAの電流が流れるから

$$0.43=(r'+1.2)\times5.0\times10^{-3}$$

$$\therefore\quad r'=84.8\fallingdotseq8.5\times10^{1}〔\Omega〕$$

(3)　抵抗率を$\rho〔\Omega\cdot\mathrm{m}〕$とすると

$$r'=\rho\cdot\frac{l}{wt}$$

$$\therefore\quad \rho=r'\cdot\frac{wt}{l}=84.8\times\frac{5.0\times10^{-2}\times1.0\times10^{-2}}{9.0\times10^{-2}}=0.471\fallingdotseq\mathbf{4.7\times10^{-1}〔\Omega\cdot m〕}$$

▶問２．(1)　自由電子は，y軸の正の向きのローレンツ力を受けて，側面$\mathrm{S_2}$側に移

動する。その結果，S_4 が正に，S_2 が負になるので，電位が低いのは S_2 である。

(2) 側面 S_2，S_4 間の電場の強さを E〔V/m〕，電圧を V_y〔V〕，電子の電荷を e〔C〕，磁束密度を B〔T〕，自由電子の平均の速さを v〔m/s〕とする。

ローレンツ力は y 軸の正の向きに evB〔N〕，電場による力は y 軸の負の向きに $eE=e\dfrac{V_y}{w}$〔N〕であり，これらの力がつり合うから

$$e\frac{V_y}{w}=evB$$

図2(e)のグラフの最も大きな値を最小目盛の $\dfrac{1}{5}$ の精度で読むと，磁束密度 $B=0.50$〔T〕のとき電圧 $V_y=3.9$〔mV〕である。したがって

$$v=\frac{V_y}{wB}=\frac{3.9\times10^{-3}}{5.0\times10^{-2}\times0.50}=0.156\fallingdotseq\mathbf{1.6\times10^{-1}}\text{〔m/s〕}$$

〔注〕 図2(e)の交点と思われる $B=0.25$〔T〕のとき $V_y=2.0$〔mV〕とすると，B と V_y の比例関係より $B=0.50$〔T〕では $V_y=4.0$〔mV〕となるはずであるが，そうはなっていない。このような意味でも，グラフの読み取りはできるだけ大きな値を用いるのが望ましい。

(3) x 軸の正の向きの電流 I_x〔A〕は，x 軸に垂直な断面 wt を単位時間に通過する電荷の量であるから，自由電子の個数密度を n〔1/m³〕とすると

$$I_x=envwt$$

$$\therefore\quad n=\frac{I_x}{evwt}=\frac{8.0\times10^{-3}}{1.6\times10^{-19}\times0.156\times5.0\times10^{-2}\times1.0\times10^{-2}}$$

$$=6.41\times10^{20}\fallingdotseq\mathbf{6.4\times10^{20}}\text{〔1/m}^3\text{〕}$$

テーマ

◎実験によって得られたデータを用いて，半導体の抵抗と抵抗率，自由電子の移動速度と個数密度を求める数値計算の問題で，次の指示がある。

(i)　グラフからは最小目盛の $\frac{1}{5}$ の精度で値を読むこと。

(ii)　有効数字を考慮した計算結果とともに適切な単位をつけること。

- 問題文に指示された単位は，与えられた半導体の長さが〔cm〕，グラフから読み取る測定値は電流が〔mA〕，電圧が〔V〕の場合と〔mV〕の場合，磁束密度が〔T〕であるが，指数部分の混乱は避けたい。求める抵抗値の単位〔Ω〕，速さの単位〔m/s〕を間違える受験生はいないと思うが，抵抗率の単位〔Ω·m〕や自由電子の個数密度の単位〔$1/m^3$〕は，計算に数値だけでなく単位も含めれば自ずと出てくる。単位は暗記しなければならないものではなく，単位の導き方を理解しておく必要がある。物理量の単位がわかると，その物理量が関係する物理法則も自然とわかるものなので，日頃から単位に注意してもらいたい。
- データの処理の仕方や計算結果のまとめ方は，日頃の実験レポートの整理を通して身につくものである。
- 2020 年度には，実験レポートの整理をテーマにした出題があった。

◎問 1 では，抵抗値を求めるためには，オームの法則による電流と電圧が必要になるが，電流計と電圧計の内部抵抗が無視できる場合と，無視できない場合の回路計算が求められている。

- 問 2 の自由電子にはたらくローレンツ力と電場による力のつり合いは定番である。
- 2012 年度にも同様の出題，2016 年度には抵抗とホール効果をテーマにしたほぼ同様の出題があった。

2 コンデンサー

32 平行平板コンデンサーへの誘電体の挿入と極板の移動

(2020年度 第2問)

図1のように，長方形の極板Aおよび極板Bからなる平行平板コンデンサーが，閉じたスイッチSと起電力V_0の電池に接続されている。極板Bは接地されており，電位は0とする。このコンデンサーの極板の間隔はd，電気容量はCであり，その内部は比誘電率1の空気で満たされている。コンデンサーの端での電場の歪み，および電池の内部抵抗の影響は無視して，以下の問いに答えよ。

(1) 極板Aに蓄えられている電気量を求めよ。

(2) コンデンサーに蓄えられている静電エネルギーを求めよ。

次に，図1の状態から，外力をかけて誘電体をコンデンサー内にゆっくりと挿入し，図2のように極板Bに完全に重なるようにした。誘電体は極板と同形の底面をもつ厚さ$\frac{d}{2}$の直方体で，その比誘電率は2とする。

(3) 図2の状態で極板Aに蓄えられている電気量を求めよ。

(4) 2つの極板の間の電場と電位を，極板Bからの距離の関数としてグラフに描け。また，距離$\frac{d}{2}$および距離dにおけるそれぞれの値を縦軸の横に記入せよ。ただし，電場は上向きを正とする。

〔解答欄〕

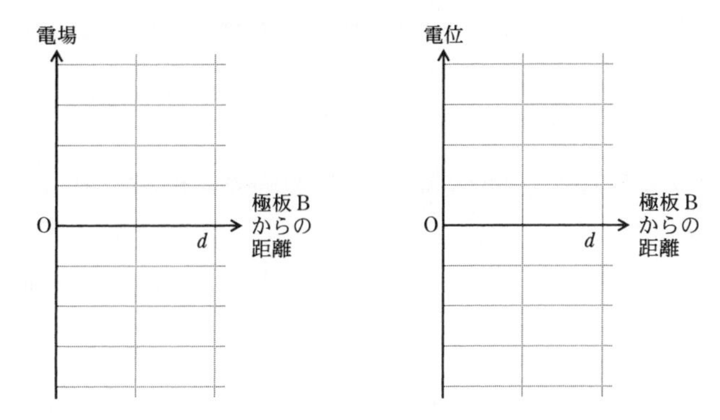

⑸　図1の状態から図2の状態へ移行するときの，静電エネルギーの増加量，電池のした仕事，および外力のした仕事を求めよ。

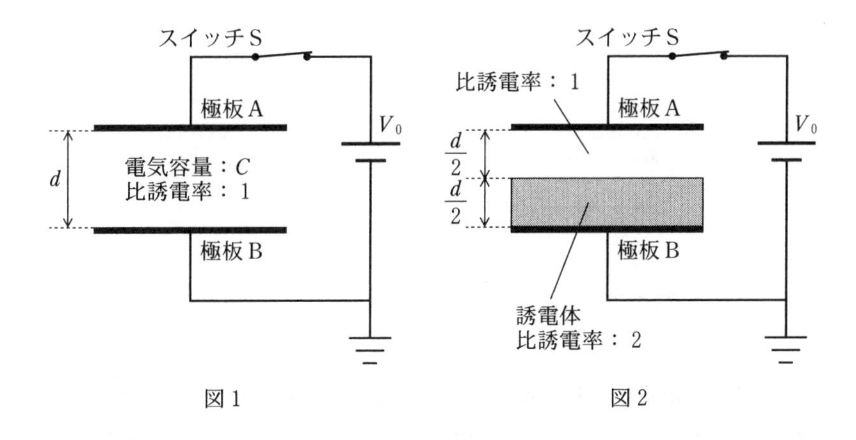

図1　　　　　　図2

さらに，図2の状態から極板Aを下に動かして誘電体と接触する位置で固定し，その後，スイッチSを開放した(図3)。

⑹　図3の状態で極板Aに蓄えられている電気量，およびコンデンサーに蓄えられている静電エネルギーU_3を求めよ。

x軸を図3に示すように定義する。いま，極板および誘電体は$0 \leqq x \leqq L$の領域にある。この状態から，誘電体に外力をかけ，x 軸と平行に Δx（$0 < \Delta x < L$）だけゆっくりと動かし，図4の状態にした。誘電体に働く摩擦は無視できるとする。

(7) 図4の状態でコンデンサーに蓄えられている静電エネルギー U_4 を求めよ。

(8) 図3の状態から図4の状態へ移行するときの静電エネルギーの増加量 $\Delta U = U_4 - U_3$ は，

$$\Delta U = \left(\frac{U_4}{U_3} - 1\right)U_3 = \left(\frac{1}{1-\alpha} - 1\right)U_3$$

のように表される。α を求めよ。

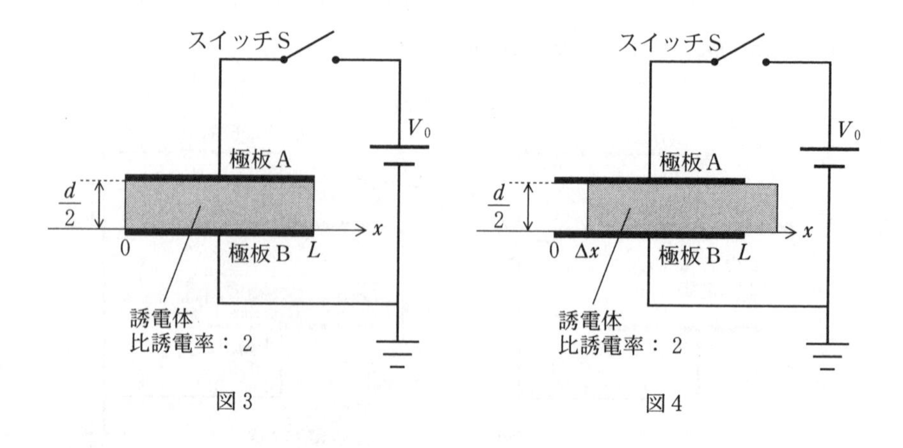

図3　図4

以下では，誘電体の変位 Δx が L より十分小さい場合を考える。すると ΔU は，α が1より十分小さいときに成り立つ近似式 $\frac{1}{1-\alpha} \fallingdotseq 1 + \alpha$ を用いて，$\Delta U \fallingdotseq \alpha U_3$ と表される。

(9) 誘電体にはたらく静電気力に抗して外力がした仕事は，静電エネルギーの増加量に等しい。このことより，図4で誘電体にはたらく静電気力の大きさと向きを求めよ。向きは，x 軸の正の向きか，負の向きか，解答欄の正・負のいずれかに丸をつけよ。

図 4 の状態から外力を 0 にすると，誘電体は運動を始めた。外力を 0 にした時刻を $t=0$ とし，この瞬間の誘電体の速度は 0 とする。

⑽　誘電体の左端の位置の時間変化 $x(t)$ を示したグラフとして最も適切なものを次の図 5 の①～⑧の中から選べ。ただし，重力，空気抵抗，および誘電体中での熱の発生は無視できるとする。

※図中の黒丸は，異なる関数がつながる点を示す。

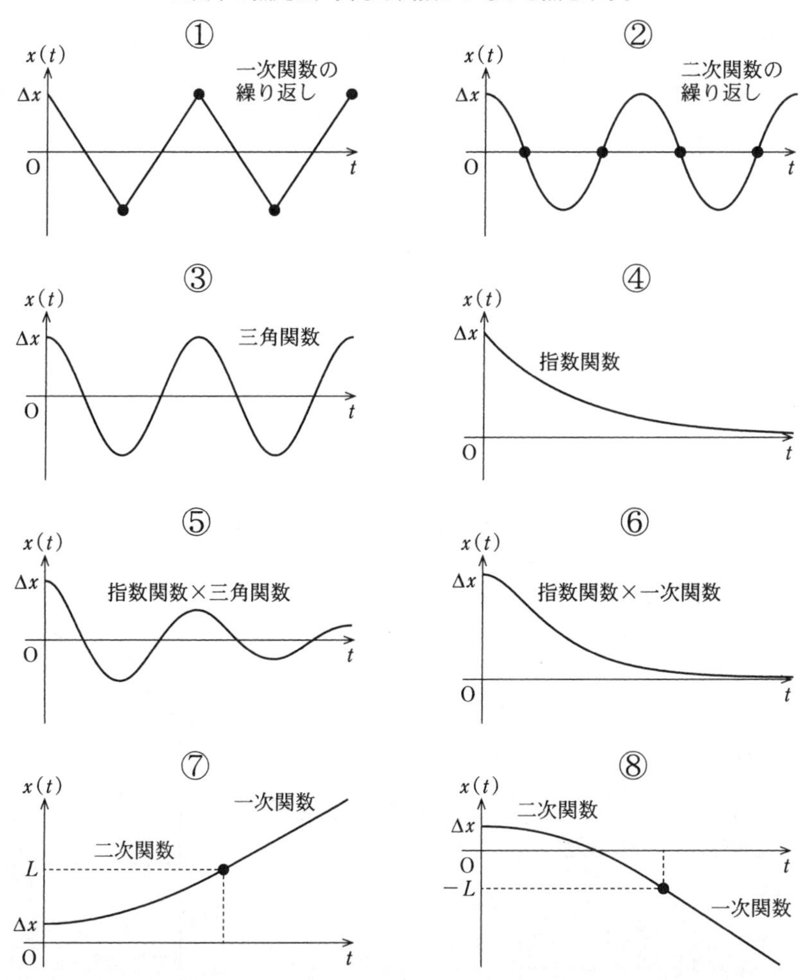

図 5

解 答

▶(1) 図1の状態で極板Aに蓄えられている電気量を Q_1 とすると

$$Q_1 = \boldsymbol{CV_0}$$

▶(2) 同様に，コンデンサーに蓄えられている静電エネルギーを U_1 とすると

$$U_1 = \boldsymbol{\frac{1}{2}CV_0{}^2}$$

▶(3) 真空の誘電率を ε_0 とする。物質の誘電率を ε，比誘電率を ε_r とすると

$$\varepsilon_r = \frac{\varepsilon}{\varepsilon_0} \qquad \therefore \quad \varepsilon = \varepsilon_r\varepsilon_0$$

よって，空気は，比誘電率が1であるから誘電率は ε_0，誘電体は，比誘電率が2であるから誘電率は $2\varepsilon_0$ となる。

図1のコンデンサーの極板面積を S とすると，電気容量 C は

$$C = \varepsilon_0\frac{S}{d} \quad \cdots\cdots①$$

となる。

図2のコンデンサーの空気部分の電気容量を C'，誘電体部分の電気容量を C'' とすると

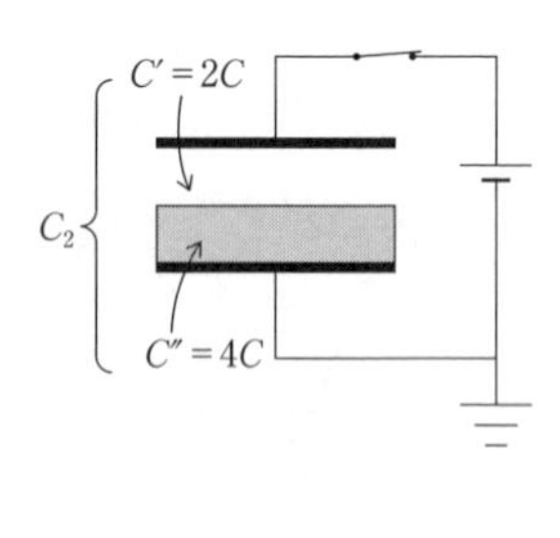

$$C' = \varepsilon_0\frac{S}{\frac{d}{2}} = 2C$$

$$C'' = 2\varepsilon_0\frac{S}{\frac{d}{2}} = 4C$$

図2のコンデンサーはこれらの直列接続であるから，合成容量を C_2 とすると

$$\frac{1}{C_2} = \frac{1}{C'} + \frac{1}{C''} = \frac{1}{2C} + \frac{1}{4C} = \frac{3}{4C}$$

$$\therefore \quad C_2 = \frac{4}{3}C$$

極板Aに蓄えられている電気量を Q_2 とすると

$$Q_2 = C_2V_0 = \boldsymbol{\frac{4}{3}CV_0} \quad \cdots\cdots②$$

▶(4) 図2のコンデンサーの空気部分の電場の強さを E'，誘電体部分の電場の強さを E'' とすると，①，②を用いて

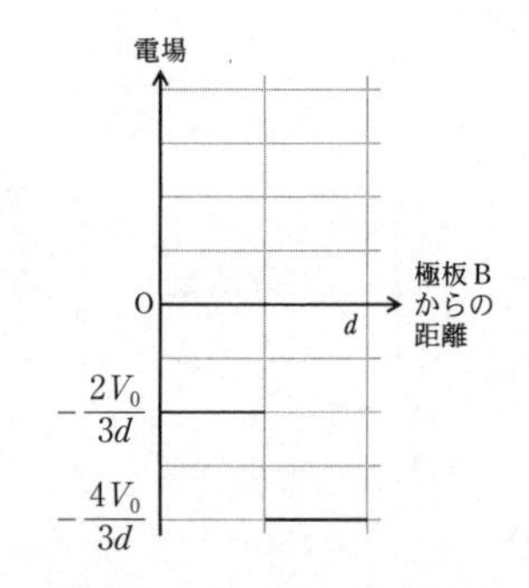

$$E' = \frac{Q_2}{\varepsilon_0 S} = \frac{\frac{4}{3}CV_0}{Cd} = \frac{4}{3}\cdot\frac{V_0}{d}$$

$$E''=\frac{Q_2}{2\varepsilon_0 S}=\frac{\frac{4}{3}CV_0}{2Cd}=\frac{2}{3}\cdot\frac{V_0}{d}$$

となる。ここで，電場の向きは極板Aから極板Bへ向かい，図の下向きであることから，グラフでは負の値をとり，E'，E''とも一定値であるから，横軸に平行な直線である。

図２のコンデンサーの空気部分の電位差をV'，誘電体部分の電位差をV''とすると

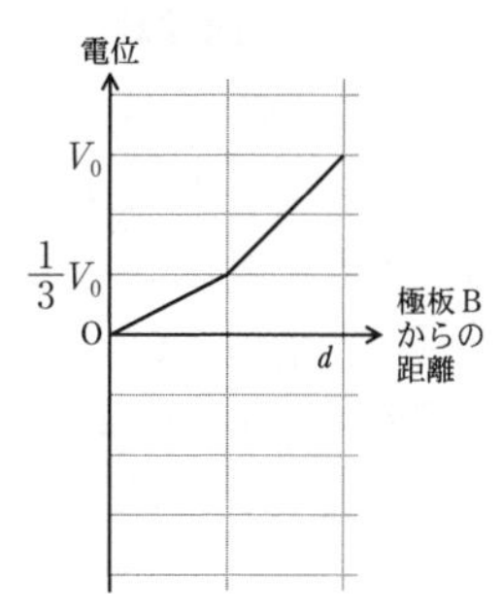

$$V'=E'\cdot\frac{d}{2}=\frac{4}{3}\cdot\frac{V_0}{d}\times\frac{d}{2}=\frac{2}{3}V_0$$

$$V''=E''\cdot\frac{d}{2}=\frac{2}{3}\cdot\frac{V_0}{d}\times\frac{d}{2}=\frac{1}{3}V_0$$

となる。ここで極板Bが接地されていて，電位が０であるから，極板Bからの距離が$\frac{d}{2}$における電位はV''で$\frac{1}{3}V_0$，

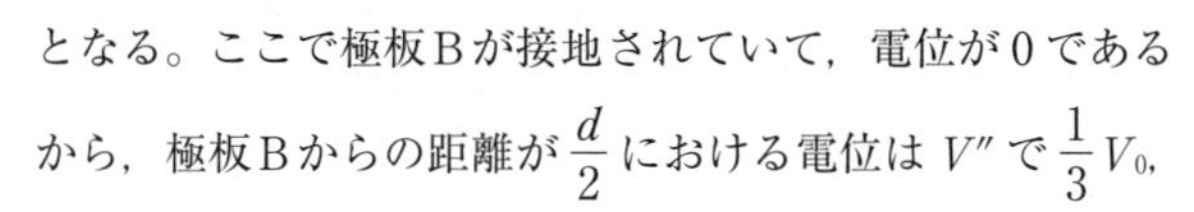

距離がdにおける電位は$V''+V'$でV_0である。

電位は，極板Bから極板Aに向かって高くなるから，グラフは（0，0）と$\left(\frac{d}{2},\ \frac{1}{3}V_0\right)$，$\left(\frac{d}{2},\ \frac{1}{3}V_0\right)$と（$d$，$V_0$）を結ぶ傾きをもった直線である。

別解　図２のコンデンサーの空気部分と誘電体部分は直列接続であるから，電位差は電気容量に反比例するので，$C':C''=1:2$より，$V':V''=2:1$となる。よって

$$V'=\frac{2}{3}V_0,\quad V''=\frac{1}{3}V_0$$

このとき

$$E'=\frac{\frac{2}{3}V_0}{\frac{d}{2}}=\frac{4}{3}\cdot\frac{V_0}{d}$$

$$E''=\frac{\frac{1}{3}V_0}{\frac{d}{2}}=\frac{2}{3}\cdot\frac{V_0}{d}$$

▶(5)　図２の状態で，コンデンサーに蓄えられている静電エネルギーをU_2，図１の状態から図２の状態へ移行するときの静電エネルギーの増加量をΔUとすると

$$\Delta U=U_2-U_1=\frac{1}{2}C_2V_0{}^2-\frac{1}{2}CV_0{}^2=\frac{1}{2}\cdot\frac{4}{3}CV_0{}^2-\frac{1}{2}CV_0{}^2$$

$$=\boldsymbol{\frac{1}{6}CV_0{}^2}$$

電池のした仕事を W_E とする。図1の状態から図2の状態へ移行するときに電池から極板Aへ運ばれた電気量を ΔQ とすると，電池は，この電気量 ΔQ を一定電圧 V_0 で運んだのだから

$$W_E=\Delta QV_0=(Q_2-Q_1)V_0=\left(\frac{4}{3}CV_0-CV_0\right)V_0$$

$$=\mathbf{\frac{1}{3}CV_0{}^2}$$

誘電体をコンデンサーに挿入するときに電気量 ΔQ が運ばれることは，電流が流れることを意味する。電流が流れると，導線部分でジュール熱が発生してエネルギーが失われることになるが，誘電体をゆっくりと挿入するときは，電流を0とみなすことができて，電流によるエネルギーの損失はないとしてよい。

外力のした仕事を W_F とすると，エネルギーと仕事の関係より，コンデンサーの静電エネルギーの増加量 ΔU は，電池のした仕事 W_E と外力のした仕事 W_F の和に等しいので

$$\Delta U=W_E+W_F$$

$$W_F=\Delta U-W_E=\frac{1}{6}CV_0{}^2-\frac{1}{3}CV_0{}^2$$

$$=\mathbf{-\frac{1}{6}CV_0{}^2}$$

ここで，外力のした仕事 W_F が負であることは，誘電体を挿入するために加えた外力の向きが，誘電体の挿入の向きと逆向きであることを表す。

▶(6) 図3の状態でコンデンサーの電気容量を C_3，極板Aに蓄えられている電気量を Q_3 とすると

$$C_3=C''=4C$$

$$Q_3=C_3V_0=\mathbf{4CV_0}$$

コンデンサーに蓄えられている静電エネルギー U_3 は

$$U_3=\frac{1}{2}C_3V_0{}^2=\mathbf{2CV_0{}^2}$$

▶(7) 極板の x 軸に垂直な方向の長さを l とする。このとき，図1のコンデンサーの電気容量 C は，①より

$$C=\varepsilon_0\frac{S}{d}=\varepsilon_0\frac{Ll}{d}$$

図4のコンデンサーは空気部分と誘電体部分の並列接続であるから，合成容量を C_4 とすると

$$C_4=\varepsilon_0\frac{\Delta x\cdot l}{\frac{d}{2}}+2\varepsilon_0\frac{(L-\Delta x)\cdot l}{\frac{d}{2}}=2\varepsilon_0\frac{Ll}{d}\left\{\frac{\Delta x}{L}+\frac{2(L-\Delta x)}{L}\right\}$$

$$=2C\frac{2L-\Delta x}{L}$$

スイッチSは開放されており，極板Aに蓄えられている電気量はQ_3のままであるから，コンデンサーに蓄えられる静電エネルギーU_4は

$$U_4=\frac{{Q_3}^2}{2C_4}=\frac{(4CV_0)^2}{2\cdot2C\left(\frac{2L-\Delta x}{L}\right)}$$

$$=\boldsymbol{\frac{4L}{2L-\Delta x}}C{V_0}^2$$

▶(8)　$\displaystyle\frac{U_4}{U_3}=\frac{\frac{4L}{2L-\Delta x}C{V_0}^2}{2C{V_0}^2}=\frac{1}{1-\frac{\Delta x}{2L}}$

問題の式と比較すると

$$\alpha=\boldsymbol{\frac{\Delta x}{2L}}$$

▶(9)　与えられた近似式を用いて，(8)より

$$\Delta U=\left(\frac{1}{1-\alpha}-1\right)U_3=\left(\frac{1}{1-\frac{\Delta x}{2L}}-1\right)U_3$$

$$\fallingdotseq\left(1+\frac{\Delta x}{2L}-1\right)U_3=\frac{\Delta x}{2L}\cdot2C{V_0}^2=\frac{C{V_0}^2}{L}\Delta x$$

スイッチSが開放された後では，電気量が運ばれることはないので，電池がした仕事は0である。

エネルギーと仕事の関係より，誘電体にはたらく静電気力に抗して外力がした仕事W_Fは，静電エネルギーの増加量ΔUに等しいので

$$W_F=\Delta U=\frac{C{V_0}^2}{L}\Delta x$$

誘電体をゆっくり動かすときは，誘電体にはたらく静電気力と外力はつり合いの関係にあり，誘電体にはたらく静電気力の大きさが一定値であるとき，外力の大きさも一定値である。外力をFとすると

$$W_F=|F|\Delta x$$

よって

$$|F|\Delta x=\frac{C{V_0}^2}{L}\Delta x$$

$$\therefore\quad |F|=\frac{C{V_0}^2}{L}$$

これより，外力の大きさ$|F|$は一定値であることがわかる。よって，静電気力の大き

さを f とすると

$$f=|F|=\frac{CV_0{}^2}{L}$$

また，W_F および Δx は正であるから F は正となり，外力の向きは x 軸の正の向きである。よって，静電気力の向きは x 軸の負の向きである。

▶(10)　誘電体を $x=\Delta x$ の位置で手放してから，$x=0$ の位置に到達するまでの運動では，誘電体の質量を M，加速度を a とすると，運動方程式より

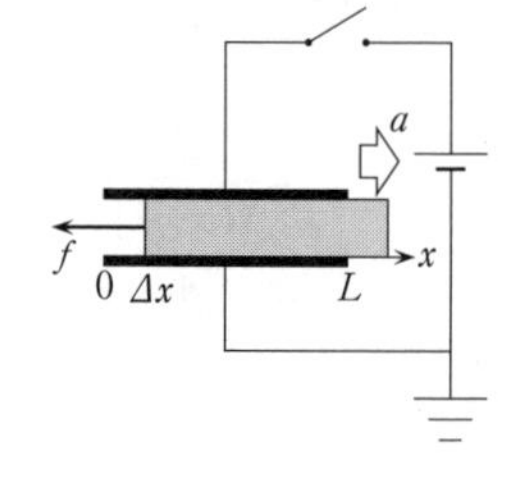

$$Ma=-f$$

$$\therefore\quad a=-\frac{f}{M}=-\frac{CV_0{}^2}{ML}$$

これより，a は一定値であるから，誘電体は等加速度直線運動をすることがわかる。よって

$$x(t)=\Delta x-\frac{1}{2}at^2$$

すなわち，誘電体は，$t=0$ で $x=\Delta x$ から初速度 0 で運動を始め，$x=0$ に到達するまで，位置 x は上に凸の二次関数にしたがって変化する。この間の運動は，等速直線運動（グラフ①）や，単振動（グラフ③）ではなく，空気抵抗を受けた終端速度をもつような運動（グラフ④）でもない。

誘電体にはたらく力は静電気力だけであるので，力学的エネルギーが保存する。$x=0$ に到達したときの速さを v_0 とすると

$$\frac{1}{2}Mv_0{}^2=\frac{CV_0{}^2}{L}\Delta x$$

$$\therefore\quad v_0=V_0\sqrt{\frac{2C\Delta x}{ML}}$$

誘電体は，$x=0$ を通過した後は，x 軸の正の向きの静電気力を受けて減速する。この間の運動は等加速度直線運動であり，位置 x は下に凸の二次関数にしたがって変化する。誘電体が x 軸の負の向きに最も遠ざかった位置は，$x=-\Delta x$ である。よって，グラフは二次関数の繰り返しとなる②である。

テーマ

◎コンデンサーと誘電体の問題で，幅広い内容が問われている。⑴〜⑶・⑹〜⑻コンデンサーに蓄えられる電気量と静電エネルギー，⑷電場と電位のグラフ，⑸・⑼極板間に誘電体を挿入したときのエネルギーと仕事の関係，⑽誘電体の運動方程式である。

◎電場 E と電位 V の関係

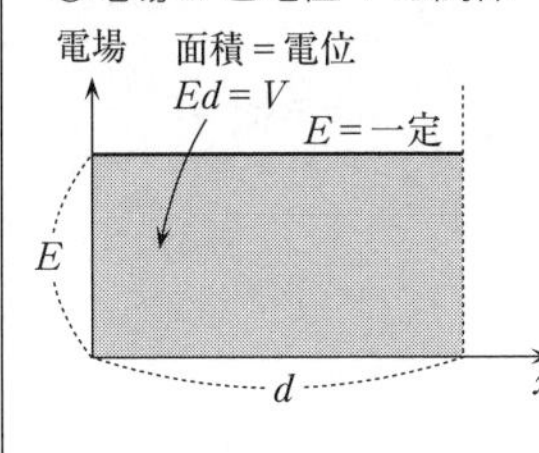

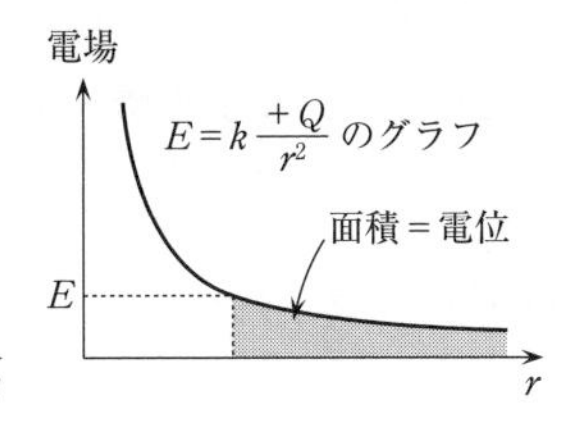

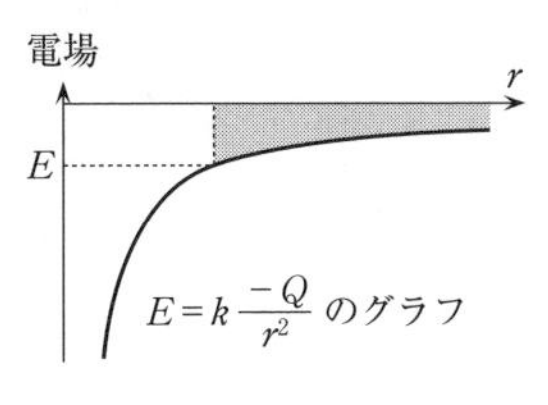

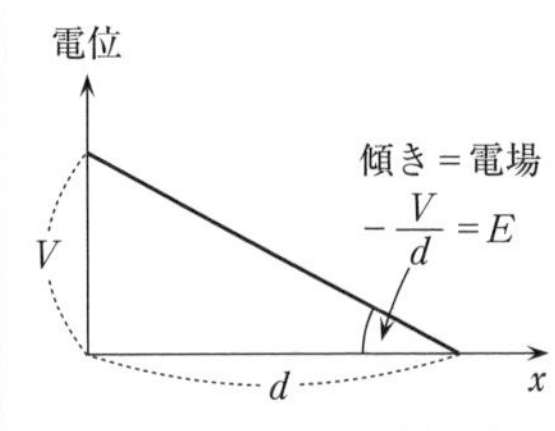

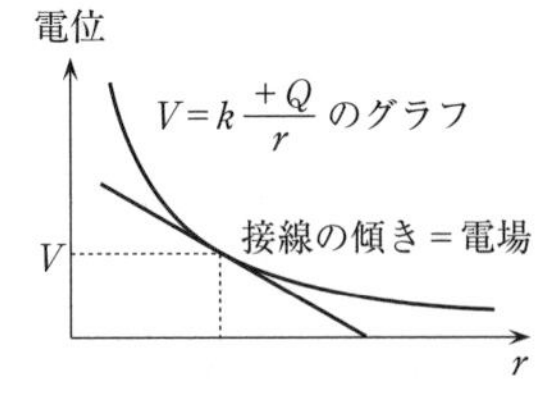

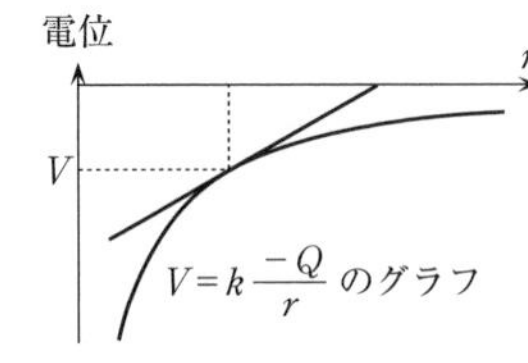

○（縦軸）電場 E-（横軸）位置 x のグラフの面積は，距離 dx 間の電位差 V を表す。すなわち　$V(x)=\int E(x)\,dx$

○（縦軸）電位 V-（横軸）位置 x のグラフの傾きの大きさは，点 x の電場の強さ E を表す。すなわち　$E(x)=-\dfrac{dV(x)}{dx}$

ここで，符号の“−”は，電場の向きに電位が下がることを表す。

(i)　一様な電場

間隔 d の極板間に一様な強さ $|E|$ の電場が生じ，極板間の電位差が V のとき

電位差 V は，長方形の面積より　$V=|E|\cdot d$

電場 E は，直線の傾きより　$E=-\dfrac{V}{d}$

その強さ（大きさ）は　$|E|=\dfrac{V}{d}$

(ii)　点電荷＋Q から距離 r の点

無限遠の電位を 0 として，電位 V は　$V=\displaystyle\int_r^{\infty} k\frac{Q}{r^2}dr=k\frac{Q}{r}$

電場の強さ E は　$E=-\dfrac{d}{dr}\left(k\dfrac{Q}{r}\right)=k\dfrac{Q}{r^2}$

（区間の上端が ∞ となる積分の数学的な扱い方は大学で学ぶ。）

◎コンデンサーの極板を動かしたり，極板間に誘電体を挿入したりするときの，エネルギーと仕事の関係

　　電池がした仕事 ΔW_{E}＋外力がした仕事 ΔW_{F}

＝コンデンサーに蓄えられた静電エネルギーの増加 $\boldsymbol{\Delta U}$＋抵抗で発生した熱 $\boldsymbol{\Delta H}$

(i)　起電力 V の電池が接続されていて，電荷 $\boldsymbol{\Delta Q}$ が移動したとき　　$\boldsymbol{\Delta W_E = \Delta Q \cdot V}$

ただし，回路が開いていて，電池が接続されていないときは　　$\boldsymbol{\Delta W_E = 0}$

(ii)　一定の大きさ F の力を加えて，極板または誘電体を距離 $\boldsymbol{\Delta d}$ だけ動かしたとき

$\boldsymbol{\Delta W_F = F\Delta d}$

(iii)　コンデンサーに蓄えられた静電エネルギーの増加　　$\boldsymbol{\Delta U = \frac{1}{2}\Delta Q \cdot V}$

(iv)　抵抗値 R の抵抗に大きさ I の電流が時間 $\boldsymbol{\Delta t}$ の間流れたとき　　$\boldsymbol{\Delta H = RI^2\Delta t}$

ただし，極板または誘電体をゆっくり動かす設定がほとんどで，このときは流れる電流を $\boldsymbol{I = envS \fallingdotseq 0}$（∵　$\boldsymbol{v \fallingdotseq 0}$）と近似して，$\boldsymbol{\Delta H = 0}$ である。

◎運動方程式の形からわかる運動のスタイルの例

$\boldsymbol{v = \frac{dx}{dt}}$，$\boldsymbol{a = \frac{d^2x}{dt^2}}$ とすると

	等加速度型	終端速度型	単振動型
運動の例	自由落下	空気抵抗を受ける落体	ばね振り子
運動方程式	$ma = mg$	$ma = mg - kv$	$ma = -kx$
微分形	$\frac{d^2x}{dt^2} = g$	$\frac{d^2x}{dt^2} = -\frac{k}{m}\frac{dx}{dt} + g$	$\frac{d^2x}{dt^2} = -\frac{k}{m}x$
式の形	$\frac{d^2x}{dt^2}$ だけ	$\frac{d^2x}{dt^2}$ と $\frac{dx}{dt}$，または，$\frac{dx}{dt}$ と x	$\frac{d^2x}{dt^2}$ と x

33 ばねに接続されたコンデンサーの極板にはたらく力

(2009 年度　第 2 問)

図 3 のように，真空中に二枚の平板電極 1， 2 を水平に配置し，平行板コンデンサーを構成する。電極 1 は天井の絶縁壁に固定されており，電極 2 はバネ定数 k のバネを介して，床の絶縁壁に固定されている。電極 1， 2 はともに一辺が L の正方形である。はじめに，バネが自然長となる位置に周囲と絶縁されたストッパーを用いて電極 2 を固定したところ，電極 1 と電極 2 の距離は d であった。この状態を初期状態とする。鉛直方向に x 軸をとり，初期状態の電極 2 の位置を原点とする。

両者の電極は，導線を介して，図に示す回路に接続されている。L は電極間距離に比べ十分大きく，電極表面の電荷は均一に分布するものとし，電極端部の影響は無視する。また，バネおよび導線の質量，導線の電気抵抗ならびに電池の内部抵抗は無視できるものとする。最初，スイッチ S_1，S_2 は共に開いており，電極 1， 2 には電荷は無かった。真空の誘電率を ε_0 とする。

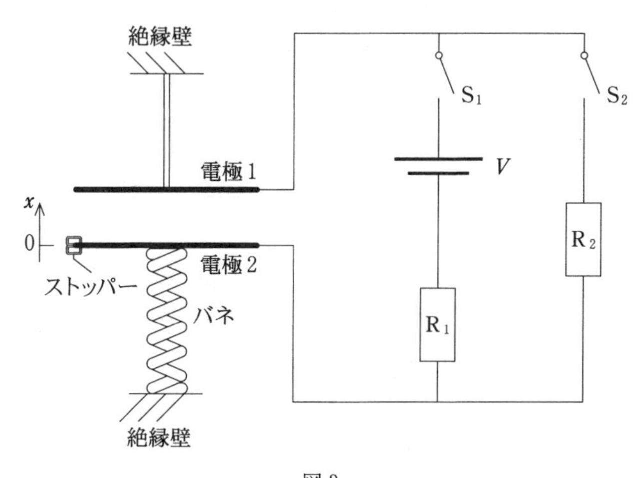

図 3

問 1. まず，電極 2 を $x = 0$ の位置に固定した状態で，スイッチ S_1 を閉じ起電力 V の電池を用いてコンデンサーを充電した。

(1)　十分に時間が経過した後，電極 1 に蓄えられた電荷 Q はいくらか。L，d，V，ε_0，k の中から必要な記号を用いて答えよ。

⑵ また，コンデンサーに蓄えられた静電エネルギー U_C はいくらか。L，d，Q，ε_0，k の中から必要な記号を用いて答えよ。

問 2. 次に，スイッチ S_1 を開いて電池を切り離した。

⑴ 仮に，電極 1 を水平を保ったまま微小距離 Δx だけゆっくりと上昇させたとする。この場合の静電エネルギーの増加 ΔU_C を答えよ。

⑵ 二枚の電極は正負に帯電しているので，引力を及ぼしあっている。電極を動かす時の外力の大きさがこの引力の大きさに等しいとして，電極間に働く引力 F の大きさを答えよ。ただし，電極 1 の質量は無視する。

問 3. さらに，スイッチ S_1 を開いたまま，電極 2 のストッパーを静かに外したところ，電極 2 は上昇を始めた。ストッパーを外した瞬間の時刻を 0 とし，その後の電極 2 の運動について考察する。ただし，電極 2 は水平を保って運動するものとし，電極 1 に触れないものとする。また，電極 2 の質量を m，重力加速度の大きさを g とする。

⑴ 時刻 0 で電極が上昇するために Q が満たすべき条件を答えよ。

⑵ 電極 2 が到達する最上点の座標 x_M はいくらか。L，d，Q，ε_0，k，m，g から必要な記号を用いて答えよ。

⑶ 電極間の電界の x 成分 E_x の時間変化を表すグラフとして，最も適するものを，次の(a)から(f)の中から選べ。

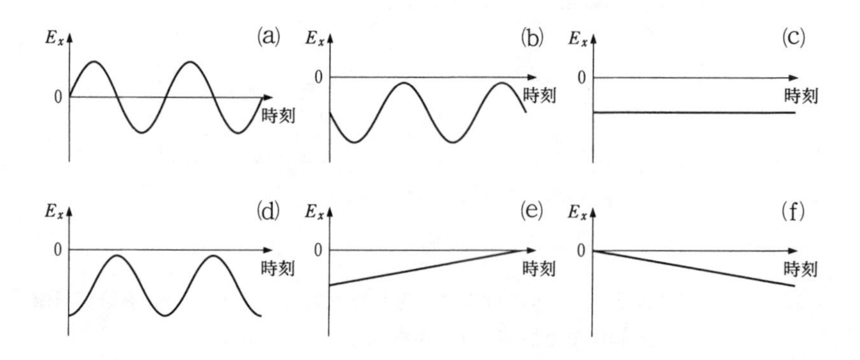

問 4. 最後に，電極 2 が最上点の位置に来たところで，電極位置を再び固定し，次にスイッチ S_2 を閉じた。スイッチを閉じて十分時間が経つまでに抵抗 R_2

で消費されるエネルギーを U_{R2} とすると，U_{R2} と問 1 (2)で求めた，最初にコンデンサーに蓄えられた静電エネルギー U_C との差は次式によって与えられる。d，Q，ε_0，k，m，g から必要な記号を用いて □ を埋めよ。

$$U_C - U_{R2} = \square\, x_M^2 + \square\, x_M$$

解　答

▶**問1．**(1)　電極2が$x=0$の位置にある状態で，コンデンサーの電気容量をCとすると

$$C=\frac{\varepsilon_0 L^2}{d}$$

であるから，電極1に蓄えられた電荷Qは

$$Q=CV=\boldsymbol{\frac{\varepsilon_0 L^2 V}{d}}$$

(2)　コンデンサーに蓄えられた静電エネルギーU_Cは，題意より，Vは用いずにQを用いて

$$U_C=\frac{Q^2}{2C}=\boldsymbol{\frac{Q^2 d}{2\varepsilon_0 L^2}}$$

▶**問2．**(1)　電極1を微小距離Δxだけ上昇させたとき，電気容量をC'とすると

$$C'=\frac{\varepsilon_0 L^2}{d+\Delta x}$$

蓄えられた静電エネルギーをU_C'とすると，U_C'はスイッチS_1を開いて電池を切り離してからの操作であるから，電極上の電荷Qが変化しないので

$$U_C'=\frac{Q^2}{2C'}=\frac{Q^2(d+\Delta x)}{2\varepsilon_0 L^2}$$

したがって，静電エネルギーの増加ΔU_Cは

$$\Delta U_C=U_C'-U_C=\boldsymbol{\frac{Q^2}{2\varepsilon_0 L^2}\cdot\Delta x}$$

(2)　静電エネルギーの増加ΔU_Cは，電極間にはたらく静電気力Fに逆らって外力fがした仕事Wに等しい。電極をゆっくり動かすときは電極にはたらく力がつり合い$f=F$であるから

$$\Delta U_C=W=f\Delta x=F\Delta x$$

$$\frac{Q^2}{2\varepsilon_0 L^2}\cdot\Delta x=F\cdot\Delta x \qquad \therefore\quad F=\boldsymbol{\frac{Q^2}{2\varepsilon_0 L^2}}$$

〔注〕　問1の(2)から問3の(1)への関連でQを用いた式で答えたが，次のようにQを用いない式で答えることもできる。

電極1をΔxだけ上昇させた後の電極間の電位差V'は，Qが変化しないから

$$Q=C'V' \qquad \therefore\quad V'=\frac{Q}{C'}=\frac{\dfrac{\varepsilon_0 L^2 V}{d}}{\dfrac{\varepsilon_0 L^2}{d+\Delta x}}=\frac{d+\Delta x}{d}V$$

したがって

$$\Delta U_C = U_C' - U_C = \frac{1}{2}C'V'^2 - \frac{1}{2}CV^2$$
$$= \frac{1}{2}\frac{\varepsilon_0 L^2}{d+\Delta x}\left(\frac{d+\Delta x}{d}V\right)^2 - \frac{1}{2}\frac{\varepsilon_0 L^2}{d}V^2$$
$$= \frac{\varepsilon_0 L^2 V^2}{2d^2}\Delta x$$

電極間にはたらく引力 F に逆らってした仕事 $F\Delta x$ だけ静電エネルギーが変化するから

$$\frac{\varepsilon_0 L^2 V^2}{2d^2}\Delta x = F\Delta x \qquad \therefore \quad F = \frac{\varepsilon_0 L^2 V^2}{2d^2}$$

▶問3.

〔注〕 問2の後「さらに」とあるので，電極間隔は $d+\Delta x$ である。問3ではスイッチを開いたままの操作であるから，電荷 Q が一定なので電極間隔には関係なく解答することができる。
問4では，問1(2)の状態との比較であるから，電極間隔が $d+\Delta x$ であったことは無視されている。また，問2の「Δx だけ上昇させた」のは「仮に」であるから，極板間隔は d のままと考えることもできる。
このことから，問3，問4の直前の状態は，問1からスイッチ S_1 を開いた状態であったと考えられ，問2の Δx は無視して考えることと思われる。

(1)　時刻0で電極2が $x=0$ にあるとき，電極2にはたらく力は，x 軸の正の向きに帯電による引力 F，負の向きに重力 mg であり，電極が上昇するためには

$$F > mg$$
$$\frac{Q^2}{2\varepsilon_0 L^2} > mg \qquad \therefore \quad \boldsymbol{Q > L\sqrt{2\varepsilon_0 mg}}$$

(2)　電極2は，$x=0$ から上昇を始めるが，バネの弾性力があるため，つり合いの位置を中心に単振動する。つり合いの位置を $x=x_0$，単振動の振幅を A とすると，$A=x_0$ であり，最上点の座標は $x_M = 2A = 2x_0$ となる。

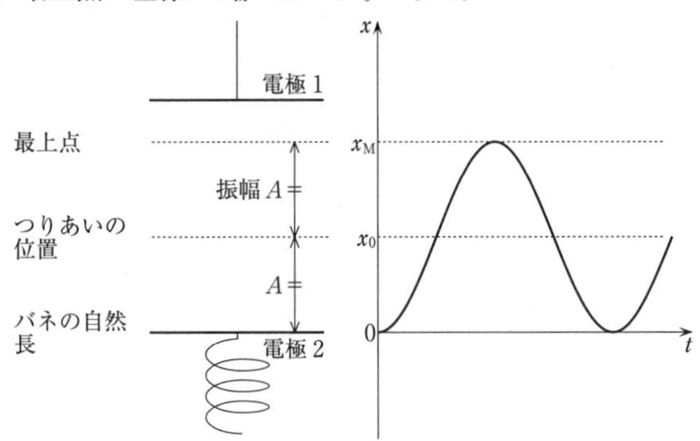

電極間にはたらく引力 F は，問2(2)の結果より ε_0，L，Q は一定であるから，電極間隔によらず一定であることがわかる。よって，電極2のつり合いの位置では

$$\frac{Q^2}{2\varepsilon_0 L^2} = mg + kx_0 \qquad \therefore \quad x_0 = \frac{1}{k}\left(\frac{Q^2}{2\varepsilon_0 L^2} - mg\right)$$

したがって

$$x_{\mathrm{M}}=2x_0=\boldsymbol{\frac{2}{k}\left(\frac{Q^2}{2\varepsilon_0 L^2}-mg\right)}$$

(3)　電極1の電荷 Q から出る電気力線はすべて電極2の電荷 $-Q$ に入り，その向きは x 軸の負の向きである。

その電気力線の本数を N とすると，ガウスの法則より

$$N=\frac{Q}{\varepsilon_0}$$

また，電場の強さ E_x は，単位面積を貫く電気力線の本数であるから

$$E_x=\frac{N}{L^2}=\frac{Q}{\varepsilon_0 L^2}$$

したがって，E_x は，電極2の位置 x によらず大きさが一定で，x 軸の負の向きであり，グラフは(c)となる。

別解　電極間の電界の x 成分 E_x は，電極1の電荷 Q による電界 E_{1x} と電極2の電荷 $-Q$ による電界 E_{2x} のベクトル和であり，ともに x 軸の負の向きに $E_{1x}=E_{2x}$ であるから，$E_{1x}=\frac{1}{2}E_x$ となる。電極2が電界から受ける力は，電極間にはたらく引力そのものであるから，電界 E_{1x} 中に電荷 $-Q$ があると考えると，引力 F の大きさは

$$F=QE_{1x}=\frac{1}{2}QE_x \qquad \therefore \quad E_x=\frac{2F}{Q}=\frac{Q}{\varepsilon_0 L^2}$$

▶**問4**．最初の問1(2)の状態で，コンデンサーに蓄えられた静電エネルギーは U_{C} である。

最後に電極2が最上点の位置で電極2を固定したとき，コンデンサーに蓄えられた静電エネルギーを U_{C}'' とし，この間，バネは長さ x_{M} だけ伸びて弾性力による位置エネルギーが $\frac{1}{2}kx_{\mathrm{M}}{}^2$ だけ増加し，電極2は高さ x_{M} だけ上昇して重力による位置エネルギーが mgx_{M} だけ増加しているので，エネルギー保存則より

$$U_{\mathrm{C}}=U_{\mathrm{C}}''+\frac{1}{2}kx_{\mathrm{M}}{}^2+mgx_{\mathrm{M}}$$

スイッチ $\mathrm{S_2}$ を閉じて十分時間が経つと，コンデンサーに蓄えられていた静電エネルギー U_{C}'' はすべて抵抗 $\mathrm{R_2}$ で消費されるので

$$U_{\mathrm{R2}}=U_{\mathrm{C}}''$$

したがって

$$U_{\mathrm{C}}-U_{\mathrm{R2}}=\boldsymbol{\frac{1}{2}kx_{\mathrm{M}}{}^2+mgx_{\mathrm{M}}}$$

テーマ

◎コンデンサーの電極を動かす仕事から電極間引力を求める問題，電極が単振動する問題である。

(i)　コンデンサーの極板を動かしたり，極板間に誘電体を挿入したりして，コンデンサーの電気容量 C が変化すると，蓄えられた静電エネルギー U が変化する。このとき，スイッチの開閉状態に注意して極板上の電荷 Q，極板間の電位差 V の変化する量と変化しない量を把握する必要がある。

- 「スイッチを開いてから」は，極板上の電荷 $Q=$一定 であるから，$U'=\dfrac{Q^2}{2C'}$ である。このとき，電気容量が変化するので，極板間の電位差が変化する。
- 「スイッチを閉じたまま」は，極板間の電位差 $V=$一定 であるから，$U'=\dfrac{1}{2}C'V^2$ である。このとき，電気容量が変化するので，極板に蓄えられた電荷が変化する。

(ii)　極板間引力は

$$F=\frac{1}{2}QE=\frac{1}{2}Q\cdot\frac{Q}{\varepsilon S}=\frac{Q^2}{2\varepsilon S}\quad\left(\because\ \text{ガウスの法則より } ES=\frac{Q}{\varepsilon}\right)$$

$$=\frac{(CV)^2}{2Cd}=\frac{CV^2}{2d}\quad\left(\because\ \text{電気容量 } C=\frac{\varepsilon S}{d}\right)$$

(iii)　エネルギーと仕事の関係は，2020 年度の〔テーマ〕を参照されたい。

3　電磁誘導

34　正方形コイルを流れる電流が磁場から受ける力のモーメント

（2022年度　第2問）

コイルを流れる電流に関して，以下の問いに答えよ。

問 1. 図1(i)のように，1辺の長さが$2a$の正方形の形をしたコイル$C_1C_2C_3C_4$を，$z=0$の平面内でコイルの中心が原点Oと一致し，C_2C_3とC_4C_1がx軸と平行になるように置いた。空間にはz軸の正の向きに磁束密度の大きさBの一様な磁場がかかっている。コイルは，図1(ii)のように，y軸まわりでのみ回転することができ，$z=0$の平面からの回転角をθ[rad]とする。回転角θの符号は，y軸負の側から見て時計回りを正とする。

コイルはC_4C_1の中点で，起電力Eの電池と抵抗値Rの抵抗からなる起電力回路部に導線で接続されている。この導線の間隔は十分短く，起電力回路部はコイルから十分に離れているものとする。コイルの導線，および起電力回路部へと接続する導線は十分細いが，電気抵抗は無視できるものとする。また，コイルは変形せず，コイルと起電力回路部を接続する導線のねじれの影響は考えなくてよい。

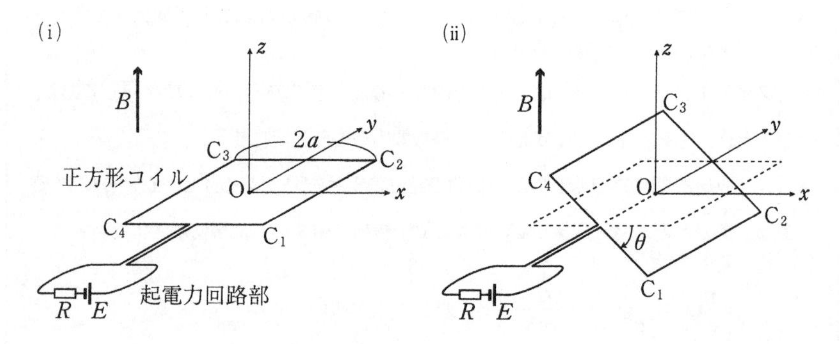

図1

(1)　コイルが静止しているとき，コイルを流れる電流の大きさI_0をE，R，a，Bのうち必要なものを用いて表せ。

(2)　コイルを回転角θ $\left(0 < \theta < \dfrac{\pi}{2}\right)$で静止させた。このとき，コイルの4辺が磁場から受ける力の向きを示した図として最も ふさわしいものを，図2の(a)〜(h)の中から選択して答えよ。

(3)　コイルを任意の回転角θで静止させた。このとき，コイルの4辺が磁場から受けるy軸まわりの力のモーメントの和$N(\theta)$をE，R，a，B，θのうち必要なものを用いて表せ。ただし，$N(\theta)$の符号は，θと同じ回転の向きを正とする。

(4)　$-\dfrac{\pi}{2} \leqq \theta < \dfrac{3\pi}{2}$の範囲において$N(\theta) = 0$となる2つの回転角$\theta_1$と$\theta_2$を答えよ。ただし，$\theta_1 < \theta_2$とする。

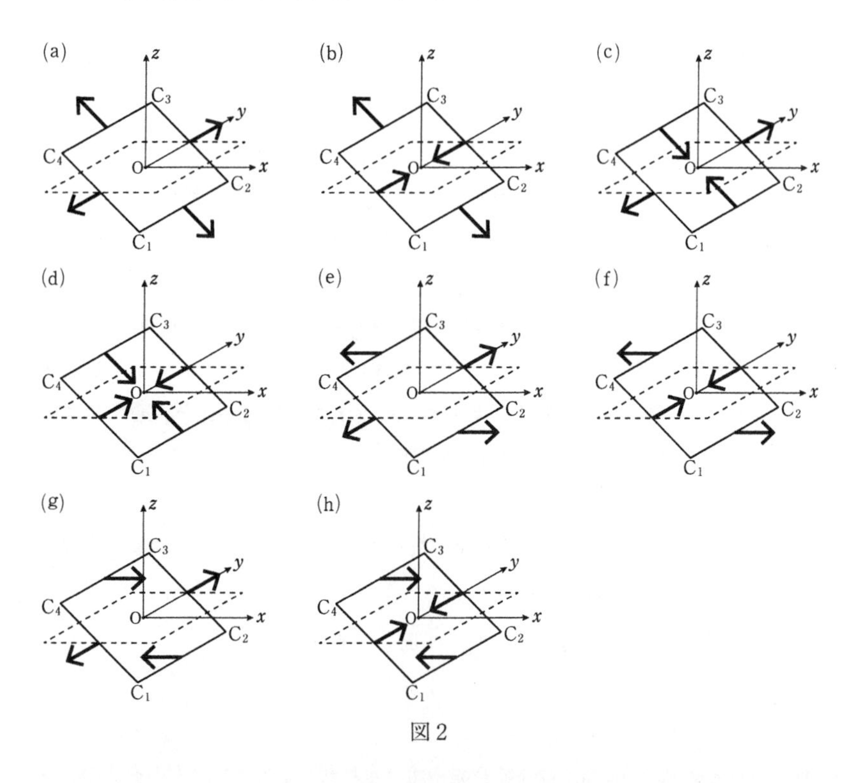

図2

問 2. コイルの回転角θが**問 1**(4)で求めたθ_1のときを状態1，θ_2のときを状態2とする。状態1と状態2について，志賀(しか)さんと能古(のこ)さんは次のように議論した。ただし，空欄(ア)～(オ)には中点（・）で区切られたいずれかの言葉や数字が入る。

志賀さん「状態1と状態2はどちらも磁場から受ける力のモーメントの和が$N(\theta)=0$だけれど，何か違いがあるのかな？」

能古さん「コイルに外から力のモーメントを加えて，$N(\theta)$とのつり合いを保ちながら，状態1から状態2まで十分にゆっくりと回転させたときにする仕事W_0を考えてみよう。」

志賀さん「コイルをある回転角θから微小角度$\Delta\theta$だけ十分にゆっくりと回転させるとき，外から加えた力のモーメントがコイルにする仕事ΔWは$\Delta W=-N(\theta)\Delta\theta$と書けるよ。」

能古さん「ΔWと$\Delta\theta$は，$\theta_1<\theta<\theta_2$の範囲では常に＿(ア) 同・異＿符号の関係にあって，このΔWをθ_1からθ_2まで足し合わせるとW_0になるんだね。それ以外の$-\dfrac{\pi}{2}\leqq\theta<\theta_1$と$\theta_2<\theta<\dfrac{3\pi}{2}$の範囲では，$\Delta W$と$\Delta\theta$は常に＿(イ) 同・異＿符号の関係にあるね。」

志賀さん「すると，状態1からθを変化させるとき，コイルにする仕事の符号は必ず＿(ウ) 正・負＿で，状態2からθを変化させるときは，コイルにする仕事の符号は必ず＿(エ) 正・負＿になるね。」

能古さん「だから，どちらの状態でも$N(\theta)=0$だけれど，コイルの回転角θが少し変化しても元に戻ろうとする『安定』な状態なのは状態＿(オ) 1・2＿の方なんだね。」

(1) 空欄(ア)，(イ)に当てはまる言葉の組み合わせとして正しいものを次の①～④の中から選択し答えよ。

① (ア) 同　(イ) 同　　② (ア) 同　(イ) 異
③ (ア) 異　(イ) 同　　④ (ア) 異　(イ) 異

(2) 空欄(ウ)，(エ)に当てはまる言葉の組み合わせとして正しいものを次の①～④の中から選択し答えよ。

①　(ウ) 正　　(エ) 正　　②　(ウ) 正　　(エ) 負

③　(ウ) 負　　(エ) 正　　④　(ウ) 負　　(エ) 負

(3)　空欄(オ)に当てはまる数字を「1」,「2」から選択し答えよ。

志賀さんと能古さんの議論を，外から力のモーメントを加えて一定の角速度ω ($\omega > 0$) でコイルを回転させたときと比較しよう。コイルの回転角がθ_1になった時刻を$t = 0$とする。ただし，コイルを流れる電流が作る磁束密度の大きさはBよりも十分小さいものとする。

(4)　時刻tにおけるコイルを貫く磁束を$\Phi(t)$とする。$\Phi(t)$の符号は，コイルの$C_1 \to C_2 \to C_3 \to C_4$の向きに右ねじを回したときにねじが進む向きを正とする。時刻tから短い時間Δtの間にθは$\Delta\theta = \omega\Delta t$だけ変化し，このときの$\Phi(t)$の変化を$\Delta\Phi(t)$とする。時刻$t$における$\dfrac{\Delta\Phi(t)}{\Delta t}$を$E$, R, a, B, ω, tのうち必要なものを用いて表せ。ただし，三角関数の公式$\sin(\alpha \pm \beta) = \sin\alpha\cos\beta \pm \cos\alpha\sin\beta$, $\cos(\alpha \pm \beta) = \cos\alpha\cos\beta \mp \sin\alpha\sin\beta$を使い，微小角度$\Delta\theta$に対しては，$\sin\Delta\theta \fallingdotseq \Delta\theta$, $\cos\Delta\theta \fallingdotseq 1$の近似を用いること。

(5)　時刻tにコイルを流れる電流$I(t)$をE, R, a, B, ω, tのうち必要なものを用いて表せ。ただし，$I(t)$の符号は，電流がコイルを$C_1 \to C_2 \to C_3 \to C_4$の向きに流れるときを正とする。

(6)　コイルの回転角がθ_1から最初にθ_2になるまでに，外から加えた力のモーメントがコイルにした仕事をW'とする。このW'と，志賀さんと能古さんが議論したW_0の大小関係として適切なものを解答欄から選択せよ。また，その理由を80字以内で述べよ。ただし，句読点も1字として数える。
〔W_0の大小関係の解答欄〕　$W' < W_0$　　$W' = W_0$　　$W' > W_0$

解　答

▶問1．(1)　コイルが静止しているとき，コイルには誘導起電力は生じない。
よって，オームの法則より

$$I_0=\boldsymbol{\frac{E}{R}}$$

(2)　コイルを流れる大きさ I_0 の電流が磁束密度の大きさ B の磁場から受ける力の大きさを F とする。この力の向きは，フレミングの左手の法則による。コイルの4辺が受ける力の向きは右図のようになる。

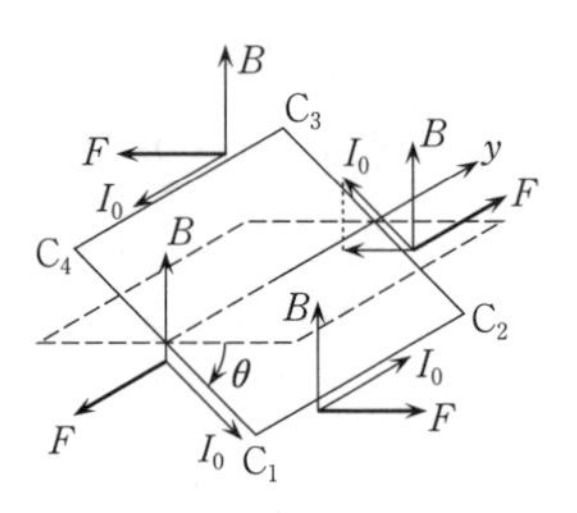

よって，図として最もふさわしいものは，**(e)**である。

(3)　コイルが回転角 θ で静止しているとき，コイルには誘導起電力は生じないので，コイルを流れる電流の大きさは I_0 である。よって，コイルの4辺のそれぞれが受ける力の大きさは等しく，これを F とすると

$$F=I_0B\cdot 2a=\frac{2EBa}{R}$$

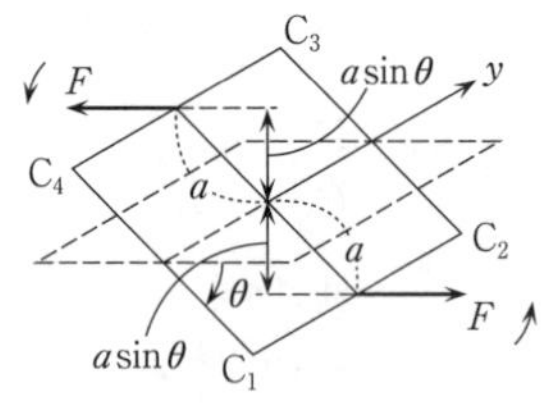

コイルの4辺のうち，辺 C_2C_3，C_4C_1 が受ける力の向きは y 軸方向であるから，y 軸まわりの力のモーメントは0である。

辺 C_1C_2，C_3C_4 が受ける y 軸まわりの力のモーメントは反時計回りの向き，すなわち，θ と逆の回転の向きである。y 軸からコイルの1辺が受ける力の作用線までの距離は $a\sin\theta$ であるから，力のモーメントの和 $N(\theta)$ は

$$N(\theta)=-F\times a\sin\theta\times 2=-\frac{2EBa}{R}\times a\sin\theta\times 2$$

$$=\boldsymbol{-\frac{4EBa^2}{R}\sin\theta}$$

別解　力のモーメントの和は次のように考えてもよい。
y 軸から力の作用点までの長さが a で，その線分に垂直な力の成分の大きさが $F\sin\theta$ であるから

$$N(\theta)=-F\sin\theta\times a\times 2=-\frac{4EBa^2}{R}\sin\theta$$

(4)　$$N(\theta)=-\frac{4EBa^2}{R}\sin\theta=0$$

$$\therefore\quad \sin\theta=0$$

これを満たす2つの θ を，$-\frac{\pi}{2}\leqq\theta<\frac{3\pi}{2}$，$\theta_1<\theta_2$ に注意して求めると

$\theta_1 = \mathbf{0}$, $\theta_2 = \pi$

▶問 2. (1) (ア)　$\theta_1 < \theta < \theta_2$ $(0 < \theta < \pi)$ のとき

辺 C_1C_2, C_3C_4 が磁場から受ける大きさ $N(\theta) = |2Fa\sin\theta|$ の力のモーメントは反時計回りの向きであるから，外から加えた力のモーメントは時計回りの向きである。よって，外から加えた力のモーメントがコイルにする仕事 $\varDelta W$ は正となり，$\varDelta W$ と $\varDelta\theta$ は，**同符号**である。

ここで，コイルを十分にゆっくりと回転させたときは加速度を 0 と考えてよいので，運動の法則よりコイルにはたらく合力は 0 となり，外から加えた力と磁場から受ける力はつりあいの関係にある。よって，外から加えた力のモーメントは，コイルが磁場から受ける y 軸まわりの力のモーメントの和 $N(\theta)$ と大きさが等しく向きが反対であるから，外から加えた力のモーメントがコイルにする仕事 $\varDelta W$ は，題意のように，$\varDelta W = -N(\theta)\varDelta\theta$ で表される。

(イ)　$-\dfrac{\pi}{2} \leqq \theta < \theta_1$ と $\theta_2 < \theta < \dfrac{3\pi}{2}$ $\left(-\dfrac{\pi}{2} \leqq \theta < 0 \text{ と } \pi < \theta < \dfrac{3\pi}{2}\right)$ のとき

辺 C_1C_2, C_3C_4 が磁場から受ける大きさ $N(\theta) = |2Fa\sin\theta|$ の力のモーメントは時計回りの向きであるから，外から加えた力のモーメントは反時計回りの向きである。よって，外から加えた力のモーメントがコイルにする仕事 $\varDelta W$ は負となり，$\varDelta W$ と $\varDelta\theta$ は，**異符号**である。

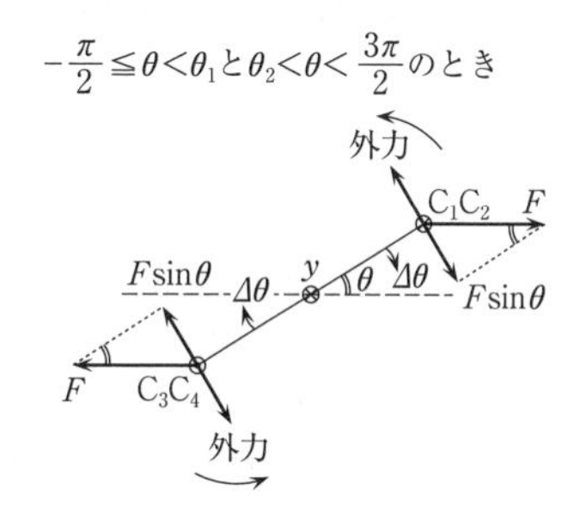

したがって，言葉の組み合わせとして正しいものは②である。

(2) (ウ)　状態 1 $(\theta_1 = 0)$ から θ を変化させるとき，**問 2** (1)(ア)より，$\theta_1 < \theta < \theta_2$ $(0 < \theta < \pi)$ では，$\varDelta W$ と $\varDelta\theta$ は同符号であるから，$\varDelta\theta > 0$ のとき，コイルにする仕事 $\varDelta W$ の符号は**正**である。

(エ)　状態 2 $(\theta_2 = \pi)$ から θ を変化させるとき，**問 2** (1)(イ)より，$\theta_2 < \theta < \dfrac{3\pi}{2}$ $\left(\pi < \theta < \dfrac{3\pi}{2}\right)$ では，$\varDelta W$ と $\varDelta\theta$ は異符号であるから，$\varDelta\theta > 0$ のとき，コイルにする仕事 $\varDelta W$ の符号は**負**である。

したがって，言葉の組み合わせとして正しいものは②である。

(3)　$N(\theta)$ と $\varDelta\theta$ が異符号であれば，θ の変化の向きと逆向きにコイルが磁場から力のモーメントを受けるので，コイルは元の位置に戻ろうとする。このとき，$\varDelta W = -N(\theta)\varDelta\theta$ より，$\varDelta W > 0$ である。すなわち，θ を増加させたときに $\varDelta\theta$ と $\varDelta W$ が同符号で，θ を減少させたときに $\varDelta\theta$ と $\varDelta W$ が異符号であれば，「安定」な状態といえる。

これを満たすのは，$\Delta\theta$ と ΔW が，$\theta_1<\theta$ で同符号，$\theta\leqq\theta_1$ で異符号となる状態1である。

逆に，状態2では $\Delta\theta$ と ΔW が $\theta_2\leqq\theta$ で異符号，$\theta<\theta_2$ で同符号となり，$\Delta W<0$ である。すなわち，$N(\theta)$ と $\Delta\theta$ が同符号であるから，θ の変化の向きと同じ向きにコイルが磁場から力のモーメントを受けるので，コイルは回転を続け元の位置に戻らない。これを，「不安定」な力のつりあいという。

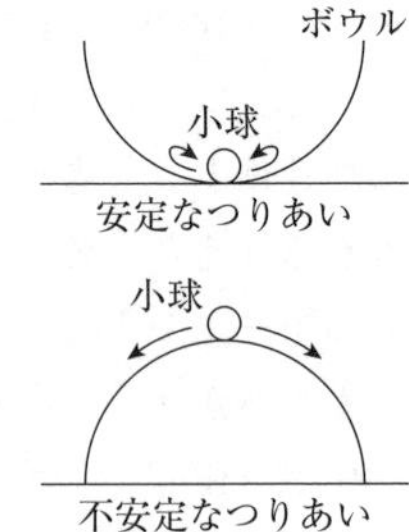

参考　半球のボウルの底を下にして固定し，ボウルの内面の底に小球を置くと静止する。小球を少し上にずらすと，小球は元の底の位置に戻ってくる。小球がこの内面の底にあるとき，安定なつりあいの状態という。
このボウルの底を上にして固定し，ボウルの外面の底に小球を置くと静止する。小球を少し下にずらすと，小球はそのまま落下して元の底の位置に戻ってこない。小球がこの外面の底にあるとき，不安定なつりあいの状態という。

〔注〕　**問2**(1)，(2)では，外から加えた力のモーメントがコイルにする仕事 ΔW と $\Delta\theta$ の関係を考えたが，**問2**(3)では，コイルが磁場から受ける力のモーメントの和 $N(\theta)$ と $\Delta\theta$ の関係を考えたことに注意が必要である。

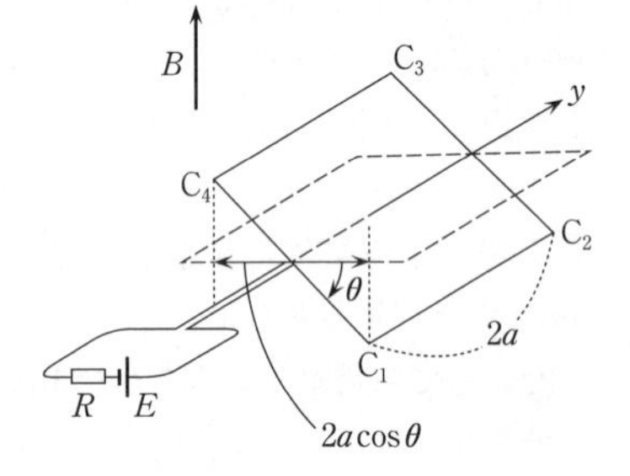

(4)　コイルが $t=0$ で状態1（$\theta_1=0$）から回転して，時刻 t で回転角が $\theta=\omega t$ になったとき，$\Phi(t)$ は，その符号は問題の図1の上向きが正であることに注意して

$$\Phi(t)=B\times2a\times2a\cos\theta$$
$$=4Ba^2\cos\omega t$$

時刻 t から短い時間 Δt 経過したとき，$\Phi(t+\Delta t)$ は，与えられた三角関数の公式と，$\Delta\theta$ についての近似式を用いると

$$\Phi(t+\Delta t)=4Ba^2\cos\omega(t+\Delta t)$$
$$=4Ba^2\cos(\omega t+\omega\Delta t)$$
$$=4Ba^2(\cos\omega t\cdot\cos\omega\Delta t-\sin\omega t\cdot\sin\omega\Delta t)$$
$$\fallingdotseq4Ba^2(\cos\omega t\cdot1-\sin\omega t\cdot\omega\Delta t)$$

これらの差をとると

$$\Delta\Phi(t)=\Phi(t+\Delta t)-\Phi(t)$$
$$=4Ba^2(\cos\omega t-\sin\omega t\cdot\omega\Delta t)-4Ba^2\cos\omega t$$
$$=-4\omega Ba^2\sin\omega t\cdot\Delta t$$

よって

$$\frac{\Delta\Phi(t)}{\Delta t} = -4\omega Ba^2 \sin\omega t$$

(5)　時刻 t にコイルに生じる誘導起電力を $V_{\mathrm{emf}}(t)$ とし，その符号は，電流を $C_1 \to C_2 \to C_3 \to C_4$ の向きに流すときを正とすると

$$V_{\mathrm{emf}}(t) = -\frac{\Delta\Phi(t)}{\Delta t} = 4\omega Ba^2 \sin\omega t$$

ここで，コイルに生じる誘導起電力の向きは，右図のように，レンツの法則を用いても $C_1 \to C_2 \to C_3 \to C_4$ の向きであることがわかる。

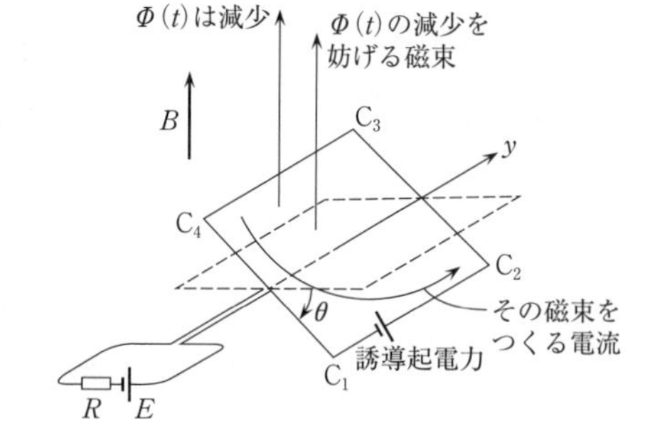

よって，時刻 t にコイルを流れる電流 $I(t)$ は，起電力回路部とコイルの回路において

$$I(t) = \frac{E + 4\omega Ba^2 \sin\omega t}{R}$$

(6)　適切なもの：$W' > W_0$

理由：**ゆっくり回転させたときに比べ一定の角速度で回転させたときがコイルを流れる電流は大きくなり，磁場から受ける力に逆らって外から加える力のモーメントも大きくなるから。**(80 字以内)

ここで，志賀さんと能古さんの議論は，コイルを θ_1 から θ_2 まで，すなわち，$\theta=0$ から $\theta=\pi$ まで，十分にゆっくりと回転させるときの，外から加えた力のモーメントがコイルにする仕事の和 W_0 についてである。コイルを十分にゆっくりと回転させるときは，誘導起電力が生じないので，コイルを流れる電流は**問 1**(1)の $I_0 = \dfrac{E}{R}$ に等しい。

一方，**問 2** 後半の設問で，コイルを一定の角速度 ω で回転させたときに，コイルを流れる電流は**問 2**(5)の $I(t) = \dfrac{E + 4\omega Ba^2 \sin\omega t}{R}$ である。$0 \leqq \omega t \leqq \pi$ のとき $\sin\omega t \geqq 0$ であるから，$I(t) \geqq I_0$ となり，$W' > W_0$ である。

テーマ

◎一様な磁場内を運動する正方形コイルに生じる誘導起電力，コイルを流れる電流が磁場から受ける力のモーメントの問題である。大学入学共通テストでもみられる会話文の問題（2019 年度にも出題があった）が含まれ，コイルが磁場から受ける力の向きの図を選択する問題（2018 年度にも出題があった）が含まれる。

●コイルを流れる電流が直流であるから，コイルが半回転するごとに，コイルを流れる電流が磁場から受ける力のモーメントの向きが変わる。コイルを十分にゆっくり回転させるためには，これにつりあう外力のモーメントを加えなければならないが，外力のモーメントがコイルにする仕事の正負や，つりあいの安定と不安定（問 2(3)の〔参考〕）を考えなければならない。

●右図のように，点Pに大きさFの力がはたらくとき，点Oのまわりの力のモーメントMは，点Oから力Fの作用線に下ろした垂線の長さをhとして，$M=F\cdot h$である。または，Fの OP に平行な成分を$F_{\parallel}$，垂直な成分を$F_{\perp}$とすると，$F_{\parallel}$は力のモーメントをもたないので，OP の長さをlとして，$M=F_{\perp}\cdot l$である。

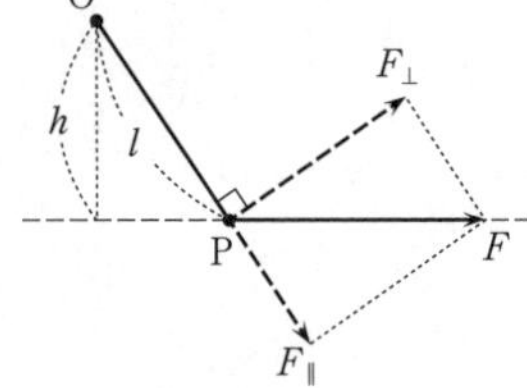

●コイルに生じる誘導起電力$V(t)$は，時刻t，および$t+\Delta t$におけるコイルを貫く磁束$\Phi(t)$，および$\Phi(t+\Delta t)$から磁束の変化$\Delta\Phi(t)$を求め，$V(t)=\dfrac{\Delta\Phi(t)}{\Delta t}$によって得られる。ここで，sin と cos の加法定理や，微小量についての三角関数の近似式を用いる計算方法は，九州大学ではよく出題されている。

35 コイルに生じる誘導起電力，交流発電機

（2019年度　第2問）

幅 L〔m〕，奥行 D〔m〕の長方形状の一巻きコイルを使って，磁場の中にコイルを入れたときやその中で動かしたときにみられる現象について調べる。コイルに発生する起電力を測るため，コイルの両端部に R〔Ω〕の抵抗を接続した閉回路をつくり，抵抗にかかる電圧を測る。以下では，コイルおよび導線の電気抵抗，コイルで発生した電流のつくる磁束，コイル以外の回路部分への磁場の影響，電圧計に流れる電流を無視する。

問 1．はじめに，時間変化する一様な磁束密度 $\vec{B}$〔T〕の磁場の中に置かれたコイルについて考えよう。図1に示すように，鉛直方向にかけられた磁場と垂直になるようにコイルの面を水平に固定する。

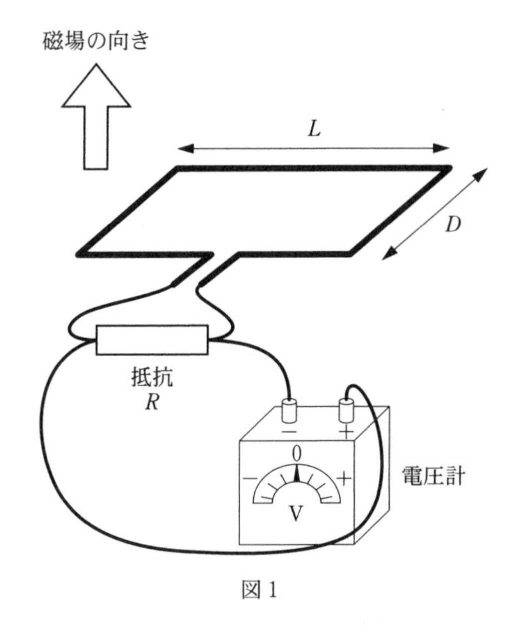

図1

磁束密度 $\vec{B}$ の鉛直上向きの成分 B_z〔T〕が下のグラフ(1)あるいは(2)のように時刻 t〔s〕とともに変化するとき，抵抗の両端に取り付けられた電圧計が示す電圧 V_1〔V〕の時間変化をグラフに描け。ただし，電圧の値をグラフの縦軸の目盛りに記入しなくてよいが，相対的な大きさが分かるように図示せよ。

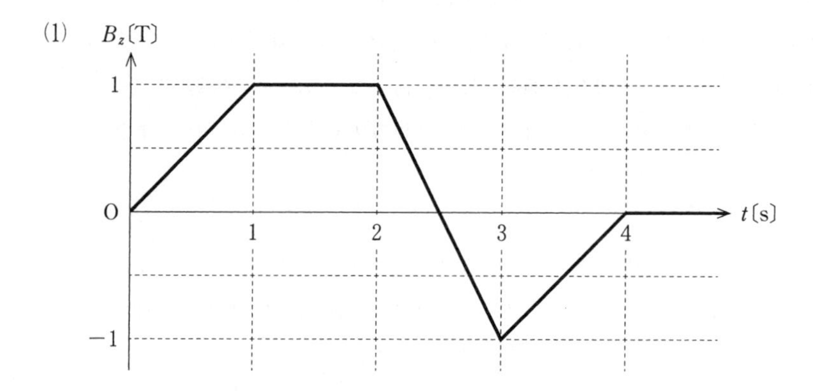

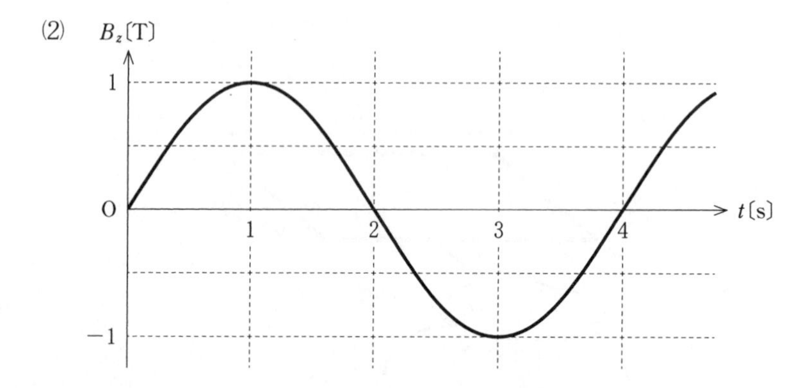

〔解答欄〕

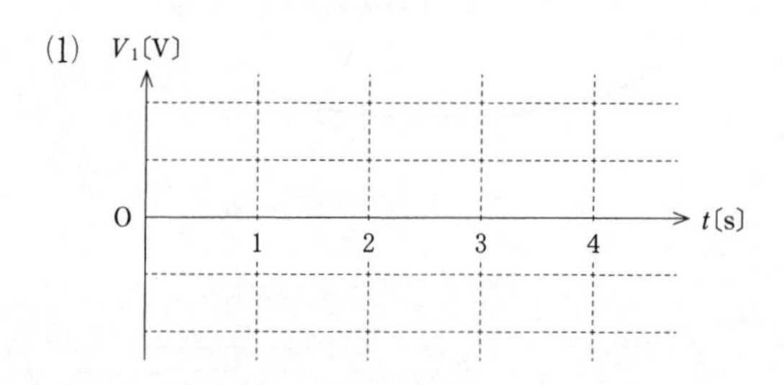

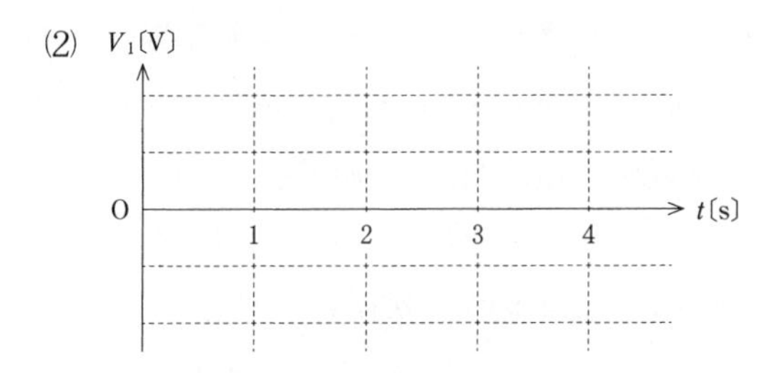

問 2. つぎに，時間変化しない一様な磁束密度$\vec{B}$〔T〕の磁場の中でコイルを回転させよう。図 2 に示すように，コイル上の点 b と c の中点，a と d の中点の両方を通る軸のまわりに，一定の角速度ω〔rad/s〕でコイルを回転させる。この実験について，千春さんと浩介さんの 2 人は以下のように議論している。空欄(ア)から(ク)に入る適切な語句や記号，数式を答えよ。

千春さん　「時刻 0（ゼロ）では，コイルの面と磁場の向きがちょうど垂直だったよね。時間が少し経った時刻t〔s〕での様子が図 2 に描いてあるね。」

浩介さん　「コイルは反時計回りに角度ωtだけ回転しているから，コイルを貫く磁束は時刻 0（ゼロ）のときに比べて減少しているね。起電力はどうなるかな？　電流のつくる磁場が，コイルを貫く磁束の時間変化を＿＿(ア)＿＿向きに起電力が生じるよね。」

千春さん　「これは＿＿(イ)＿＿の法則だね。

　電流の向きは，図中の矢印記号(あ)の向きなのか，それとも(い)の向きなのかな？　えーと，＿＿(ウ)＿＿の向きだね。」

浩介さん　「そうだね。じゃあ，この電流は磁場の中を流れるんだよね。ということは，＿＿(エ)＿＿と呼ばれている力がコイルを流れる電流にはたらくよね。コイルの ab 間の部分にはたらく力を求めてみよう。」

千春さん　「電流をI〔A〕，磁束密度の大きさを$B=|\vec{B}|$と表すと，この力の大きさは＿＿(オ)＿＿になるね。コイルの＿＿(カ)＿＿間にはたらく力も同じ大きさだよね。これらの力がかかるとコイルはどうなる

の？」

浩介さん　「コイルの回転が妨げられるのはわかるかな？　一定の角速度でコイルを回転させるには，この妨げる力と同じ大きさで，反対向きの外力をかけるといいよね。この外力の仕事率 P〔W〕を求めよう。」

千春さん　「仕事率は単位時間あたりの仕事だったかな。」

浩介さん　「その通り。まず，コイルの ab 間については，仕事率は速度と力の内積だから，コイルの ab 間の部分の速さを v〔m/s〕，そこにかける力の大きさを F〔N〕とすると，$Fv\sin\omega t$ が仕事率になるよね。 ＿＿(カ)＿＿ 間も同じだね。」

千春さん　「2つを合計した全体の仕事率 P〔W〕は，F を I を用いて表して，$P=$ ＿＿(キ)＿＿ になったよ。」

浩介さん　「これと抵抗 R で単位時間（毎秒）あたりに発生する熱量 P_R〔W〕が等しくなるんだ。エネルギー保存則だね。この関係 $P=P_R$ を使うと，電流 I の時間変化が求められるよ。」

千春さん　「P_R は I を用いて，$P_R=$ ＿＿(ク)＿＿ と表せるから，時刻 t のときの電流は $I=\dfrac{BLD\omega}{R}\sin\omega t$ になるね。」

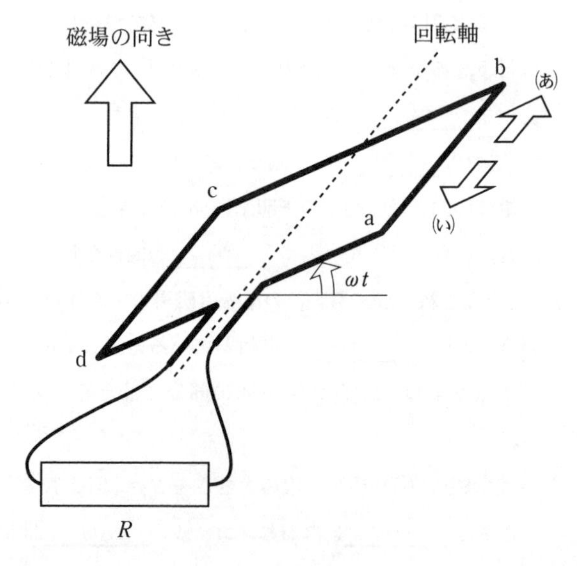

図2

問 3. 前問 2 で用いたコイルと抵抗からなる閉回路と同じものをもう 1 つ準備する。2 つのコイルを組み合わせて，一体化したコイル対をつくろう。図 3 に示すように，2 つのコイルの回転軸をそろえて，片方のコイル面ともう一方のコイル面とがなす角度を θ〔rad〕（$0 \leqq \theta \leqq \pi$ にとる）で固定する。コイルの回転軸は，前問と同じとする。また，2 つのコイルが互いに電気的に接触しないように一体化する。

この一体化したコイル対を，時間変化のない一様な磁場の中で，回転軸のまわりに一定の角速度 ω〔rad/s〕で回転させる。このとき，コイル対全体の仕事率が時刻によらず一定になるような θ を求めよ。解答欄には<u>θ の値</u>と<u>そのときの仕事率が時刻によらず一定になること</u>を示せ。

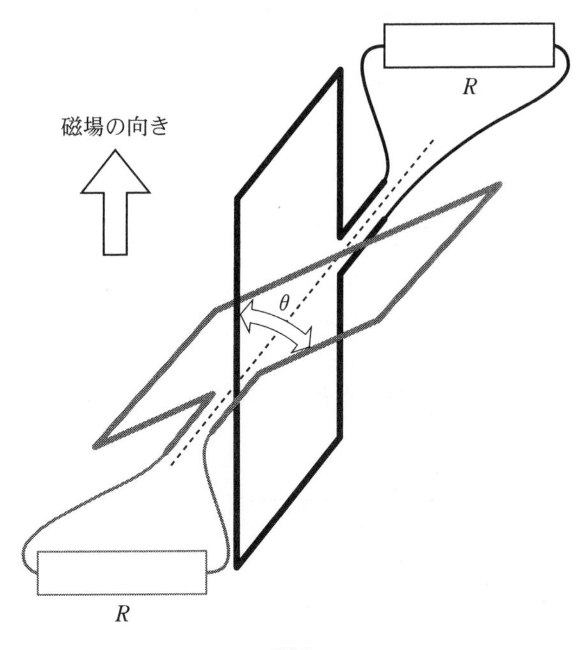

図 3

解 答

▶問1．(1) コイルに生じる誘導起電力の大きさ $|V|$ は，コイルを貫く磁束を Φ，コイルの面積を S とすると，$\Phi=B_zS$ であるから

$$|V|=\left|\frac{\Delta\Phi}{\Delta t}\right|=\left|\frac{\Delta B_z\cdot S}{\Delta t}\right|=\left|\frac{\Delta B_z}{\Delta t}\right|\cdot LD \quad \cdots\cdots①$$

(i) $0\leqq t\leqq 1$ のとき

$$|V|=\left|\frac{1}{1}\right|\cdot LD=1\cdot LD$$

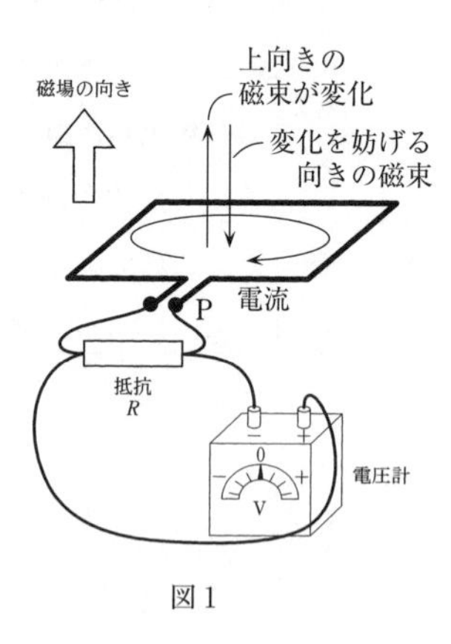

図1

レンツの法則より，コイルを貫く磁束は，紙面に沿って図1の上向き（磁場の向き）の磁束が増加するから，それを妨げる下向きの磁場をつくるような電流を生じる起電力が発生する。右ねじの法則より，この電流は，コイルに図1の右回り（時計回り）に生じ，図1のPが高電位である。電圧計の＋，－の端子に注意すると，このときの電圧は負である。よって，電圧計が示す電圧 V_1〔V〕は

$$V_1=-1\cdot LD〔\mathrm{V}〕$$

同様に考えて

(ii) $1\leqq t\leqq 2$ のとき　　$V_1=0$〔V〕

(iii) $2\leqq t\leqq 3$ のとき　　$V_1=2\cdot LD$〔V〕

(iv) $3\leqq t\leqq 4$ のとき　　$V_1=-1\cdot LD$〔V〕

(v) $4\leqq t$ のとき　　$V_1=0$〔V〕

縦軸には電圧の値を記入せず相対的な大きさがわかればよいから，これらの電圧の係数を対応させてグラフに描けばよい。

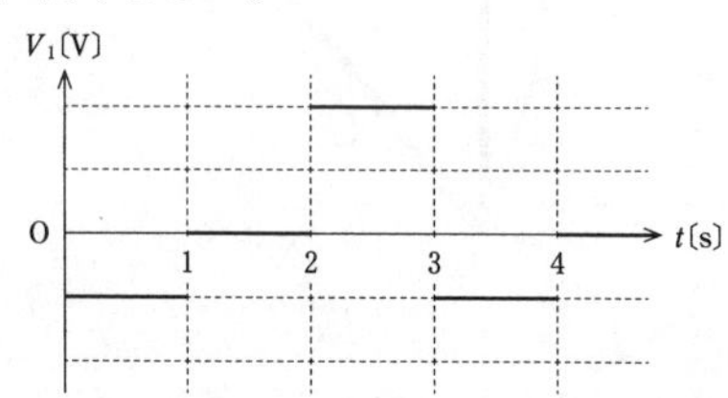

(2) 磁束密度のグラフの式は，周期 T〔s〕が，$T=4$〔s〕であるから

$$B_z=1\cdot\sin\frac{2\pi}{T}t=\sin\frac{\pi}{2}t$$

このとき，誘導起電力の大きさは，①より

$$|V|=\left|\frac{\Delta B_z}{\Delta t}\right|\cdot LD=\frac{\pi}{2}\cos\frac{\pi}{2}t\times LD$$

(1)(i)$0 \leqq t \leqq 1$ のときと同様に，B_z が増加するときは，図１のＰが高電位であり，電圧は負である。よって

$$V_1 = -\frac{\pi LD}{2}\cos\frac{\pi}{2}t$$

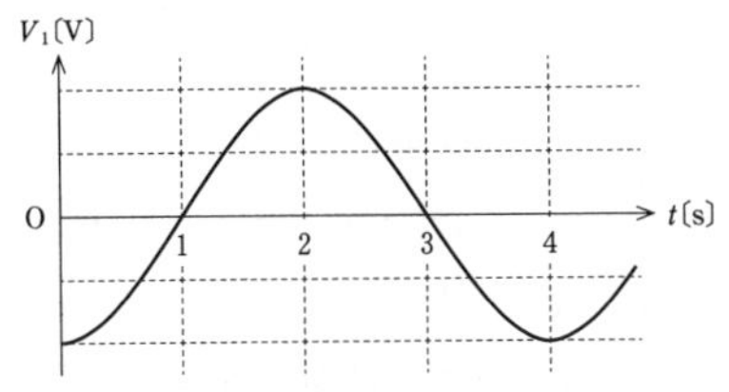

参考　N 回巻きコイルに生じる誘導起電力は

$$V(t) = -N\cdot\frac{d\Phi(t)}{dt}$$

問１(2)のグラフより $\Phi(t) = LD\sin\frac{\pi}{2}t$ であるから

$$V(t) = -1\cdot\frac{d}{dt}\left(LD\sin\frac{\pi}{2}t\right) = -\frac{\pi LD}{2}\cos\frac{\pi}{2}t$$

ただし，符号は，電圧計の＋，－が与えられているので，レンツの法則によって確認する必要がある。

▶**問２**．(ア)〜(ウ)　電流のつくる磁場が，コイルを貫く磁束の時間変化を**妨げる**（→(ア)）向きに起電力が生じる。これを**レンツ**（→(イ)）の法則という。図２の場合は，紙面に沿って図２の上向き（磁場の向き）の磁束が減少するから，それを妨げる上向きの磁場をつくる向きに電流を生じる。右ねじの法則より，この電流は，コイルに図２の左回り（反時計回り）に生じるので，図２の(あ)（→(ウ)）の向きである。

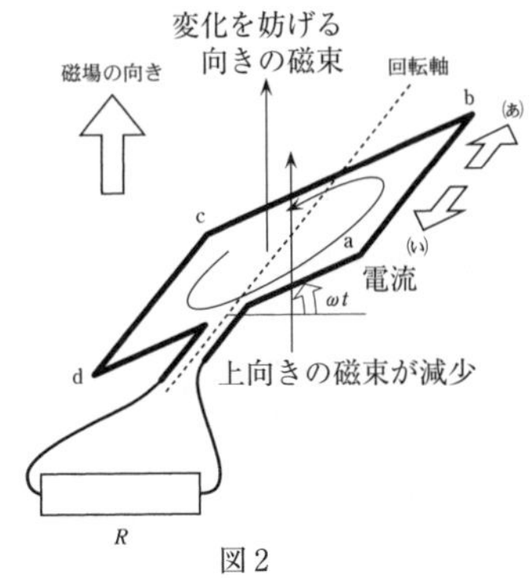

図２

(エ)　運動する荷電粒子が磁場から受ける力をローレンツ力といい，電荷の流れである電流が磁場から受ける力（いわゆる電磁力）は，電荷が受ける力の和であるから**ローレンツ力**である。

(オ)・(カ)　電流が磁界から受ける力の大きさ F〔N〕は

$$F = \boldsymbol{IBD} \quad (\to(オ))$$

また，**cd**（→(カ)）間についても流れる電流の大きさが等しいので，磁界から受ける力の大きさも等しい。

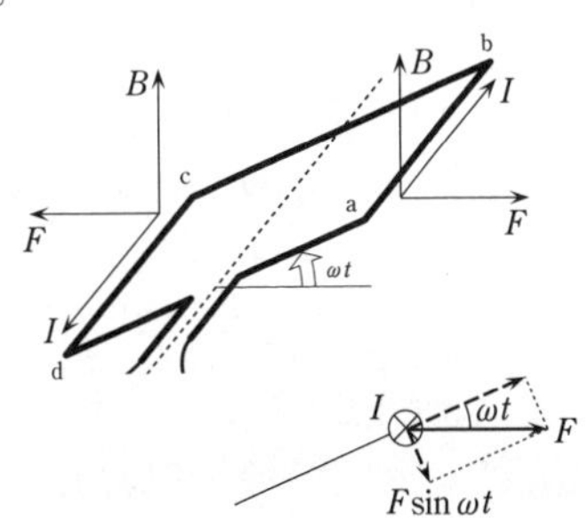

(キ)　２つのコイルを回転させる外力の仕事率 P

〔W〕は，与えられた式に代入すると

$$P=2\times Fv\sin\omega t$$
$$=\boldsymbol{2IBDv\sin\omega t}\quad\cdots\cdots②$$

別解　コイルの ab 間の部分の速さ v を，$v=\dfrac{L}{2}\omega$ と表すと

$$P=2IBD\times\frac{L}{2}\omega\times\sin\omega t=IBLD\omega\sin\omega t\quad\cdots\cdots③$$

仕事率の式に v が与えてあるので②の答えが考えられるが，本問が**問3**への導入とすると，ω を用いた③の答えでもよいと思われる。

(ク)　抵抗 R で単位時間あたりに発生する熱量（ジュール熱），すなわち消費電力 P_R〔W〕は，電流 I と抵抗の両端の電圧 V〔V〕を用いると

$$P_R=VI=\boldsymbol{RI^2}$$

▶**問3**．**問2**で用いたコイルを回転させる外力の仕事率を P_1〔W〕とすると，③に，与えられた $I=\dfrac{BLD\omega}{R}\sin\omega t$ を代入して

$$P_1=IBLD\omega\sin\omega t$$
$$=\frac{BLD\omega}{R}\sin\omega t\times BLD\omega\sin\omega t$$
$$=\frac{(BLD\omega)^2}{R}\sin^2\omega t\,〔W〕$$

もう一方のコイル面はこれより角度 θ だけ進んでいるから，このコイルを回転させる外力の仕事率を P_2〔W〕とすると

$$P_2=\frac{(BLD\omega)^2}{R}\sin^2(\omega t+\theta)\,〔W〕$$

コイル対全体の仕事率を P'〔W〕とすると

$$P'=P_1+P_2=\frac{(BLD\omega)^2}{R}\sin^2\omega t+\frac{(BLD\omega)^2}{R}\sin^2(\omega t+\theta)$$
$$=\frac{(BLD\omega)^2}{R}\{\sin^2\omega t+\sin^2(\omega t+\theta)\}\,〔W〕$$

仕事率 P' が時刻 t によらず一定であるためには，$\sin^2\omega t+\sin^2(\omega t+\theta)$ が一定であればよい。$\theta=\dfrac{\pi}{2}$ のとき，$\sin^2\omega t+\cos^2\omega t=1$ となり，$P'=\dfrac{(BLD\omega)^2}{R}=$一定 である。

> **参考**　コイル対全体の仕事率を求めると，$\sin^2\omega t+\sin^2(\omega t+\theta)$ に比例することがわかるので，これが t によらないような角度 θ を求めればよいことになるが，三角関数の公式 $\sin^2x+\cos^2x=1$ が思い浮かべば，$\sin(\omega t+\theta)$ が $\cos\omega t$ または $-\cos\omega t$ になるような θ であることは想像がつく。そのときの仕事率が一定になることを示せればよいのだから，これで十分であろう。

別解　エネルギー保存則より，図2の全体の仕事率 P は，抵抗 R で単位時間あたり

に発生する熱量 P_R と等しいから

$$P_1 = R\left(\frac{BLD\omega}{R}\sin\omega t\right)^2$$

$$P_2 = R\left\{\frac{BLD\omega}{R}\sin(\omega t+\theta)\right\}^2$$

よって，コイル対全体の仕事率は

$$P' = P_1 + P_2 = \frac{(BLD\omega)^2}{R}\{\sin^2\omega t + \sin^2(\omega t+\theta)\}$$

（以下，〔解答〕と同様）

参考　P' のうち，時刻 t の項について加法定理を用いると

$$\begin{aligned} f(t) &= \sin^2\omega t + \sin^2(\omega t+\theta) \\ &= \sin^2\omega t + (\sin\omega t\cos\theta + \cos\omega t\sin\theta)^2 \\ &= \sin^2\omega t + \sin^2\omega t\cos^2\theta + \cos^2\omega t\sin^2\theta + 2\sin\omega t\cos\theta\cos\omega t\sin\theta \\ &= (1+\cos^2\theta)\sin^2\omega t + \sin^2\theta(1-\sin^2\omega t) + \sin\theta\cos\theta\sin 2\omega t \\ &= (1+\cos^2\theta-\sin^2\theta)\sin^2\omega t + \sin\theta\cos\theta\sin 2\omega t + \sin^2\theta \\ &= 2\cos^2\theta\sin^2\omega t + \sin\theta\cos\theta\sin 2\omega t + \sin^2\theta \end{aligned}$$

$f(t)$ が t によらず一定であるためには

$$\cos^2\theta = 0 \quad \text{かつ} \quad \sin\theta\cos\theta = 0$$

でなければならない。よって　　$\theta = \dfrac{\pi}{2}$

このとき

$$P' = \frac{(BLD\omega)^2}{R}\cdot\sin^2\frac{\pi}{2} = \frac{(BLD\omega)^2}{R} = \text{一定}$$

テーマ

◎共通テストでも出題が見られる会話文スタイルの問題である。会話部分にヒントが多く含まれているので，誘導に従って解いていけばよい。

- メインテーマは，一様な磁場内で回転するコイルに生じる誘導起電力，いわゆる交流発電機の問題である。N 回巻きコイルに生じる誘導起電力 $V(t)$ は，磁束 $\boldsymbol{\Phi}(t)$ の時間微分で考えるのが得策であり，$V(t) = -N\dfrac{d\Phi(t)}{dt}$ であるが，大きさはその絶対値で $|V(t)| = \left|-N\dfrac{d\Phi(t)}{dt}\right|$，向きはレンツの法則またはフレミングの右手の法則を用いて求める。

36 一様でない磁場中を落下する導体ループ

（2018年度 第2問）

磁場中を落下する導体ループの運動について考える。図1(a)のように，鉛直方向上向きをz軸の正の向きにとり，正方形KLMNの4辺で構成された導体ループ(各辺の長さ$2l$)を水平に固定する。ここで，導体ループの中心はz軸上にあり，正方形の各辺はx軸またはy軸に平行である。また，図1(b)のように，点$(x,\ y,\ z)$における磁場の磁束密度$\overrightarrow{B}$のx成分は0であり，y成分およびz成分はそれぞれ$B_y=-cy$，$B_z=cz$（cは正の定数)と表される。その後，静かに導体ループの固定を外すと，導体ループは水平を保ったままz軸に沿って落下する。ここで，重力加速度の大きさをg，導体ループの質量をmとする。導体ループは真空中にあり，変形も回転もしないものとする。導体ループの自己インダクタンスと導体の太さは無視できるものとする。正方形の2辺LM，NKを構成する導体はともに電気抵抗Rをもち，残りの2辺KL，MNを構成する導体の電気抵抗は無視できるものとする。（図1(b)の矢印の付いた複数の曲線は磁束線を表している。)

以下の**問1**と**問2**では，導体ループの中心の位置を$(0,\ 0,\ z)$とし，$z \geqq 0$にある導体ループの運動について異なる観点から考えることにする。

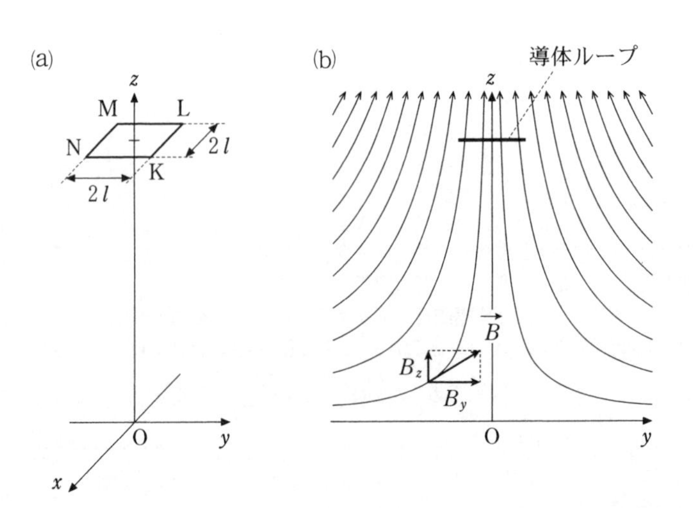

図1

問 1. 導体ループの固定を外してからしばらくすると，落下の速さが v_0 で一定となった。

まず，図 2 のように，x 軸に平行な辺 KL，MN を構成する 2 つの導体がともに孤立したものとして考える。

(1)　2 つの導体の位置における磁束密度 $\vec{B}$ の y 成分の大きさ $|B_y|$ は等しい。同様に，2 つの導体の位置における $\vec{B}$ の z 成分の大きさ $|B_z|$ も等しい。$|B_y|$，$|B_z|$ を c，l，z の中から必要なものを用いて表せ。

(2)　2 つの導体の内部にある自由電子(電荷 $-e$)が受ける x 方向のローレンツ力の大きさ F は等しくなる。F を c，e，l，v_0，z の中から必要なものを用いて表せ。

(3)　ローレンツ力による電子の移動により，それぞれの導体の一端が負に帯電し，他端は正に帯電するため，導体に沿った方向に電場が生じる。この電場から受ける力とローレンツ力がつり合ったときに電子の移動は止まる。このとき，KL 間と MN 間には同じ大きさの電位差が生じている。電位差の大きさ V を c，e，l，v_0，z の中から必要なものを用いて表せ。

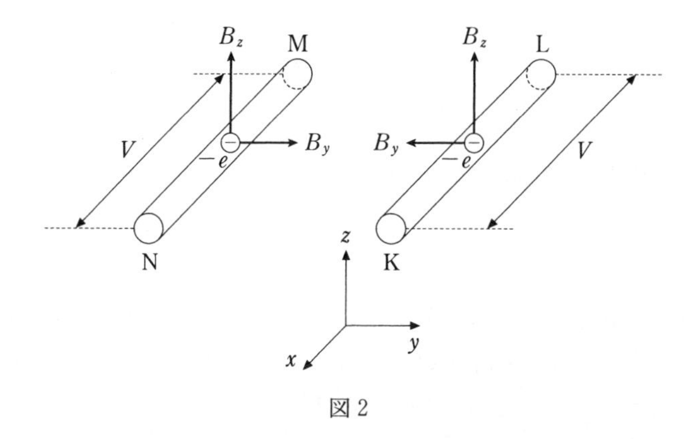

図 2

次に，図3のように，y 軸に平行な正方形の残りの2辺LM，NKを構成する導体もあわせて考える。

(4)　電位差 V に基づいて，導体ループに電流が流れる。このとき，導体ループで消費される電力 P を c，e，l，R，v_0，z の中から必要なものを用いて表せ。

(5)　一定の速さ v_0 での落下に伴う単位時間あたりの位置エネルギーの変化の大きさ $\varDelta U$ を c，e，g，l，m，v_0，z の中から必要なものを用いて表せ。

(6)　エネルギーの変換を考えることにより，落下の速さ v_0 を c，e，g，l，m，R，z の中から必要なものを用いて表せ。

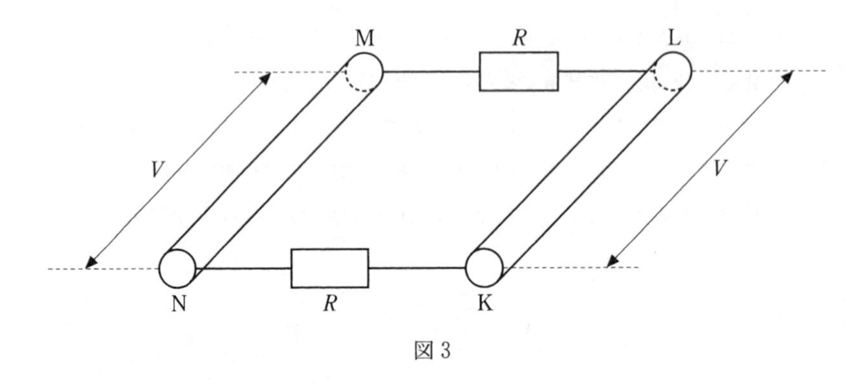

図3

問 2. 導体ループの固定を外した後の落下について，別の観点からもう一度考える。

(1)　導体ループを貫く磁束を $\varPhi$ とする。導体ループが微小距離 $\varDelta h(>0)$ だけ落下する間の磁束 $\varPhi$ の変化 $\varDelta\varPhi$ を c，$\varDelta h$，l，z の中から必要なものを用いて表せ。

⑵　微小距離 Δh の落下に要する時間を Δt とするとき，導体ループに流れる電流の大きさ I を c，Δh，l，R，Δt，z の中から必要なものを用いて表せ。

⑶　導体ループに流れる電流 I は，磁場から力を受ける。導体ループの各辺が受ける力の成分を描いた図として適したものを，図 4 の ⒜〜⒟ から一つ選び記号で答えよ。

⑷　導体ループの運動の鉛直方向の加速度を a とするとき，導体ループの運動方程式を a，c，g，I，l，m，z の中から必要なものを用いて表せ。

この運動方程式から終端速度を求めると，**問** 1 で求めた落下の速さ v_0 が得られる。

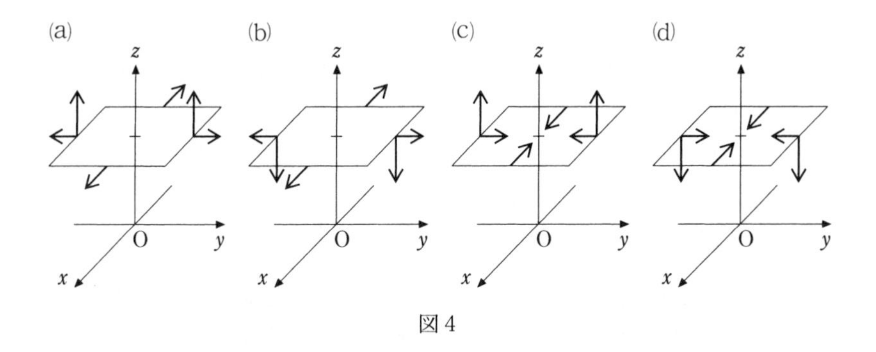

図 4

解答

▶問1．(1) 辺 KL，MN の導体に着目する。それぞれの導体の位置の座標は，辺 KL では，$(y,\ z)=(l,\ z)$ であるから，磁束密度 $\vec{B}$ の y 成分，z 成分は，それぞれ

$$B_y=-cl,\ B_z=cz$$

辺 MN では，$(y,\ z)=(-l,\ z)$ であるから，磁束密度 $\vec{B}$ の y 成分，z 成分は，それぞれ

$$B_y=-c(-l),\ B_z=cz$$

したがって，磁束密度 $\vec{B}$ の y 成分，z 成分の大きさは，2つの導体の位置で等しく

$$|B_y|=\boldsymbol{cl},\ |B_z|=\boldsymbol{cz}$$

(2) 自由電子が受けるローレンツ力の向きは，フレミングの左手の法則より，右図のようになる。

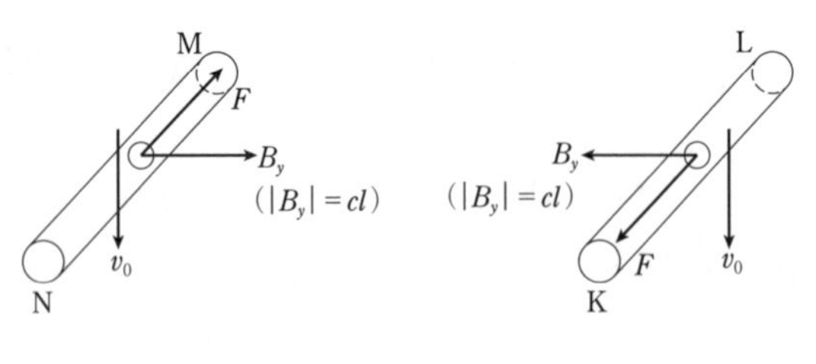

辺 KL，MN の導体は z 軸の負の向きに落下するから，自由電子は $\vec{B}$ の z 成分 B_z からはローレンツ力を受けない。

辺 KL，MN の導体中の自由電子が $\vec{B}$ の y 成分 B_y から受けるローレンツ力の大きさ F は

$$F=|-ev_0B_y|=ev_0\times cl=\boldsymbol{cev_0l}$$

向きは，それぞれL→K，N→Mの向きである。

(3) 辺 KL が孤立した導体であることに注意すると，辺 KL の導体中の自由電子はL→Kの向きのローレンツ力を受けてKの側へ移動し，Kは負に，Lは正に帯電する。この電荷による電場の向きはL→Kの向きであり，その大きさを E，辺 KL 間の電位差を V とすると，自由電子が電場から受ける力の大きさ F' は

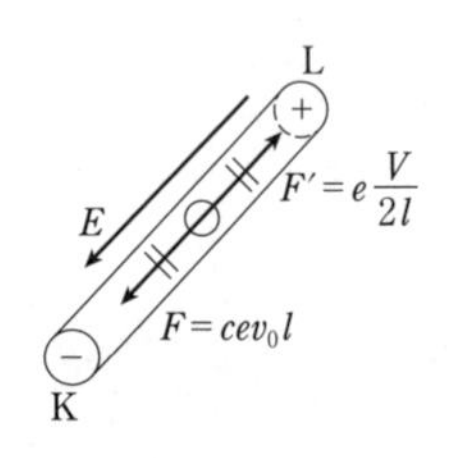

$$F'=eE=e\frac{V}{2l}$$

各自由電子について，この電場から受ける力とローレンツ力がつり合うから

$$e\frac{V}{2l}=cev_0l \qquad \therefore \quad V=\boldsymbol{2cv_0l^2}$$

このとき，電場の向きがL→Kであるから，Lが高電位である。

辺 MN についても同様で，電位差 $V=2cv_0l^2$ であり，電場の向きがN→Mであるから，Nが高電位である。

(4)　辺 LM, NK の導体に着目して, (1)〜(3)と同様に考えると, 自由電子は B_y, B_z からローレンツ力を受けないので, 電位差を生じない。ここでは, 磁束密度 $\vec{B}$ の x 成分 B_x は 0 であることに注意が必要である。したがって, 導体ループに生じる誘導起電力は, 辺 KL, MN の導体においてそれぞれ $V=2cv_0l^2$ である。

右図のように導体ループを K→L→M→N の向きに流れる電流の大きさを I とすると, キルヒホッフの第二法則より

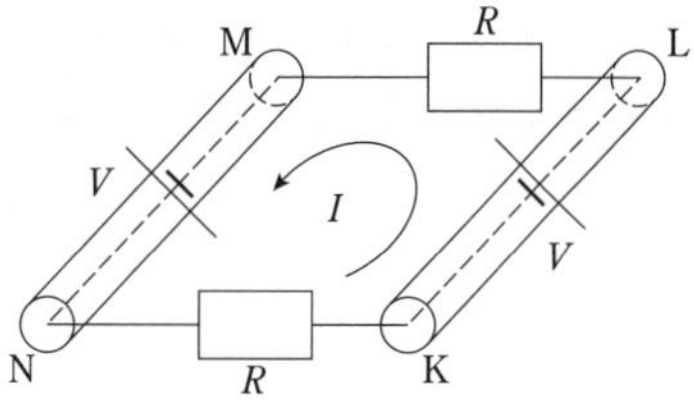

$$2\times 2cv_0l^2=2\times RI$$

$$\therefore\quad I=\frac{2cv_0l^2}{R}$$

M　R　L　V　I　V　N　R　K

導体ループの 2 つの抵抗で消費される電力 P は

$$P=2\times RI^2=2R\cdot\left(\frac{2cv_0l^2}{R}\right)^2=\boldsymbol{\frac{8c^2v_0{}^2l^4}{R}}$$

別解　$P=\dfrac{(2V)^2}{2R}=\dfrac{4\times(2cv_0l^2)^2}{2R}=\dfrac{8c^2v_0{}^2l^4}{R}$

(5)　導体ループが一定の速さ v_0 で時間 Δt の間に落下する距離を Δh とすると, $\Delta h=v_0\Delta t$ であるから, この時間に失う重力による位置エネルギーを ΔE_p とすると, $\Delta E_p=mg\cdot v_0\Delta t$ である。

したがって, 単位時間あたりの位置エネルギーの変化の大きさ ΔU は

$$\Delta U=\frac{\Delta E_p}{\Delta t}=\boldsymbol{mgv_0}$$

(6)　重力による単位時間あたりの位置エネルギーの減少分は, 導体ループの抵抗でジュール熱となって消費された電力に等しいから

$$mgv_0=\frac{8c^2v_0{}^2l^4}{R}\qquad\therefore\quad v_0=\boldsymbol{\frac{mgR}{8c^2l^4}}$$

参考　エネルギーと仕事の関係は,「物体にはたらくすべての外力が加えた仕事は, 物体の運動エネルギーの変化となる」と表される。ここで, 導体ループは一定の速さで落下しているから, 運動エネルギーの変化は 0 である。導体ループに対して重力がする仕事は単位時間あたり mgv_0 であり, この仕事が抵抗でジュール熱となって消費されることで, 広い意味でエネルギー保存則が成り立っている。電磁誘導は, 力学的な仕事を電気的な仕事に変換する役割があり, 系の内部で, 仕事の変換過程の導体ループに生じる誘導起電力がした仕事や, 導体ループに流れる電流が磁場から受けた仕事は相殺されるが, これらをエネルギー保存則に含めないで考えるのがよい。

誘導起電力が単位時間あたりにする仕事を W_E とすると

$$W_E=2V\cdot I=2\times 2cv_0l^2\times\frac{2cv_0l^2}{R}=\frac{8c^2v_0{}^2l^4}{R}$$

導体ループを流れる電流が磁場から受ける力は, z 軸の正の向きであり, $\vec{B}$ の y 成分 B_y のみによるから辺 KL, MN だけが力を受け（図 4(a)参照), その単位時間あたりの仕事を W_f とすると

$$W_f = -2\times I|B_y|\cdot 2l\times v_0 = -2\times\frac{2cv_0l^2}{R}\cdot cl\cdot 2l\times v_0$$
$$= -\frac{8c^2{v_0}^2l^4}{R}$$

▶問2．(1)　導体ループを貫く磁束 Φ は，導体ループの面積を S，その面を垂直に貫く z 軸の正の向きの磁束密度を B とすると，$\Phi = BS$ であり，導体ループは z 軸に垂直であるから，面を貫く磁束密度は $\vec{B}$ の z 成分 B_z だけを考えればよい。
導体ループが高さ z にあるとき，導体ループを貫く磁束 Φ は

$$\Phi = B_zS = cz\cdot(2l)^2$$

導体ループが微小距離 Δh だけ落下して高さ $z-\Delta h$ にあるとき，導体ループを貫く磁束 Φ' は

$$\Phi' = B_zS = c(z-\Delta h)\cdot(2l)^2$$

したがって，磁束の変化 $\Delta\Phi$ は

$$\Delta\Phi = \Phi' - \Phi = c(z-\Delta h)\cdot(2l)^2 - cz\cdot(2l)^2 = \boldsymbol{-4cl^2\Delta h}$$

(2)　導体ループに生じる誘導起電力の大きさを V' とすると，ファラデーの電磁誘導の法則より

$$V' = \left|-\frac{\Delta\Phi}{\Delta t}\right| = \left|-\frac{-4cl^2\Delta h}{\Delta t}\right| = 4cl^2\cdot\frac{\Delta h}{\Delta t}$$

導体ループに流れる電流の大きさは，キルヒホッフの第二法則より

$$4cl^2\cdot\frac{\Delta h}{\Delta t} = 2\times RI \qquad \therefore\quad I = \boldsymbol{\frac{2cl^2}{R}\cdot\frac{\Delta h}{\Delta t}} \quad \cdots\cdots①$$

(3)　(2)の誘導起電力の向き，電流の向きは，レンツの法則に従う。導体ループが落下するとき，導体ループを貫く磁束の変化 $\Delta\Phi$ は負であるから，z 軸の正の向きの磁束が減少する。これを妨げる向き，すなわち磁束の減少を補う向きである z 軸の正の向きの磁場をつくるように誘導起電力が生じ，誘導電流が流れる。その向きは，右ねじの法則より，K→L→M→Nの向きである。導体ループの各辺を流れる電流が磁場から受ける力の向きは，フレミングの左手の法則に従う。

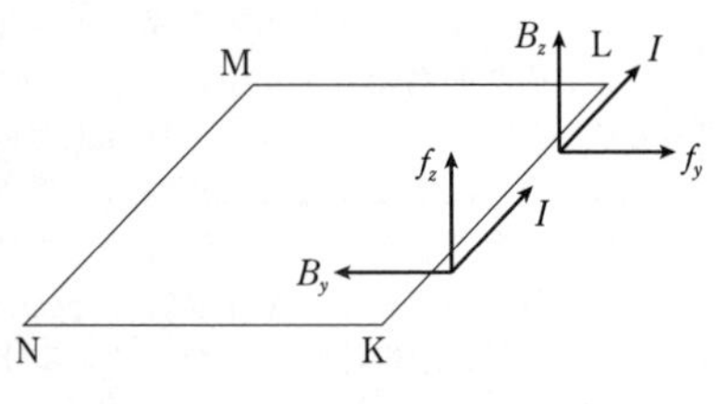

辺 KL では，右図のように磁束密度 $\vec{B}$ の y 成分 B_y から受ける力は z 軸の正の向きで，大きさ f_z は $f_z = I|B_y|\cdot 2l$ であり，z 成分 B_z から受ける力は y 軸の正の向きで，大きさ f_y は $f_y = I|B_z|\cdot 2l$ である。
辺 LM では，磁束密度 $\vec{B}$ の y 成分 B_y からは力を受けず，z 成分 B_z から受ける力は x 軸の負の向きで，大きさ f_x は $f_x = I|B_z|\cdot 2l$ である。
辺 MN，NK も同様に考えればよい。

これらの力を描いた図として適したものは(a)であるが，辺 KL だけ考えても，力の向きを正しく表している図は，(a)〜(d)のうち(a)だけである。

(4)　図 4 (a)および(3)からわかるとおり，導体ループ全体が磁場から受ける力の x 成分，y 成分はともに 0 であり，z 成分は

$$2\times f_z=2\times I|B_y|\cdot 2l=2\times I\cdot cl\cdot 2l=4cIl^2$$

ここで，力の z 成分は，辺 KL，MN の 2 辺が受ける力の合力であって，辺 LM，NK は力を受けない。

したがって，導体ループの運動方程式は

$$\boldsymbol{ma=4cIl^2-mg}$$

参考　この運動方程式から終端速度を求めると，①より

$$ma=4c\cdot\frac{2cl^2}{R}\cdot\frac{\Delta h}{\Delta t}\cdot l^2-mg$$

導体ループの落下の速さが終端速度 v_0 となるとき，$a=0$，$\dfrac{\Delta h}{\Delta t}=v_0$ であるから

$$0=\frac{8c^2l^4}{R}\cdot v_0-mg$$

$$\therefore\quad v_0=\frac{mgR}{8c^2l^4}$$

これは，問 1 (6)で求めた落下の速さと一致する。

テーマ

◎一様でない磁場中を落下する導体ループに生じる誘導起電力を，次の 2 つの方法で求める。ともに典型的な問題であり，誘導に従って解答していけばよい。

問 1．孤立した導体が磁場を横切るとき，導体中の自由電子がローレンツ力を受けて移動することによって電場が生じる。この自由電子が電場から受ける力 $\boldsymbol{eE}$ とローレンツ力 $\boldsymbol{ev_0|B_y|}$ のつり合いから，導体の両端間の電位差 $\boldsymbol{V}$ を求める。

問 2．導体ループが落下することによって，導体ループを貫く磁束が変化するので，ファラデーの電磁誘導の法則によって誘導起電力 $V'=\left|-\dfrac{\Delta\Phi}{\Delta t}\right|$ を求める。

- 電磁誘導におけるエネルギーの変換は，導体ループが一定の速さで落下するときは運動エネルギーの変化が **0** であることに注意すると，重力が導体ループに供給した仕事は，導体ループが磁場を横切ることで生じた誘導電流によるジュール熱（単位時間あたり $\boldsymbol{P}$）となって消費される。この間，導体ループの重力による位置エネルギーの変化 $\boldsymbol{\Delta U}$ や，導体ループに生じた誘導起電力がした仕事，誘導電流が磁場からされた仕事は，エネルギーの変換に関わるだけである。

37 2本の平行レール上を運動する2本の導体棒

(2015年度 第2問)

図2に示すように水平面上に十分長い2本の導体のレールが間隔L[m]で平行に置かれている。図のようにレールの上にまっすぐな導体の棒1，2を置く。これらの棒はレールに対して常に垂直であり，2本のレールとの接触を保ちながら，その上を左右になめらかに動くことができる。棒1とレールの接触点を図のようにP，Qとする。棒1にはレールに平行に糸が取り付けられ，糸の右方向の先に滑車を通して質量m[kg]のおもりがぶら下げてある。棒1の質量はm[kg]，棒2の質量は$2m$[kg]である。この空間には鉛直上向きに磁束密度の大きさがB[T]の一様な磁場(磁界)がかけられている。運動の方向は，棒1，2については水平右向きを正とし，おもりについては鉛直下向きを正とする。棒2のレール間の電気抵抗をR[Ω]とする。棒1とレールの電気抵抗は無視でき，棒とレールの接触点の電気抵抗も無視できる。空気抵抗，糸と滑車の質量は無視できる。滑車はなめらかに回る。棒とレールに流れる電流が作る磁場の磁束密度はBに比べ十分小さく無視できる。重力加速度の大きさをg[m/s^2]とし，おもりが地面に到達することはないものとして，以下の問いに答えよ。

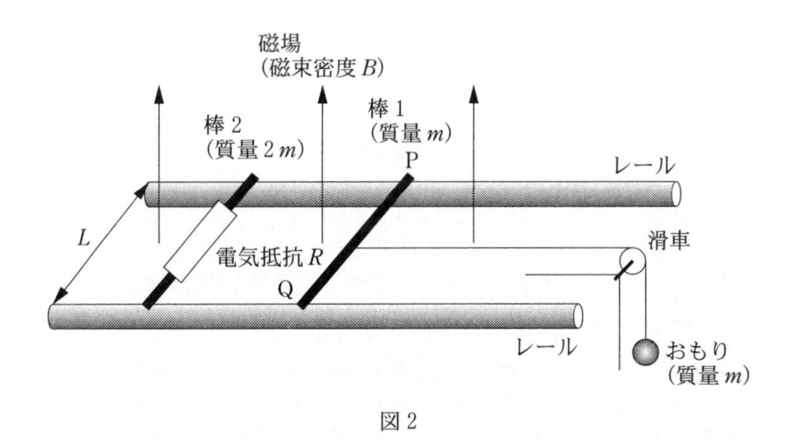

図2

まず，棒1と棒2を動かないように押さえておき，棒1だけを静かに離したところ棒1が右方向へ動き始めた。

問 1. 棒 1 の速度が v[m/s]($v > 0$)の時，棒 1 の両端に生じる起電力の大きさを求めよ。また，電位が高いのは P，Q のどちら側か。解答紙の選択肢を○で囲め。

問 2. **問 1** の起電力によって，棒 1，2 と 2 本のレールで作られる回路に流れる電流の大きさを求めよ。また，棒 1 に流れる電流の方向は P→Q，Q→P のどちらか。解答紙の選択肢を○で囲め。

問 3. **問 2** の電流によって棒 1 が磁場から受ける力の大きさを求めよ。

問 4. 十分な時間が経つと糸が棒 1 を引く力と**問 3** の力がつり合い，一定の速度で棒 1 は運動する。この速度の大きさを，m，g，B，L，R の中から必要なものを用いて表せ。

棒 1 が**問 4** のように一定の速度で運動しているときに，棒 2 を静かに離したところ，棒 2 が動き始めた。以後，この状態の運動を考えることにする。棒 1 の速度を v_1[m/s]，加速度を a_1[m/s^2]，棒 2 の速度を v_2[m/s]，加速度を a_2[m/s^2]とする。棒 1 と棒 2 は衝突することはないものとする。糸の張力の大きさを T[N]とし，糸はたるむことがない。

問 5. 棒 2 が動き始める方向は左右のどちらか。解答紙の選択肢を○で囲め。

問 6. 棒 1，2 と 2 本のレールで作られる回路に流れる電流の大きさを，v_1，v_2，B，L，R の中から必要なものを用いて表せ。

問 7. 棒 1 の運動方程式を，m，a_1，T，v_1，v_2，B，L，R の中から必要なものを用いて表せ。また，棒 2 の運動方程式を，m，a_2，v_1，v_2，B，L，R の中から必要なものを用いて表せ。

問 8. おもりの運動方程式を，m，a_1，g，T の中から必要なものを用いて表せ。

棒 2 を静かに離してから十分に時間が経つと，$a_1 = a_2$ となる。以後，この状態について問いに答えよ。

問 9. a_1 および $v_1 - v_2$ を，m，g，B，L，R の中から必要なものを用いてそれぞれ表せ。

問10. 棒 1，2 と 2 本のレールで作られる回路で発生する単位時間あたりのジュール熱を，m，g，B，L，R の中から必要なものを用いて表せ。

解　答

▶**問1**．棒1に生じる誘導起電力の大きさ V_0〔V〕は

$$V_0 = \boldsymbol{vBL}\text{〔V〕}$$

その向きは，レンツの法則より，誘導電流を導体棒のP→Qの向きに流す向きである。したがって，電位が高いのは**Q**の側である。

参考　$V_0 = vBL$ は公式と考えてよいが，次の(i)，(ii)のように求める。

(i)　棒1が速度 v で十分に短い時間 Δt の間に動いた距離は $v\Delta t$ であるから，2本のレールと棒1，2でつくられる閉回路を貫く磁束の変化 $\Delta\Phi$ は，$\Delta\Phi = B\times v\Delta t\cdot L$ である。よって，棒1の両端に生じる誘導起電力の大きさ V_0 は

$$V_0 = \left|-\frac{\Delta\Phi}{\Delta t}\right| = \left|-\frac{B\times v\Delta t\cdot L}{\Delta t}\right| = vBL$$

(ii)　棒1を孤立した導体とみなすと，棒1中の自由電子（電荷 $-e$）にはたらくローレンツ力 evB と，自由電子の移動によって生じた電場からの力 $e\dfrac{V_0}{L}$ がつり合っている。よって，$evB = e\dfrac{V_0}{L}$ より　　$V_0 = vBL$

▶**問2**．回路に流れる電流の大きさ I_0〔A〕は，オームの法則より

$$I_0 = \frac{V_0}{R} = \frac{\boldsymbol{vBL}}{\boldsymbol{R}}\text{〔A〕}$$

棒1で電位が高いのはQであり，Qから電流が流れ出るので，電流の方向は，**P→Q**である。

▶**問3**．棒1に流れる電流が磁場から受ける力の大きさ f_0〔N〕は

$$f_0 = I_0BL = \frac{\boldsymbol{vB^2L^2}}{\boldsymbol{R}}\text{〔N〕}$$

▶**問4**．糸が棒1を引く力の大きさを T_0〔N〕とする。一定の速度で棒1が運動するとき，おもりも一定の速度で運動し，それらにはたらく力はつり合っている。

棒1にはたらく力のつり合い　：$f_0 = T_0$

おもりにはたらく力のつり合い：$T_0 = mg$

$\therefore\ f_0 = mg$

したがって，この速度の大きさを v_f〔m/s〕とすると，**問3**の結果を用いて

$$\frac{v_fB^2L^2}{R} = mg \qquad \therefore\ v_f = \frac{\boldsymbol{mgR}}{\boldsymbol{B^2L^2}}\text{〔m/s〕}$$

▶**問5**．棒2を静かに離した直後，棒1に生じる誘導起電力によって，棒2には次図の向きに電流 I_f〔A〕が流れるから，棒2にはたらく力は，フレミングの左手の法則より，**右向き**である。

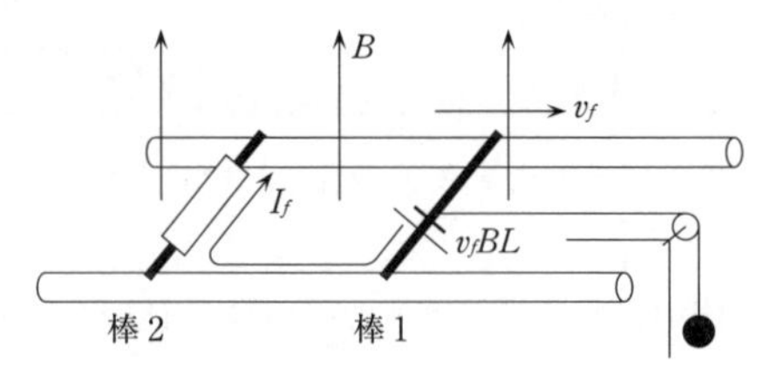

▶問6． 棒1，棒2に生じる誘導起電力の大きさを V_1〔V〕，V_2〔V〕とすると

$$V_1 = v_1BL,\quad V_2 = v_2BL$$

回路に流れる電流の大きさを I〔A〕とする。棒2が動き始めた直後は $v_1 > v_2$ であるから $V_1 > V_2$ となり，下図の向きに電流が流れるので，キルヒホッフの第二法則より

$$v_1BL - v_2BL = RI \qquad \therefore\quad I = \frac{(\boldsymbol{v}_1 - \boldsymbol{v}_2)\boldsymbol{BL}}{\boldsymbol{R}}\text{〔A〕}$$

▶問7． 棒1に流れる電流が磁場から受ける力の大きさ f〔N〕は左向きに

$$f = IBL = \frac{(v_1 - v_2)B^2L^2}{R}$$

したがって，棒1の運動方程式は

$$\boldsymbol{ma_1 = T - \frac{(v_1 - v_2)B^2L^2}{R}} \quad \cdots\cdots ①$$

棒2に流れる電流が磁場から受ける力の大きさも f で右向きであるから，棒2の運動方程式は

$$\boldsymbol{2ma_2 = \frac{(v_1 - v_2)B^2L^2}{R}} \quad \cdots\cdots ②$$

▶問8． おもりの加速度は棒1と同じ a_1 であるから，おもりの運動方程式は

$$\boldsymbol{ma_1 = mg - T} \quad \cdots\cdots ③$$

▶問 9． ②で $a_2=a_1$ とすると

$$2ma_1=\frac{(v_1-v_2)B^2L^2}{R} \quad \cdots\cdots ②'$$

①，②′，③の両辺を互いに加えると

$$4ma_1=mg \qquad \therefore \quad a_1=\boldsymbol{\frac{1}{4}g}\text{〔m/s}^2\text{〕} \quad \cdots\cdots ④$$

④を②′に代入すると

$$2m\cdot\frac{1}{4}g=\frac{(v_1-v_2)B^2L^2}{R} \qquad \therefore \quad v_1-v_2=\boldsymbol{\frac{mgR}{2B^2L^2}}\text{〔m/s〕}$$

▶問 10． 単位時間あたりのジュール熱を W〔J/s〕とすると，**問 6** と **問 9** の結果を用いて

$$W=RI^2=R\left\{\frac{(v_1-v_2)BL}{R}\right\}^2=R\left(\frac{mgR}{2B^2L^2}\cdot\frac{BL}{R}\right)^2$$

$$=\boldsymbol{R\left(\frac{mg}{2BL}\right)^2}\text{〔J/s〕}$$

テーマ

◎2本の平行な導体レール上を運動する2本の導体棒の問題である。頻出かつ典型的な問題であり，誘導に従って解答していけばよい。

- 磁場中を運動する導体棒に生じる誘導起電力 $\boldsymbol{V=vBL}$ は公式どおりである。キルヒホッフの法則によって閉回路を流れる電流 $\boldsymbol{I}$ を求めると，導体棒を流れる電流が磁場から受ける力 $\boldsymbol{f=IBL}$，抵抗で発生する単位時間あたりのジュール熱 $\boldsymbol{W=RI^2}$ がわかる。2011 年度は，これとは逆に，外部電源によって導体棒に電流が流れて，導体棒は磁場から力 $\boldsymbol{F=IBL}$ を受けて加速し，その結果，導体棒に誘導起電力 $\boldsymbol{V=vBL}$ が生じるスタイルの問題が出題された。
- 棒 1，2 ともに運動するとき，運動方程式によって加速度 $\boldsymbol{a}$ を求める。問 4 では，$\boldsymbol{a=0}$ となって力がつり合うとき，棒の終端速度 $\boldsymbol{v_f}$ が得られるが，問 9 では，$\boldsymbol{a=\frac{1}{4}g}$ となり，棒の終端速度は得られない。
- 問 7，問 8 で，おもりにはたらく張力を $\boldsymbol{T=mg}$ と勘違い（正解は $\boldsymbol{ma_1=mg-T}$）して，棒 1 の運動方程式を $\boldsymbol{ma_1=mg-IBL}$ とするミス（正解は $\boldsymbol{ma_1=T-IBL}$）が多いので，注意が必要である。

38 コンデンサーとコイルの回路を貫く磁場中での導体棒の運動

(2012年度 第2問)

問 1. 磁束密度Bの一様な磁場がある。

(1) 図2(a)のように，磁場に垂直に固定した長さℓの導体棒に電流Iを流す。この電流は，導体中に平均的には一様に存在する荷電粒子の運動によって生じる。導体棒中での荷電粒子の電荷をq，電流方向の平均の速さをv，総数をNとして，IをN，q，v，ℓを用いて表せ。また，各荷電粒子に働くローレンツ力の大きさをfとすると，導体棒が磁場から受ける力の大きさFは$F=Nf$である。FをIとその他必要なものを用いて表せ。

(2) 図2(b)のように，長さℓの導体棒を，導体棒の軸と磁場の両方に対して垂直な方向に速さvで動かす。このとき，導体棒中の荷電粒子はローレンツ力により移動し，導体棒の両端に反対符号の電荷が現れる。これによって導体棒の軸方向に電場が生じ，この電場による力と磁場による力がつり合ったところで荷電粒子の移動が止まる。このときの導体中の電場の強さEを求めよ。また，導体棒の両端間に発生する電位差(誘導起電力)の大きさVを求めよ。

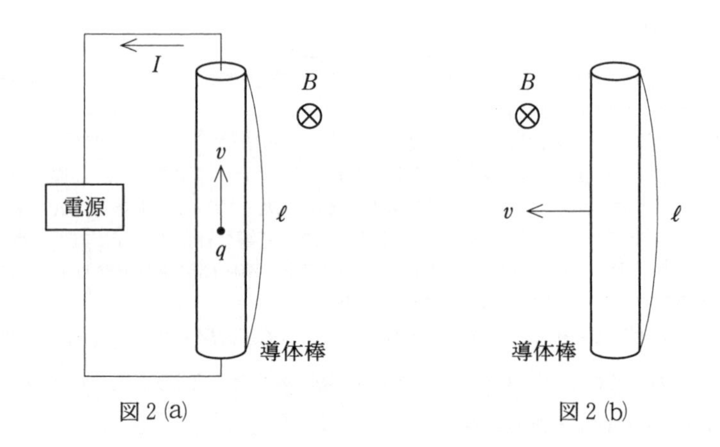

図2(a)　　図2(b)

問 2. 図2(c)のように，電荷の蓄えられていない静電容量Cのコンデンサーと，インダクタンスLのコイルを上下に付けた長方形の回路pqrsを，十分長い辺 pq が鉛直に，他の辺 ps が水平になるように固定した。この回路に，辺 ps と同じ長さ ℓ で質量 M の導体棒 XY を接触させた。ここで，導体棒は水平を保ったまま，両方の長辺と接触しながらなめらかに動き，接触点での電気抵抗は無視できるものとする。なお，回路全体には，面 pqrs と垂直に紙面の表から裏へ向って，一定で一様な磁束密度 B の磁場が加えられている。

導体棒をこの回路上で静止させ，時刻 $t=0$ で静かに離すと，導体棒は下方に運動を始めた。$t=0$ での辺 pq 上の X の位置を原点として，鉛直下向きに x 軸を取り，時刻 $t(t>0)$での，導体棒の座標を x，鉛直下向きの速度と加速度を v と a，また，重力加速度を g とする。ただし，$t=0$ では回路や導体棒に電流は流れておらず，また，この回路から漏れる電場や磁場，回路と導体棒の電気抵抗，および空気抵抗は，すべて無視できるものとする。

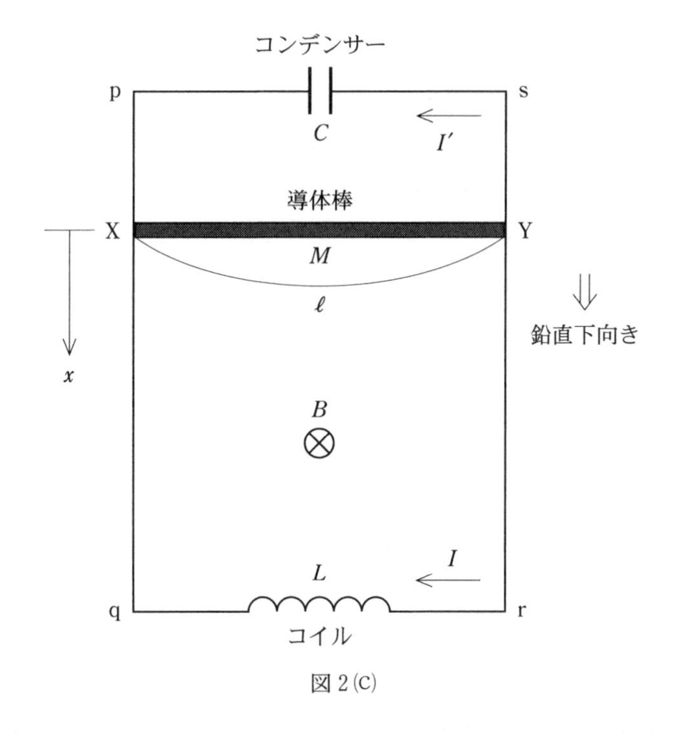

図 2(c)

(1)　導体棒が下方に運動を始めると，誘導起電力が発生し，導体棒に電流が流れ始める。この流れ始めるときの電流の向きについて，XからY，YからX，のどちらか正しい方を答えよ。

以下では，図2(c)にあるように，コンデンサーに流れる電流をI'，コイルに流れる電流をIとする。ただし，I'とIはそれぞれ図の矢印の向きを正とする。

(2)　導体棒とコンデンサーからなる閉じた経路(X→Y→s→p→X)について考える。

(a)　時刻tでのコンデンサーのs側の電極の電荷をQとするとき，Qを導体棒の速度vとその他必要なものを用いて表せ。

(b)　時刻tから微小な時間Δtの間にQとvがそれぞれΔQ，Δvだけ変化したとすると，電流I'は$I'=\dfrac{\Delta Q}{\Delta t}$であり，導体棒の加速度は$a=\dfrac{\Delta v}{\Delta t}$である。$I'$を$a$と$B$およびその他必要なものを用いて表せ。

(3)　導体棒とコイルからなる閉じた経路(X→Y→r→q→X)について考える。時刻tから微小な時間Δtの間にIとxがそれぞれΔI，Δxだけ変化したとする。導体棒の速度が$v=\dfrac{\Delta x}{\Delta t}$であること，および，$t=0$では$I=0$，$x=0$であることを使って，$I$を$x$とその他必要なものを用いて表せ。

(4)　導体棒に働くすべての力を考え，導体棒の運動方程式をI'およびIとその他必要なものを用いて表せ。

(5)　(4)で求めた運動方程式に(2)と(3)で求めたI'とIの結果を代入すると，導体棒は単振動をすることがわかる。その角振動数ωと振動の中心の座標x_0をM，g，B，ℓ，C，Lの中から必要なものを用いて表せ。

(6)　Iのとる最小値と最大値をM，g，B，ℓ，C，Lの中から必要なものを用いて表せ。

解　答

▶問１．(1)　図２(a)より，荷電粒子は電流方向の速さをもつから，$q>0$ である。電流 I は，時間 Δt の間に，導体のある断面を通過する電気量 ΔQ である。導体棒の断面積を S とすると，その断面を時間 Δt の間に通過した荷電粒子は，長さ $v\Delta t$，断面積 S の円柱に含まれ，単位体積あたりの電子数（電子密度）n が，$n=\dfrac{N}{Sl}$ であることに注意すると

$$I=\frac{\Delta Q}{\Delta t}=\frac{q\times\left(\dfrac{N}{Sl}\times v\Delta t\cdot S\right)}{\Delta t}=\boldsymbol{\frac{qNv}{l}}$$

荷電粒子にはたらくローレンツ力の大きさ f は

$$f=qvB$$

したがって　　$F=Nf=N\cdot qvB=\boldsymbol{IBl}$　（$\because$　$qNv=Il$）

(2)　荷電粒子が，導体中に生じた電場から受ける力の大きさ f' は

$$f'=qE$$

これとローレンツ力がつり合うから

$$qE=qvB \qquad \therefore\quad E=\boldsymbol{vB}$$

電位差の大きさ V は

$$V=El=\boldsymbol{vBl}$$

▶問２．(1)　図２(b)と同様に，正の荷電粒子は導体棒とともに下方に運動し，ローレンツ力を受けてYに向かって移動する。すなわち，電流の向きは，**XからY**である。

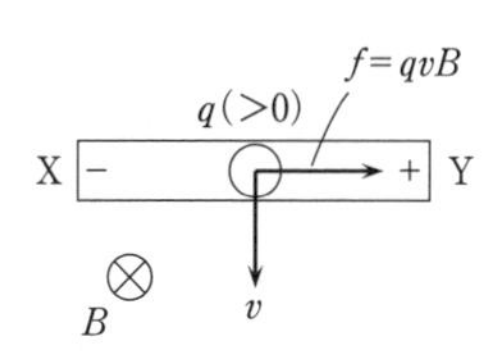

別解　閉回路 pXYsp にレンツの法則を用いる。
導体棒が下方に動くと，この閉回路を貫く紙面の表から裏向きの磁束が増加するので，それを妨げる裏から表向きの磁場をつくるように誘導電流が流れる。その向きは右ねじの法則より p →X →Y → s → p の向きである。

(2) (a)　コンデンサーの電極の電荷が Q のとき，コンデンサーでの電圧降下を V_C とすると，$V_C=\dfrac{Q}{C}$ である。導体棒に生じる誘導起電力は，問１(2)，問２(1)より X →Y の向きに vBl である。

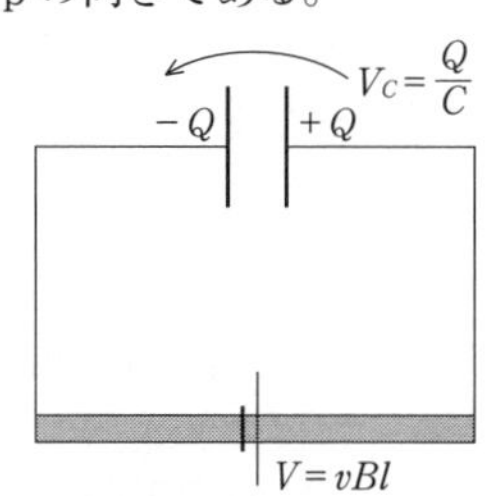

キルヒホッフの第二法則より

$$vBl=\frac{Q}{C}$$

$$\therefore\quad Q=\boldsymbol{C\cdot vBl}$$

(b)　導体棒の速度が Δv だけ変化したときの電荷の変化が ΔQ であるから，前問の答えを用いて

$$Q+\Delta Q=C\cdot(v+\Delta v)Bl$$

$$\therefore\quad \Delta Q=CBl\cdot\Delta v$$

したがって　$I'=\dfrac{\Delta Q}{\Delta t}=\dfrac{CBl\cdot\Delta v}{\Delta t}=\boldsymbol{CBla}\quad\left(\because\quad a=\dfrac{\Delta v}{\Delta t}\right)$　……①

(3)　コイルを流れる電流が時間 Δt の間に ΔI だけ変化したとき，コイルに生じる誘導起電力 V_L は，電流 I の向きを正として $V_L=-L\dfrac{\Delta I}{\Delta t}$ である。キルヒホッフの第二法則より

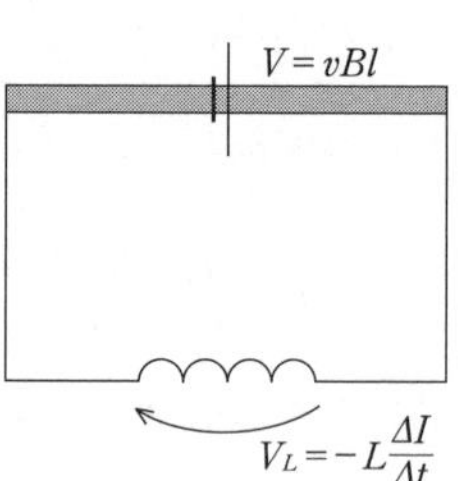

$$vBl-L\frac{\Delta I}{\Delta t}=0\quad\cdots\cdots②$$

$$\therefore\quad \Delta I=\frac{vBl}{L}\cdot\Delta t=\frac{\Delta x}{\Delta t}\cdot\frac{Bl}{L}\cdot\Delta t\quad\left(\because\quad v=\frac{\Delta x}{\Delta t}\right)$$

$$=\frac{Bl}{L}\cdot\Delta x\quad\cdots\cdots③$$

ここで，時刻 t で電流が I，座標が x であり，$t=0$ では $I=0$，$x=0$ であるから

$$I-0=\frac{Bl}{L}\cdot(x-0)$$

$$\therefore\quad \boldsymbol{I=\frac{Bl}{L}\cdot x}\quad\cdots\cdots④$$

別解　③より，$\displaystyle\int dI=\frac{Bl}{L}\int dx$ として積分すると

$$I=\frac{Bl}{L}x+\text{Const.}\ (\text{積分定数})$$

ここで題意より，$x=0$ のとき $I=0$ であるから　$\text{Const.}=0$

$$\therefore\quad I=\frac{Bl}{L}\cdot x$$

(4)　導体棒に流れる電流は $I'+I$ であり，磁場から鉛直上向きの力を受けるから，導体棒の運動方程式は

$$\boldsymbol{Ma=Mg-(I'+I)Bl}\quad\cdots\cdots⑤$$

(5)　⑤に，①，④を代入すると

$$Ma=Mg-\left(CBla+\frac{Bl}{L}x\right)Bl$$

$$(M+CB^2l^2)a=-\frac{B^2l^2}{L}x+Mg$$

$$\therefore \quad a = -\frac{1}{M+CB^2l^2}\cdot\frac{B^2l^2}{L}\left(x-\frac{L}{B^2l^2}\cdot Mg\right)$$

単振動では，加速度は $a=-\omega^2(x-x_0)$ で表される。比較すると，角振動数 ω は

$$\omega = \frac{\boldsymbol{Bl}}{\sqrt{(\boldsymbol{M}+\boldsymbol{CB}^2\boldsymbol{l}^2)\,\boldsymbol{L}}}$$

振動の中心 $x=x_0$ では，加速度 $a=0$ であるから

$$x_0 = \frac{\boldsymbol{MgL}}{\boldsymbol{B}^2\boldsymbol{l}^2} \quad \cdots\cdots⑥$$

(6)　⑥より単振動の振幅は x_0 であり，導体棒は $0 \leqq x \leqq 2x_0$ の範囲を振動することがわかる。I が最小値と最大値をとるとき，②より $\dfrac{\Delta I}{\Delta t}=0$ であるから，$v=0$ となる。これは導体棒の単振動の両端（上端と下端）である。

④より，I が最小値をとるのは x が最小値のときで，単振動の上端 $x=0$ である。したがって

$$I = \frac{Bl}{L}\times 0 = \mathbf{0}$$

I が最大値をとるのは x が最大値のときで，単振動の下端 $x=2x_0$ である。したがって

$$I = \frac{Bl}{L}\times 2x_0 = \frac{Bl}{L}\times 2\cdot\frac{MgL}{B^2l^2} = \frac{\boldsymbol{2Mg}}{\boldsymbol{Bl}}$$

別解　単振動の下端で導体棒の速度が0になったとき，導体棒に生じる誘導起電力は0となるので，コンデンサーにかかる電圧も0となる。このとき，コンデンサーに蓄えられているエネルギーは $\dfrac{1}{2}C\cdot 0^2=0$ である。回路の電気抵抗は無視できるので，電流が流れることによって消費されるエネルギーも0である。したがって，コイルに蓄えられているエネルギーは，導体棒にはたらく重力がした仕事に等しい。よって

$$\frac{1}{2}LI^2 = Mg\times 2x_0 \qquad I^2 = \frac{2Mg}{L}\times 2\cdot\frac{MgL}{B^2l^2} = \left(\frac{2Mg}{Bl}\right)^2$$

$$\therefore \quad I = \frac{2Mg}{Bl}$$

テーマ

◎問１の，自由電子にはたらくローレンツ力と電場による力のつり合いは定番である。2010年度，2016年度にも出題されている。

問２では，磁場中で運動する導体棒には誘導起電力 vBl が生じるが，導体棒は重力の影響も受けるので，コンデンサーでの電圧降下 $\frac{Q}{C}$ と，コイルでの自己誘導による起電力 $-L\frac{\Delta I}{\Delta t}$ が変化し，導体棒を流れる電流が磁場から受ける力（いわゆる電磁力）IBl も変化するので，導体棒は単振動することになる。回路の電気的な関係としてキルヒホッフの法則と，力学的な関係として運動方程式を用いる。単振動の角振動数 ω は，運動方程式の解 $a=-\omega^2x$ から求めるのが定石である。導出に使用する公式，電流 $I=\frac{\Delta Q}{\Delta t}$，加速度 $a=\frac{\Delta v}{\Delta t}$，速度 $v=\frac{\Delta x}{\Delta t}$ も示されているので，誘導に従って丁寧に解答していけばよい。

39　2本の平行レール上を運動する導体棒に生じる誘導起電力

（2011年度　第2問）

図2(a)に示すように，水平面上に十分長い2本の導体レールを間隔Lで平行に置き，磁束密度Bの一定で一様な磁場を鉛直下向きに加えた。導体レールの上に乗せた質量mの導体棒は，導体レールと直角を保ちながら移動し，移動の際の摩擦は無視できるものとする。

導体レールに端子J，Kをつけ，端子Jの電位をV_{J}，端子Kの電位をV_{K}とし，端子間の電圧Vを$V = V_{\mathrm{J}} - V_{\mathrm{K}}$とする。導体棒に流れる電流を$I$，導体棒にはたらく力を$F$，導体棒の速度を$v$とし，それぞれ図中の矢印の向きを正とする。導体棒に作用する空気抵抗，回路に流れる電流による磁界，回路の電気抵抗は無視できるものとする。

問 1. 以下の文章の空欄にあてはまる数式または語句を答えよ。ただし，［イ］には語句が入り，［ア］および［ウ］～［キ］には数式が入る。数式はm，B，L，Iの中から必要なものを用いて表せ。また，同じ記号の欄には同じものが入る。

導体棒にはたらく力Fと導体棒に流れる電流Iには$F=$［ア］$\times I$の関係があり，このような力を［イ］とよぶ。微小な時間Δtの間に導体棒の速度がΔvだけ変化したとすると，時間Δtの間の導体棒の平均の加速度は$\dfrac{\Delta v}{\Delta t}$と書ける。時間$\Delta t$の間に導体棒にはたらく力$F$が一定であるとすると，時間$\Delta t$の間の平均加速度$\dfrac{\Delta v}{\Delta t}$と力$F$の関係式は，$\dfrac{\Delta v}{\Delta t}=$［ウ］$\times F$と書くことができる。

一方，導体棒が速度vで動くことにより誘導起電力が生じるが，この誘導起電力は図2(a)の回路では端子間の電圧Vと等しくなる。このため，電圧Vと速度vの関係式は，$V=$［エ］$\times v$と書くことができる。これより，微小な時間Δtの間の端子間電圧の変化をΔV，時間Δtの間の導体棒の速度の変化をΔvとすると，$\dfrac{\Delta V}{\Delta t}=$［エ］$\times\dfrac{\Delta v}{\Delta t}$の関係式が成り立つ。以上のことから，電流$I$と$\dfrac{\Delta V}{\Delta t}$との間には，$I=$［オ］$\times\dfrac{\Delta V}{\Delta t}$の関係式が成り立つ。

さらに，導体棒を流れる電流 I は，導体棒を単位時間に通過する電気量であるため，微小な時間 Δt の間に導体棒を通過する電気量 ΔQ は，$\Delta Q =$ [カ] $\times \Delta t$ と書くことができる。以上の結果は，端子J，Kから導体レール側を見たとき，端子間にコンデンサーがつながっていると見なしてよいことを示している。そのコンデンサーの電気容量 C は，$C =$ [キ] となる。

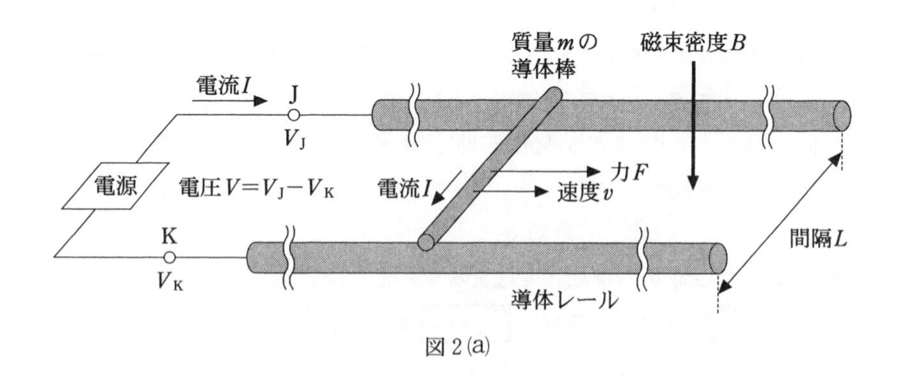

図2(a)

問 2. 端子間の電圧 V を図2(b)のように時間 t とともに変化させた。それに伴って下記の(1)，(2)に示す量も変化した。問1の数式 [オ] を記号 A とおく。

$0 < t < T$，$T < t < 2T$，$2T < t < 4T$ のそれぞれの期間において，(1)，(2)に示す量を A，V_S，T および時間 t の中から必要なものを用いて表せ。かつ，$0 < t < T$，$T < t < 2T$，$2T < t < 4T$ のそれぞれの期間における各量の時間変化をグラフに描け。

(1)　電流 I

(2)　電源から供給される向きを正とする電力 P

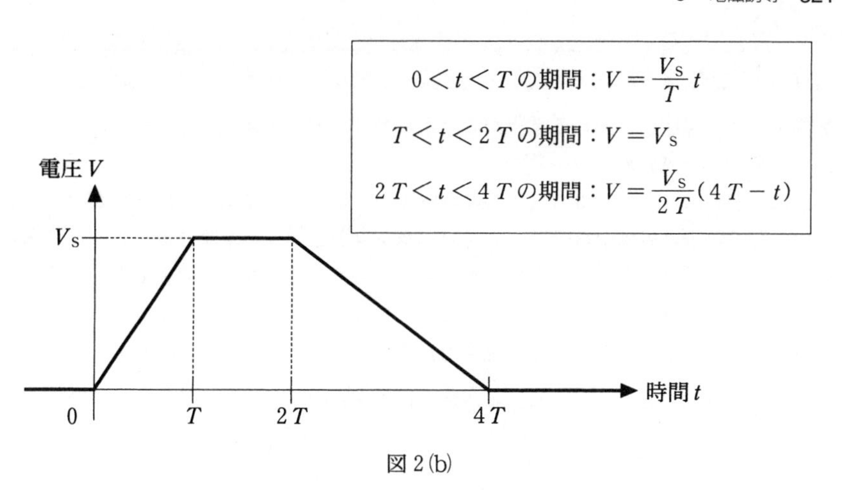

図 2(b)

〔問 2(1)・(2)のグラフの解答欄〕

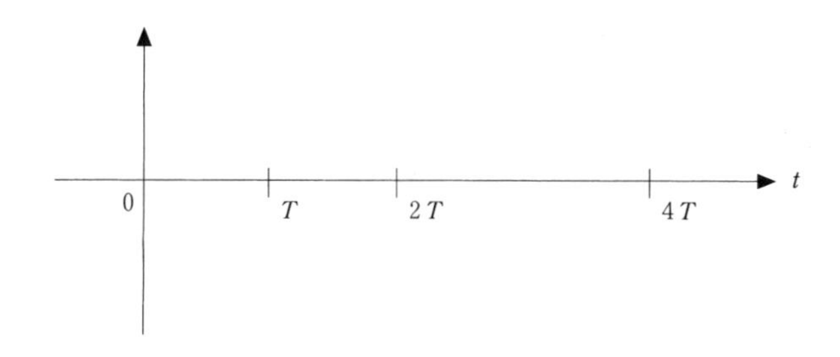

解　答

▶問1．ア．導体棒を流れる電流が磁場から受ける力の大きさは

$$F=IBL=\boldsymbol{BL}\times I \quad \cdots\cdots①$$

イ．電流が磁場から受ける力（いわゆる電磁力）については決まった名前がついていない。荷電粒子が磁場から受ける力をローレンツ力という。電流は電子の流れであるから，電流が磁場から受ける力は，電子にはたらくローレンツ力の和であるため，本問では，ローレンツ力と答えてもよいと考えられる。よって

電流が磁場から受ける力（電磁力）または**ローレンツ力**

ウ．加速度が $\dfrac{\Delta v}{\Delta t}$ で表されるから，運動方程式より

$$m\frac{\Delta v}{\Delta t}=F \qquad \therefore \quad \frac{\Delta v}{\Delta t}=\frac{F}{m}=\frac{\mathbf{1}}{\boldsymbol{m}}\times F \quad \cdots\cdots②$$

エ．導体棒に生じる誘導起電力の大きさを V_{em} とすると　　$V_{\mathrm{em}}=vBL$

向きはレンツの法則（またはフレミングの右手の法則）より図の電流 I と反対向きで，端子Ｊが高電位となる向きである。

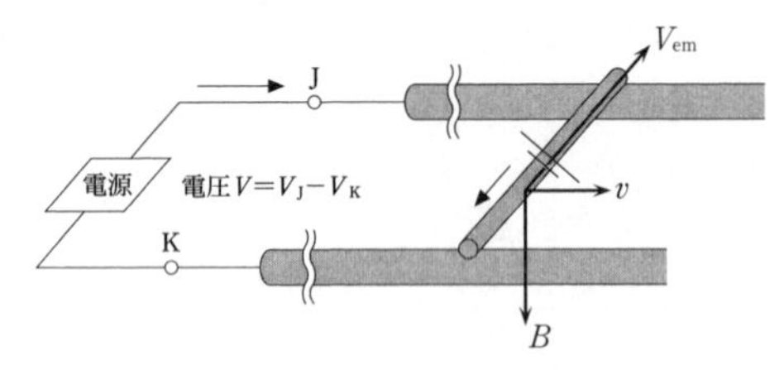

端子間の電圧 V は，$V=V_{\mathrm{J}}-V_{\mathrm{K}}$ であり，端子Ｊが高電位のとき V は正であるから

$$V=V_{\mathrm{em}}$$

したがって

$$V=vBL=\boldsymbol{BL}\times v \quad \cdots\cdots③$$

オ．③より　　$V+\Delta V=(v+\Delta v)\times BL$

③との差をとると　　$\Delta V=\boldsymbol{BL}\times\Delta v$

両辺を Δt で割り，①，②を用いると

$$\frac{\Delta V}{\Delta t}=BL\times\frac{\Delta v}{\Delta t}=BL\times\frac{F}{m}=BL\times\frac{IBL}{m}=\frac{IB^2L^2}{m}$$

$$\therefore \quad I=\frac{\boldsymbol{m}}{\boldsymbol{B}^2\boldsymbol{L}^2}\times\frac{\Delta V}{\Delta t} \quad \cdots\cdots④$$

カ．電流 I は，微小な時間 Δt の間に導体棒を通過する電気量 ΔQ であるから

$$I=\frac{\Delta Q}{\Delta t} \qquad \therefore \quad \Delta Q=\boldsymbol{I}\times\Delta t \quad \cdots\cdots⑤$$

キ．⑤に④を代入すると

$$\Delta Q=I\times\Delta t=\frac{m}{B^2L^2}\cdot\frac{\Delta V}{\Delta t}\times\Delta t=\frac{m}{B^2L^2}\times\Delta V \quad \cdots\cdots ⑥$$

ここで，レール側が端子間につながったコンデンサーとみなすと，電気量の変化ΔQと端子間電圧の変化ΔVの間には

$$\Delta Q=C\times\Delta V \quad \cdots\cdots ⑦$$

の関係があるから，⑥，⑦を比較すると

$$C=\boldsymbol{\frac{m}{B^2L^2}}$$

▶問２．④より，$A=\frac{m}{B^2L^2}$とおくと　　$I=A\frac{\Delta V}{\Delta t}$

(i)　$0<t<T$の期間：

$V=\frac{V_S}{T}t$であるから変化量をとると（これはV-tグラフの傾きであり）

$$\frac{\Delta V}{\Delta t}=\frac{V_S}{T}$$

したがって

(1)　電流$I=A\frac{\Delta V}{\Delta t}=\boldsymbol{\frac{AV_S}{T}}$

ここで，Iは一定値である。

(2)　電力$P=VI=\frac{V_S}{T}t\times\frac{AV_S}{T}=\boldsymbol{\frac{AV_S^2}{T^2}t}$

ここで，Pの時間変化のグラフは，傾きが$\frac{AV_S^2}{T^2}$で

$t=0$のとき　　$P=\frac{AV_S^2}{T^2}\times 0=0$

$t=T$のとき　　$P=\frac{AV_S^2}{T^2}\times T=\frac{AV_S^2}{T}$

(ii)　$T<t<2T$の期間：

$V=V_S$であるから変化量をとると（これはV-tグラフの傾きであり）

$$\frac{\Delta V}{\Delta t}=0$$

したがって

(1)　電流$I=A\frac{\Delta V}{\Delta t}=\boldsymbol{0}$

(2)　電力$P=VI=\boldsymbol{0}$

(iii)　$2T<t<4T$の期間：

$V=\frac{V_S}{2T}(4T-t)$ であるから変化量をとると（これはV-tグラフの傾きであり）

$$\frac{\Delta V}{\Delta t}=-\frac{V_S}{2T}$$

したがって

(1)　電流 $I=A\frac{\Delta V}{\Delta t}=\boldsymbol{-\frac{AV_S}{2T}}$

ここで，Iは一定値である。

(2)　電力 $P=VI=\frac{V_S}{2T}(4T-t)\times\left(-\frac{AV_S}{2T}\right)=\boldsymbol{-\frac{AV_S{}^2}{4T^2}(4T-t)}$

ここで，Pの時間変化のグラフは，傾きが$\frac{AV_S{}^2}{4T^2}$で

$t=2T$のとき　　$P=-\frac{AV_S{}^2}{4T^2}(4T-2T)=-\frac{AV_S{}^2}{2T}$

$t=4T$のとき　　$P=-\frac{AV_S{}^2}{4T^2}(4T-4T)=0$

(1)　電流Iの時間変化のグラフは

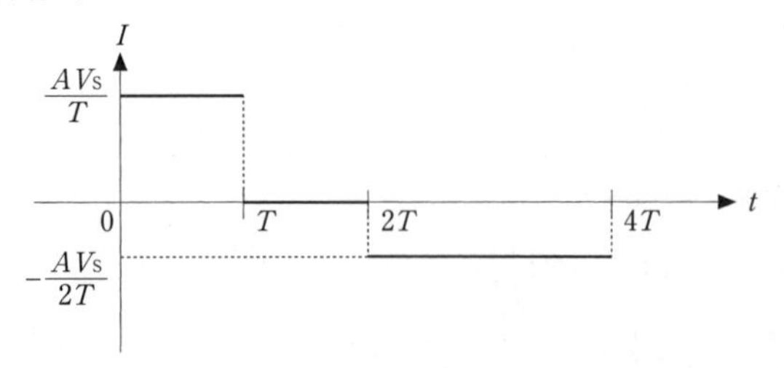

(2)　電力Pの時間変化のグラフは

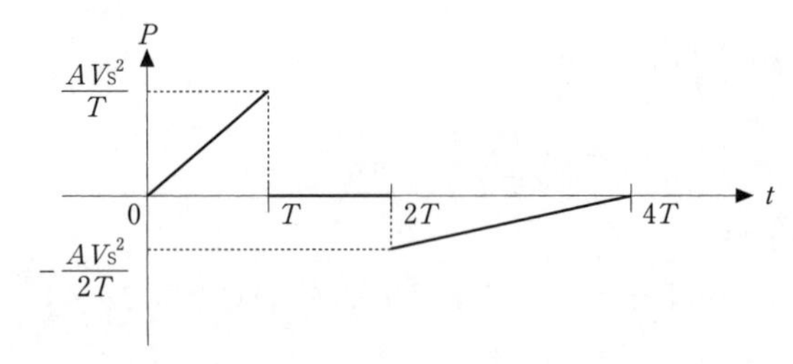

テーマ

◎2本の平行な導体レール上を運動する導体棒の問題である。頻出かつ典型的な問題であり，誘導に従って解答していけばよい。

- 外部電源によって導体棒に電流 I が流れるとき，導体棒は磁場から力 $F=IBL$ を受けて加速する。導体棒の速さが v のとき，導体棒には誘導起電力 $V=vBL$ が生じる。2015年度は，これとは逆に，導体棒を動かすことで誘導起電力 $V=vBL$ が生じ，その結果，電流が流れて，導体棒は磁場から力 $F=IBL$ を受けるタイプの問題が出題された。
- 導体棒を流れる電流 I が，$I=\dfrac{m}{B^2L^2}\cdot\dfrac{\Delta V}{\Delta t}$，$I=\dfrac{\Delta Q}{\Delta t}$ であることから，$\Delta Q=\dfrac{m}{B^2L^2}\cdot\Delta V$ が得られ，比例定数 $\dfrac{m}{B^2L^2}$ がコンデンサーの電気容量 C と等価であることがわかる。すなわち，磁場中を運動する導体棒は，端子J，Kからはコンデンサーとみなしてよいことがポイントである。

4　交　流

40　内部抵抗をもつ電源によるコンデンサーの充電，電気振動

（2014年度　第2問）

図2(a)に示すように，直流電源に一つのコイル，二つのコンデンサー，三つのスイッチが接続された電気回路がある。最初，コンデンサーAとコンデンサーBの極板間は真空で，静電容量はそれぞれC_1[F]，C_2[F]であり，コイルの自己インダクタンスはL[H]である。直流電源の電圧(起電力)はE[V]でその内部抵抗の値はr[Ω]である。ここで，導線の抵抗は無視できるものとする。

最初，二つのコンデンサーには電荷がたくわえられておらず，三つのスイッチは全て開いているものとして，以下の問いに答えよ。

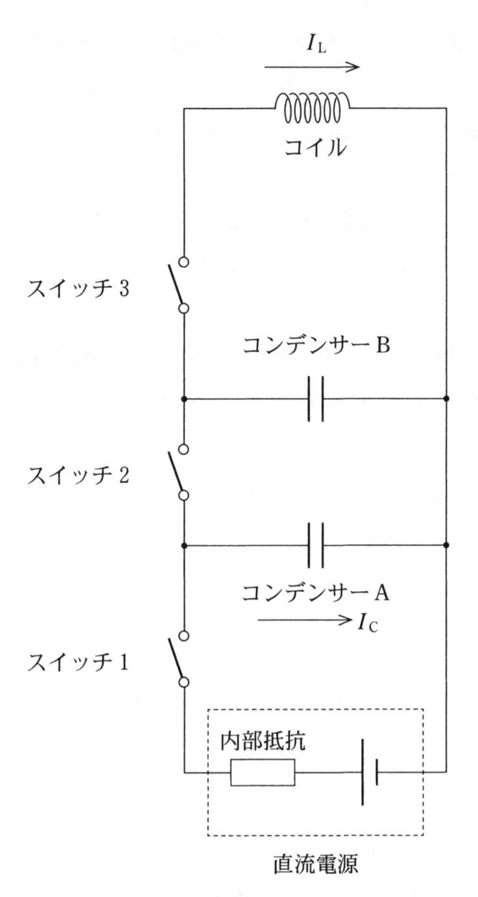

図 2 (a)

問 1. 時刻 $t = t_1$[s]においてスイッチ 1 を閉じたところ，コンデンサー A の極板間電圧 V_C[V]が図 2 (b)に示すように変化し，電流 I_C[A]がコンデンサー A に流れた（ただし，図 2 (a)における I_C の矢印を電流の正の向きとする）。

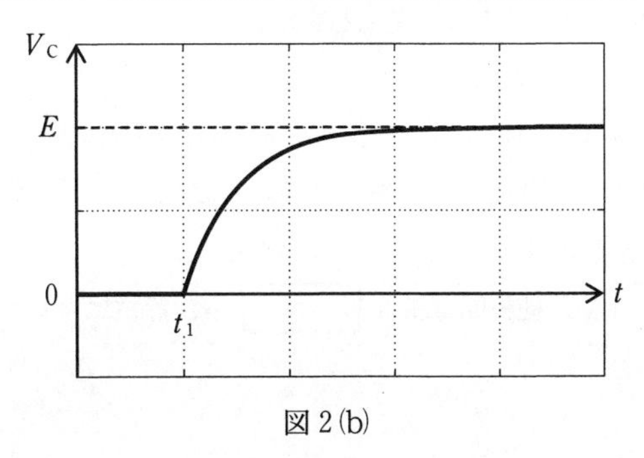

図 2 (b)

電流I_Cは，スイッチ1を閉じた直後に最大となり，その値I_{CM}[A]は [　(ア)　] [A]と表される。また，スイッチ1を閉じた後，コンデンサーAに電流I_Cが流れている時，コンデンサーAにたくわえられる電気量は [　(イ)　] [C]と表される。

上の文中の四角に入る数式を答えよ。ただし，数式はI_C，C_1，C_2，E，r，Lのうち必要なものを用いて表せ。

問 2. 問1の操作を行った際，コンデンサーAに流れる電流I_C[A]はどのように時間変化するか。解答紙にその概形を描け。

〔解答欄〕

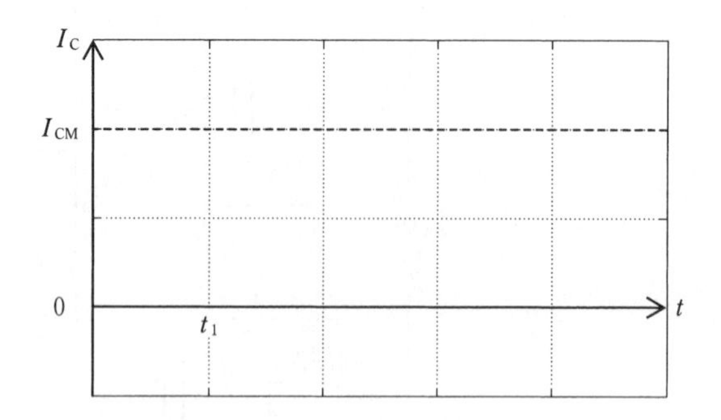

問 3. 直流電源の内部抵抗の値r[Ω]が高い場合と低い場合とでは，コンデンサーAの極板間電圧V_C[V]が電源電圧E[V]の半分の値(すなわち0.5E[V])に等しくなるまでに要する時間が長くなるのはどちらか。解答紙に記載されている選択肢((a)内部抵抗の値が高い場合，(b)内部抵抗の値が低い場合）から正解を選び，その記号に○印をつけよ。またその理由を150字以内で述べよ(句読点は一文字と数える)。

問 4. スイッチ1を閉じてコンデンサーAの極板間電圧V_C[V]が電源電圧E[V]に等しくなった後にスイッチ1を開き，コンデンサーAの極板間に比誘電率ε_rの誘電体を挿入した。その結果，コンデンサーAの静電容量は [　(ウ)　] 倍，極板間電圧は [　(エ)　] 倍，静電エネルギーは [　(オ)　] 倍になる。

上の文中の四角に入る数式を答えよ。ただし，数式はC_1，C_2，E，ε_r，r，Lのうち必要なものを用いて表せ。

問 5. **問4**の操作の後でスイッチ2を閉じた。この操作の後でコンデンサーA，Bの極板間電圧はそれぞれ［(カ)］[V]，［(キ)］[V]，コンデンサーA，Bにたくわえられる電気量はそれぞれ［(ク)］[C]，［(ケ)］[C]と表される。

上の文中の四角に入る数式を答えよ。ただし，数式はC_1，C_2，E，ε_r，r，Lのうち必要なものを用いて表せ。

問 6. **問5**の操作の後で時刻$t = t_2$[s]においてスイッチ3を閉じたところ，コイルに一定周期で振動する電流I_L[A]が流れた。その波形として最も適するものを，解答紙に記載された(a)から(d)の中から選び，その記号に○印をつけよ。ただし，これらの図では，時刻$t = t_2$[s]から三周期経過した時刻$t = t_3$[s]までの波形を描いてあり，図2(a)におけるI_Lの矢印を電流の正の向きとする。

〔解答欄〕

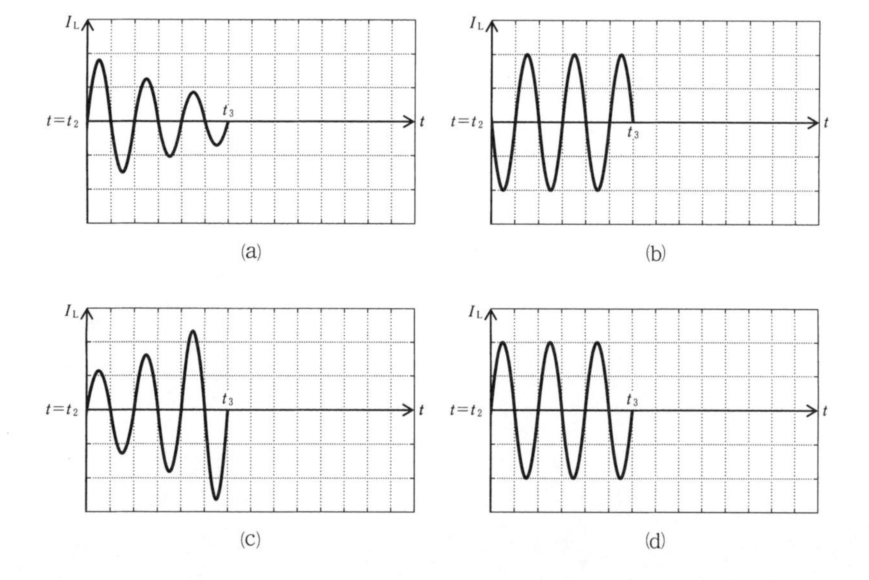

問 7. **問6**で選択した電流波形の周波数は [(コ)] [Hz]，最大値は [(サ)] [A]と表される。

上の文中の四角に入る数式を答えよ。ただし，数式はC_1，C_2，E，ε_r，r，Lのうち必要なものを用いて表せ。

問 8. **問6**の操作の後で，時刻$t = t_3$[s]においてコイルに抵抗を直列に接続したところ，電流振動の様子が変化した。**問6**で選択した波形に時刻$t = t_3$[s]以降の変化の概形を三周期分続けて描け。

解 答

▶**問1**．(ア) スイッチ1を閉じた直後にコンデンサーAに蓄えられている電気量が0であるから，極板間電圧すなわちコンデンサーAでの電圧降下は0である。キルヒホッフの第二法則より

$$E = rI_{\mathrm{CM}} \qquad \therefore \quad I_{\mathrm{CM}} = \frac{\boldsymbol{E}}{\boldsymbol{r}}\text{〔A〕}$$

すなわち，電気量が蓄えられていないコンデンサーは，単純な導線とみなしてよい。

(イ) コンデンサーAに電流 I_{C} が流れているとき，コンデンサーAに蓄えられる電気量を Q_{A}〔C〕とすると，コンデンサーAでの電圧降下は $\dfrac{Q_{\mathrm{A}}}{C_1}$ であるから，キルヒホッフの第二法則より

$$E = rI_{\mathrm{C}} + \frac{Q_{\mathrm{A}}}{C_1} \qquad \therefore \quad Q_{\mathrm{A}} = \boldsymbol{C_1(E - rI_{\mathrm{C}})}\text{〔C〕}$$

▶**問2**．$0 \leqq t < t_1$ では，$I_{\mathrm{C}} = 0$ である。
$t = t_1$ のとき，**問1**(ア)より，$I_{\mathrm{C}} = I_{\mathrm{CM}}$ である。
$t_1 < t$ のとき，キルヒホッフの第二法則より

$$E = rI_{\mathrm{C}} + V_{\mathrm{C}} \qquad \therefore \quad I_{\mathrm{C}} = \frac{E - V_{\mathrm{C}}}{r}$$

したがって，図2(b)より，V_{C} の増加にともなって I_{C} が減少し，十分時間がたてば $I_{\mathrm{C}} = 0$ となる。

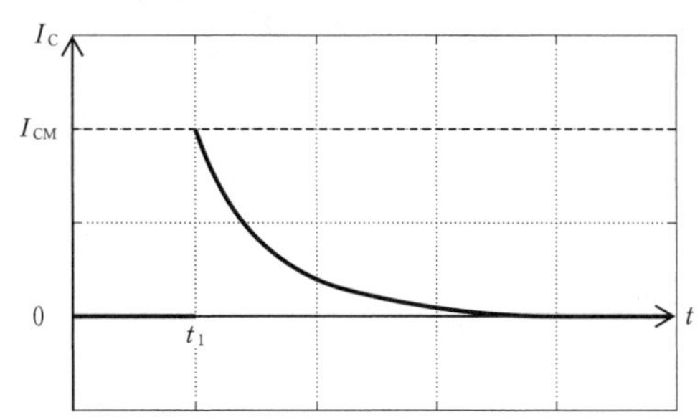

参考 コンデンサーの充電（問1，問2）

時刻 $t = t_1$ のときを改めて時刻 $\tau = 0$ とする。時刻 τ でコンデンサーAに蓄えられた電荷が q のとき

・キルヒホッフの第二法則より　$E = rI_{\mathrm{C}} + \dfrac{q}{C_1}$ ……①

・q と I_{C} の関係より　$I_{\mathrm{C}} = \dfrac{dq}{d\tau}$ ……②

①，②より I_{C} を消去すると　$\dfrac{dq}{d\tau} = -\dfrac{1}{rC_1}q + \dfrac{E}{r}$ ……③

(i) q-τ グラフ

$q=C_1V_C$ であるから，図2(b)と同じ時間変化をする。

(ii)　I_C-τ グラフ

②より，I_C は q-τ グラフの傾きである。よって問2は，図2(b)のグラフの傾きを描けばよい。

③を書き換えて，変数分離すると

$$\frac{dq}{d\tau}=\frac{1}{rC}(CE-q) \qquad \therefore \quad \int\frac{dq}{CE-q}=\int\frac{d\tau}{rC}$$

一般解は

$$-\log(CE-q)=\frac{\tau}{rC}+\text{Const.}\quad（積分定数）$$

初期条件より，$\tau=0$ で $q=0$ であるから

$$\text{Const.}=-\log(CE)$$

したがって

$$-\log(CE-q)=\frac{\tau}{rC}-\log(CE)$$

$$CE-q=CE\cdot e^{-\frac{\tau}{rC}}$$

$$\therefore \quad q=CE(1-e^{-\frac{\tau}{rC}})$$

V_C-τ の関係（図2(b)のグラフの式）は

$$V_C=\frac{q}{C}=E(1-e^{-\frac{\tau}{rC}})$$

I_C-τ の関係（問2のグラフの式）は

$$I_C=\frac{dq}{d\tau}=\frac{E}{r}e^{-\frac{\tau}{rC}}$$

▶問3．(a)　**理由：r が高い場合，コンデンサーAを流れる電流 I_C が小さくなり，コンデンサーAに蓄えられる電気量の単位時間あたりの増加量も小さくなる。コンデンサーAの極板間電圧 V_C は，蓄えられる電気量に比例するので，その単位時間あたりの増加量も小さくなる。したがって，V_C が $0.5E$〔V〕になるまでに要する時間は長くなる。**(150字以内)

▶問4．(ウ)　コンデンサーAの極板間電圧 V_C が電源電圧 E に等しくなったとき，蓄えられる電気量を Q_1〔C〕とすると

$$Q_1=C_1E$$

比誘電率 ε_r の誘電体を挿入した後のコンデンサーAの静電容量を C_1'〔F〕とすると

$$\frac{C_1'}{C_1}=\boldsymbol{\varepsilon_r}$$

(エ)　極板間電圧を V_C'〔V〕とすると，スイッチを開いているので電気量 Q_1 が変化しないから

$$C_1E=C_1'V_C' \qquad \therefore \quad \frac{V_C'}{V_C}=\frac{V_C'}{E}=\frac{C_1}{C_1'}=\boldsymbol{\frac{1}{\varepsilon_r}}$$

(オ)　誘電体を挿入する前後の静電エネルギーをそれぞれ U_1〔J〕，U_1'〔J〕とすると

$$\frac{U_1'}{U_1}=\frac{\dfrac{Q_1{}^2}{2C_1'}}{\dfrac{Q_1{}^2}{2C_1}}=\frac{C_1}{C_1'}=\frac{1}{\varepsilon_r}$$

▶問5．(カ)・(キ)　コンデンサーA，Bの極板間電圧は等しくなるので，これをV'〔V〕とおく。また，それぞれに蓄えられる電気量をQ_1'〔C〕，Q_2'〔C〕とすると，電気量保存則より

$$Q_1=Q_1'+Q_2'$$

$$C_1E=\varepsilon_r C_1V'+C_2V'$$

$$\therefore\quad V'=\frac{\boldsymbol{C_1}}{\boldsymbol{\varepsilon_r C_1+C_2}}\boldsymbol{E}\text{〔V〕}$$

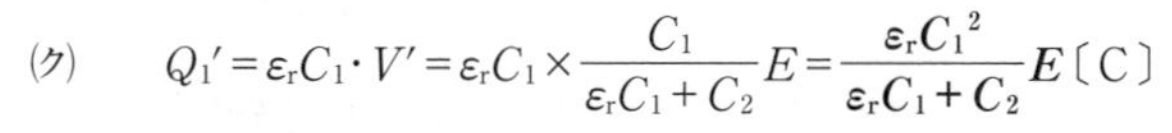

(ク)　$$Q_1'=\varepsilon_r C_1\cdot V'=\varepsilon_r C_1\times\frac{C_1}{\varepsilon_r C_1+C_2}E=\frac{\boldsymbol{\varepsilon_r C_1{}^2}}{\boldsymbol{\varepsilon_r C_1+C_2}}\boldsymbol{E}\text{〔C〕}$$

(ケ)　$$Q_2'=C_2V'=C_2\times\frac{C_1}{\varepsilon_r C_1+C_2}E=\frac{\boldsymbol{C_1C_2}}{\boldsymbol{\varepsilon_r C_1+C_2}}\boldsymbol{E}\text{〔C〕}$$

▶問6．$t=t_2$の直後，コンデンサーA，Bの左側極板から正電荷が流れ出し，コイルを流れる電流I_Lは正の向きである。コンデンサーとコイルに電流が流れてもエネルギーは消費されないので，振幅が一定の振動電流が流れる。よって波形は(d)となる。

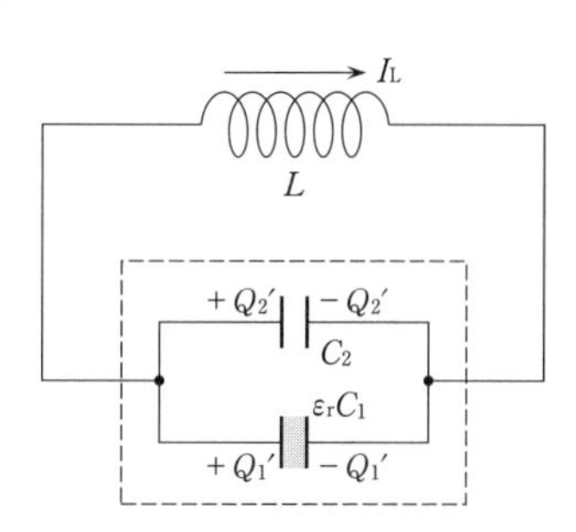

▶問7．(コ)　コンデンサーA，Bは並列であるから，合成容量をC〔F〕とすると

$$C=\varepsilon_r C_1+C_2$$

電気容量Cのコンデンサー1個と自己インダクタンスLのコイル1個による電気振動では，周期は$T=2\pi\sqrt{LC}$，振動数は$f=\dfrac{1}{T}=\dfrac{1}{2\pi\sqrt{LC}}$である。

したがって，この回路の電流波形の周波数f〔Hz〕は

$$f=\frac{1}{2\pi\sqrt{LC}}=\frac{\boldsymbol{1}}{\boldsymbol{2\pi\sqrt{L(\varepsilon_r C_1+C_2)}}}$$

(サ)　電流の最大値I_{LM}〔A〕は，エネルギー保存則より，最初にコンデンサーに蓄えられるエネルギーがすべてコイルに移ったときであるから

$$\frac{1}{2}CV'^2=\frac{1}{2}LI_{LM}{}^2$$

$$\therefore\quad I_{LM}=V'\sqrt{\frac{C}{L}}=\frac{C_1}{\varepsilon_r C_1+C_2}E\times\sqrt{\frac{\varepsilon_r C_1+C_2}{L}}$$

$$=\frac{C_1E}{\sqrt{L(\varepsilon_r C_1+C_2)}}$$

参考　電気振動（問6，問7）

コンデンサーAとBの合成容量を C とする。スイッチ3を閉じたときを改めて時刻 $\tau=0$ とする。時刻 τ でコンデンサーに蓄えられた電荷が q のとき

・キルヒホッフの第二法則より　　$-L\dfrac{dI_L}{d\tau}=-\dfrac{q}{C}$　……④

・q と I_L の関係より，電荷 q が減少する $\left(\dfrac{dq}{d\tau}<0\right)$ とき，電流は前図の向きに流れる（$I_L>0$）から　　$I_L=-\dfrac{dq}{d\tau}$　……⑤

ここで⑤を用いて，$\dfrac{dI_L}{d\tau}=\dfrac{d}{d\tau}\left(-\dfrac{dq}{d\tau}\right)=-\dfrac{d^2q}{d\tau^2}$ とすると，④は

$$L\frac{d^2q}{d\tau^2}=-\frac{1}{C}\cdot q \qquad \therefore\quad \frac{d^2q}{d\tau^2}=-\frac{1}{LC}q \quad \cdots\cdots⑥$$

角振動数を ω とすると，⑥は $\dfrac{d^2q}{d\tau^2}=-\omega^2 q$ となり，これは電荷 q が単振動をすることを表す式である。一般解は，三角関数型で $\omega=\dfrac{1}{\sqrt{LC}}$ であるから

$$q=A\sin\left(\frac{1}{\sqrt{LC}}t+\phi\right)$$ （振幅 A と初期位相 ϕ は，初期条件で決まる定数）

(i)　$\tau=0$ で $q=Q_A$ とすると　　$q=Q_A\cos\dfrac{1}{\sqrt{LC}}t$

(ii)　⑥を $\dfrac{d^2i}{d\tau^2}=-\dfrac{1}{LC}i$ と考えれば，電流 i も単振動をする。

$$I_L=-\frac{dq}{d\tau}=\frac{Q_A}{\sqrt{LC}}\sin\frac{1}{\sqrt{LC}}t$$

(iii)　電気振動の周期 T と振動数 f は

$$T=\frac{2\pi}{\omega}=2\pi\sqrt{LC},\quad f=\frac{1}{T}=\frac{1}{2\pi\sqrt{LC}}$$

(iv)　コンデンサー，コイルのそれぞれに蓄えられているエネルギー U_C，U_L は

$$U_C=\frac{1}{2}\frac{q^2}{C}=\frac{1}{2C}\cdot Q_A{}^2\cos^2\frac{1}{\sqrt{LC}}t$$

$$U_L=\frac{1}{2}LI_L{}^2=\frac{1}{2}L\cdot\left(\frac{Q_A}{\sqrt{LC}}\right)^2\sin^2\frac{1}{\sqrt{LC}}t$$

したがって

$$U_L+U_C=\frac{Q_A{}^2}{2C}\left(\cos^2\frac{t}{\sqrt{LC}}+\sin^2\frac{t}{\sqrt{LC}}\right)=\frac{Q_A{}^2}{2C}$$

これは，コンデンサーとコイルに蓄えられたエネルギーの和が一定であることを表している。

▶問8．回路に抵抗があると，電流が流れることでジュール熱が発生し，回路のエネルギーが減少する。そのため，$t_3\leqq t$ では，振幅がしだいに小さくなるような振動電流が流れる（減衰）。また，電流波形の周波数は，L と C で決まるので，$t_2\leqq t\leqq t_3$ の

ときの問7(コ)と同じである。

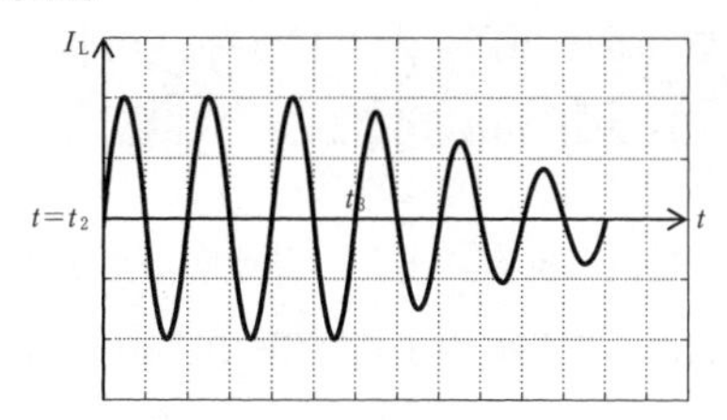

テーマ

◎問1，問2は，コンデンサーの充電過程，いわゆる過渡現象である。
問4，問5は，コンデンサー回路のスイッチの切り替え問題で，2つのコンデンサーにかかる電圧が等しくなることと，電気量保存則を用いる。基本的な問題である。
問6，問7は，並列に接続した2つのコンデンサーとコイルでの電気振動であるが，この場合のコンデンサーは並列接続の合成容量を用いて1つのコンデンサーとみなしてよい。コンデンサーとコイルに電流が流れてもエネルギーの消費はないから，電気振動にエネルギー保存則を用いるのは定番である。
問3，問8では，回路に抵抗がある場合の論述や描図で差がつく。

41 交流発電機，抵抗とコンデンサーを流れる交流

（2008年度 第2問）

図3に示すように，紙面と垂直に裏から表へ向かう磁束密度Bの一様な磁界(磁場)中で，太さの無視できる導線aWXYZbが，abを回転軸として，aからbを見て時計まわりに一定の角速度ωで回転している。このとき，ab間には時間とともに変化する誘導起電力が発生する。導線の折れ曲がり部はすべて直角で，WX，XY，YZの長さはすべてdである。この導線には抵抗値Rの抵抗および電気容量Cのコンデンサーが図のように接続されている。時刻$t=0$で，導線aWXYZbは紙面内の図に示す位置にあったとする。抵抗値R以外の電気抵抗は無視でき，誘導起電力は接続する回路に影響されないとする。

以下の各問いで特に指示のない場合は，B，C，d，R，t，ωのうち必要なものを用いて解答せよ。また，角速度の単位をrad/sとする。必要ならば下記の三角関数の公式を用いてよい。

$$\sin(\alpha \pm \beta) = \sin\alpha\cos\beta \pm \cos\alpha\sin\beta$$

$$\cos(\alpha \pm \beta) = \cos\alpha\cos\beta \mp \sin\alpha\sin\beta$$

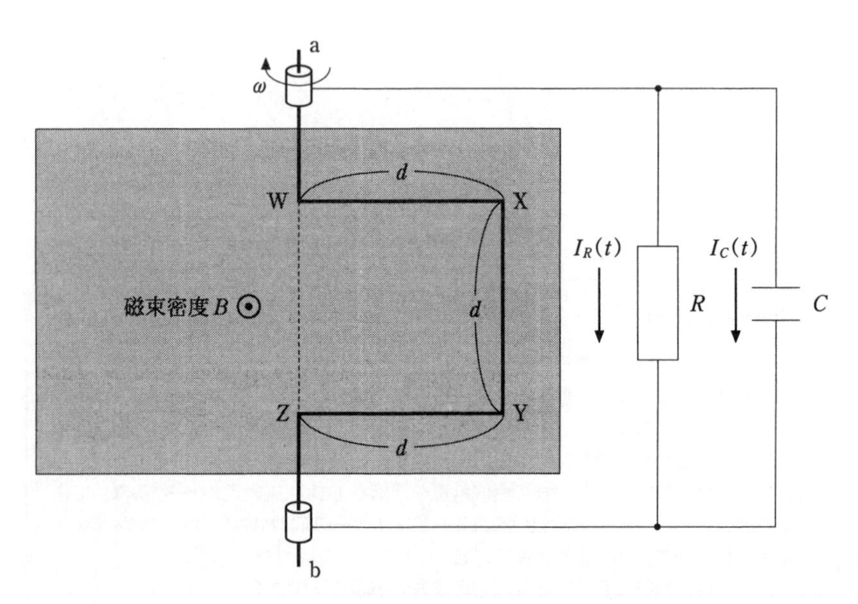

図3

問 1. 時刻 $t=0$ から $t=\dfrac{\pi}{\omega}$ の間で，電位が高いのは a，b のうちどちらか。

問 2. 正方形の領域 WXYZ を貫く磁束を Φ とする。時刻 t における $\Phi(t)$ を求めよ。ただし，$\Phi(t)$ は $t=0$ から $t=\dfrac{\pi}{2\omega}$ の間で正の値をとるとする。

問 3. 時刻 t から $t+\Delta t$ の間に正方形の領域 WXYZ を貫く磁束が変化する量 $\Delta\Phi=\Phi(t+\Delta t)-\Phi(t)$ は，$\omega\Delta t$ の大きさが十分小さいときには $\Delta\Phi=k_1\Delta t$ と近似できる。k_1 を求めよ。ただし，θ の大きさが十分小さいときに成り立つ三角関数の近似式 $\sin\theta \fallingdotseq \theta$，$\cos\theta \fallingdotseq 1$ を用いてよい。

問 4. 時刻 t において ab 間に発生する誘導起電力 $V(t)$ を求めよ。ただし，$V(t)$ は b に対して a の電位が高いときを正とする。

問 5. 時刻 t において抵抗に流れる電流 $I_R(t)$ を求めよ。ただし，$I_R(t)$ は図の矢印の向きを正とする。

問 6. 時刻 t においてコンデンサーに蓄えられる電気量を $Q(t)$ とするとき，時刻 t から $t+\Delta t$ の間に $Q(t)$ が変化する量 $\Delta Q=Q(t+\Delta t)-Q(t)$ は，$\omega\Delta t$ の大きさが十分小さいときには $\Delta Q=k_2\Delta t$ と近似できる。k_2 を求めよ。ただし，θ の大きさが十分小さいときに成り立つ三角関数の近似式 $\sin\theta \fallingdotseq \theta$，$\cos\theta \fallingdotseq 1$ を用いてよい。

問 7. 時刻 t においてコンデンサーに流れる電流 $I_C(t)$ を求めよ。ただし，$I_C(t)$ は図の矢印の向きを正とする。

問 8. 横軸に時間をとり $t=0$ から $t=\dfrac{2\pi}{\omega}$ までの $I_C(t)$ の変化を解答用紙の問 8 に示した図中に描け。なお，電流の最大値および最小値を同図の □ に記入せよ。

〔解答欄〕

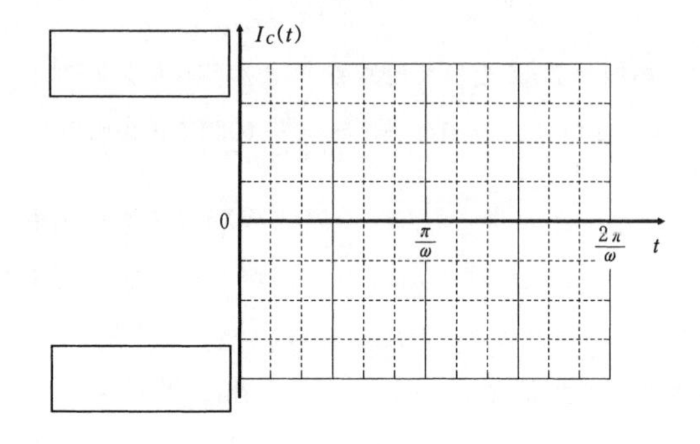

問 9. $I_R(t)$に対して$I_C(t)$の位相はどうなるか。下の解答群から適切なものを選び，その番号を解答欄に記入せよ。

①　$\frac{\pi}{2}$遅れている　②　同位相である　③　$\frac{\pi}{2}$進んでいる

④　π進んでいる

解 答

▶問1．(i) $0 \leqq t \leqq \dfrac{\pi}{2\omega}$ のとき

コイルが図の状態から $\dfrac{1}{4}$ 回転する間は，領域 WXYZ を貫く磁束は，紙面に垂直で表向きの磁束が減少する。レンツの法則より，その変化を妨げる向き，すなわち紙面に垂直で表向きの磁界をつくるように誘導電流が生じ，その向きは右ねじの法則より，Z→Y→X→W である。この電流は a から取り出すことができ，a が高電位である。

(ii) $\dfrac{\pi}{2\omega} \leqq t \leqq \dfrac{\pi}{\omega}$ のとき

コイルがさらに $\dfrac{1}{4}$ 回転する間は，領域 WXYZ を貫く磁束は，紙面に垂直で表向きの磁束が増加する。レンツの法則より，その変化を妨げる向き，すなわち紙面に垂直で裏向きの磁界をつくるように誘導電流が生じ，その向きは右ねじの法則より，Z→Y→X→W である。この電流は a から取り出すことができ，a が高電位である。

よってこの間，電位が高いのは　**a**

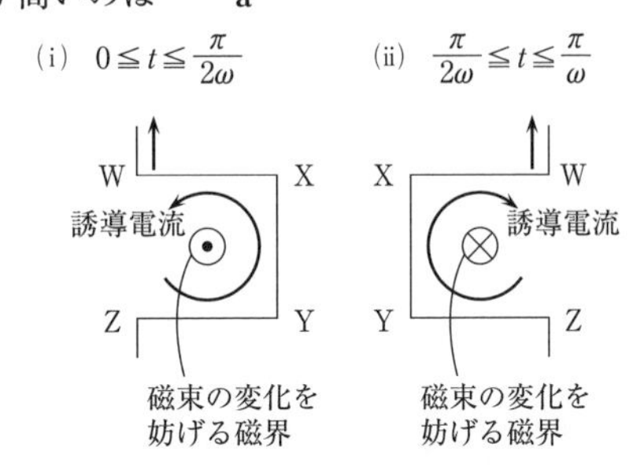

〔注〕 フレミングの右手の法則より，コイルの運動の向きを親指，磁界の向きを人さし指に合わせたとき，中指が誘導電流の向きであり，その向きは Y→X である。

▶問2．$t=0$ のとき，磁界が貫く領域の面積 S_0 は，$S_0=d^2$ であり，ここから $\dfrac{1}{4}$ 回転するまで $\left(0 \leqq t \leqq \dfrac{\pi}{2\omega}\right)$ の間，磁界が貫く領域 WXYZ の面積 $S(t)$ は，$S(t)=d^2\cos\omega t$ である。したがって

$$\Phi(t)=B\cdot S(t)=\boldsymbol{Bd^2\cos\omega t} \quad \cdots\cdots(1)$$

▶問3．(1)の t を，$t+\Delta t$ と置き換え，与えられた三角関数の公式と近似式を用いると

$$\Phi(t+\Delta t)=Bd^2\cos\{\omega(t+\Delta t)\}$$
$$=Bd^2\cos(\omega t+\omega\Delta t)$$

$$= Bd^2(\cos\omega t\cdot\cos\omega\Delta t - \sin\omega t\cdot\sin\omega\Delta t)$$
$$\fallingdotseq Bd^2(\cos\omega t - \sin\omega t\cdot\omega\Delta t)$$

磁束の変化量は

$$\Delta\Phi = \Phi(t+\Delta t) - \Phi(t)$$
$$= Bd^2(\cos\omega t - \sin\omega t\cdot\omega\Delta t) - Bd^2\cos\omega t$$
$$= -\omega Bd^2\sin\omega t\cdot\Delta t$$

したがって，$\Delta\Phi = k_1\cdot\Delta t$ とおくと

$$k_1 = \boldsymbol{-\omega Bd^2\sin\omega t}$$

▶問4．誘導起電力の大きさは

$$|V(t)| = \left|\frac{\Delta\Phi}{\Delta t}\right| = \left|\frac{-\omega Bd^2\sin\omega t\cdot\Delta t}{\Delta t}\right| = \omega Bd^2\sin\omega t$$

題意より，$V(t)$ はbに対してaの電位が高いときを正とし，$0\leqq t\leqq\frac{\pi}{2\omega}$ では，問1よりaが高電位であるから

$$V(t) = \boldsymbol{\omega Bd^2\sin\omega t}$$

参考　$V(t)$は微分を用いて求めることもできる。〔テーマ〕参照。

▶問5．抵抗については，オームの法則 $V(t) = R\cdot I_R(t)$ が成立し，aが高電位のとき $I_R(t)$ は正であるから

$$I_R(t) = \frac{V(t)}{R} = \boldsymbol{\frac{\omega Bd^2}{R}\sin\omega t} \quad \cdots\cdots(2)$$

▶問6．コンデンサーについては，$Q(t) = C\cdot V(t)$ が成立するから

$$Q(t) = C\cdot V(t) = \omega CBd^2\sin\omega t$$

問3と同様に

$$Q(t+\Delta t) = \omega CBd^2\sin\{\omega(t+\Delta t)\}$$
$$= \omega CBd^2\sin(\omega t + \omega\Delta t)$$
$$= \omega CBd^2(\sin\omega t\cdot\cos\omega\Delta t + \cos\omega t\cdot\sin\omega\Delta t)$$
$$\fallingdotseq \omega CBd^2(\sin\omega t + \cos\omega t\cdot\omega\Delta t)$$

電気量の変化量は

$$\Delta Q = Q(t+\Delta t) - Q(t)$$
$$= \omega CBd^2(\sin\omega t + \cos\omega t\cdot\omega\Delta t) - \omega CBd^2\sin\omega t$$
$$= \omega^2 CBd^2\cos\omega t\cdot\Delta t$$

したがって，$\Delta Q = k_2\cdot\Delta t$ とおくと

$$k_2 = \boldsymbol{\omega^2 CBd^2\cos\omega t}$$

▶問7．電流 $I_C(t)$ は，aが高電位のとき，$I_C(t)$ は正であるから

$$I_C(t) = \frac{\Delta Q}{\Delta t} = \boldsymbol{\omega^2 CBd^2\cos\omega t} \quad \cdots\cdots(3)$$

▶問8．

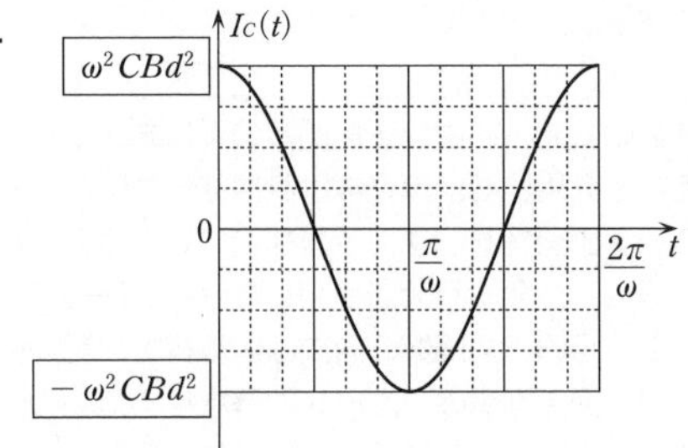

(3)より，$I_C(t)$ は周期 $\frac{2\pi}{\omega}$ のコサインのグラフである。電流の最大値は $\omega^2 CBd^2$，最小値は $-\omega^2 CBd^2$ である。

▶問9．(3)より

$$I_C(t) = \omega^2 CBd^2 \sin\left(\omega t + \frac{\pi}{2}\right) \quad \cdots\cdots(3)'$$

(2)と(3)′より，$I_R(t)$ と $I_C(t)$ の最大値は異なるが，位相の部分に着目すると，$I_C(t)$ は $I_R(t)$ より $\frac{\pi}{2}$ 進んでいることがわかる。よって　③

参考1　$I_C(t)$ は微分を用いて求めることもできる。〔テーマ〕参照。

参考2　$I_C(t)$ が $V(t)$ より $\frac{\pi}{2}$ 進んでいること，コンデンサーの容量リアクタンスが $\frac{1}{\omega C}$ であることを用いると

$$I_C(t) = \frac{\omega Bd^2}{\frac{1}{\omega C}} \sin\left(\omega t + \frac{\pi}{2}\right) = \omega^2 CBd^2 \cos\omega t$$

となり，(3)が求められる。

テーマ

◎問題には，途中計算に必要な三角関数の公式，および三角関数の近似式が示されている。導出過程を記す指示があれば，これらを用いて計算しなければならないが，本問では答えだけを求めるようになっており，導出過程を記す指示がないので，微分・積分計算を用いて計算しても問題はない。一般に，微分・積分を使用しなければ解答できない問題は出題しないことになっている。これらの三角関数の公式は，教科書の記述に沿った出題であり，問3，問6の結果を用いて交流回路のしくみを理解させるための受験生への配慮であると考えられる。このような意味で，教科書をしっかりと理解しておく必要がある。

◎交流発電機は，磁場内のコイルに外力を加えて回転させ，電磁誘導によってコイルに生じた電流を取り出す装置である。

- 一方，モーターは，磁場内のコイルに電流を流して，電流が磁場から受ける力によってコイルの回転運動を取り出す装置である。

◎問 2 で得られた磁束の時間変化 $\boldsymbol{\Phi}(t)=Bd^2\cos\omega t$ より，問 4 の誘導起電力は $V(t)=-\dfrac{\Delta\Phi(t)}{\Delta t}$ であるから，その大きさは微分を用いて

$$|V(t)|=\left|-\frac{d\Phi(t)}{dt}\right|=\left|-\frac{d}{dt}Bd^2\cos\omega t\right|=\omega Bd^2\sin\omega t$$

これを求めなければ問5以降に進めないし，この答えから問3も逆算することができるので，多角的に辛抱強く計算する必要もある。しかし，教科書の理解がベストであることはいうまでもない。

◎問4の交流発電機の起電力を $V(t)=\omega Bd^2\sin\omega t=V_0\sin\omega t$ とする。すなわち，V_0 は起電力の最大値，あるいは三角関数型で振動する起電力の振幅である。

(i) 抵抗値 R の抵抗に，交流電圧 $V(t)=V_0\sin\omega t$ を加えるとき，キルヒホッフの第二法則（閉回路において，起電力の和＝電圧降下の和 で表す）より

$$V(t)=R\cdot I(t)$$

よって

$$I(t)=\frac{V(t)}{R}=\frac{V_0}{R}\sin\omega t=I_0\sin\omega t$$

すなわち，電流は，電圧と同位相の三角関数型で振動し，最大値 $I_0=\dfrac{V_0}{R}$ である。

(ii) 電気容量 C のコンデンサーに，交流電圧 $V(t)=V_0\sin\omega t$ を加えるとき，キルヒホッフの第二法則より

$$V(t)=\frac{Q(t)}{C}$$

コンデンサーを流れる電流は

$$I(t)=\frac{dQ(t)}{dt}$$

よって

$$I(t)=\frac{d(CV(t))}{dt}=C\cdot\frac{dV(t)}{dt}=C\cdot\frac{d}{dt}(V_0\sin\omega t)$$

$$=C\cdot\omega V_0\cos\omega t=\omega C\cdot V_0\sin\left(\omega t+\frac{\pi}{2}\right)=I_0\sin\left(\omega t+\frac{\pi}{2}\right)$$

すなわち，電流は，電圧に対して位相が$\frac{\pi}{2}$進んだ三角関数型で振動し，最大値$I_0=\omega C\cdot V_0=\frac{V_0}{\frac{1}{\omega C}}=\frac{V_0}{X_C}$である。ここで，$X_C=\frac{1}{\omega C}$は，交流回路における抵抗の役割をもち，容量リアクタンス（単位〔Ω〕）という。

(iii) 自己インダクタンス L のコイルに，交流電圧 $V(t)=V_0\sin\omega t$ を加えるとき，キルヒホッフの第二法則より

$$V(t)-L\frac{dI(t)}{dt}=0$$

よって

$$dI(t)=\frac{V(t)}{L}dt$$

$$I(t)=\int dI(t)=\int\frac{V(t)}{L}dt=\int\frac{V_0\sin\omega t}{L}dt=-\frac{V_0}{\omega L}\cos\omega t+\text{Const.}\text{（積分定数）}$$

ここで，交流の周期性から積分定数は 0 とすると

$$I(t)=\frac{V_0}{\omega L}\sin\left(\omega t-\frac{\pi}{2}\right)=I_0\sin\left(\omega t-\frac{\pi}{2}\right)$$

すなわち，電流は，電圧に対して位相が$\frac{\pi}{2}$遅れた三角関数型で振動し，最大値$I_0=\frac{V_0}{\omega L}=\frac{V_0}{X_L}$である。ここで，$X_L=\omega L$ は，交流回路における抵抗の役割をもち，誘導リアクタンス（単位〔Ω〕）という。

5　荷電粒子の運動

42　コンデンサーの充電，磁場内での荷電粒子の運動

（2021 年度　第2問）

問 1．図1のように，起電力 V の電池，抵抗値 R の抵抗，平行板コンデンサー，およびスイッチが，直列につながれている回路を考える。平行板コンデンサーは，面積 S の同じ形の非常に薄い極板①，②を，間隔 d で向かい合わせて作られている。極板間は真空で，誘電率は ε_0 とする。最初，スイッチは開いており，コンデンサーの電気量は0である。極板の端での電場の歪み，電池内部と導線の抵抗，および回路の自己誘導は無視できるものとして，以下の問いに答えよ。

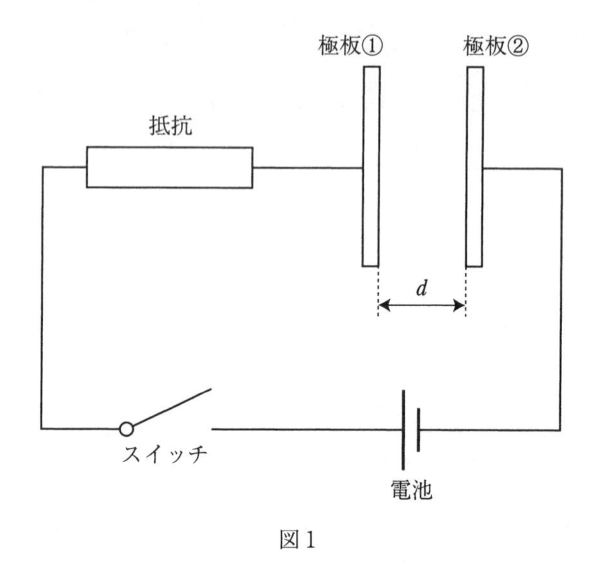

図1

(1)　スイッチを時刻 $t = 0$ で閉じた直後に，抵抗の両端にかかる電圧を求めよ。

(2)　時刻 $t = 0$ から十分に時間が経過した後，極板①に蓄えられている電気

量 Q，およびコンデンサーに蓄えられている静電エネルギー U を求めよ。

(3)　時刻 $t=0$ から十分に時間が経過するまでに，電池のした仕事 W を求めよ。解答には，**問 1** (2)の電気量 Q を用いてよい。

(4)　**問 1** (2)，(3)より，コンデンサーに蓄えられた静電エネルギー U は電池のした仕事 W よりも小さな値であることがわかる。この理由を，W と U の差は，回路のどの場所で，どのようなエネルギーとして主に消費されたかがわかるように，25 字以内で説明せよ。

(5)　スイッチを閉じた後 ($t>0$) に抵抗に流れる電流 I の時間変化を，時刻 $t=0$ から十分に時間が経ったときの様子がわかるように図示せよ。

〔解答欄〕

問 2. 真空中に置かれた図 2 の装置における，質量 M，電荷 $q\,(q>0)$ をもつ荷電粒子 P の xy 平面内での運動を考える。図 1 の平行板コンデンサーの極板①，②を，x 軸に垂直になるように $x=-2d$，$-d$ にそれぞれ配置し，起電力 V の電池につなぐ。$x=0$ には，厚みの無視できる無限に広がったスクリーン状検出器が，x 軸と垂直に置かれている。極板②およびスクリーン状検出器には，x 軸に沿って荷電粒子 P が通過できる小孔が開いている。領域 $x>0$ (図 2 の灰色の部分) には，磁束密度の大きさ B の一様な磁場が，紙面と垂直にかけられている。

初速度 0 で座標 $(x,\ y)=\left(-\dfrac{3}{2}d,\ 0\right)$ の点 A に置かれた荷電粒子 P は，

x 軸に沿って直線運動し，極板②とスクリーン状検出器の小孔を通りぬけて，磁場中に入射した。その後，荷電粒子 P は，図 2 の破線のように等速円運動を行い，スクリーン状検出器で検出された。荷電粒子 P には，極板間では一様電場から受ける静電気力，領域 $x > 0$ では一様磁場から受けるローレンツ力のみがはたらき，極板②とスクリーン状検出器の小孔の影響は無視できるものとする。以下の問いに答えよ。

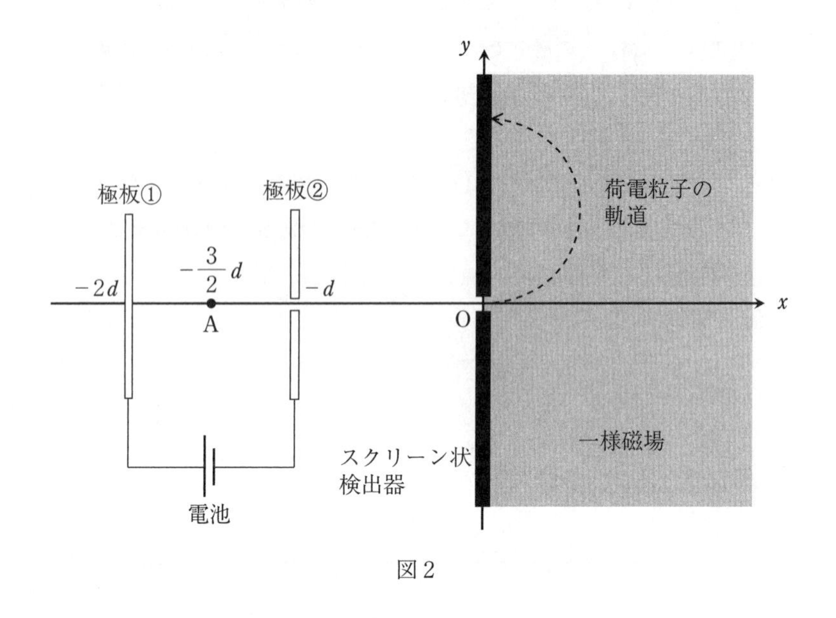

図 2

(1)　荷電粒子 P が原点 O を通過するときの速さ v を求めよ。

(2)　領域 $x > 0$ の一様磁場は，紙面の「表から裏」の向き，「裏から表」の向き，いずれの向きにかけられているか。解答欄の選択肢のいずれかに丸をつけよ。

(3)　領域 $x > 0$ において，荷電粒子 P が等速円運動を行う理由を 30 字程度で答えよ。（解答欄：40 マス）

(4)　荷電粒子 P が検出される位置の y 座標 Y を求めよ。解答には，**問 2** (1)

の速さ v を用いてよい。

(5)　以下の選択肢の中から，スクリーン状検出器上の $y = 2Y$ となる位置で検出される荷電粒子をすべて選べ。ただし，選択肢にある荷電粒子はすべて，点Aに初速度0で置かれるものとする。

選択肢

(a)　質量 $2M$，電荷 q

(b)　質量 $4M$，電荷 q

(c)　質量 M，　電荷 $2q$

(d)　質量 $2M$，電荷 $2q$

(e)　質量 $4M$，電荷 $2q$

(f)　質量 $8M$，電荷 $2q$

(g)　質量 $2M$，電荷 $4q$

(h)　質量 $4M$，電荷 $4q$

解 答

▶問1．(1) スイッチを閉じた直後では，コンデンサーに電荷は蓄えられていないので，コンデンサーの極板間にかかる電圧は0である。よって，抵抗の両端にかかる電圧は V となる。

(2) コンデンサーの電気容量を C とすると

$$C=\frac{\varepsilon_0 S}{d}$$

十分に時間が経過してコンデンサーが充電されれば，回路に電流が流れなくなるので，抵抗の両端にかかる電圧は0となり，コンデンサーの極板間にかかる電圧は V である。よって

$$Q=CV=\boldsymbol{\frac{\varepsilon_0 SV}{d}}$$

$$U=\frac{1}{2}CV^2=\boldsymbol{\frac{\varepsilon_0 SV^2}{2d}}$$

(3) 極板①に蓄えられた電気量 Q は，電池の起電力によって極板②から運ばれたものであり，その結果，極板②には $-Q$ の電気量が現れている。この間，電池は常に起電力 V で電荷を運ぶ仕事をしたから

$$W=\boldsymbol{QV}$$

〔注〕 コンデンサーに蓄えられた静電エネルギーが，電池がした仕事に等しく

$$W=U=\frac{1}{2}CV^2=\frac{1}{2}QV$$

とするのは誤りである。(4)を参照。

(4) 抵抗で消費されたジュール熱を W_R とすると，回路におけるエネルギーと仕事の関係より，「供給した仕事 W＝蓄えられたエネルギー U＋消費されたエネルギー W_R」であるから

$$W_R=W-U=QV-\frac{1}{2}CV^2=CV^2-\frac{1}{2}CV^2=\frac{1}{2}CV^2$$

よって理由は以下のようになる。

抵抗を流れる電流によるジュール熱として消費された。(25字以内)

(5) $t=0$ では，抵抗の両端にかかる電圧が V であるから，電流 I は

$$I=\frac{V}{R}$$

その後，時間の経過とともに電流 I は減少し，十分に時間が経過して，コンデンサーが完全に充電されると $I=0$ となる。

この間の電流 I の時間変化は下に凸のグラフで，次図のようになる。

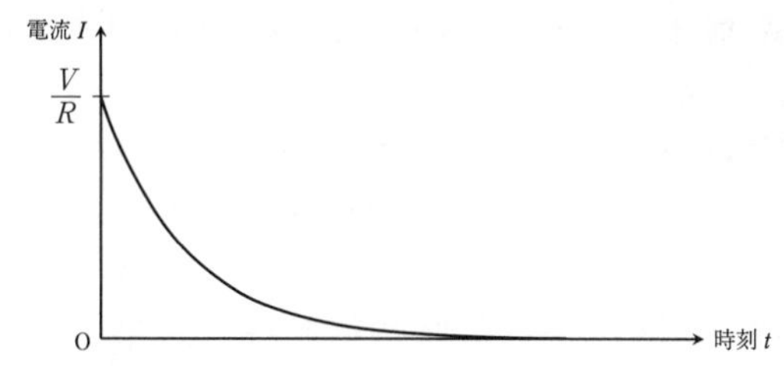

参考　任意の時刻における電流値を具体的に計算する。

時刻 t において，コンデンサーに蓄えられている電気量が q，抵抗に流れる電流が i のとき，この回路のキルヒホッフの第二法則より

$$V=Ri+\frac{q}{C}$$

q と i との関係は，q が増加 $\left(\frac{dq}{dt}>0\right)$ するとき i が正であるから

$$i=\frac{dq}{dt}$$

これらの式より

$$\frac{dq}{dt}=-\frac{1}{RC}q+\frac{V}{R}$$

書き換えて，変数分離すると

$$\frac{dq}{dt}=\frac{1}{RC}(CV-q) \qquad \therefore \quad \int\frac{dq}{CV-q}=\int\frac{dt}{RC}$$

この一般解は

$$-\log(CV-q)=\frac{t}{RC}+\text{Const.} \quad (積分定数)$$

初期条件は $t=0$ で $q=0$ であるから，これを代入すると

$$\text{Const.}=-\log(CV)$$

ゆえに

$$-\log(CV-q)=\frac{t}{RC}-\log(CV) \qquad \therefore \quad CV-q=CV\cdot e^{-\frac{t}{RC}}$$

よって

$$q=CV(1-e^{-\frac{t}{RC}})$$

したがって，電流 i は

$$i=\frac{dq}{dt}=\frac{V}{R}e^{-\frac{t}{RC}}$$

▶問２．(1)　コンデンサーの極板間には一様電場が生じているから，点Aと極板②の間の電位差は $\frac{1}{2}V$ である。荷電粒子の運動エネルギーの変化は電場からされた仕事に等しいから

$$\frac{1}{2}Mv^2-0=q\cdot\frac{1}{2}V$$

$$\therefore \quad v=\sqrt{\boldsymbol{\frac{qV}{M}}} \quad \cdots\cdots①$$

(2)　電流の向き・磁場の向き・ローレンツ力の向きの関係は，フレミングの左手の法則による。よって　　**表から裏**

(3)　荷電粒子が磁場から受けるローレンツ力の向きは，荷電粒子の速度の向きと常に垂直方向であるから，ローレンツ力は円運動の向心力となる。また，ローレンツ力は仕事をしないから運動エネルギーは変化しない，すなわち，荷電粒子の速さは変化しない。よって，荷電粒子の運動は，等速円運動となる。したがって

ローレンツ力は常に速度と垂直で，仕事をしないので，等速円運動の向心力となる。（30字程度）

(4)　荷電粒子の一様磁場内での等速円運動の半径を r とすると，円運動の運動方程式より

$$M\frac{v^2}{r}=qvB \qquad \therefore \quad r=\frac{Mv}{qB}$$

よって，荷電粒子Pが検出される位置 Y は

$$y=Y=2r=\boldsymbol{\frac{2Mv}{qB}} \quad \cdots\cdots ②$$

(5)　①，②より

$$y=Y=\frac{2Mv}{qB}=\frac{2M}{qB}\times\sqrt{\frac{qV}{M}}=\frac{2}{B}\sqrt{\frac{MV}{q}}$$

荷電粒子の質量と電荷を変えて，$y=2Y$ であるためには，質量 M の係数と電荷 q の係数の比が 4：1 であればよい。すなわち

質量 $4M$，電荷 q の組み合わせか，質量 $8M$，電荷 $2q$ の組み合わせであり

$$y=\frac{2}{B}\sqrt{\frac{4MV}{q}}=\frac{2}{B}\sqrt{\frac{8MV}{2q}}=2\times\frac{2}{B}\sqrt{\frac{MV}{q}}=2Y$$

よって　　**(b)・(f)**

テーマ

◎前半はコンデンサーの充電，後半は磁場内での荷電粒子の運動で，異なる2つのテーマを扱った問題であるがともに基本的である。字数制限のある論述問題2問を的確に説明できたかどうかで差がつく。

43 電場・磁場内での荷電粒子の運動

（2013 年度　第 2 問）

真空中に x，y 座標を図 2(a)のようにとり，質量 m，電荷 $q(q > 0)$ の 1 個の荷電粒子が xy 平面内で運動する場合を考える。図 2(a)中に網かけで示した 2 つの領域には xy 平面に垂直な方向を向いた一様な磁場が存在し，その磁束密度の大きさは，それぞれ，$y > 0$ で表される領域 1 では B_1 であり，$y < -d$ で表される領域 2 では B_2 である。また，$-d \leqq y \leqq 0$ で表される領域 3 には y 軸の正の方向を向いた一様な電場が存在する。なお，荷電粒子の大きさと重力の影響は無視できるものとする。

いま，領域 3 の電場の大きさが $E(E > 0)$ であるとする。はじめに原点 O の位置にあった荷電粒子が速さ v_0 で y 軸の正の方向に放出され，O，P，Q，R，S，… の各点を通る軌道を描いて運動した。ここで，直線距離 OP = PS = QR であった。以下の問題中，式で答える問題では，特に断らない限り，m，q，d，E，B_1，v_0 のうち必要なものを用いて答えよ。

問 1. 荷電粒子が，領域 1 および領域 2 を通過する際に，磁場から受ける力は何と呼ばれるか。

問 2. 領域 1 および領域 2 中の磁場の向きは，それぞれ紙面の「表から裏」，または「裏から表」のどちらか。

問 3. OP 間の直線距離を求めよ。

問 4. 荷電粒子が OP 間の軌道を描くのに要する時間を求めよ。

問 5. 荷電粒子が OP 間の軌道を描く際に，磁場が荷電粒子にする仕事を求めよ。

問 6. 荷電粒子が点 P から点 Q に向かって運動するときの加速度の大きさと向きを求めよ。

問 7. 荷電粒子が点 Q に達したときの荷電粒子の速さを求めよ。

問 8. 領域 2 の磁束密度の大きさ B_2 を求めよ。ただし，問 7 で求めた速さを v_Q として，v_Q を用いて答えよ。

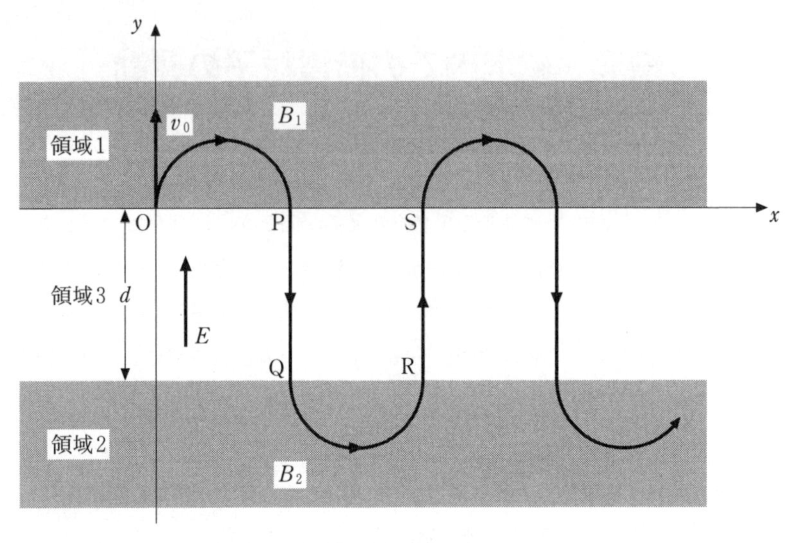

図2(a)

次に図2(a)と同じ状況で電場の大きさだけをE'（$E'>0$）にしたところ，図2(b)のように，原点Oから速さv_0でy軸の正の方向に放出された荷電粒子は点Pを通って点Qまで到達したのち，そこから引き返して点Pに戻り，このようにして，点O，P，Q，P，S，R，S，… を順に通って運動した。

問 9. このとき，電場の大きさE'を求めよ。

問10. 荷電粒子が点Pを通過した瞬間から点Qに到達するまでの時間を求めよ。

問11. 運動をはじめてから十分長い時間を考えると，荷電粒子は図2(b)の軌道を描きながら，ある平均の速さでx方向に進んでいるとみなすことができる。この平均の速さを求めよ。

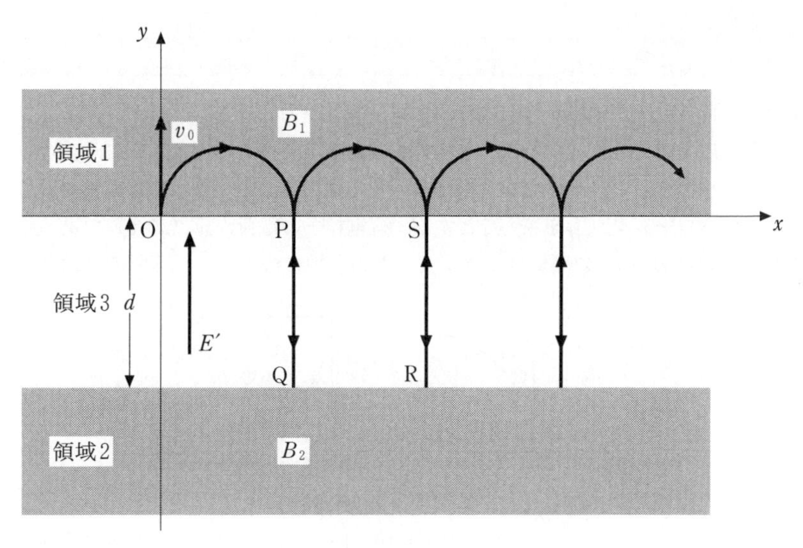

図 2(b)

解　答

▶問1．荷電粒子が磁場から受ける力を**ローレンツ力**という。

▶問2．磁場内での荷電粒子は，磁場の方向および速度の方向と互いに垂直な方向にローレンツ力を受け，この力を含む平面内で等速円運動をする。荷電粒子が領域1，2で受けるローレンツ力をf_1，f_2とする。荷電粒子の電荷が正（$q>0$）であるから，これらと磁場B_1，B_2の関係は，フレミングの左手の法則より，下図のとおりである。

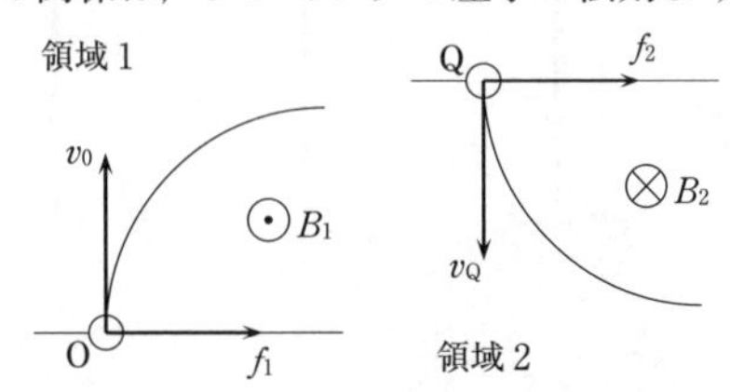

よって　　領域1：**裏から表**　　領域2：**表から裏**

▶問3．領域1における荷電粒子の円運動の半径をr_1とすると，等速円運動の運動方程式より

$$m\cdot\frac{{v_0}^2}{r_1}=qv_0B_1 \qquad \therefore \quad r_1=\frac{mv_0}{qB_1}$$

したがって，OP間の直線距離は　　$2r_1=\boldsymbol{\frac{2mv_0}{qB_1}}$

▶問4．OP間の軌道の長さはπr_1であるから，求める時間をt_1とすると

$$t_1=\frac{\pi r_1}{v_0}=\boldsymbol{\frac{\pi m}{qB_1}}$$

▶問5．荷電粒子が磁場から受けるローレンツ力の方向と荷電粒子の運動の方向は常に垂直であるから，磁場は荷電粒子に仕事をしない。

よって　　**0**

▶問6．電場内での荷電粒子は，電場の方向に力を受け，その方向には等加速度運動をする。荷電粒子が電場から受ける力は，y軸の正の向きであるから，荷電粒子の加速度の向きも，**y軸の正の向き**である。

この加速度の大きさをaとすると，運動方程式より

$$ma=qE \qquad \therefore \quad a=\boldsymbol{\frac{qE}{m}}$$

▶問7．荷電粒子が点Qに達したときの速さをv_Qとすると，等加速度運動の式より，加速度の向きが点Pでの速度v_0の向きと逆であることに注意して

$${v_Q}^2-{v_0}^2=2\cdot\left(-\frac{qE}{m}\right)\cdot d \qquad \therefore \quad v_Q=\boldsymbol{\sqrt{{v_0}^2-\frac{2qEd}{m}}}$$

別解　運動エネルギーと仕事の関係より，荷電粒子の運動エネルギーは，電場から受

けた仕事の量だけ減少するので

$$\frac{1}{2}mv_Q{}^2-\frac{1}{2}mv_0{}^2=-qE\times d \qquad \therefore \quad v_Q=\sqrt{v_0{}^2-\frac{2qEd}{m}}$$

▶**問8**．直線距離 OP＝QR であるから，領域2における荷電粒子の円運動の半径も r_1 である。等速円運動の運動方程式より

$$m\cdot\frac{v_Q{}^2}{r_1}=qv_QB_2 \qquad \therefore \quad B_2=\frac{mv_Q}{qr_1}=\frac{mv_Q}{q\times\dfrac{mv_0}{qB_1}}=\boldsymbol{\frac{v_Q}{v_0}\cdot B_1}$$

▶**問9**．領域3における荷電粒子の加速度の大きさを a' とすると，運動方程式より

$$ma'=qE' \qquad \therefore \quad a'=\frac{qE'}{m}$$

等加速度運動の式より，点Qでの速さが0であるから

$$0-v_0{}^2=2\cdot\left(-\frac{qE'}{m}\right)\cdot d \qquad \therefore \quad E'=\boldsymbol{\frac{mv_0{}^2}{2qd}}$$

▶**問10**．求める時間を t' とすると，等加速度運動の式より

$$0=v_0+\left(-\frac{qE'}{m}\right)t' \qquad \therefore \quad t'=\frac{mv_0}{qE'}=\frac{mv_0}{q\times\dfrac{mv_0{}^2}{2qd}}=\boldsymbol{\frac{2d}{v_0}}$$

▶**問11**．荷電粒子は時間 t_1+2t' で直線距離 OP を進んでいることになる。したがって，平均の速さ $\bar{v}$ は

$$\bar{v}=\frac{2r_1}{t_1+2t'}=\frac{\dfrac{2mv_0}{qB_1}}{\dfrac{\pi m}{qB_1}+2\times\dfrac{2d}{v_0}}=\boldsymbol{\frac{2mv_0{}^2}{\pi mv_0+4qB_1d}}$$

テーマ

◎荷電粒子の運動

- 電場内では，電場の方向に力を受け，その力の方向に等加速度直線運動をする。
  電場の方向と垂直な方向に初速度をもつ場合，その方向には電場から力を受けないので等速直線運動をし，平面上で放物運動をする。
  このとき，電場が荷電粒子におよぼす力は仕事をするので，その仕事の量だけ荷電粒子の運動エネルギーが変化する。
- 磁場内では，磁場の方向および速度の方向と互いに垂直な方向に力（特にローレンツ力という）を受け，ローレンツ力を含む平面内で，ローレンツ力を向心力として等速円運動をする。ここで，荷電粒子の速度の方向には力を受けないから速さは一定で，加速度は大きさが一定で向きは円運動の中心向きである。
  このとき，ローレンツ力の方向と運動の方向が互いに垂直であることから，ローレンツ力は仕事をしないので，荷電粒子の運動エネルギーは変化しない。
- 一般に，ローレンツ力とは，電磁場 $\vec{E}$，$\vec{B}$ 内で，速度 $\vec{v}$ で運動する電荷量 q の荷電粒子が受ける力 $\vec{F}=q(\vec{E}+\vec{v}\times\vec{B})$ をいう。
  一様な電場 $\vec{E}$ だけを受ける場合，$\vec{B}=\vec{0}$ とおいて　$\vec{F}=q\vec{E}$
  一様な磁場 $\vec{B}$ だけを受ける場合，$\vec{E}=\vec{0}$ とおいて　$\vec{F}=q(\vec{v}\times\vec{B})$

〔注〕 $\vec{F}$ の式に現れる演算「×」は，2つの空間ベクトルから，そのどちらにも垂直なベクトルを得る演算で，外積と呼ばれる。詳しい内容は大学で学習する。

第5章　原　子

第5章 原 子

節	番号	内 容	年 度
波動性と粒子性	44	磁場をかけた場合の水素原子の構造	2017年度〔2〕
	45	平面鏡の表面による光の反射，光の波動性と粒子性	2017年度〔3〕

対策

原子分野は，2006年度から2014年度までの教育課程では選択分野になっていたが，2015年度からの教育課程では，入試の出題範囲に含まれるようになった。2017年度には，電磁気との融合問題で磁場をかけた水素原子の構造の問題，波動との融合問題で鏡で反射する光を波動性と粒子性の両方の観点から説明する問題が出題された。今後も，原子特有の問題とともに，運動方程式，エネルギー保存則と運動量保存則，光の干渉，電場と磁場との関係に注意が必要である。

原子の基本的な項目は次のとおりである。

・光電効果（光の粒子性）
・ブラッグ反射（X線の波動性），コンプトン効果（X線の粒子性）
・電子の波動性，物質波（ド・ブロイ波）
・水素原子の構造，量子条件，エネルギー準位
・放射性崩壊，半減期
・質量欠損，結合エネルギー，核分裂と核融合

1　波動性と粒子性

44　磁場をかけた場合の水素原子の構造

（2017 年度　第 2 問）

以下の問いに答えよ。ただし，クーロンの法則の真空中での比例定数を k_0〔N・m²/C²〕とし，真空の透磁率を μ_0〔N/A²〕とする。磁束密度の単位は $1\,\mathrm{T} = 1\,\mathrm{N/(A \cdot m)} = 1\,\mathrm{Wb/m^2}$ と表される。円周率を π とする。

水素原子の構造として，真空中で質量 m〔kg〕，電気量 $-e$〔C〕$(e > 0)$ をもつ電子が，電気量 $+e$〔C〕をもつ原子核のまわりを等速円運動している模型を考える。回転半径を r〔m〕，速さを v_0〔m/s〕とし，電子は電磁波を放出することなく，安定に等速円運動するものとする。原子核は電子に比べて十分重いため動かないものとする。図 1 に示すように直交座標系をとり，原子核の位置を座標原点とする。電子は xy 平面で円運動するものとし，円運動の向きは図 1 に示す向きとする。原子核および電子は点電荷とし，重力の影響は無視できるものとする。また，電子の運動がつくる磁場の，電子および原子核への影響は無視できるものとする。

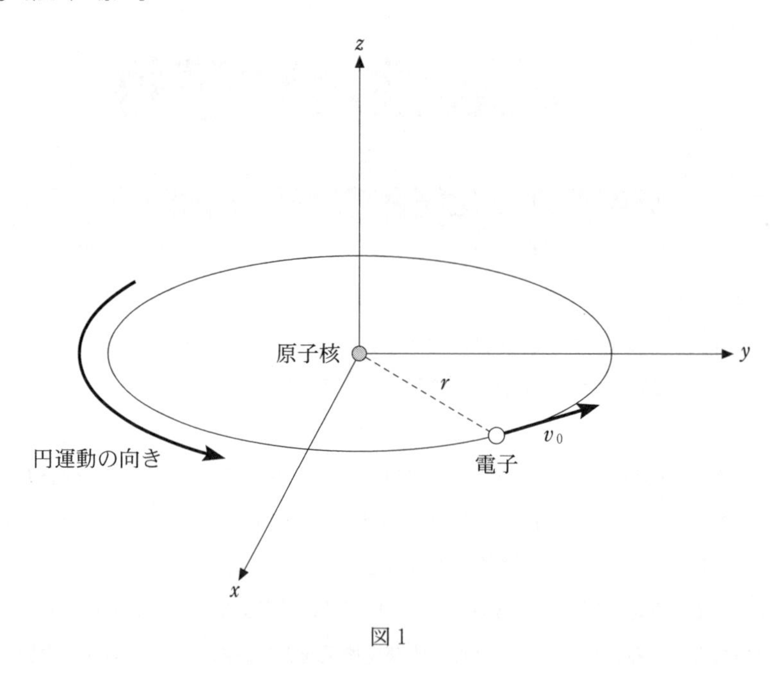

図 1

問 1. 電子の円運動は半径 r の円電流とみなすことができる。電流の大きさを I_0〔A〕とする。

(1) 円電流が原点につくる磁束密度 $\overrightarrow{B_0}$〔T〕の大きさ B_0〔T〕を I_0，r，μ_0 の中から必要なものを用いて表せ。

(2) 磁束密度 $\overrightarrow{B_0}$ の向きとして正しいものを，次の①～③から一つ選び番号で答えよ。

① z 軸の正の向き

② z 軸の負の向き

③ $\overrightarrow{B_0} = \overrightarrow{0}$ なので，向きは定まらない

問 2. 電流の定義に基づいて，I_0 を m，e，r，v_0 の中から必要なものを用いて表せ。

問 3. 電子の速さ v_0 は，電子の運動方程式から求まる。v_0 を m，e，r，k_0 の中から必要なものを用いて表せ。

次に，図 2 に示すように z 軸の正の向きに磁束密度 $\vec{B}$〔T〕の一様な十分弱い磁場をかける。$\vec{B}$ の大きさ B〔T〕が十分小さいときには，回転半径の変化は無視できることが知られている。したがって，ここでは磁束密度 $\vec{B}$ の磁場があるときも，回転半径 r で等速円運動するものとする。電子の速さは変わりうるので v〔m/s〕とする。

問 4. 電子が磁束密度 $\vec{B}$ の磁場から受ける力を $\vec{f}$〔N〕とする。

⑴　力 $\vec{f}$ の大きさ f〔N〕を m，e，r，v，μ_0，B の中から必要なものを用いて表せ。

⑵　力 $\vec{f}$ の向きとして正しいものを，次の①～⑤から一つ選び番号で答えよ。

①　z 軸の正の向き　　②　z 軸の負の向き

③　原点から電子に向かう向き　　④　電子から原点に向かう向き

⑤　$\vec{f} = \vec{0}$ なので，向きは定まらない

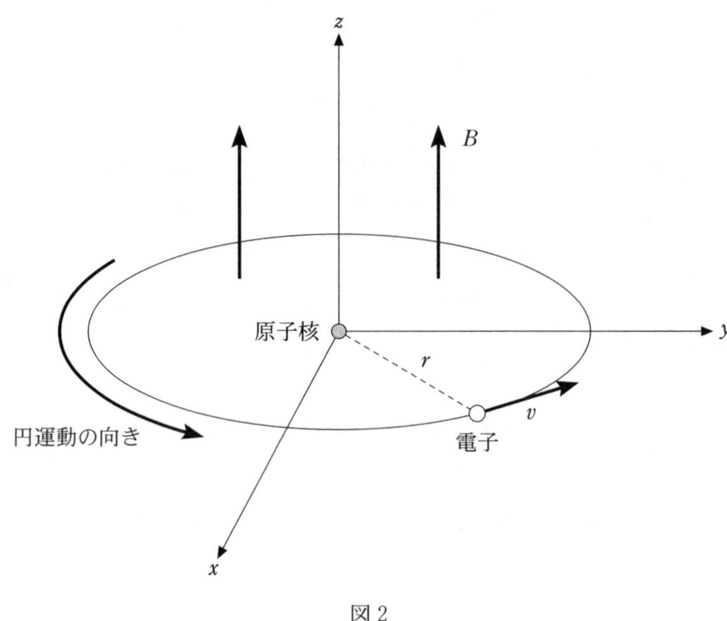

図 2

問 5. 電子の運動方程式から，電子の速さ v は

$$v^2=\left(\boxed{\quad ア \quad}\right)\times\left[1+\left(\boxed{\quad イ \quad}\right)\times B\times v\right]$$

という 2 次方程式を満たす。

(1) $\boxed{\quad ア \quad}$ および $\boxed{\quad イ \quad}$ にあてはまる式を m，e，r，μ_0，k_0，B の中から必要なものを用いて表せ。

(2) 磁束密度 $\vec{B}$ の磁場をかけたことによる電子の速さの変化 Δv_0〔m/s〕を

$$\Delta v_0=v-v_0$$

とする。B が十分小さいとき，$|\Delta v_0|$ は v_0 に比べて十分小さいので

$$v^2=(v_0+\Delta v_0)^2 \fallingdotseq v_0{}^2+2\,v_0\times\Delta v_0$$

および

$$B\times v=B\times(v_0+\Delta v_0)\fallingdotseq B\times v_0$$

と近似してよい。このとき Δv_0 は

$\Delta v_0 \fallingdotseq \left(\boxed{\quad ウ \quad} \right) \times B$

と B に比例する。$\boxed{\quad ウ \quad}$ に当てはまる式を m，e，r，v_0，μ_0 の中から必要なものを用いて表せ。

問 6. 電子の速さの変化 Δv_0 により，電子の回転による円電流も変化する。それにより，円電流が原点につくる磁束密度も $\Delta\overrightarrow{B_0}$〔T〕だけ変化する。$\Delta\overrightarrow{B_0}$ の大きさ $\left|\Delta\overrightarrow{B_0}\right|$ を m，e，r，v_0，μ_0，B の中から必要なものを用いて表せ。

問 7. 電子の円運動の向きが図 2 に示した向きと逆向きの場合を考える。これまでと同様に考え，z 軸の正の向きに磁束密度 $\vec{B}$ の一様な十分弱い磁場をかけたことにより，円電流が原点につくる磁束密度が $\Delta\overrightarrow{B_0'}$〔T〕だけ変化したとする。このとき，$\Delta\overrightarrow{B_0'}$ の大きさは $\Delta\overrightarrow{B_0}$ の大きさに等しい。$\Delta\overrightarrow{B_0}$ の向きと $\Delta\overrightarrow{B_0'}$ の向きの組合せとして正しいものを，次の①～⑤から一つ選び番号で答えよ。

	$\Delta\overrightarrow{B_0}$ の向き	$\Delta\overrightarrow{B_0'}$ の向き
①	z 軸の正の向き	z 軸の正の向き
②	z 軸の正の向き	z 軸の負の向き
③	z 軸の負の向き	z 軸の正の向き
④	z 軸の負の向き	z 軸の負の向き
⑤	$\Delta\overrightarrow{B_0} = \vec{0}$ なので向きは定まらない	$\Delta\overrightarrow{B_0'} = \vec{0}$ なので向きは定まらない

解　答

▶**問1**．(1)　円形の1巻きコイルを流れる電流が，その中心につくる磁場の強さ H_0〔A/m〕は

$$H_0=\frac{I_0}{2r}$$

磁束密度の大きさ B_0 は

$$B_0=\mu_0 H_0=\boldsymbol{\mu_0\cdot\frac{I_0}{2r}}\text{〔T〕}\quad\cdots\cdots①$$

(2)　z 軸の正の向きから見て，電子が反時計回りに運動しているとき，電流は時計まわりに流れていることになるから，磁束密度の向きは，右ねじの法則より，②**z 軸の負の向き**となる。

▶**問2**．電流 I の定義は，時間 Δt〔s〕あたりにある断面を通過する電気量を ΔQ〔C〕とすると

$$I=\frac{\Delta Q}{\Delta t}$$

である。半径 r の円周上を電子1個が運動するとき，1周期 $\dfrac{2\pi r}{v_0}$ あたりに電気量 e が通過するから

$$I_0=\frac{e}{\dfrac{2\pi r}{v_0}}=\boldsymbol{\frac{ev_0}{2\pi r}}\text{〔A〕}\quad\cdots\cdots②$$

▶**問3**．原子核と電子の間にはたらくクーロン力が向心力となって等速円運動をしているので，中心方向の運動方程式より

$$m\frac{{v_0}^2}{r}=k_0\frac{e\cdot e}{r^2}\quad\cdots\cdots③$$

$$\therefore\quad v_0=\boldsymbol{e\sqrt{\frac{k_0}{mr}}}\text{〔m/s〕}$$

▶**問4**．(1)　速さ v の電子が磁束密度 $\vec{B}$ の磁場から受けるローレンツ力の大きさ f は　$f=\boldsymbol{evB}$〔N〕

(2)　ローレンツ力の向きは，フレミングの左手の法則より，④**電子から原点に向かう向き**である。ただし，**問1**(2)と同様に，電流は反時計回りに流れていることに注意が必要である。

▶**問5**．(1)　電子について，等速円運動の中心方向の運動方程式より

$$m\cdot\frac{v^2}{r}=k_0\frac{e\cdot e}{r^2}+evB\quad\cdots\cdots④$$

$$\therefore\quad v^2=\frac{k_0e^2}{mr}\cdot\left(1+\frac{r^2}{k_0e}\cdot Bv\right)$$

よって　　ア．$\boldsymbol{\dfrac{k_0e^2}{mr}}$　　イ．$\boldsymbol{\dfrac{r^2}{k_0e}}$

(2)　与えられた近似式

$$v^2\fallingdotseq v_0{}^2+2v_0\cdot\Delta v_0$$

$$Bv\fallingdotseq Bv_0$$

および③を，④に代入すると

$$m\frac{v_0{}^2+2v_0\cdot\Delta v_0}{r}=m\frac{v_0{}^2}{r}+e\cdot Bv_0$$

$$\therefore\quad \Delta v_0\fallingdotseq\boldsymbol{\frac{er}{2m}}\cdot B\text{〔m/s〕}\quad\cdots\cdots⑤$$

▶問6． 電子の速さの変化が Δv_0 のとき，電流の変化を ΔI_0〔A〕とすると，②，⑤より

$$I_0+\Delta I_0=\frac{e}{2\pi r}(v_0+\Delta v_0)$$

$$\therefore\quad \Delta I_0=\frac{e}{2\pi r}\cdot\Delta v_0=\frac{e}{2\pi r}\times\frac{er}{2m}B=\frac{e^2}{4\pi m}\cdot B\quad\cdots\cdots⑥$$

磁束密度の変化の大きさを $|\Delta\overrightarrow{B_0}|=\Delta B_0$ とすると，①，⑥より

$$B_0+\Delta B_0=\frac{\mu_0}{2r}(I_0+\Delta I_0)$$

$$\therefore\quad \Delta B_0=\frac{\mu_0}{2r}\cdot\Delta I_0=\frac{\mu_0}{2r}\times\frac{e^2}{4\pi m}B=\boldsymbol{\frac{\mu_0e^2}{8\pi mr}\cdot B}\text{〔T〕}$$

▶問7． z 軸の正の向きから見て，電子の円運動の向きが反時計まわりのとき，磁束密度 $\overrightarrow{B_0}$ の向きは，**問1**(2)より z 軸の負の向きである。

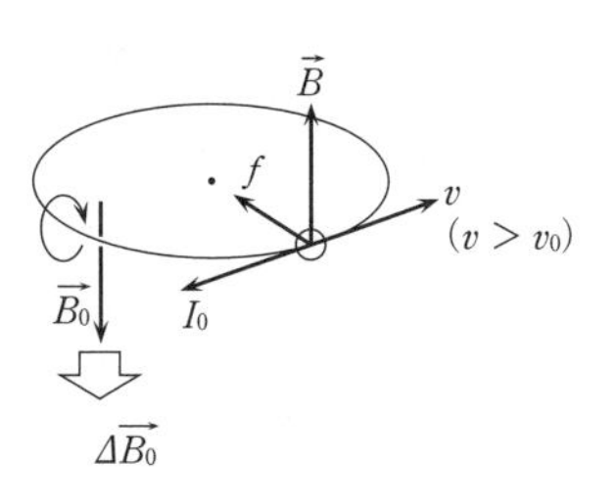

これに磁束密度 B の磁場が z 軸の正の向きに加わったとき，⑤より $\Delta v_0>0$ なので，電子の速さは増加する。**問1**(1)と**問2**の結果より，B_0 と v_0 は比例するので，B_0 も増加する。もとの $\overrightarrow{B_0}$ が z 軸の負の向きであるから，$\Delta\overrightarrow{B_0}$ も z 軸の負の向きである。

逆に，電子の円運動の向きが時計まわりのとき，その中心につくる磁束密度 $\overrightarrow{B_0'}$〔T〕の向きは，**問1**(2)と同様に右ねじの法則より，z 軸の正の向きである。

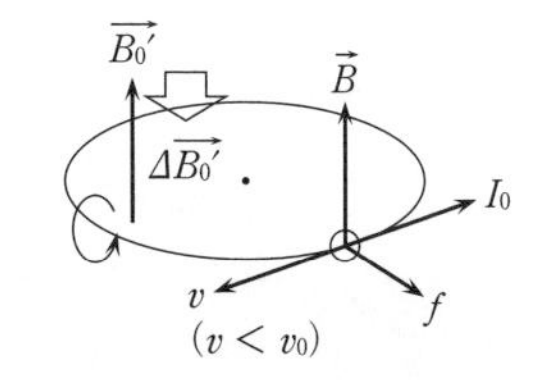

これに磁束密度 B の磁場が z 軸の正の向きに加わったとき，④と同様に等速円運動の速さを v'〔m/s〕とすると

$$m\frac{v'^2}{r}=k_0\frac{e\cdot e}{r^2}-ev'B$$

よって磁場を加えると，円運動している電子にはたらく向心力の大きさは減少するので，電子の速さも減少する。**問1**(1)と**問2**の結果より B_0 と v_0 は比例するので，B_0 は減少する。もとの $\overrightarrow{B_0'}$ が z 軸の正の向きであるから，$\varDelta\overrightarrow{B_0'}$ は z 軸の負の向きである。
よって　　④

テーマ

◎磁場をかけた場合の水素原子の構造の問題であるから原子分野に分類したが，電子が円運動をする軌道面に垂直に磁場をかけた場合の電子の速さの変化や磁場の変化が問われており，量子条件などの原子の知識は必要としない。
問1．強さ I の電流がつくる磁場の強さ H の公式は，①直線電流から距離 r の点で $H=\frac{I}{2\pi r}$，②半径 r の円電流の中心で $H=\frac{I}{2r}$，③単位長さあたり n 回巻きのソレノイドの内部で $H=nI$ である。問われているものが磁場の強さ H か，磁束密度の大きさ B かに注意が必要である。
問3．電子の粒子性より，電子はクーロン力によって等速円運動をするから，運動方程式をつくる。すなわち　$m\frac{v_0{}^2}{r}=k\frac{e\cdot e}{r^2}$
一方，電子の波動性より，電子波はその円軌道上で重ね合わされて定常波をつくる。すなわち　$2\pi r=n\times\frac{h}{mv_0}$　(n：量子数)$\left(\text{または，} mv_0\cdot r=n\times\frac{h}{2\pi}\right)$
問4～問7．水素原子に磁場をかけた場合の電子の振る舞いの問題である。
問4～問6．水素原子に磁場をかけた場合，電子はクーロン力とローレンツ力を受けて円運動をするので，運動方程式から速さの変化がわかり，電流の定義から磁場の変化がわかる。与えられた近似式の使い方がポイントとなる。
問7．電子の円運動の向きが図の反時計回りと時計回りの向きとで，電子の円運動の中心の磁場の変化が問われている。
原子が光を放出するのは，電子がエネルギー準位の高い外側の軌道からエネルギーの低い内側の軌道に移るためである。磁場を加えても，外側の軌道は磁場の影響を受けないとする。内側の軌道では，磁場を加えることで，電子が時計回りか反時計回りかでエネルギーの値が変化し，わずかに異なる2つの振動数に分かれた光が観測される。
電子が図2の向きに回転している場合，電子の運動方程式は

$$m\frac{v^2}{r}=k\frac{e^2}{r^2}+evB$$

磁場の強さ B が十分小さいとき，r が変化しないとすると，速さの変化は $\varDelta v=v-v_0\fallingdotseq\frac{eBr}{2m}$ となる。これより，円電流が中心につくる磁場も変化する。
電子が図2と逆向きに回転しているとすると，電子の運動方程式は，$m\frac{v^2}{r}=k\frac{e^2}{r^2}-evB$ となる。

45 平面鏡の表面による光の反射，光の波動性と粒子性

（2017 年度　第 3 問）

平面鏡の表面による光の反射について，光の波動性と粒子性の両方の観点から考える。真空の屈折率を 1，真空中の光速を c，プランク定数を h として，以下の問いに答えよ。

問 1. 真空中で固定された平面鏡に垂直に入射した光の反射について考える。

(1) 光を波として考えた場合に，反射の際の位相のずれはいくらか。ただし，平面鏡の屈折率は 1 より大きいとする。

(2) 振動数 ν の光を粒子（光子）として考えた場合に，反射の際に光子 1 個が平面鏡に与える力積の大きさはいくらか。ただし，光の振動数は反射の前後で変わらないものとする。

問 2. 図 1 のような装置を用いて，線状の光源から出た波長 λ の単色光を細いスリット S にあてて回折させ，スリットから距離 L だけ離れたスクリーンに生じる光の明暗の縞模様を観察する。スリットから距離 d だけ離れた位置にスクリーンと垂直になるように平面鏡を置く。この鏡は屈折率が 1 より大きい物質でできている。光源，スリット，スクリーン，平面鏡はすべて紙面に垂直に配置し，この装置全体は，図 1 の灰色の領域も含めて，最初，真空に保たれている。

ここで，スクリーン上では，スリットから直接届いた光と，鏡によって反射されてから届いた光が重なり合って干渉が起こる。

(1) 平面鏡から距離 x の位置にあるスクリーン上の点を P とする。スリットから直接に点 P に届いた光が進んだ距離を l_1，鏡によって反射されてから点 P に届いた光が進んだ距離を l_2 とする。$l_2 - l_1$ を求めよ。

(2) d と x はいずれも L に比べて十分に小さいものとする。$|a|$ が1に比べて十分に小さいとき，$\sqrt{1+a^2} \fallingdotseq 1+\dfrac{a^2}{2}$ としてよい。前問(1)の結果にこの近似を用いて，スクリーン上の明線の位置を求めたとき，鏡に最も近い明線の位置の x を λ，L，d を用いて表せ。

次に，図1の灰色の領域を屈折率が n の物質で満たした場合を考える。ただし，鏡の屈折率は n より大きいとする。

(3) 前問(2)と同じ近似を用いて，スクリーン上の明線の位置を求めたとき，鏡に最も近い明線の位置の x を λ，L，d，n を用いて表せ。

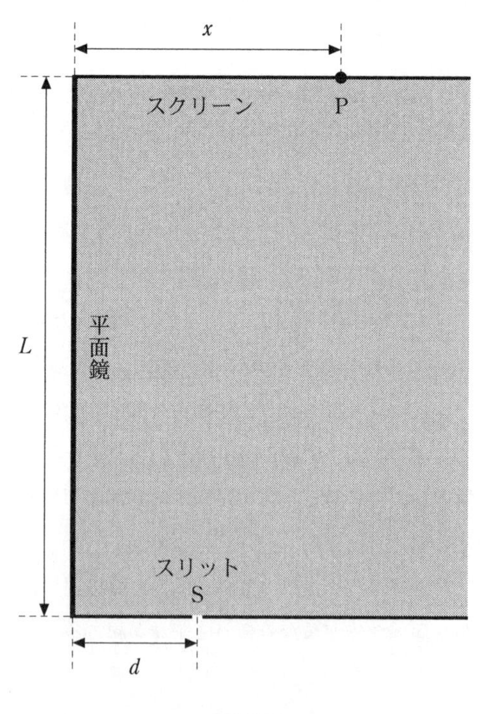

図1

問 3. 真空中を x 軸の正の向きに動く平面鏡による光の反射を考える。鏡の表面は x 軸に垂直であるとする。以下の［（ア）］から［（カ）］の空欄に適した式をそれぞれの解答欄に記入せよ。

(1) 光を粒子として考える。光子1個が振動数 ν で x 軸の正の向きに鏡に入射し，振動数 ν' で x 軸の負の向きに反射したとする。このとき，鏡の速さが光子との衝突によって，V から V' に変わったとする。鏡の質量を M として，エネルギー保存則より，$\frac{M}{2}V'^2 - \frac{M}{2}V^2 =$［（ア）］である。また，運動量保存則より，$MV' - MV =$［（イ）］である。ただし，(ア)と(イ)は h，c，ν，ν' の中から必要なものを用いて表せ。

これらの保存則を満たすように，ν' と ν の関係が決まる。その関係を入射光子の波長 λ と反射光子の波長 λ' の関係に書き直すと，$\frac{\lambda'}{\lambda} =$［（ウ）］となる。ここで，(ウ)は c と V を用いて表せ。ただし，V から V' への変化は，V に比べて十分に小さいとして，$V' + V \fallingdotseq 2V$ と近似せよ。

以下では，光の反射による鏡の速さの変化を無視し，鏡は一定の速さ V で動くものとして扱う。

(2) 光を波として考える。図2のように，光の入射角を $\alpha(\geqq 0)$，反射角を $\beta(\geqq 0)$ とし，入射波は直線ABに垂直な波面をもつ平面波，反射波は直線AA′に垂直な波面をもつ平面波とする。線分ABの長さを入射波の波長 λ と等しくなるようにとる。時刻 $t = 0$ に点Bにあった光が，時刻 $t = t_0$ に鏡上の点B′に達したとする。この間に，$t = 0$ に鏡上の点Aで反射した光は，$t = t_0$ に点A′に達していたとすると，入射波も反射波も同じ速さ c で進むので，線分BB′の長さと線分AA′の長さは等しい。これを等式で表すと，［（エ）］$= ct_0$ となる。ただし，(エ)は V，t_0，α，λ を用いて表せ。

反射波の波長を λ' とすると，λ' は点A′を通る反射波の波面と点B′を通る反射波の波面の間の距離に等しく，

$$\lambda' = ct_0 + \boxed{\text{（オ）}} \times \cos(\alpha + \beta)$$

となる。ただし，(オ)は V，t_0，α を用いて表せ。

(エ)と(オ)を含む２つの式から t_0 を消去して，$\dfrac{\lambda'}{\lambda} = \boxed{\text{（カ）}}$ を得る。(カ)において，$\alpha = \beta = 0$ とすると，(ウ)が得られる。

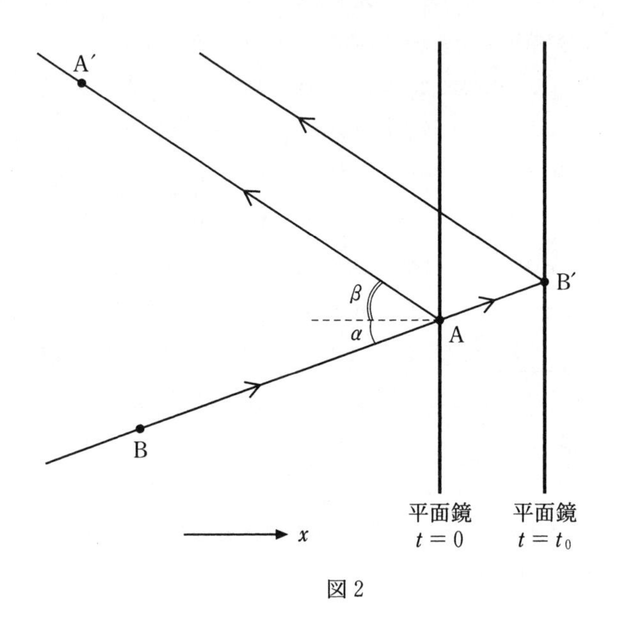

図２

解　答

▶問１．(1)　一般に，屈折率が小さい物質から大きい物質へ入射したときの反射は固定端反射であり，屈折率が大きい物質から小さい物質へ入射したときの反射は自由端反射である。

光を波として考えた場合，真空の屈折率は１，平面鏡の屈折率は１より大きいから，光が鏡で反射する際，鏡は固定端である。波が固定端反射をする場合，位相は π ずれ，自由端反射をする場合，位相はずれない。よって　　$\boldsymbol{\pi}$〔**rad**〕

(2)　振動数 ν の光を粒子（光子）として考えた場合，エネルギーは $h\nu$，運動量は $\dfrac{h\nu}{c}$ である。光子が平面鏡に与える力積 I は，光子が平面鏡から受ける力積と大きさが等しく向きが反対である。光子が受ける力積は，光子の運動量の変化 $\varDelta p$ に等しいから

$$I=-\varDelta p=-\left\{\left(-\frac{h\nu}{c}\right)-\frac{h\nu}{c}\right\}=\boldsymbol{\frac{2h\nu}{c}}$$

▶問２．(1)　スリットＳから鏡によって反射されて点Ｐに届いた光が進んだ距離は，鏡に対してＳと線対称の位置のスリットＳ′から点Ｐまでの距離に等しい。この光の鏡での反射点をＭとして

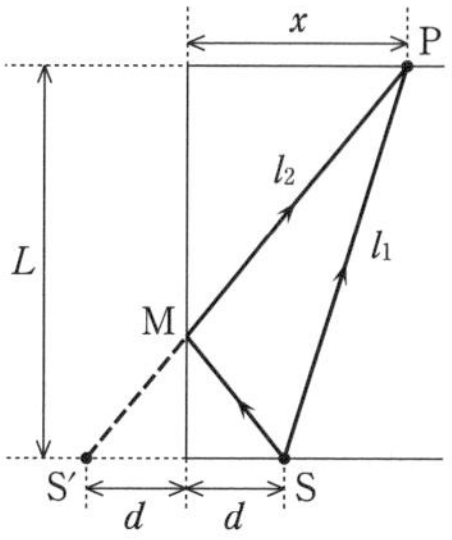

$$l_1=\mathrm{SP}=\sqrt{L^2+(x-d)^2}$$

$$l_2=\mathrm{SM}+\mathrm{MP}=\mathrm{S'P}=\sqrt{L^2+(x+d)^2}$$

したがって

$$l_2-l_1=\boldsymbol{\sqrt{L^2+(x+d)^2}-\sqrt{L^2+(x-d)^2}}$$

(2)　与えられた近似を用いると

$$l_2-l_1=L\sqrt{1+\left(\frac{x+d}{L}\right)^2}-L\sqrt{1+\left(\frac{x-d}{L}\right)^2}$$

$$\fallingdotseq L\left[\left\{1+\frac{1}{2}\left(\frac{x+d}{L}\right)^2\right\}-\left\{1+\frac{1}{2}\left(\frac{x-d}{L}\right)^2\right\}\right]=\frac{2xd}{L}$$

Ｓ→Ｍ→Ｐと進む光は，鏡で反射する際に位相が π ずれるから，スクリーン上で明線となる位置は，l_2-l_1 が波長の半整数倍の位置である。すなわち，正の整数 m（$=1,\ 2,\ 3,\ \cdots$）を用いて

$$\frac{2xd}{L}=\left(m-\frac{1}{2}\right)\lambda$$

鏡に最も近い明線は，$m=1$ のときであるから

$$\frac{2xd}{L}=\frac{1}{2}\lambda \qquad \therefore\quad x=\boldsymbol{\frac{L\lambda}{4d}}$$

(3)　図１の灰色の領域が屈折率 n の物質で満たされたとき，この物質中を進む光の波長 λ' は

$$\lambda'=\frac{\lambda}{n}$$

となる。l_2-l_1 の経路の長さの差（光路差）および反射による位相のずれは変化しないから，問2(2)と同様に

$$\frac{2xd}{L}=\frac{1}{2}\lambda'=\frac{1}{2}\cdot\frac{\lambda}{n}\qquad \therefore\quad x=\boldsymbol{\frac{L\lambda}{4nd}}$$

別解　真空中での波長 λ の光が，屈折率 n，長さ l の経路を進むとき，波長が $\frac{1}{n}$ 倍になることと，経路の長さが n 倍になることは同じである。このとき，波長 λ の光にとって，経路の長さの差（光路差）は $n\times(l_2-l_1)$ となる。この考え方を用いると

$$n\cdot\frac{2xd}{L}=\frac{1}{2}\lambda\qquad \therefore\quad x=\frac{L\lambda}{4nd}$$

▶**問3．**(1)(ア)　エネルギー保存則より

$$\frac{1}{2}MV^2+h\nu=\frac{1}{2}MV'^2+h\nu'$$

$$\therefore\quad \frac{M}{2}V'^2-\frac{M}{2}V^2=\boldsymbol{h\nu-h\nu'}\quad\cdots\cdots①$$

(イ)　運動量保存則より，反射後の光子が x 軸の負の向きに進むことに注意して

$$MV+\frac{h\nu}{c}=MV'-\frac{h\nu'}{c}$$

$$\therefore\quad MV'-MV=\boldsymbol{\frac{h\nu}{c}+\frac{h\nu'}{c}}\quad\cdots\cdots②$$

(ウ)　①，②より

$$\frac{M}{2}(V'+V)(V'-V)=h(\nu-\nu')\quad\cdots\cdots①'$$

$$M(V'-V)=\frac{h}{c}(\nu+\nu')\quad\cdots\cdots②'$$

②′ を ①′ に代入して $V'-V$ を消去し，与えられた近似 $V'+V\fallingdotseq 2V$ ……③を代入し，$\nu=\frac{c}{\lambda}$，$\nu'=\frac{c}{\lambda'}$ で書き換えると

$$\frac{1}{2}(V'+V)\cdot\frac{h}{c}(\nu+\nu')=h(\nu-\nu')$$

$$\frac{1}{2}\cdot 2V\cdot\frac{h}{c}\left(\frac{c}{\lambda}+\frac{c}{\lambda'}\right)=h\left(\frac{c}{\lambda}-\frac{c}{\lambda'}\right)$$

$$\therefore\quad \frac{\lambda'}{\lambda}=\boldsymbol{\frac{c+V}{c-V}}$$

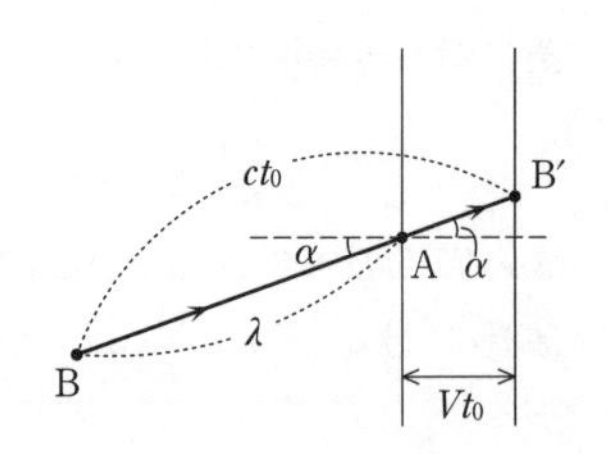

(2)(エ)　光が点Bから点B′ に進むのに要した時間が t_0 であるから，題意の ct_0 は線分BB′ の長さである。この時

間 t_0 に鏡は点Aを含む平面から点Bを含む平面まで移動する。また，線分 AB の長さが光の波長 λ に等しいから

$$\mathrm{BA} + \mathrm{AB'} = \mathrm{BB'}$$

$$\therefore \quad \boldsymbol{\lambda} + \frac{\boldsymbol{Vt_0}}{\mathbf{cos}\,\boldsymbol{\alpha}} = ct_0 \quad \cdots\cdots ④$$

(オ)　点 B′ で反射した光線と，点A，点 A′ を通る反射波の波面との交点をそれぞれ点D，点 D′ とする。線分 B′D′ の長さが反射波の波長 λ' に等しく，線分 DD′ の長さは線分 AA′ の長さに等しいから

$$\begin{aligned}\lambda' &= \mathrm{B'D'} \\ &= \mathrm{DD'} + \mathrm{B'D} \\ &= \mathrm{AA'} + \mathrm{AB'}\cos(\alpha+\beta)\end{aligned}$$

$$\therefore \quad \lambda' = ct_0 + \frac{\boldsymbol{Vt_0}}{\mathbf{cos}\,\boldsymbol{\alpha}} \times \cos(\alpha+\beta) \quad \cdots\cdots ⑤$$

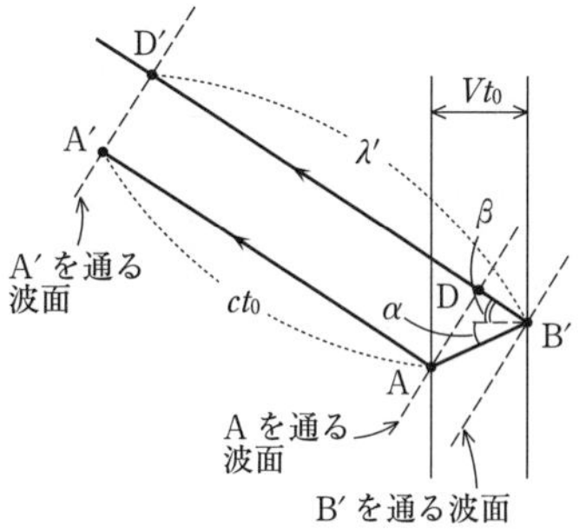

(カ)　④，⑤より

$$\lambda = \left(c - \frac{V}{\cos\alpha}\right) \cdot t_0 \quad \cdots\cdots ④'$$

$$\lambda' = \left\{c + \frac{V\cos(\alpha+\beta)}{\cos\alpha}\right\} \cdot t_0 \quad \cdots\cdots ⑤'$$

④′，⑤′ より

$$\frac{\lambda'}{\lambda} = \frac{c + \dfrac{V\cos(\alpha+\beta)}{\cos\alpha}}{c - \dfrac{V}{\cos\alpha}} = \frac{\boldsymbol{c}\cos\boldsymbol{\alpha} + \boldsymbol{V}\cos(\boldsymbol{\alpha}+\boldsymbol{\beta})}{\boldsymbol{c}\cos\boldsymbol{\alpha} - \boldsymbol{V}}$$

ここで，$\alpha = \beta = 0$ とすると

$$\frac{\lambda'}{\lambda} = \frac{c+V}{c-V}$$

となって，(ウ)が得られる。

テーマ

◎光の波動性と粒子性を扱った，波動と原子の融合問題である。

振動数 ν，波長 λ，伝わる速さ c の光は，波として $c=\nu\lambda$ の関係がある。この光を粒子（光子）と考えたとき，エネルギーは $E=h\nu=\dfrac{hc}{\lambda}$，運動量は $p=\dfrac{h\nu}{c}=\dfrac{h}{\lambda}$ であり，これらの間に $E=cp$ の関係がある。

一方，質量 m，速さ v の物質粒子は，運動エネルギー $K=\dfrac{1}{2}mv^2=\dfrac{p^2}{2m}$，運動量 $p=mv=\sqrt{2mK}$ をもつ。この粒子を波（物質波）と考えたとき，波長は $\lambda=\dfrac{h}{p}=\dfrac{h}{mv}$ である。

- 光やX線などの電磁波が粒子性を示し，電子などの物質粒子が波動性を示す現象を，二重性という。二重性はプランク定数 h が問題になるときに現れ，運動量 p の物質粒子では，波長 $\lambda=\dfrac{h}{p}=\dfrac{h}{mv}$ と同程度の空間を考えるときに波動性が現れる。

問2．直接光と平面鏡による反射光の干渉の問題で，いわゆるロイドの鏡である。光が平面鏡で反射するときは，固定端反射にあたり，位相が π 変化することに注意が必要であり，光学距離や干渉条件はヤングの実験と同様に考えればよい。

問3．前半は，光子と鏡の力学的な弾性衝突であり，力学的エネルギー保存則と運動量保存則が成立する。

後半は，鏡が動く場合の光のドップラー効果が問われた。光が平面波であることに注意して，入射光の射線とその波面，反射光の射線とその波面がそれぞれ垂直であることを利用すればよい。

年度別出題リスト